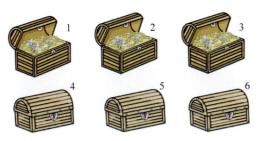

图 4-1 宝盒

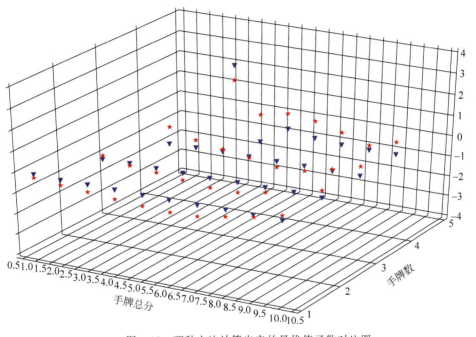

图 4-15 两种方法计算出来的最优值函数对比图

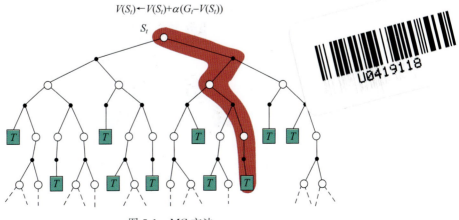

图 5-1 MC 方法

· 1 ·

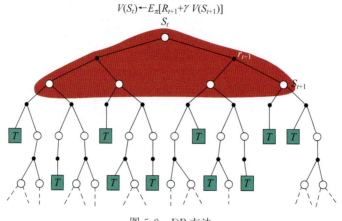

图 5-2 DP 方法

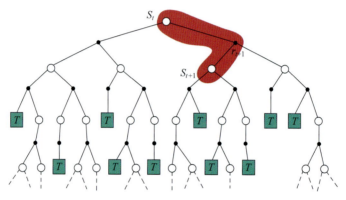

图 5-3 TD 方法

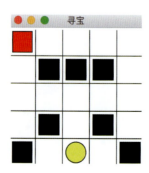

图 5-6 迷宫环境

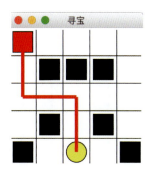 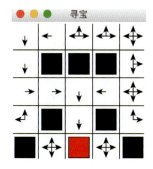

图 5-7　Sarsa 方法得到的最优策略

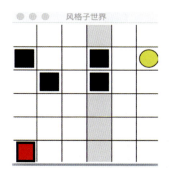 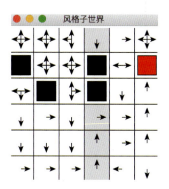 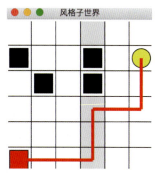

图 6-12　风格子世界　　图 6-13　后向 Sarsa(λ) 方法得到　　图 6-14　后向 Sarsa(λ) 方法得到
　　　　　　　　　　　　　　　　　的最优策略　　　　　　　　　　　的最优路径

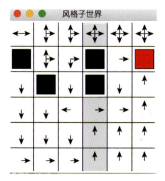 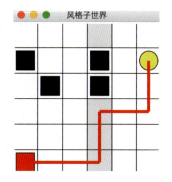

图 6-15　后向 $Q(\lambda)$ 方法得到的最优策略　　　　图 6-16　后向 $Q(\lambda)$ 方法得到的最优路径

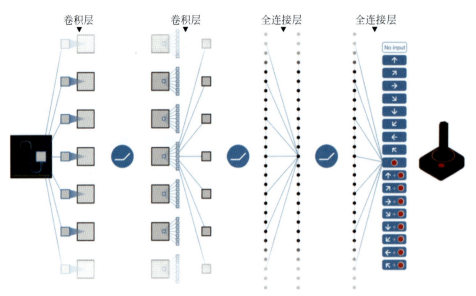

图 7-3  DQN 的神经网络结构

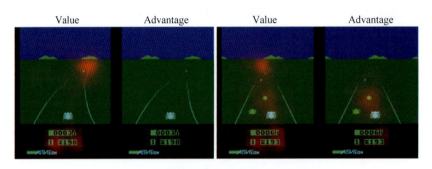

图 7-7  驾驶汽车

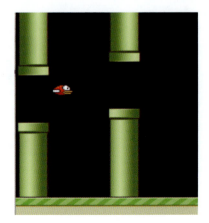

图 7-10  飞翔的小鸟

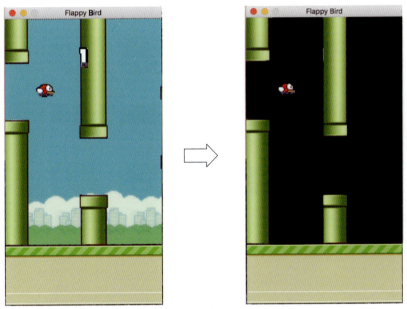

图 7-11　删除游戏背景

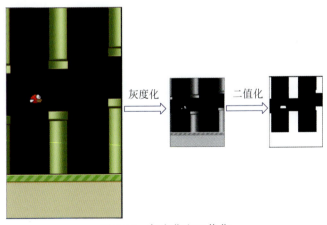

图 7-13　灰度化和二值化

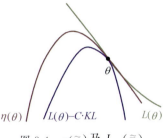

图 8-4　$\eta(\tilde{\pi})$ 及 $L_\pi(\tilde{\pi})$

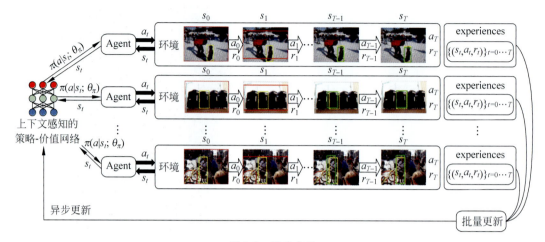

图 9-1 异步方法

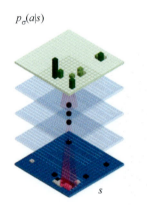

图 13-12 策略网络结构示意图

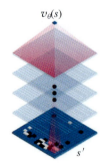

图 13-13 价值网络结构示意图

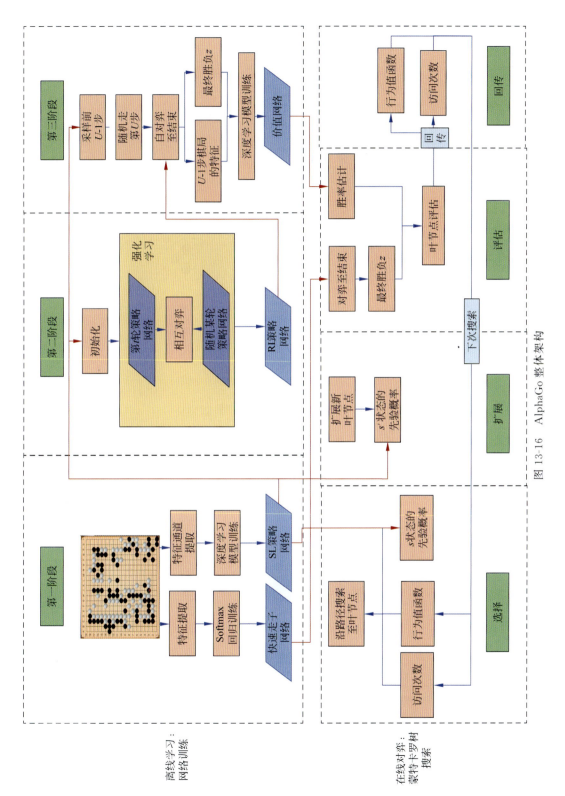

图 13-16 AlphaGo 整体架构

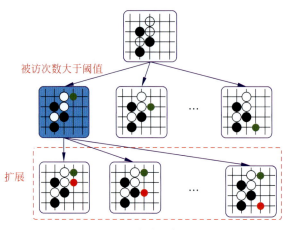

图 13-17 在线对弈过程

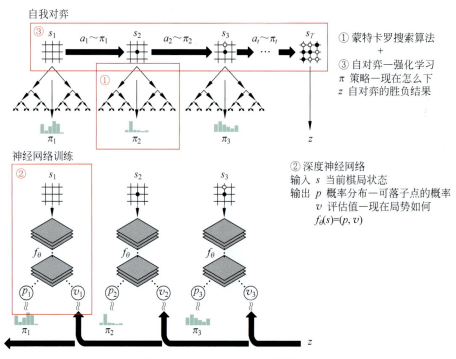

图 13-18 AlphaGo Zero 下棋原理

人工智能科学与技术丛书

# REINFORCEMENT LEARNING
# 强化学习

邹伟　高玲　刘昱杓◎著
Zou Wei　Ge Ling　Liu Yubiao

清华大学出版社
北京

## 内 容 简 介

本书内容系统全面，覆盖面广，既有理论阐述、公式推导，又有丰富的典型案例，理论联系实际。书中全面系统地描述了强化学习的起源、背景和分类，各类强化学习算法的原理、实现方式以及各算法间的关系，为读者构建了一个完整的强化学习知识体系；同时包含丰富的经典案例，如各类迷宫寻宝、飞翔小鸟、扑克牌、小车爬山、倒立摆、钟摆、多臂赌博机、五子棋、AlphaGo、AlphaGo Zero、AlphaZero 等，通过给出它们对应的详细案例说明和代码描述，让读者深度理解各类强化学习算法的精髓。书中案例生动形象，描述深入浅出，代码简洁易懂，注释详尽。

本书可作为高等院校人工智能、计算机、自动化、电子信息等相关专业的本科生或研究生教材，也可供对强化学习感兴趣的研究人员和工程技术人员阅读参考。

本书封面贴有清华大学出版社防伪标签，无标签者不得销售。
版权所有，侵权必究。举报：010-62782989，beiqinquan@tup.tsinghua.edu.cn。

**图书在版编目(CIP)数据**

强化学习/邹伟，鬲玲，刘昱杓著. —北京：清华大学出版社，2020.6(2025.5重印)
(人工智能科学与技术丛书)
ISBN 978-7-302-53829-5

Ⅰ. ①强… Ⅱ. ①邹… ②鬲… ③刘… Ⅲ. ①机器学习 Ⅳ. ①TP181

中国版本图书馆 CIP 数据核字(2019)第 205873 号

责任编辑：刘　星
封面设计：李召霞
责任校对：李建庄
责任印制：宋　林

出版发行：清华大学出版社
网　　址：https://www.tup.com.cn，https://www.wqxuetang.com
地　　址：北京清华大学学研大厦 A 座　　　邮　编：100084
社 总 机：010-83470000　　　邮　购：010-62786544
投稿与读者服务：010-62776969，c-service@tup.tsinghua.edu.cn
质量反馈：010-62772015，zhiliang@tup.tsinghua.edu.cn
课件下载：https://www.tup.com.cn，010-83470236

印 装 者：三河市君旺印务有限公司
经　　销：全国新华书店
开　　本：186mm×240mm　　印　张：25　　彩　插：4　　字　数：577 千字
版　　次：2020 年 6 月第 1 版　　　　印　次：2025 年 5 月第 6 次印刷
印　　数：4701～4900
定　　价：99.00 元

产品编号：079641-01

强化学习也称再励学习、评价学习,是一种重要的机器学习方法,在智能控制机器人、分析预测等领域有许多应用,是 AlphaGo Zero 和 AlphaZero 的核心技术。其本质是解决决策问题,针对一个具体问题得到一个最优的策略,使得在该策略下获得的奖励最大。强化学习的思想与人类的学习过程有很大的相似性,都是依靠环境的反馈来调整行为,在不断地交互和试错中学习,因此强化学习被认为是迈向通用人工智能的重要途径。

正因为强化学习的强大潜力,使其成为继深度学习之后,学术界和工业界追捧的又一热点。很多工业界的巨头都在不断探索强化学习的实际应用,如机器人控制、无人驾驶、游戏博弈,以及制造业、电商广告推荐等。

本人主要从事商务智能应用、社会网络挖掘算法等领域的研究,也在持续研究机器学习、人工智能等相关前沿知识,一年前开始关注强化学习。强化学习是一门综合性学科,涉及的概念和算法很多,再加上国内高校也没有开设系统性课程,中文资料比较少,难以快速上手,所以学习门槛比较高。

机缘巧合,我有幸结识了邹伟先生,读了邹伟先生和鬲玲女士联合推出的新书《强化学习》,收获很大。该书的叙述线索非常清晰,从马尔可夫决策模型开始,先是给出了基础的查表型强化学习方法,接着是联合的深度强化学习算法,最后用强化学习在博弈领域的应用收尾,层次分明,结构清晰,难度循序渐进,全无枝枝蔓蔓之感。该书不仅解释了算法的原理及流程,还深入分析了算法之间的内在联系,可以帮助读者举一反三,掌握算法精髓。同时,在每一章节结尾,均给出了丰富的实例,通过实例来描述算法的运行步骤,验证算法的效果,可以帮助读者快速地将算法应用到实践中去。

该书是一本较为难得的强化学习类书籍,内容全面、翔实,语言简洁、易懂,实用性强,值得精读。该书既适合强化学习零基础的人员入门学习,也适合相关科研人员研究参考。各位读者在学习强化学习相关知识时,如果将该书作为主要阅读教材,并跟随书中的实例和代码实现并验证相关算法,势必会取得事半功倍的效果。最后,希望无论是强化学习领域的初学者,还是有经验的相关领域科研人员,均能从该书中收获满满!

黄 岚

吉林大学计算机科学技术学院

2019 年 12 月

2015年笔者加入邹伟先生的团队,负责强化学习相关项目,第一次接触"强化学习"这门学科,便被强化学习的魅力深深吸引。

强化学习的原理并不复杂,但学习过程充满了挑战。因其融合了统计、信息、概率论、运筹学等多个学科的内容,故每个算法的基础理论均涉及大量的概念、公式以及数学推导,理解起来非常困难。每研究一个系列的算法都要查阅大量的文献资料。而市面上的相关资料良莠不齐,学习过程举步维艰,经历的困惑和陷阱数不胜数。

为了方便和邹伟先生讨论,笔者将所有算法按照自己的理解进行了整理。对整个强化学习方法进行了分类,对各类别下包含的算法进行了梳理,包括每个算法的具体推导过程。邹伟先生看了笔者整理的初稿,考虑到市面上缺少强化学习中文教材类书籍,仅有的几种强化学习中文著作大多讨论的是其背后的数学理论,很少涉及如何使用编程语言实现强化学习算法,并将其应用于工程实践,便建议笔者写一本面向科研工作者的强化学习实践著作,这就是写作本书的主要原因。虽然深知撰写需要耗费大量的时间和精力,但考虑到入门书籍的重要性,为了让读者避免像笔者一样深陷泥潭,困惑彷徨,难以为继,甚至是后续花费数倍时间成本来纠正偏差,笔者踌躇许久,决定动笔。

2016年年初开始和邹伟先生进入整书规划阶段,每周都会针对整本书的总体架构和章节安排进行交流和讨论。我们讨论每一章的叙述方式,写到什么程度,以及每一章应该配备什么样的案例和习题。经过一遍遍地推翻重写、修改打磨,于2016年7月终于确定书稿大纲。接着进入了漫长的写作阶段,写作的过程更是如履薄冰,唯恐有半点不当误人子弟。内容写作大约持续了两年半的时间,这期间的主要工作就是研读材料、推导公式,和刘昱杓讨论案例和代码,撰写内容并润色修改。一直到2019年年初,才完成了书稿的全部编写工作。

写作过程中,邹伟先生负责本书的整体架构和章节安排,以及书稿的审核、修改工作。笔者负责各章节具体内容的撰写,包括算法来源、原理、流程、算法之间的关系,以及案例编写、代码描述等。刘昱杓负责为各个章节提供代码,按照章节案例需求对代码进行修改。

本书在写作和修改过程中主要参考了 David Silver 的网络课程 Reinforcement Learning，以及 Richard S. Sutton 的著作 *Reinforcement Learning: An Introduction*，在此，向两位前辈致敬。同时，感谢网络上众多的优秀开发者和博主，感谢清华大学出版社的刘星老师对本书出版给予的支持，感谢北京信息科技大学的李航同学在校稿过程中的辛勤付出，正是他们认真、细致的工作才保证了本书的出版质量，没有他们，该书不会这么顺利出版。

最后，感谢笔者的家人、朋友对笔者长期的帮助和鼓励。三年来，笔者所有的节假日和业余时间都贡献给了此书，无暇顾及其他，并且此间多次感到压抑而彷徨，正是在他们的支持下，笔者才得以坚持。

鬲 玲

2019 年 12 月

# 前言

## 一、为什么要写本书

强化学习日渐流行,作为当今社会最热门的研究课题之一,其关注度正与日俱增。强化学习是机器学习的一个分支,通过与环境的交互进行学习,目前广泛应用于游戏领域,如ATARI游戏、西洋双陆棋、AlphaZero等。由于它具有自学习的特性,因此在机器人、工业自动化、自然语言处理、医疗保健及在线股票交易等领域受到了广泛重视,并取得了众多成果。

强化学习是一门实践性很强的学科,同时也具有坚实的理论基础。但目前市面上关于强化学习的书籍过于偏重理论推导和分析,很少以应用为导向来介绍与该算法相关的工程实践及相关代码实现,难以引起读者(特别是初学者)的兴趣,从而无法使其对强化学习算法进行深入的了解和学习。

本书紧扣读者需求,采用循序渐进的叙述方式,深入浅出地论述了强化学习的背景、算法原理、应用案例等;此外,本书针对每一章节的算法均提供了对应的案例和程序源代码,并附有详细的注释,有助于读者加深对强化学习相关知识的理解。

通过本书,读者可以从零起步了解并掌握强化学习算法,并且能够快速选择合适的算法去解决实际问题。更进一步,通过学习本书,读者能够丰富对人类自身的认识,并启发对人机智能之争更深一层的思考与探索。

## 二、内容特色

与同类书籍相比,本书有如下特色。

### 1. 由浅入深,循序渐进

本书以具备机器学习基础知识的本科生或研究生为对象,先介绍强化学习的基本概念及分类,接着以强化学习拟解决的问题为着眼点,将强化学习要解决的问题转化为求解马尔可夫模型。然后由浅入深地给出了求解此模型的基础求解方法和联合求解方法,其中,基础求解法均为查表型算法,适用于状态空间、行为空间有限的场景;对于状态行为空间连续的情况,需要联合求解方法,该方法结合了神经网络来逼近价值函数或者策略函数,也称为深度强化学习。最后是一个博弈案例，向读者展示了强化学习在博弈领域的应用。这种循序渐进的叙述方式，可以将读者的注意力逐渐从背景知识引向重点，由浅入深地展开一个又一个算法。

### 2. 原理透彻，注重应用

将理论和实践有机地结合是进行算法研究和应用成功的关键。本书对强化学习的相关理论分门别类、层层递进地进行了详细的叙述和透彻的分析，既体现了各知识点之间的联系，又兼顾了其渐进性。本书在介绍每个系列的算法时，不仅给出了算法的运行流程，还给出了该类算法的应用案例；这些实例不仅可以加深读者对所学知识的理解，而且也展现了强化学习技术的研究热点。本书真正体现了理论联系实际的理念，使读者能够体会到"学以致用"的乐趣。

### 3. 例程丰富，解释翔实

本书根据笔者多年从事人工智能学习、科研的经验，列举了近 20 个关于强化学习算法的 Python 源代码实例，并针对代码的运行步骤，结合理论和代码进行了详细的描述，重点解释了理论和代码之间的转换。本书采用"算法详情""核心代码""代码注释"三种方式对源代码进行解析，让读者对相关算法的核心思想有更直观、更深刻的理解，可以有效地提高读者在强化学习方面的编程能力。本书所提供的程序的编写思想、经验技巧，也可为读者采用其他计算机语言进行强化学习编程提供借鉴。

### 4. 资源共享，超值服务

本书对强化学习的相关理论和技术进行了分析和探讨，读者可登录清华大学出版社官网下载课件、源代码、教学大纲等相关资源。此外，笔者还定期在"睿客堂"公众号上与读者进行在线互动交流，解答读者的疑问。

### 5. 图文并茂，语言生动

为了更加生动地诠释知识要点，本书配备了大量新颖的图片，以提升读者的兴趣，加深读者对相关理论的理解。在文字叙述上，本书摒弃了枯燥的平铺直叙，采用案例与问题引导式。本书的"实例讲解"板块，彰显了本书学以致用的特点。

## 三、结构安排

本书主要介绍强化学习的相关知识，分为提出问题、基础求解方法、联合求解方法和博弈案例四大部分，共 13 章，内容如图 0-1 所示。

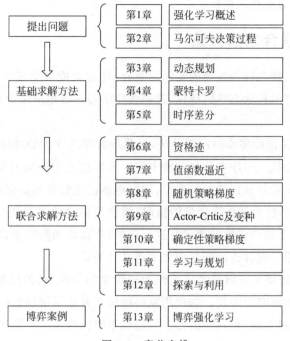

图 0-1 章节安排

# 第一部分：提出问题

第1章：介绍强化学习的定义、发展历程及要解决的问题。

第2章：构建强化学习模型——马尔可夫决策模型，将解决强化学习问题转化为求解马尔可夫决策模型的最优解。

# 第二部分：基础求解方法

描述了三类基本的求解马尔可夫决策模型的方法。此方法仅限于小规模查表求解方式，若问题复杂则需要使用第三部分介绍的联合求解方法。

第3章：利用动态规划进行强化学习，可视为强化学习中的"规划"，在已知模型（即已知转移概率、奖励）的基础上，通过迭代的方法，求解策略的值函数，并在此基础上找到最优的策略。

第4章：在不清楚模型状态转移概率及奖励的情况下，利用蒙特卡罗方法进行强化学习，直接对完整轨迹中的回报取平均（即经验平均）得到值函数，求取最优策略。

第5章：同样是不清楚模型状态转移及奖励的情况，如果学习的是不完整的轨迹，则需通过贝尔曼递推公式（自举的方法）求取值函数，并求取最优策略，这就是时序差分方法，该方法与蒙特卡罗方法的重要区别在于学习轨迹是否完整。

## 第三部分：联合求解方法

在解决规模较大、状态行为连续的实际问题时，通常集成多个基本算法，或者对值函数做函数近似，将行为空间和状态空间泛化，这是强化学习在落地应用中采取的最广泛的方法之一。

第 6 章：资格迹法也称多步时序差分法，是单步时序差分（TD）的扩展。扩展之后产生了一类方法，该方法连接了时序差分和蒙特卡罗。实际过程中一般对每步的值函数都赋予一个权重，将各步时序差分返回值加权平均，用以更新值函数求解最优策略。

第 7 章：对于状态行为是连续变量的情况，需利用值函数逼近代替查表法进行强化学习。通过引入线性或非线性函数对值函数进行近似，计算该函数的参数，实现在状态行为空间的泛化，该方法适用于包含连续变量或复杂意义的场景。

第 8 章：在值函数动作空间很大或动作为连续集的情况下，值函数逼近法不能很好地解决问题，而直接分析策略更方便。如使用策略梯度上升法可绕过值函数，直接求解最优策略。如果该策略是随机策略，则对应的方法为随机策略梯度法。所谓随机策略，是指给定状态下，行为是一个概率分布。

第 9 章：在求解最优策略时，如果同时使用了值函数逼近和策略梯度搜索，借助近似的值函数来指导策略参数更新，就是 Actor-Critic（行动者-评论家）方法。Actor-Critic 方法相当于行动者（策略参数逼近）在行动的同时有评论家（值函数参数逼近）指点，继而行动者做得越来越好。

第 10 章：在使用策略梯度算法解决大型动作空间或者连续动作空间的强化学习问题时，如果求解的策略是确定性策略 $a = u_\theta(s)$，则对应的方法就是确定性策略梯度法。所谓确定性策略，是指任意给定状态都会对应一个确定行为。

第 11 章：基于环境模型的方法（规划方法）和无模型的方法（学习方法），这两类方法的核心都是计算值函数。因此，可以从一个统一的视角将规划方法和学习方法进行集成，形成 Dyna 系列方法。该系列方法通过生成模型拟合数据的方式解决实际问题。

第 12 章：着眼于探索-利用困境，给出几类探索算法。通过引入后悔值，借助多臂赌博机这一与状态无关的示例，从理论和实践上论述了相关算法的有效性。

## 第四部分：博弈案例

第 13 章：将强化学习算法引入双人博弈领域，分别介绍了博弈树、极大极小搜索、Alpha-Beta 搜索、蒙特卡罗树搜索等几种常见的树搜索算法。以近几年最热的 AlphaGo、AlphaGo Zero、AlphaZero 为对象，向读者展示了传统蒙特卡罗树搜索与自我对弈强化学习相结合后产生的巨大威力。

## 四、读者对象

- 有机器学习基础，并对强化学习技术感兴趣的读者；
- 人工智能、计算机、信息科学、数学、自动化、软件工程等相关专业的本科生、研究生；
- 相关工程技术人员。

## 五、学习建议

为了更好地阅读和理解本书，建议读者先学习 Python 并能进行简单的编程，且具备基础的机器学习知识。本书的章节安排是依据强化学习内容的难易程度，由浅入深、循序渐进建立的，建议初学者从前至后顺序阅读。

对于基础薄弱者，可以分如下几步阅读此书。

第一步，先简单浏览本书各章节安排，了解各章节都有哪些算法、哪些实践项目，以做到对基本概念有初步的理解，对本书有整体的认识。

第二步，从前至后细细阅读各章节算法的原理，并运行相应的实践项目。对照书中内容和相应的源代码内容，深入学习各个算法的细节。

第三步，可以参阅标记"＊"的章节及相应的参考文献，进一步扩展学习此领域知识。

本书配套资源请扫描下方二维码获取：

配套资源

## 六、致谢

感谢两位鼻祖 Richard S. Sutton 和 David Silver，感谢他们的课程、著作及研究材料；感谢清华大学出版社对本书的认可和支持；感谢北京信息科技大学的李航在本书的资料整理及校对过程中所付出的辛勤劳动。

限于笔者的水平和经验，加之时间比较仓促，疏漏之处在所难免，敬请读者批评指正。有兴趣的朋友可发送邮件到 workemail6@163.com，或者在"睿客堂"微信公众号后台留言，与笔者交流。

邹　伟

2019 年 12 月

# 目 录

**第1章 强化学习概述** ········· 1
  1.1 强化学习的背景 ········· 1
  1.2 强化学习初探 ········· 2
    1.2.1 智能体和环境 ········· 2
    1.2.2 智能体主要组成 ········· 3
    1.2.3 强化学习、监督学习、非监督学习 ········· 5
    1.2.4 强化学习分类 ········· 5
    1.2.5 研究方法 ········· 6
    1.2.6 发展历程 ········· 7
  1.3 强化学习的重点概念 ········· 8
    1.3.1 学习与规划 ········· 8
    1.3.2 探索与利用 ········· 10
    1.3.3 预测与控制 ········· 10
  1.4 小结 ········· 11
  1.5 习题 ········· 11

**第2章 马尔可夫决策过程** ········· 12
  2.1 马尔可夫基本概念 ········· 12
    2.1.1 马尔可夫性 ········· 12
    2.1.2 马尔可夫过程 ········· 13
    2.1.3 马尔可夫决策过程 ········· 14
  2.2 贝尔曼方程 ········· 17
    2.2.1 贝尔曼期望方程 ········· 17
    2.2.2 贝尔曼最优方程 ········· 22
  2.3 最优策略 ········· 25
    2.3.1 最优策略定义 ········· 25
    2.3.2 求解最优策略 ········· 25
  2.4 小结 ········· 26
  2.5 习题 ········· 27

## 第 3 章 动态规划 ………………………………………………………… 28

    3.1 动态规划简介 ……………………………………………………… 28
    3.2 策略评估 …………………………………………………………… 29
    3.3 策略改进 …………………………………………………………… 29
    3.4 策略迭代 …………………………………………………………… 30
    3.5 值迭代 ……………………………………………………………… 31
    3.6 实例讲解 …………………………………………………………… 33
        3.6.1 "找宝藏"环境描述 ……………………………………………… 33
        3.6.2 策略迭代 …………………………………………………… 35
        3.6.3 值迭代 ……………………………………………………… 42
        3.6.4 实例小结 …………………………………………………… 46
    3.7 小结 ………………………………………………………………… 47
    3.8 习题 ………………………………………………………………… 47

## 第 4 章 蒙特卡罗 ………………………………………………………… 48

    4.1 蒙特卡罗简介 ……………………………………………………… 48
    4.2 蒙特卡罗评估 ……………………………………………………… 49
    4.3 蒙特卡罗控制 ……………………………………………………… 51
    4.4 在线策略蒙特卡罗 ………………………………………………… 54
    4.5 离线策略蒙特卡罗 ………………………………………………… 55
        4.5.1 重要性采样离线策略蒙特卡罗 ……………………………… 55
        4.5.2 加权重要性采样离线策略蒙特卡罗 ………………………… 57
    4.6 实例讲解 …………………………………………………………… 59
        4.6.1 "十点半"游戏 …………………………………………………… 59
        4.6.2 在线策略蒙特卡罗 ………………………………………… 65
        4.6.3 离线策略蒙特卡罗 ………………………………………… 73
        4.6.4 实例小结 …………………………………………………… 80
    4.7 小结 ………………………………………………………………… 80
    4.8 习题 ………………………………………………………………… 81

## 第 5 章 时序差分 ………………………………………………………… 82

    5.1 时序差分简介 ……………………………………………………… 82
    5.2 三种方法的性质对比 ……………………………………………… 82
    5.3 Sarsa：在线策略 TD ……………………………………………… 86
    5.4 Q-learning：离线策略 TD 方法 …………………………………… 87

5.5 实例讲解 ················································································ 88
　5.5.1 迷宫寻宝 ········································································ 89
　5.5.2 Sarsa 方法 ······································································ 93
　5.5.3 Q-learning 方法 ······························································· 99
　5.5.4 实例小结 ······································································ 104
5.6 小结 ······················································································ 104
5.7 习题 ······················································································ 105

## 第 6 章 资格迹 ················································································ 106

6.1 资格迹简介 ············································································ 106
6.2 多步 TD 评估 ········································································· 107
6.3 前向算法 ··············································································· 107
6.4 后向算法 ··············································································· 109
6.5 前向算法与后向算法的统一 ··················································· 112
6.6 Sarsa($\lambda$)方法 ········································································· 114
　6.6.1 前向 Sarsa($\lambda$)方法 ······················································· 114
　6.6.2 后向 Sarsa($\lambda$)方法 ······················································· 115
6.7 $Q(\lambda)$方法 ············································································ 116
　6.7.1 前向 Watkins's $Q(\lambda)$方法 ············································ 116
　6.7.2 后向 Watkins's $Q(\lambda)$方法 ············································ 117
*6.7.3 Peng's $Q(\lambda)$方法 ························································ 119
6.8 实例讲解 ··············································································· 119
　6.8.1 风格子世界 ···································································· 119
　6.8.2 后向 Sarsa($\lambda$) ······························································ 124
　6.8.3 后向 $Q(\lambda)$ ··································································· 132
　6.8.4 实例小结 ······································································ 140
6.9 小结 ······················································································ 140
6.10 习题 ···················································································· 141

## 第 7 章 值函数逼近 ········································································· 142

7.1 值函数逼近简介 ····································································· 142
7.2 线性逼近 ··············································································· 143
　7.2.1 增量法 ·········································································· 144
　7.2.2 批量法 ·········································································· 148
7.3 非线性逼近 ············································································ 150
　7.3.1 DQN 方法 ···································································· 151

    7.3.2 Double DQN 方法 ·················· 157
    7.3.3 Dueling DQN 方法 ················· 159
  7.4 实例讲解 ····························· 162
    7.4.1 游戏简介 ························ 162
    7.4.2 环境描述 ························ 162
    7.4.3 算法详情 ························ 163
    7.4.4 核心代码 ························ 169
  7.5 小结 ································ 174
  7.6 习题 ································ 175

## 第 8 章 随机策略梯度 ····················· 176

  8.1 随机策略梯度简介 ······················ 176
    8.1.1 策略梯度优缺点 ···················· 176
    8.1.2 策略梯度方法分类 ··················· 178
  8.2 随机策略梯度定理及证明 ·················· 179
    8.2.1 随机策略梯度定理 ··················· 179
    *8.2.2 随机策略梯度定理证明 ················ 180
  8.3 蒙特卡罗策略梯度 ······················ 183
    8.3.1 REINFORCE 方法 ··················· 183
    8.3.2 带基线的 REINFORCE 方法 ·············· 184
  8.4 TRPO 方法 ··························· 185
  8.5 实例讲解 ····························· 193
    8.5.1 游戏简介及环境描述 ·················· 193
    8.5.2 算法详情 ························ 194
    8.5.3 核心代码 ························ 199
  8.6 小结 ································ 203
  8.7 习题 ································ 203

## 第 9 章 Actor-Critic 及变种 ················· 204

  9.1 AC 方法 ····························· 204
    9.1.1 在线策略 AC 方法 ··················· 205
    9.1.2 离线策略 AC 方法 ··················· 207
    9.1.3 兼容性近似函数定理 ·················· 208
  9.2 A2C 方法 ···························· 209
  9.3 A3C 方法 ···························· 210
    9.3.1 简介 ··························· 210

9.3.2 异步 Q-learning 方法 ········································ 212
9.3.3 异步 Sarsa 方法 ············································· 213
9.3.4 异步 $n$ 步 Q-learning 方法 ······························ 214
9.3.5 A3C 方法详述 ················································ 216
9.4 实例讲解 ································································ 218
9.4.1 AC 实例 ························································ 218
9.4.2 A3C 实例 ······················································ 228
9.5 小结 ······································································ 242
9.6 习题 ······································································ 243

# 第 10 章 确定性策略梯度 ················································ 244

10.1 确定性策略梯度及证明 ············································ 244
10.1.1 确定性策略梯度定理 ······································ 245
*10.1.2 确定性策略梯度定理证明 ····························· 246
10.2 DPG 方法 ······························································ 247
10.2.1 在线策略确定性 AC 方法 ································ 247
10.2.2 离线策略确定性 AC ······································· 248
10.2.3 兼容性近似函数定理 ······································ 249
10.3 DDPG 方法 ···························································· 250
10.3.1 DDPG 简介 ··················································· 250
10.3.2 算法要点 ····················································· 251
10.3.3 算法流程 ····················································· 252
10.4 实例讲解 ······························································· 255
10.4.1 游戏简介及环境描述 ····································· 255
10.4.2 算法详情 ····················································· 255
10.4.3 核心代码 ····················································· 262
10.5 小结 ···································································· 266
10.6 习题 ···································································· 266

# 第 11 章 学习与规划 ······················································· 267

11.1 有模型方法和无模型方法 ········································ 267
11.2 模型拟合 ······························································ 268
11.2.1 模型数学表示 ··············································· 268
11.2.2 监督式学习构建模型 ····································· 268
11.2.3 利用模型进行规划 ········································· 269

11.3 Dyna 框架及相关算法 ........................................ 269
    11.3.1 Dyna-Q ........................................ 270
    11.3.2 Dyna-Q$^+$ ........................................ 272
    11.3.3 优先级扫描的 Dyna-Q ........................................ 274
11.4 Dyna-2 ........................................ 276
11.5 实例讲解 ........................................ 279
    11.5.1 游戏简介及环境描述 ........................................ 279
    11.5.2 算法详情 ........................................ 279
    11.5.3 核心代码 ........................................ 284
11.6 小结 ........................................ 288
11.7 习题 ........................................ 288

## 第 12 章 探索与利用 ........................................ 289

12.1 探索-利用困境 ........................................ 289
12.2 多臂赌博机问题 ........................................ 290
12.3 朴素探索 ........................................ 292
12.4 乐观初始值估计 ........................................ 293
12.5 置信区间上界 ........................................ 293
12.6 概率匹配 ........................................ 296
12.7 信息价值 ........................................ 298
12.8 实例讲解 ........................................ 299
    12.8.1 游戏简介及环境描述 ........................................ 299
    12.8.2 算法详情 ........................................ 299
    12.8.3 核心代码 ........................................ 303
12.9 小结 ........................................ 305
12.10 习题 ........................................ 306

## 第 13 章 博弈强化学习 ........................................ 307

13.1 博弈及博弈树 ........................................ 308
13.2 极大极小搜索 ........................................ 310
13.3 Alpha-Beta 搜索 ........................................ 312
13.4 蒙特卡罗树搜索 ........................................ 314
13.5 AlphaGo ........................................ 317
    13.5.1 监督学习策略网络 $p_\sigma$ ........................................ 318
    13.5.2 快速走子策略网络 $p_\pi$ ........................................ 319
    13.5.3 强化学习策略网络 $p_\rho$ ........................................ 319

13.5.4　价值网络 $v_\theta$ ·················································· 320
　　　13.5.5　蒙特卡罗树搜索 ············································ 321
　　　13.5.6　总结 ························································· 323
　13.6　AlphaGo Zero ······················································· 326
　　　13.6.1　下棋原理 ···················································· 326
　　　13.6.2　网络结构 ···················································· 328
　　　13.6.3　蒙特卡罗树搜索 ············································ 329
　　　13.6.4　总结 ························································· 332
　13.7　AlphaZero ··························································· 332
　13.8　实例讲解 ····························································· 335
　　　13.8.1　游戏简介及环境描述 ······································ 335
　　　13.8.2　算法流程描述 ··············································· 335
　　　13.8.3　算法细节 ···················································· 341
　　　13.8.4　核心代码 ···················································· 349
　13.9　小结 ·································································· 377
　13.10　习题 ································································ 378
参考文献 ········································································ 379

# 第 1 章　强化学习概述

## 1.1　强化学习的背景

我们在讨论人工智能的时候，首先想到的是 AlphaGo、AlphaGo Zero 和 AlphaZero。

2016 年，谷歌旗下的 DeepMind 团队发布 AlphaGo，如图 1-1 所示，AlphaGo 以 4∶1 的战绩击败了世界围棋冠军、韩国棋手李世石，震惊了世界。此后，AlphaGo 又进化出了 AlphaGo Master 版本，并以 3∶0 战胜了当今世界围棋第一人——中国棋手柯洁。闭关一年后，DeepMind 推出了最新版本的 AlphaGo Zero，无需任何人类指导，完全通过自我博弈，经过 3 天训练，以 100∶0 的成绩击败了 AlphaGo；经过 40 天训练，以 89∶11 的成绩击败了 AlphaGo Master。如今，Deepmind 再次将这种强大的算法泛化，提出了 AlphaZero，它可以从零开始，在多种不同的任务中通过自我对弈超越人类水平。相同条件下，该系统经过 8 个小时的训练，打败了李世石版 AlphaGo；经过 4 个小时的训练，打败了此前最强国际象棋 AI Stockfish；经过 2 个小时的训练，打败了最强将棋（又称日本象棋）AI Elmo；训练 34 个小时的 AlphaZero 胜过了训练 72 个小时的 AlphaGo Zero。

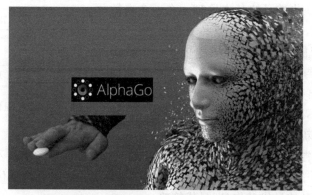

图 1-1　人机大战

AlphaGo Zero 和 AlphaZero 会取得如此傲人的成绩，得益于它们所用到的强化学习算法。算法的输入仅限于棋盘、棋子及游戏规则，没有使用任何人类数据。算法基本上从一个对围棋(或其他棋牌类游戏)一无所知的神经网络开始,将该神经网络和一个强力搜索算法结合,自我对弈。在对弈过程中,神经网络不断调整、升级,预测每一步落子和最终的胜利者。随着程序训练的进行,该算法独立发现了人类用几千年才总结出来的围棋规则,还建立了新的战略,发展出打破常规的策略和新招,为这个古老的游戏带来了新见解。

强化学习方法起源于动物心理学的相关原理,模仿人类和动物学习的试错机制,是一种通过与环境交互,学习状态到行为的映射关系,以获得最大累积期望回报的方法。状态到行为的映射关系也即策略,表示在各个状态下,智能体采取的行为或行为概率。

强化学习更像是人类的学习,其本质就是通过与环境交互进行学习。幼儿在学习走路时,虽然没有老师引导,但他与环境有一个直观的联系,这种联系会产生大量关于采取某个行为产生何种后果及为了实现目标要做些什么的因果关系信息,这种与环境的交互无疑是人类学习的主要途径。无论是学习驾驶汽车还是进行对话,我们都非常清楚环境的反馈,并且力求通过我们的行为去影响事态进展。从交互中学习几乎是所有学习和智能理论的基础概念。人类通过与周围环境交互,学会了行走与奔跑、语言与艺术。

人工智能的目标是赋予机器像人一样思考并反应的智慧,更进一步,希望创造出像人类一样具有自我意识和思考的人工智能。强化学习是解决机器认知的一个重要技术。掌握了强化学习的基本方法和基本原理便掌握了创造未来的基本工具。

## 1.2 强化学习初探

### 1.2.1 智能体和环境

强化学习方法通过与环境交互,学习状态到行为的映射关系。它包括智能体和环境两大对象。智能体也称为学习者或玩家,环境是指与智能体交互的外部。

图1-2解释了强化学习的基本原理。在一个离散时间序列 $t=0,1,2,\cdots$ 中,智能体需要完成某项任务。在每一个时间 $t$,智能体都能从环境中接收一个状态 $s_t$,并通过动作 $a_t$ 与环境继续交互,环境会产生新的状态 $s_{t+1}$,同时给出一个立即回报 $r_{t+1}$。如此循环下去,智能体与环境不断地交互,从而产生更多数据(状态和回报),并利用新的数据进一步改善自身的行为。

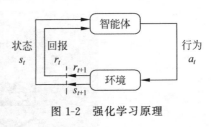

图1-2 强化学习原理

智能体不会被告知在当前状态下,应该采取哪一个动作,只能通过不断尝试每一个动作,依靠环境对动作的反馈,改善自己的行为,以适应环境。经过数次迭代之后,智能体最终能学到完成相应任务的最优动作(即最优策略)。

特别地,智能体和环境之间的边界通常与机器人结构或动物躯体的物理界限不同。通常情况下,智能体指的是存在于环境中,能够与环境进行交互,自主采取行动以完成任务的强化学习系统。系统之外的部分称为环境。例如，扫地机器人的电动机和机械结构，以及它的传感器硬件被认为是环境，基于强化学习的路径规划算法被认为是智能体。同样地，AlphaGo的智能体就是算法本身，当前棋局和回报是外部环境。进一步，如果我们将强化学习模型应用到人或动物身上，则思想和灵魂是智能体，肌肉、骨骼、各种感觉器官都被认为是环境的一部分。

另外一个区分智能体和环境的规则是：不能被智能体随意改变的东西都被认为是该智能体的外部环境。比如回报，作为行为和状态的函数，也许会在智能体的物理实体内部被计算，但是它定义了智能体面临的任务，智能体没有权限和能力去任意地改变它，因此回报就属于外部环境。智能体和环境之间的边界代表了智能体绝对控制的极限，而不是其学习和推理、进化的极限。

智能体和环境的边界基于不同的目的和场合有不同的划分方式。比如，一个复杂的机器人系统可能包含多个同时运行的智能体，每个智能体都有自己和环境的边界。对于一个执行高层决策的低层智能体来说，那个制定高层决策的智能体就构成了它的外部环境。在实际任务中，强化学习框架的状态、行为和回报一旦确定，智能体和环境的边界也就确定了。

### 1.2.2 智能体主要组成

如1.2.1节所述，智能体指的是能够与环境进行交互，自主采取行动以完成任务的强化学习系统。它主要由策略、值函数、模型三个组成部分中的一个或多个组成。

**1. 策略**

策略是决定智能体行为的机制，是状态到行为的映射，用$\pi(a|s)$表示，它定义了智能体在各个状态下的各种可能的行为及概率。

$$\pi(a \mid s) = P(A_t = a \mid S_t = s)$$

策略分为两种，确定性策略和随机性策略。确定性策略会根据具体状态输出一个动作，如$\mu(s)=a$。而随机性策略则会根据状态输出每个动作的概率（概率值大于等于0，小于等于1），输出值为一个概率分布。

一个策略完整定义了智能体的行为方式，也就定义了智能体在各个状态下的各种可能的行为方式及其概率大小。策略仅和当前的状态有关，与历史信息无关。同一个状态下，策略不会发生改变，发生变化的是依据策略可能产生的具体行为，因为具体的行为是有一定的概率的，策略就是用来描述各个不同状态下执行各个不同行为的概率。同时某一确定的策略是静态的，与时间无关，但是智能体可以随着时间更新策略。

**2. 值函数**

值函数代表智能体在给定状态下的表现，或者给定状态下采取某个行为的好坏程度。这里的好坏用未来的期望回报表示，而回报和采取的策略相关，所有值函数的估计都是基于给定的策略进行的。

回报 $G_t$ 为从 $t$ 时刻开始往后所有的回报的有衰减的总和,也称"收益"或"奖励"。公式如下：

$$G_t = R_{t+1} + \gamma R_{t+2} + \cdots = \sum_{k=0}^{\infty} \gamma^k R_{t+k+1}$$

其中折扣因子 $\gamma$（也称为衰减系数）体现了未来的回报在当前时刻的价值比例,在 $k+1$ 时刻获得的回报 $R$ 在 $t$ 时刻体现出的价值是 $\gamma^k R$。$\gamma$ 接近 0,表明趋向于"近视"性评估；$\gamma$ 接近 1,表明偏重考虑远期的利益。

状态值函数 $V_\pi(s)$ 表示从状态 $s$ 开始,遵循当前策略 $\pi$ 所获得的期望回报；或者说在执行当前策略 $\pi$ 时,衡量智能体所处状态 $s$ 时的价值大小。这个值可用来评价一个状态的好坏,指导智能体选择动作,使得其转移到具有较大值函数的状态上去。数学表示如下：

$$V_\pi(s) = E_\pi[G_t \mid S_t = s]$$
$$= E_\pi[R_{t+1} + \gamma R_{t+2} + \cdots \mid S_t = s]$$

值函数还有另外一个类别,即状态行为值函数 $Q_\pi(s,a)$,简称行为值函数。该指标表示针对当前状态 $s$ 执行某一具体行为 $a$ 后,继续执行策略 $\pi$ 所获得的期望回报；也表示遵循策略 $\pi$ 时,对当前状态 $s$ 执行行为 $a$ 的价值大小。公式描述如下：

$$Q_\pi(s,a) = E_\pi[G_t \mid S_t = s, A_t = a]$$
$$= E_\pi[R_{t+1} + \gamma R_{t+2} + \cdots \mid S_t = s, A_t = a]$$

### 3. 模型

在强化学习任务中,模型 $M$ 是智能体对环境的一个建模。即以智能体的视角来看待环境的运行机制,期望模型能够模拟环境与智能体的交互机制。给定一个状态和行为,该环境模型能够预测下一个状态和立即回报。

环境模型至少要解决两个问题：一是状态转换概率 $P_{ss'}^a$,预测下一个可能状态发生的概率；二是预测可能获得的立即回报 $R_s^a$。

$P_{ss'}^a$ 表征环境的动态特性,用以预测在状态 $s$ 上采取行为 $a$ 后,下个状态 $s'$ 的概率分布。$R_s^a$ 表征在状态 $s$ 上采取行为 $a$ 后得到的回报。公式描述如下：

$$P_{ss'}^a = P(S_{t+1} = s' \mid S_t = s, A_t = a)$$
$$R_s^a = E[R_{t+1} \mid S_t = s, A_t = a]$$

一般我们说的模型已知,指的就是获得了状态转移概率 $P_{ss'}^a$ 和回报 $R_s^a$。模型仅针对智能体而言,它是环境实际运行机制的近似。环境实际运行机制称为环境动力学(Dynamics of Environment),它能够确定智能体下一个状态和所得的立即回报。当然,模型并不是构建一个智能体所必需的组成,很多强化学习算法中智能体并不试图构建一个模型,如后面介绍的蒙特卡罗、时序差分等。

### 1.2.3 强化学习、监督学习、非监督学习

作为人工智能的重要分支,机器学习主要分为三大类:监督学习、非监督学习和强化学习,如图 1-3 所示。监督学习需人工给定标记,通过对具有标记的训练样本进行学习,以期正确地对训练集之外的样本标记进行预测。非监督学习无须给定标记,通过对没有标记的训练样本进行学习,以挖掘训练样本中潜在的结构信息。

图 1-3 机器学习分类

与监督学习和非监督学习均不同,强化学习的训练样本(这里指的是智能体与环境交互产生的数据)没有任何标记,仅有一个延迟的回报信号。强化学习通过对训练数据进行学习,以期获得从状态到行动的映射。这是强化学习与其他机器学习方法的第一个区别。

从强化学习的基本原理可以看出强化学习与其他机器学习算法的第二个区别。在监督学习和非监督学习中,数据是静态的,不需要与环境进行交互,如分类聚类,只要将训练数据输入算法中进行训练即可。并且,对于数据有更多的前提假设,如混合高斯分布、泊松分布。然而,强化学习是一个序贯决策(Sequential Decision Making)的过程,需要在与环境不断交互的过程中动态学习,该方法所需要的数据也是通过与环境不断交互动态产生的,并且所产生的数据之间存在高度的相关关系。相比监督学习和非监督学习,强化学习涉及的对象更多、更复杂,如动作、环境、状态转移概率和回报函数等。

目前,强化学习在策略选择的理论和算法方面已经取得了很大的进步,然而直接从高维感知输入(如图像、语音等)中提取特征,学习最优策略,对强化学习来说依然是一个挑战。人工特征选取存在的主观性和局限性,以及低效率、高成本等问题,严重影响了学习效果。近期深度学习的发展使得直接从原始数据中提取高水平特征变成可能,如图像识别和语音识别。那么可否借助深度学习对高维输入的感知,使得强化学习直接从图像或视频中学习最优策略成为可能呢?这就是深度强化学习方法。深度强化同时结合了深度学习的感知和强化学习的决策,试图通过感知进行智能决策,帮助人类实现人工智能的终极目标。

### 1.2.4 强化学习分类

在机器学习的所有方法中,强化学习最接近人类及其他动物在自然中学习的方法,许多强化学习的核心算法最初均是受生物学习系统的启发,通过研究动物的心理学模型(从经验中学习)和大脑回报系统(采取行为获取最大回报)而发展起来的。

根据智能体在解决强化学习问题时是否建立环境动力学的模型,将其分为两大类,即有模型方法和无模型方法,如图 1-4 所示。

假定智能体与环境交互过程中,环境的反馈机制已知,或者假定智能体已经对环境进行了建模,能在智能体内部模拟出与环境相同或近似的状况。即:知道环境在任一状态 $s$,接收任一行为 $a$,转移到任一状态 $s'$ 的概率,和在任一状态 $s$,接收任一行为 $a$ 得到的回报 $r$。这种在已知模型的环境中学习及求解的方法叫作有模型方法,如动态规划法。

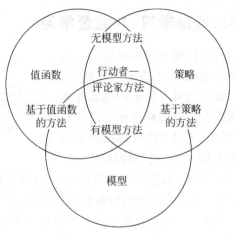

图 1-4　强化学习分类

在实际的强化学习任务中,很难知道环境的反馈机制,如状态转移的概率、环境反馈的回报等。这时候只能使用不依赖环境模型的方法,这种方法叫作无模型方法,如蒙特卡罗、时序差分法都属于此类方法。

在介绍第二种分类之前,先回顾两个基本概念:状态值函数 $V_\pi(s)$ 和状态行为值函数 $Q_\pi(s,a)$。

状态值函数 $V_\pi(s)$ 和状态行为值函数 $Q_\pi(s,a)$ 都与回报有关。$V_\pi(s)$ 是指在当前状态下,遵循策略 $\pi$,能够获得的期望回报。$Q_\pi(s,a)$ 表示在当前状态下,遵循策略 $\pi$,采取行为 $a$,能够获得的期望回报。两者都可称为值函数。

可以通过建立状态值估计来解决强化学习问题,也可以通过直接建立策略的估计来解决强化学习问题。根据不同的估计方法,可以把强化学习方法分为如下三类(见图 1-4)。

- 基于值函数(Value Based)的方法:求解时仅估计状态值函数,不去估计策略函数,最优策略在对值函数进行迭代求解时间接得到。接下来介绍的动态规划方法、蒙特卡罗方法、时序差分方法、值函数逼近法都属于基于值函数的方法。
- 基于策略(Policy Based)的方法:最优行为或策略直接通过求解策略函数产生,不去求解各状态值的估计函数。所有的策略函数逼近方法都属于基于策略的方法,包括蒙特卡罗策略梯度、时序差分策略梯度等。
- 行动者-评论家方法(Actor-Critic,AC):求解方法中既有值函数估计又有策略函数估计。两者相互结合解决问题,如典型的行动者-评论家方法、优势行动者-评论家方法(Advantage Actor-Critic,A2C)、异步优势行动者-评论家方法(Asynchronous Advantage Actor-Critic,A3C)等。

## 1.2.5　研究方法

强化学习自从第一次被提出来到现在也有六十多年的发展时间了,理论日益完善,已初步应用于机器人、自动控制、游戏等各种领域。在实际场景中,任何一个需要决策的问题理论上都可以使用强化学习方法来解决。求解强化学习问题的目标是求解每个状态下的最优策略。策略是指在每一时刻，某个状态下智能体采取所有行为的概率分布，策略的目标是在长期运行过程中接收的累积回报最大。为了获取更高的回报，智能体在进行决策时不仅要考虑立即回报，也要考虑后续状态的回报。所以解决强化学习问题一般需要两步，将实际场景抽象成一个数学模型，然后去求解这个数学模型，找到使得累积回报最大的解。

第一步：构建强化学习的数学模型——马尔可夫决策（Markov Decision Process, MDP）模型。

分析智能体与环境交互的边界、目标；结合状态空间、行为空间、目标回报进行建模，生成覆盖以上三种元素的数学模型——马尔可夫决策模型。马尔可夫决策模型在目标导向的交互学习领域是一个比较抽象的概念。不论涉及的智能体物理结构、环境组成、智能体和环境交互的细节多么复杂，这类交互学习问题都可以简化为智能体与环境之间来回传递的三个信号：智能体的行为、环境的状态、环境反馈的回报。马尔可夫决策模型可以有效地表示和简化实际的强化学习问题，这样解决强化学习问题就转化为求解马尔可夫决策模型的最优解了。

第二步：求解马尔可夫决策模型的最优解。

求解马尔可夫决策问题，是指求解每个状态下的行为（或行为分布），使得累积回报最大。可根据不同的应用场景选用不同的强化学习方法。例如，对于环境已知的情况可选用基于模型的方法，如动态规划法；对于环境未知的情况可选用无模型方法，如蒙特卡罗法、时序差分法；也可以选用无模型和有模型相结合的方法，如 Dyna 法。同时可以根据问题的复杂程度进行选择，对于简单的问题，或者离散状态空间、行为空间的问题，可以采用基础求解法，如动态规划（Dynamic Programming，DP）法、蒙特卡罗法（Monte Carlo，MC）、时序差分法（Temporal Difference，TD）。对于复杂问题，如状态空间、行为空间连续的场景，可以采用联合求解法，如多步时序差分法、值函数逼近法、随机策略梯度法、确定性策略梯度法、行动者-评论家方法、联合学习与规划的求解法等。这些方法会在后续章节里一一介绍，此处不再赘述。

### 1.2.6 发展历程

强化学习的概念是在 1954 年首次由 Minsky 提出的，他描述了一种随机神经模拟强化计算器（Stochastic Neural-analog Reinforcement Calculator），这是强化学习的雏形。1957 年，Bellman 提出了 Bellman 方程，采用动态规划方法求解马尔可夫决策模型的最优控制问题，强化学习的方法和思想均起源于动态规划方法。Howard 在 1960 年提出了求解马尔可夫决策过程的策略迭代方法。1961 年，Minsky 进一步提出了信度分配（Credit Assignment Problem）等强化学习的相关问题。1965 年，Waltz 和博京逊在控制理论中也提出了"强化"和"强化学习"的概念，描述了通过奖惩方式学习的基本思想。时序差分学习最早由 A. Samuel 在他著名的跳棋任务中提出。1988 年，Sutton 首次提出了多步时序差分 TD($\lambda$) 算法。1989 年，Watkins 提出了 Q-learning 方法，极大地完善了强化学习的应用和算法。至今为止，Q-learning 仍然是应用非常广泛的强化学习方法。1992 年，Tesauro 基于 TD($\lambda$)

研制的 TD-Gammon 程序在双陆棋上达到人类世界冠军水平，使时序差分（TD）学习备受关注。1994 年，Rummery 等提出了 Sarsa 学习算法。1999 年，Thrun 提出了部分可观测马尔可夫决策过程中的蒙特卡罗方法。2006 年，Kocsis 等提出了置信上限树算法。2009 年，Lewis 等提出了反馈控制自适应动态规划算法。2014 年，Silver 等提出确定性策略梯度算法。至此，强化学习的基础理论知识基本完善。

因强化学习无法直接对高维原始数据进行学习，所以有人提出将神经网络用于强化学习领域，于是就有了深度强化学习。早期关于深度强化学习研究的主要思路是将神经网络用于复杂高维数据的降维，将高维数据转化到低维特征空间便于强化学习处理。2003 年，Shibata 等将浅层神经网络和强化学习结合处理视觉信号输入，控制机器人完成推箱子等任务。2005 年，Riedmiller 采用多层感知机作为值函数的逼近器，将神经网络和强化学习结合起来。2010 年，Lange 大胆地采用高维的图片作为系统输入，通过深度自编码网络对图片进行降维处理，打破了之前强化学习只能解决低维状态空间的限制，使强化学习直接从图像中学习成为可能。2011 年，Abtahi 利用深度神经网络逼近行为值函数，并且证明预训练后的深度神经网络有利于深度强化学习的收敛。2013 年，DeepMind 团队采用深度强化学习操控 Atari 游戏，实现了从游戏图像到游戏操作端对端的学习过程，最后智能体完全依靠自学习掌握了 49 种 Atari 视频游戏，其中 43 种游戏玩得比之前的程序都要好，并在 23 种游戏中击败了人类的职业玩家。2014 年，密歇根大学研究团队提出 DQN 与 MCTS 结合的强化学习算法，深度强化学习进一步发展。2015 年，DeepMind 团队又接连提出了 Double DQN 和 Dueling DQN 算法；Lillicrap 提出了 DDPG 算法，采用深度强化学习方法解决连续状态空间和连续动作空间场景的问题；Schulman 提出了置信区间优化算法，采用深度神经网络，拟合强化学习的策略函数，并理论推导了如何选择更新步长，使学习能够更快达到收敛。2016 年，DeepMind 团队开发了 Alphago，通过历史棋谱和自我对弈，自主学习围棋，最终以 4∶1 的成绩战胜围棋冠军李世石。2017 年，AlphaGo Zero 无师自通，仅通过自我博弈学习，以 100∶0 的不败战绩绝杀"前辈"AlphaGo；同年年末，AlphaZero 从零开始，在多种不同的任务中通过自我对弈超越人类水平。

## 1.3 强化学习的重点概念

在强化学习领域，有三对至关重要的概念需要理解：学习与规划（Learning & Planning）、探索与利用（Exploration & Exploitation）、预测与控制（Prediction & Control）。

### 1.3.1 学习与规划

学习与规划是强化学习的两大类方法，分别适用于不同的情境。学习针对的是环境模型未知的情况，智能体不知道环境如何工作，状态如何转变，以及每一步的回报是多少，仅通过与环境进行交互，采用试错法逐渐改善其策略。

当智能体已经知道或近似知道环境如何工作时,可以考虑使用规划方法。此时,智能体并不直接与环境发生实际的交互,而是利用其拟合的环境模型获得状态转换概率和回报,在此基础上改善其策略。

在实际应用中,我们一般采用如下思路解决问题:首先与环境交互,了解环境的工作方式,借助实际交互数据构建环境模型;然后把这个习得的环境模型当作智能体的外部环境,并利用这个环境模型进行规划。在实际经历发生之前,通盘考虑未来可能的所有情况来决定行动方案。由此可知,基于模型进行规划是有模型方法,而不依赖模型的试错学习法是无模型方法。

例如,将机器人放入一个完全陌生的环境中,要求机器人在最短的时间内,能够躲避障碍物找到宝藏。初始时,机器人对于环境一无所知,不清楚哪里有障碍物,也不知道宝藏在哪儿,所以只能通过试错的方法随机地在环境里走动,产生一系列轨迹数据。此轨迹数据记录了它经历的坐标、行走方向,以及是否获得宝藏或是否遇到障碍物等信息。机器人通过分析这些历史数据,对自己的行为进行调整,以期下一次可以在更短的时间内得到宝藏,这是一个学习的过程。如果机器人在行动之前已经知道了环境的信息,如哪里有宝藏及哪里有障碍物,也知道自己在任意位置采取任意方向移动后转移到的目标位置,那么机器人可以先通过算法不断地模拟和推理,找到一套最优的行动方案,然后再去和环境进行实际的交互,获得最大的回报。这样的问题就属于规划问题。

比如,智能体在游戏平台上玩游戏时,对于除了游戏分数和游戏屏幕图像之外的信息一无所知,包括游戏规则及游戏机的机械控制原理等,如图 1-5 所示,智能体能做的就是随机向操纵杆发送上下左右的指令,记录屏幕的图像和得分情况。随着尝试的次数越来越多,智能体也慢慢地学会了如何获取更高的分数,这就属于学习问题。还有一种情况是智能体知道游戏规则,知道何种情况下采取何种行为可以转换到何种状态,以及获得的分数是多少,这种情况下,智能体为了获得更高的分数,先会模拟推理出最优的策略,这种求解方式叫作规划,如图 1-6 所示。

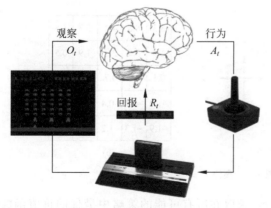

图 1-5 智能体学习游戏

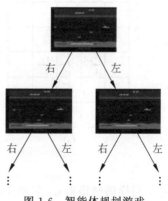

图 1-6 智能体规划游戏

### 1.3.2 探索与利用

强化学习是一种试错性质的学习,智能体需要从其与环境的交互中找到一个最优的策略,同时在试错的过程中不能丢失太多的回报。因此,智能体在决策时需要平衡探索与利用两个方面。

探索是指智能体在某个状态下试图去尝试一个新的行为,以图挖掘更多的关于环境的信息。而利用则是智能体根据已知信息,选取当下最优的行为来最大化回报。

打一个形象的比方:当你去一个餐馆吃饭时,"探索"意味着你对尝试新餐厅感兴趣,很可能会去一家以前没有去过的新餐厅体验。"利用"则意味着你会在以往吃过的餐厅中选择一家比较喜欢的,而不去尝试以前没去过的新餐厅。又如,进行油气开采时,探索表示在一个未知地点开采,而利用表示选择一个已知的最好的地点。

探索与利用是一对矛盾,但对解决强化学习问题又都非常重要。在解决实际问题时,需要结合实际情况进行权衡,本书的第 12 章给出了五种权衡探索和利用的方法。

### 1.3.3 预测与控制

预测与控制也叫评估与改善,是解决强化学习问题的两个重要的步骤。

在解决一个具体的马尔可夫决策问题时,首先需要解决关于预测的问题,即评估当前这个策略有多好,具体的做法一般是求解在既定策略下的状态值函数。而后在此基础上解决关于控制的问题,即对当前策略不断优化,直到找到一个足够好的策略能够最大化未来的回报。

举一个例子来说明预测和控制两个概念的区别。假设一个网格世界的环境模型如图 1-7(a)所示,智能体每走一格回报为 -1。初始策略为随机策略,智能体朝着东南西北四个方向移动的概率均为 0.25,求在给定策略下每一个位置(格子)的价值,如图 1-7(b)所示,这是一个预测问题。

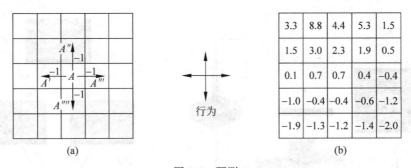

图 1-7 预测

对于同样的网格世界,如图 1-8(a)所示,求取在所有可能的策略中最优的价值函数(见图 1-8(b))及最优策略(见图 1-8(c)),这就是控制问题。

 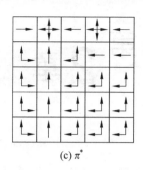

(a) 网格世界　　　　　　(b) $V^*$　　　　　　(c) $\pi^*$

图 1-8　控制

实际解决强化学习问题时，一般是先预测后控制，循环迭代直至收敛到最优解。

## 1.4　小结

提起 AlphaGo、AlphaGo Zero 和 AlphaZero，大家应该都不陌生，因为其在人机大战中的胜利，使得强化学习开始受到大家的广泛关注。强化学习是机器学习的一种，它通过与环境不断地交互，借助环境的反馈来调整自己的行为，使得累积回报最大。强化学习要解决的就是决策类问题，即求取当前状态下最优行为或行为概率。

强化学习包括智能体和环境两大对象，智能体是算法本身，环境是与智能体交互的外部。智能体通过行为 $a$ 作用于环境，环境反馈给智能体改变前后的状态 $s$ 和 $s'$，以及回报 $r$。根据状态转移概率和回报是否已知，强化学习方法可分为无模型方法和有模型方法。同时，根据在解决强化学习问题时，是对策略函数还是值函数进行逼近，强化学习方法可分为基于值函数的方法、基于策略函数的方法及行动者-评论家方法。

## 1.5　习题

1. 机器学习主要分为哪几个类别？请简述强化学习与监督学习的异同点。
2. 请简述强化学习的基本原理。
3. 强化学习解决的是什么样的问题？
4. 强化学习都有哪些分类？
5. 请分别解释随机性策略和确定性策略。
6. 回报、值函数、行为值函数三个指标的定义是什么？
7. 请分别解释以下三对概念：学习与规划、探索与利用、预测与控制。
8. 请列举 2 个可以使用强化学习来解决的例子，并确定每个例子的状态、动作及相应的回报值。
9. 请以一个恰当的例子解释什么是智能体，什么是环境，以及两者之间的界限。

# 第 2 章 马尔可夫决策过程

马尔可夫决策过程是基于马尔可夫过程理论的随机动态系统的最优决策过程。马尔可夫决策过程是序贯决策的主要研究领域，属于运筹学中数学规划的一个分支。该模型起源于随机优化控制，20世纪50年代R.贝尔曼研究动态规划时已出现马尔可夫决策过程的基本思想。进一步地，R.A.霍华德和D.布莱克韦尔等的研究工作奠定了马尔可夫决策过程的理论基础。1965年，布莱克韦尔关于一般状态空间的研究和E.B.丁金关于非时齐(非时间平稳性)的研究，推动了这一理论的发展。1960年以来，马尔可夫决策过程理论得到迅速发展，应用领域不断扩大。

强化学习的大多数算法都是以马尔可夫决策过程为基础发展起来的。在智能体进行强化学习时，经常采用马尔可夫模型对状态转移概率不确定，拥有状态空间和动作空间的决策问题建立相应的数学模型，通过求解这个数学模型解决强化学习问题。因此，马尔可夫决策过程模型在强化学习领域占有非常重要的地位。在正式学习众多强化学习方法之前，需要先熟悉马尔可夫决策过程模型。

本章首先介绍三个基本概念：马尔可夫性、马尔可夫过程和马尔可夫决策过程。然后介绍马尔可夫决策模型的基本元素：策略、值函数、模型。接着引入贝尔曼方程，给出值函数、状态行为函数、最优值函数、最优状态行为函数的推导公式，并且通过生动的实例对以上概念，以及公式推导进行证明和解释。

## 2.1 马尔可夫基本概念

### 2.1.1 马尔可夫性

在介绍马尔可夫决策之前，需要先介绍马尔可夫性(Markov Property)。

如果某一状态信息蕴含了所有相关的历史信息，只要当前状态可知，所有的历史信息都不再需要，即当前状态可以决定未来，则认为该状态具有马尔可夫性。

可以用下面的状态转移概率公式来描述马尔可夫性：

$$P(S_{t+1} \mid S_t) = P(S_{t+1} \mid S_t, \cdots, S_2, S_1)$$

可见状态 $S_t$ 包含的信息等价于所有历史状态 $S_1, S_2, \cdots, S_t$ 包含的信息，状态 $S_t$ 具有马尔可夫性。

例如，围棋未来的走法只和当前棋面有关，知道历史棋面信息对于当前该怎么走没有多大帮助。因此围棋的棋面是马尔可夫的，它已经涵盖了导致该种局面的所有重要信息。再如，直升机下个时刻的位置信息也仅和当前时刻的位置和速度相关，因此直升机的位置也具有马尔可夫性。

### 2.1.2 马尔可夫过程

凡是具有马尔可夫性的随机过程都叫马尔可夫过程（Markov Process），又叫马尔可夫链。它是一个无记忆的随机过程，可以用一个元组 $<S, P>$ 表示，其中 $S$ 是有限数量的状态集，$P$ 是状态转移概率矩阵。

图 2-1 以一个求职者找工作的例子来说明马尔可夫链的相关概念。

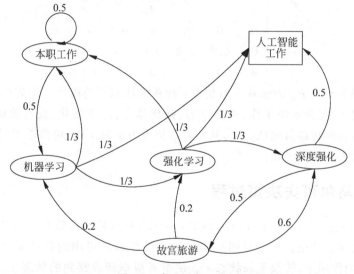

图 2-1 求职马尔可夫链

图 2-1 中，椭圆表示求职者所处的状态，方格"人工智能工作"表示求职者最终找到了满意的工作。它是一个终止状态，或者可以描述成自循环的状态，也就是此状态的下一个状态 100% 的概率还是自己。箭头表示状态之间的转移，箭头上的数字表示当前转移的概率。

举例说明：当求职者处在"机器学习"阶段时，他有 1/3 的概率会继续学习"强化学习"；有 1/3 的概率会放弃学习，转而继续"本职工作"；同时也有 1/3 的概率去找"人工智能工作"。在"本职工作"时，他有 0.5 的概率在下一时刻继续"本职工作"；也有 0.5 的概率返回"机器学习"状态。同样当求职者进入"强化学习"时，均会有 1/3 的概率放弃学习继续"本职工作"或继续学习"深度强化"或寻找"人工智能工作"。当求职者处于学习"深度强化"这个状态时，有 0.5 的概率找到"人工智能工作"，也有 0.5 的概率去"故宫"旅游放松。在放松的时候,又分别有 0.2、0.2、0.6 的概率返回"机器学习""强化学习""深度强化"课程重新继续学习。一个可能的求职者马尔可夫链从状态"机器学习"开始,最终结束于"人工智能工作",其间的过程根据状态转化图可以有很多种可能性,这些都称为"样本轨迹"。以下四个轨迹都是可能的:

- 机器学习—人工智能工作;
- 机器学习—强化学习—人工智能工作;
- 机器学习—本职工作—机器学习—强化学习—深度强化—人工智能工作;
- 机器学习—强化学习—深度强化—故宫旅游—深度强化—人工智能工作。

该求职者马尔可夫过程的状态转移矩阵如下:

$$P = \begin{bmatrix} 0.5 & 0.5 & 0 & 0 & 0 & 0 \\ \frac{1}{3} & 0 & \frac{1}{3} & 0 & 0 & \frac{1}{3} \\ \frac{1}{3} & 0 & 0 & \frac{1}{3} & 0 & \frac{1}{3} \\ 0 & 0 & 0 & 0 & 0.5 & 0.5 \\ 0 & 0.2 & 0.2 & 0.6 & 0 & 0 \\ 0 & 0 & 0 & 0 & 0 & 1 \end{bmatrix}$$

矩阵中的每个元素 $P_{ss'}$ 表示从当前状态 $s$ 转移到状态 $s'$ 的概率。矩阵中的列表示当前状态 $s$,从上到下依次为本职工作、机器学习、强化学习、深度强化、故宫旅游、人工智能工作。矩阵中的行表示转移目的状态 $s'$,从左到右依次为本职工作、机器学习、强化学习、深度强化、故宫旅游、人工智能工作。

## 2.1.3 马尔可夫决策过程

马尔可夫决策过程(Markov Decision Process, MDP)是针对具有马尔可夫性的随机过程序贯地作出决策。即根据每个时间步观察到的状态 $s$,从可用的行动集合中选用一个行动 $a$,环境在 $a$ 的作用下,转换至新状态 $s'$。决策者根据新观察到的状态 $s'$,再做出新的决策,采取行为 $a'$,依此反复地进行。环境的状态具有马尔可夫性,即下一时间步状态 $s'$ 仅与当前状态 $s$ 和动作 $a$ 有关,而此刻之前的状态或动作不对其有任何影响。这就是马尔可夫决策过程的描述,大多数的强化学习任务都可以被描述为马尔可夫决策过程,因此马尔可夫决策过程在强化学习理论中相当重要。

一个马尔可夫决策过程由一个五元组构成:$M = <S, A, P, R, \gamma>$。

$S$ 代表环境的状态集合。状态指的是智能体所能获得的对决策有用的信息。在强化学习中,智能体是依靠当前的状态采取决策的。人在进行决策时,将眼睛看到的信息传送给大脑,经过大脑处理之后建立状态,作为决策的基础。状态的建立依赖于对现实场景的立即感知,是对原始信号高级处理的结果。强化学习中环境的状态,需要人为对环境信息进行抽象,选择对智能体有用的且能反应交互结果的信号作为状态。例如,下围棋时,当前状态为各个棋子的位置。

$A$ 代表智能体的动作集合。它是智能体在当前强化学习任务中可以选择的动作集。

$P$ 表示状态转移概率。$P_{ss'}^a$ 表示在当前状态 $s$ 下($s \in S$),经过动作 $a$ 作用后($a \in A$),会转移到的其他状态 $s'$($s' \in S$)的概率。具体的数学表达式如下:

$$P_{ss'}^a = P(S_{t+1} = s' \mid S_t = s, A_t = a)$$

某些时候,$P$ 与动作无关,可以写为

$$P_{ss'} = P(S_{t+1} = s' \mid S_t = s)$$

给定一个策略 $\pi$ 和一个马尔可夫决策过程(MDP): $M = <S, A, P, R, \gamma>$,则在执行策略 $\pi$ 时,状态从 $s$ 转移至 $s'$ 的概率 $P_{ss'}^\pi$ 等于一系列概率的和,这一系列概率指的是在执行当前策略 $\pi$ 时,执行某一个行为 $a$ 的概率 $\pi(a|s)$ 与该行为能使状态从 $s$ 转移至 $s'$ 的概率 $P_{ss'}^a$ 的乘积。具体的数学表达式如下:

$$P_{ss'}^\pi = \sum_{a \in A} \pi(a \mid s) P_{ss'}^a$$

$R$ 是回报函数。$R_s^a$ 表示在当前状态 $s$($s \in S$),采取动作 $a$($a \in A$)后,获得的回报。具体的数学表达式如下:

$$R_s^a = E[R_{t+1} \mid S_t = s, A_t = a]$$

某些时候 $R$ 仅与状态相关:因此可以写为 $R_s^\pi = E[R_{t+1} | S_t = s]$。

两者之间存在如下对应关系:当前状态 $s$ 下执行指定策略 $\pi$ 得到的立即回报 $R_s^\pi$ 是该策略 $\pi$ 下所有可能行为得到的回报 $R_s^a$ 与该行为发生的概率 $\pi(a|s)$ 的乘积的和。

$$R_s^\pi = \sum_{a \in A} \pi(a \mid s) R_s^a$$

$\gamma$ 是衰减系数(Discount Factor),也叫折扣因子,$\gamma \in [0, 1]$。使用折扣因子是为了在计算当前状态的累积回报时,将未来时刻的立即回报也考虑进来。这种做法符合人类的认知习惯,人类在追求眼前利益的同时,也会考虑具有不确定性的远期利益。

在同样一个马尔可夫决策过程(MDP)中,智能体遵循不同的策略相当于在某一个状态时做出不同的选择,进而又形成各种不同的马尔可夫过程,产生了不同的后续状态及对应的不同的回报。

图 2-2 是一个求职"马尔可夫决策过程"的例子,在"马尔可夫过程"基础上增加了针对每一个状态的可选动作,以及针对每个状态行为时的回报。此图去掉了"故宫旅游"状态,表示当选择"旅游"这个动作时,主动进入了一个临时状态(图中用黑色小实点表示),随后被动地被环境按照其动力学分配到另外三个状态,也就是说此时求职者没有选择权决定去哪一个状态。

在这个马尔可夫决策过程中,状态集合 $S=$ {本职工作、机器学习、强化学习、深度强化、人工智能工作}。动作集合 $A=$ {继续本职工作、学习、放弃、找工作、旅游}。状态转移矩阵中的每一项表示为 $P_{ss'}^a$,表示状态 $s$ 在 $a$ 行为的影响下,转换到状态 $s'$ 的概率。由图可见,当求职者位于"本职工作"状态,采取行为"学习",转移到"机器学习"的概率为 1,转移到其他状态的概率为 0。当求职者位于"深度强化"状态时,采取行为"旅游"时,转移到"机器学

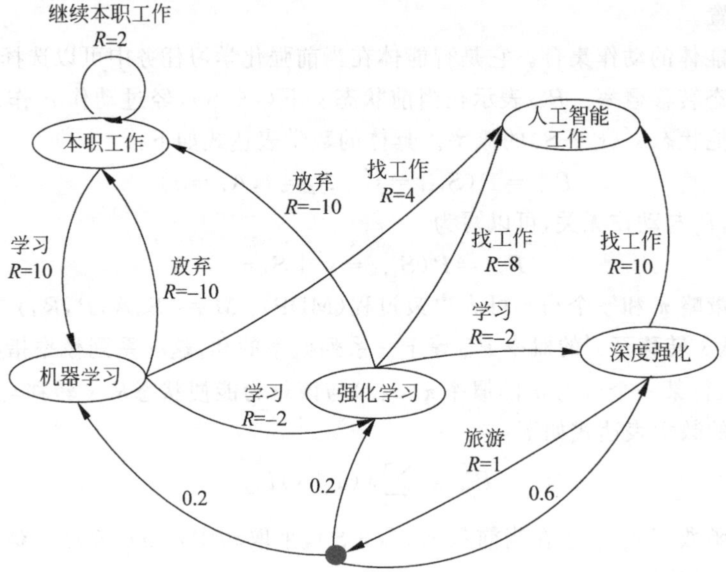

图 2-2 求职马尔可夫决策过程

习"和"强化学习"的概率均为 0.2,转移到"深度强化"的概率为 0.6。此例中的回报表示为 $r_s^a$,回报和状态行为对挂钩。例如,位于"本职工作"状态,采取"学习"行为时,会得到一个 10 的立即回报。

假设针对每个状态,每一种可能的行为的执行概率都相同,则这个例子对应的策略是一个集合,如果将某状态下采取行为的概率都标示在对应线条上,如图 2-3 所示,则在当前策略下,状态"深度强化"到状态"强化学习"的转移概率为

$$P_{ss'}^{\pi} = \sum_{a \in A} \pi(a \mid s) P_{ss'}^{a} = 0.5 * 0.2 + 0.5 * 0 = 0.1$$

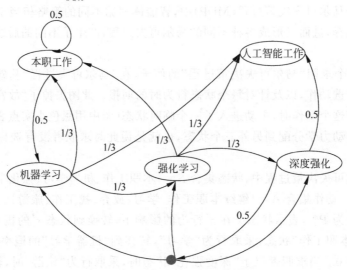

图 2-3 马尔可夫决策过程策略

遵循当前策略，状态"深度强化"对应的回报为

$$R_s^\pi = \sum_{a \in A} \pi(a \mid s) R_s^a = 0.5 * 1 + 0.5 * 10 = 5.5$$

## 2.2 贝尔曼方程

马尔可夫决策过程为强化学习问题提供了基本的理论框架，几乎所有的强化学习问题都可以用马尔可夫决策过程(MDP)进行建模。2.1.3节介绍了马尔可夫决策过程的基本概念，本节介绍在求解马尔可夫决策过程问题时用到的最基础的方程——贝尔曼方程。可以说贝尔曼方程是强化学习算法的基石，因为后续章节介绍的几乎所有的算法，如动态规划、蒙特卡罗、时序差分等强化学习方法，都是基于贝尔曼方程来求解最优策略的。

贝尔曼方程(Bellman Equation)，也称为动态规划方程，由理查·贝尔曼(Richard Bellman)发现。贝尔曼方程可以求解具有某种最优性质的问题，其基本思想是将待求解问题分解成若干个子问题，从这些子问题的解得到原问题的解。

本节介绍两类贝尔曼方程，分别为贝尔曼期望方程和贝尔曼最优方程。贝尔曼期望方程表达了当前值函数(或行为值函数)和它后继值函数(或行为值函数)的关系，以及值函数和行为值函数之间的关系。贝尔曼最优方程表达了当前最优值函数(或最优行为值函数)和它后继最优值函数(或最优行为值函数)的关系，以及最优值函数和最优行为值函数之间的关系。贝尔曼方程为后续各类以迭代方式求解值函数的方法打开了大门，如果知道下一个状态的值，就能很容易求解当前状态的值。

### 2.2.1 贝尔曼期望方程

**1. 贝尔曼方程推导**

在介绍贝尔曼期望方程之前，先回顾值函数的定义。状态值函数 $V_\pi(s)$ 表示从状态 $s$ 开始，遵循当前策略 $\pi$ 时所获得的期望回报，数学表示如下：

$$V_\pi(s) = E_\pi[G_t \mid S_t = s] = E_\pi[R_{t+1} + \gamma R_{t+2} + \cdots \mid S_t = s]$$

对 $V_\pi(s)$ 的定义公式进行推导：

$$\begin{aligned} V_\pi(s) &= E_\pi[G_t \mid S_t = s] \\ &= E_\pi[R_{t+1} + \gamma R_{t+2} + \gamma^2 R_{t+3} + \cdots \mid S_t = s] \\ &= E_\pi[R_{t+1} + \gamma(R_{t+2} + \gamma R_{t+3} + \cdots) \mid S_t = s] \\ &= E_\pi[R_{t+1} + \gamma G_{t+1} \mid S_t = s] \\ &= E_\pi[R_{t+1} + \gamma V(S_{t+1}) \mid S_t = s] \end{aligned}$$

最后一行将 $G_{t+1}$ 变成了 $V(S_{t+1})$，因为回报的期望等于回报期望的期望。经过推导将 $V_\pi(s)$ 分解为两部分，第一项是该状态下立即回报的期望，该项是常数项，因此立即回报期

望等于立即回报 $R_{t+1}$ 本身;第二项是下一时刻状态值函数的折扣期望。

同样地,$Q_\pi(s,a)$的贝尔曼期望方程为

$$Q_\pi(s,a) = E_\pi[G_t \mid S_t = s, A_t = a]$$
$$= E_\pi[R_{t+1} + \gamma Q_\pi(S_{t+1}, A_{t+1}) \mid S_t = s, A_t = a]$$

以上就是贝尔曼方程的最初形式。

**2. 贝尔曼期望方程**

本节通过图形化的方式推导出贝尔曼期望方程的其他四种表达形式,这四种方程分别给出了状态值函数、行为值函数之间存在的关系。如图2-4所示,空心圆圈表示状态,实心圆点表示动作,状态指向动作表示在该状态下采取某种动作。动作指向状态表示在某动作下发生了状态转变。

(1) 基于状态 $s$,采取动作 $a$,求取 $V_\pi(s)$。

由图2-4可见,在遵循策略 $\pi$ 时,状态 $s$ 的值函数体现为在该状态下采取所有可能行为的价值 $Q_\pi(s,a)$(行为值函数)与行为发生概率 $\pi(a \mid s)$ 的乘积的和。数学表达式描述如下:

$$V_\pi(s) = \sum_{a \in A} \pi(a \mid s) Q_\pi(s,a)$$

(2) 采取行为 $a$,状态转变至 $s'$,求取 $Q_\pi(s,a)$。

类似地,行为值函数也可以表示成状态值函数的形式。

在遵循策略 $\pi$ 时,行为状态价值 $Q_\pi(s,a)$ 体现为两项之和,如图2-5所示。第一项是采取行为 $a$ 后,获得的立即回报 $R_s^a$,第二项是所有可能的状态值 $V_\pi(s')$ 乘以状态转移概率 $P_{ss'}^a$ 带衰减求和。

$$Q_\pi(s,a) = R_s^a + \gamma \sum_{s' \in S} P_{ss'}^a V_\pi(s')$$

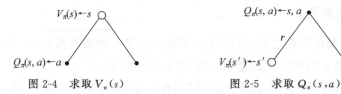

图2-4  求取 $V_\pi(s)$    图2-5  求取 $Q_\pi(s,a)$

(3) 基于状态 $s$,采取行为 $a$,状态转变至 $s'$,求取 $V_\pi(s)$。

如图2-6所示,将(1)和(2)的结果组合起来,可以得到 $V_\pi$ 的第二种表示方法。

$$V_\pi(s) = \sum_{a \in A} \pi(a \mid s) \left( R_s^a + \gamma \sum_{s' \in S} P_{ss'}^a V_\pi(s') \right)$$

(4) 采取行为 $a$,状态转变至 $s'$,采取行为 $a'$,求取 $Q_\pi(s,a)$。

如图2-7所示,同样将(1)和(2)的结果组合,得到 $Q_\pi(s,a)$ 的第二种表示方法。

$$Q_\pi(s,a) = R_s^a + \gamma \sum_{s' \in S} P_{ss'}^a \sum_{a' \in A} \pi(a' \mid s') Q_\pi(s',a')$$

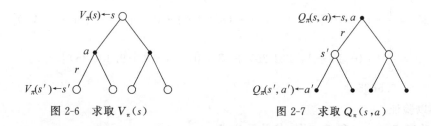

图 2-6　求取 $V_\pi(s)$　　　　　图 2-7　求取 $Q_\pi(s,a)$

可通过求职马尔可夫决策过程例子对上述四种贝尔曼期望方程进行验证。如图 2-8 所示，圈内状态下面的数字表示状态对应的值函数，线条上 $Q_{××}$ 表示状态行为对对应的行为值函数。策略为随机策略，折扣因子 $\gamma$ 为 1，状态转移概率如未特殊说明，为 1。

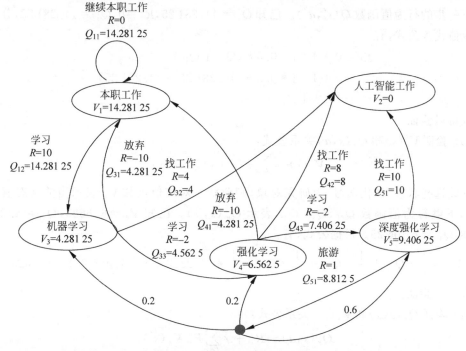

图 2-8　求职马尔可夫决策过程

(1) 验证 $V_\pi(s)$ 和 $V_\pi(s')$ 关系公式：

$$V_\pi(s) = \sum_{a \in A} \pi(a \mid s) \left( R_s^a + \gamma \sum_{s' \in S} P_{ss'}^a V_\pi(s') \right)$$

假设选择状态"强化学习"为研究对象，则此状态对应值函数 $V_4$ 表示当前状态值函数 $V_\pi(s)$，$V_4$ 的下继状态值函数 $V_1$、$V_2$、$V_5$ 表示下一步状态值函数 $V_\pi(s')$。

已知 $V_4=6.5625$，$V_1=14.28125$，$V_2=0$，$V_5=9.40625$，状态转换概率均为 1/3。

根据公式，有

$$V_4 = \frac{1}{3} * [(-10 + 1 * 1 * V_1) + (8 + 1 * 1 * V_2) + (-2 + 1 * 1 * V_5)]$$

$$= \frac{1}{3} * [(-10 + 14.28125) + (8 + 0) + (-2 + 9.40625)]$$

$$= 6.5625$$

则公式得以验证。

(2) 验证 $Q_\pi(s,a)$ 和 $Q_\pi(s',a')$ 关系公式：

$$Q_\pi(s,a) = R_s^a + \gamma \sum_{s' \in S} P_{ss'}^a \sum_{a' \in A} \pi(a' \mid s') Q_\pi(s',a')$$

假设选择状态"本职工作"为研究对象，则继续本职工作对应的状态行为对为(1,1)，行为值函数为 $Q_{11}$。令 $Q_{11}$ 表示当前行为值函数 $Q_\pi(s,a)$，则 $Q_{11}$ 的下继行为值函数 $Q_{11}$、$Q_{12}$ 表示下一步的行为值函数 $Q(s',a')$。已知 $Q_{11} = 14.28125$，$R_1^1 = 0$，$Q_{12} = 14.28125$，分别将各个取值代入公式，有

$$Q_{11} = 0 + 1 * 1 * 0.5 * (Q_{11} + Q_{12})$$

$$= 0 + 1 * 1 * 0.5 * (14.28125 + 14.28125)$$

$$= 14.28125$$

则公式得以验证。

(3) 验证 $V_\pi(s)$ 和 $Q_\pi(s,a)$ 关系公式：

$$V_\pi(s) = \sum_{a \in A} \pi(a \mid s) Q_\pi(s,a)$$

继续选择状态"强化学习"为研究对象，则此状态对应值函数 $V_4$ 表示当前状态值函数 $V_\pi(s)$，下继行为值函数 $Q_{41}$、$Q_{42}$、$Q_{43}$ 表示 $Q_\pi(s,a)$。已知 $V_4 = 6.5625$，$Q_{41} = 4.2812$，$Q_{42} = 8$，$Q_{43} = 7.40625$。根据公式，有：

$$V_4 = \frac{1}{3} * Q_{41} + \frac{1}{3} * Q_{42} + \frac{1}{3} * Q_{43} = \frac{1}{3} * (4.2812 + 8 + 7.40625) = 6.5625$$

则公式得以验证。

(4) 验证 $Q_\pi(s,a)$ 和 $V_\pi(s')$ 关系公式：

$$Q_\pi(s,a) = R_s^a + \gamma \sum_{s' \in S} P_{ss'}^a V_\pi(s')$$

假设选择状态"本职工作"为研究对象，则继续本职工作对应的状态行为对为(1,1)，行为值函数为 $Q_{11}$。令 $Q_{11}$ 表示当前行为值函数 $Q_\pi(s,a)$。下继值函数 $V_1$ 表示 $V_\pi(s')$。已知 $Q_{11} = 14.28125$，$V_1 = 14.28125$。根据公式，有：

$$Q_{11} = 0 + 1 * 1 * V_1 = 0 + 1 * 1 * 14.28125 = 14.28125$$

则公式得以验证。

### 3. 贝尔曼期望方程矩阵形式

贝尔曼期望方程的矩阵形式表示为：

$$\boldsymbol{V}_\pi = \boldsymbol{R}_\pi + \gamma \boldsymbol{P}_\pi \boldsymbol{V}_\pi$$

其中，$V_\pi$ 为状态值矩阵；$R_\pi$ 为回报矩阵；$P_\pi$ 为状态转移矩阵；$\gamma$ 为折算因子，是一个常数。

结合矩阵的具体表达形式，可表示为：

$$\begin{bmatrix} V_\pi(1) \\ \vdots \\ V_\pi(n) \end{bmatrix} = \begin{bmatrix} R_1^\pi \\ \vdots \\ R_n^\pi \end{bmatrix} + \gamma \begin{bmatrix} P_{11}^\pi & \cdots & P_{1n}^\pi \\ \vdots & & \vdots \\ P_{n1}^\pi & \cdots & P_{nn}^\pi \end{bmatrix} \begin{bmatrix} V_\pi(1) \\ \vdots \\ V_\pi(n) \end{bmatrix}$$

对上述矩阵直接求解：

$$V_\pi = R_\pi + \gamma P_\pi V_\pi$$
$$(I - \gamma P_\pi) V_\pi = R_\pi$$
$$V_\pi = (I - \gamma P_\pi)^{-1} R_\pi$$

**注意** 在进行矩阵求解时，要求 $(I - \gamma P_\pi)$ 可逆。

也可以针对式($V(s)$ 和 $V(s')$ 关系式，$Q(s,a)$ 和 $Q(s',a')$ 关系式)列线性方程组，方程组中唯一的未知数是值函数（或行为值函数），其未知数的个数与方程组的个数一致，可求解。

下面以求职马尔可夫决策过程模型为例列线性方程组进行求解。设：$[V_1, V_2, V_3, V_4, V_5]$=[本职工作，人工智能工作，机器学习，强化学习，深度强化]

使用公式：

$$V_\pi(s) = \sum_{a \in A} \pi(a \mid s) \left( R_s^a + \gamma \sum_{s' \in S} P_{ss'}^a V_\pi(s') \right)$$

根据公式可以列出方程组：

$$\begin{cases} V_1 = 0.5 * (0 + 1 * 1 * V_1) + 0.5 * (10 + 1 * 1 * V_3) \\ V_2 = 1 * (0 + 1 * 1 * 0) \\ V_3 = \dfrac{1}{3} * (-10 + 1 * 1 * V_1) + \dfrac{1}{3} * (4 + 1 * 1 * V_2) + \dfrac{1}{3} * (-2 + 1 * 1 * V_4) \\ V_4 = \dfrac{1}{3} * (-10 + 1 * 1 * V_1) + \dfrac{1}{3} * (8 + 1 * 1 * V_2) + \dfrac{1}{3} * (-2 + 1 * 1 * V_5) \\ V_5 = 0.5 * (10 + 1 * 1 * V_2) + 0.5 * (1 + 1 * 0.2 * V_3 + 1 * 0.2 * V_4 + 1 * 0.6 * V_5) \end{cases}$$

求解方程组可得

$$\begin{cases} V_1 = 14.281\,25 \\ V_2 = 0 \\ V_3 = 4.281\,25 \\ V_4 = 6.562\,5 \\ V_5 = 9.406\,25 \end{cases}$$

直接求解仅适用于小规模的 MDP。大规模求解通常使用迭代法，常用的迭代方法有动态规划、蒙特卡罗、时序差分，后面会逐步讲解这些方法。

## 2.2.2 贝尔曼最优方程

贝尔曼最优方程表达的是当前最优值函数(或最优行为值函数)和它后继最优值函数(或最优行为值函数)的关系,以及最优值函数和最优行为值函数之间的关系。

其中,最优值函数 $V^*(s)$ 是指在所有策略中最大的值函数,即

$$V^*(s) = \max_{\pi} V_{\pi}(s), \quad s \in S$$

相应地,最优行为值函数 $Q^*(s,a)$ 是指所有策略中最大的行为值函数,即

$$Q^*(s,a) = \max_{\pi} Q_{\pi}(s,a), \quad s \in S$$

接下来本节继续通过图形化的方式推导贝尔曼最优方程的四种表达形式,这四种表达形式分别给出了最优状态值函数、行为值函数之间的关系。同样地,空心圆圈表示状态,实心圆点表示动作,状态指向动作表示在该状态下采取某种行为。动作指向状态表示在某动作下,发生了状态转变。

(1) 基于状态 $s$,采取动作 $a$,求取 $V^*(s)$。

如图 2-9 所示,当前状态的最优值函数 $V^*(s)$ 等于从该状态 $s$ 出发,采取的所有行为中对应的那个最大的行为值函数。

$$V^*(s) = \max_{a} Q^*(s,a)$$

(2) 采取行为 $a$,状态转变至 $s'$,求取 $Q^*(s,a)$。

如图 2-10 所示,在某个状态 $s$ 下,采取某个行为的最优价值 $Q^*(s,a)$ 由两部分组成,一部分是离开状态 $s$ 的立即回报 $R_s^a$,另一部分则是所有能到达的状态 $s'$ 的最优状态价值 $V^*(s')$ 按出现概率求和:

$$Q^*(s,a) = R_s^a + \gamma \sum_{s' \in S} P_{ss'}^a V^*(s')$$

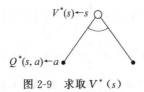

图 2-9 求取 $V^*(s)$　　　　图 2-10 求取 $Q^*(s,a)$

(3) 基于状态 $s$,采取行为 $a$,状态转变至 $s'$,求取 $V^*(s)$。

如图 2-11 所示,将(1)和(2)的结果组合起来,得到 $V^*(s)$。

$$V^*(s) = \max_{a} \left[ R_s^a + \gamma \sum_{s' \in S} P_{ss'}^a V^*(s') \right]$$

(4) 采取行为 $a$,状态转变至 $s'$,采取行为 $a'$,求取 $Q^*(s,a)$。

如图 2-12 所示,将(1)和(2)的结果组合起来,得到 $Q^*(s,a)$。

$$Q^*(s,a) = R_s^a + \gamma \sum_{s' \in S} P_{ss'}^a \max_{a'} Q^*(s',a')$$

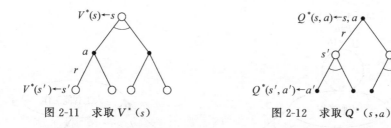

图 2-11　求取 $V^*(s)$　　　　　图 2-12　求取 $Q^*(s,a)$

同样可以用求职马尔可夫决策过程的例子来验证上述四个公式。假设已经求得最优值函数和最优行为值函数,如图 2-13 和图 2-14 所示。

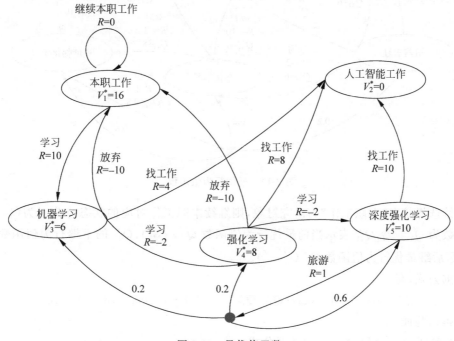

图 2-13　最优值函数

(1) 验证 $V^*(s)$ 和 $V^*(s')$ 关系公式:

$$V^*(s) = \max_a \left[ R_s^a + \gamma \sum_{s' \in S} P_{ss'}^a V^*(s') \right]$$

假设以状态"本职工作"作为研究状态,$V_1^*$ 表示最优值函数 $V^*(s)$,$V_1^*$ 的下继状态值函数 $V_1^*$、$V_3^*$ 表示后继最优值函数 $V^*(s')$。已知 $V_1^* = 16$,$V_3^* = 6$,根据公式,有

$$V_1^* = \max(0 + V_1^*, 10 + V_3^*) = \max(0 + 16, 10 + 6) = 16$$

则公式得以验证。

(2) 验证 $Q^*(s,a)$ 和 $Q^*(s',a')$ 关系公式

$$Q^*(s,a) = R_s^a + \gamma \sum_{s' \in S} P_{ss'}^a \max_{a'} Q^*(s',a')$$

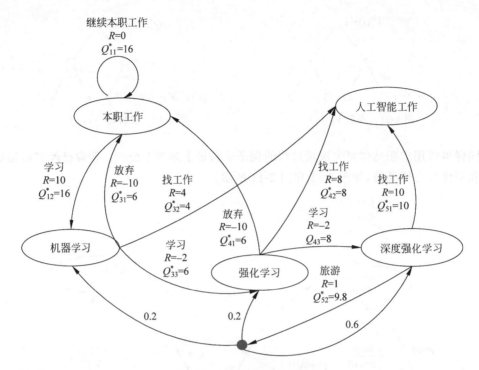

图 2-14 最优行为值函数

继续选择状态"本职工作"为研究对象,则继续本职工作对应的状态行为对为(1,1),行为值函数为 $Q_{11}$。令 $Q_{11}^*$ 表示当前最优行为值函数 $Q^*(s,a)$,$Q_{11}^*$ 的下继行为值函数 $Q_{11}^*$、$Q_{12}^*$ 表示后继最优行为值函数 $Q^*(s',a')$。

根据公式,有
$$Q_{11}^* = 0 + 1 * 1 * \max(Q_{11}^*, Q_{12}^*) = 0 + 1 * 1 * \max(16,16) = 16$$

则公式得以验证。

(3) 验证 $Q^*(s)$ 和 $Q^*(s,a)$ 关系公式:
$$V^*(s) = \max_a Q^*(s,a)$$

继续以状态"本职工作"作为研究状态,$V_1^*$ 表示最优值函数 $V^*(s)$,$V_1^*$ 的下继行为值函数 $Q_{11}^*$、$Q_{12}^*$ 表示 $Q^*(s,a)$。

根据公式,有
$$V_1^* = \max(Q_{11}^*, Q_{12}^*) = \max(16,16) = 16$$

则公式得以验证。

(4) 验证 $Q^*(s,a)$ 和 $V^*(s')$ 关系公式:
$$Q^*(s,a) = R_s^a + \gamma \sum_{s' \in S} P_{ss'}^a V^*(s')$$

继续选择状态"本职工作"为研究对象,令 $Q_{11}^*$ 表示当前最优行为值函数 $Q^*(s,a)$,$Q_{11}^*$

的下继值函数 $V_1^*$ 表示 $V^*(s')$。

根据公式,有

$$Q_{11}^* = 0 + 1 * 1 * V_1^* = 0 + 1 * 1 * 16 = 16$$

则公式得以验证。

贝尔曼最优方程是非线性的,没有固定的解决方案,只能通过一些迭代方法来解决,如价值迭代、策略迭代、Q 学习、Sarsa 等,后续会逐步展开讲解。

## 2.3 最优策略

至此,强化学习的基本理论介绍完毕,接下来对强化学习算法进行形式化描述:定义一个离散时间的折扣马尔可夫决策过程 $M=<S,A,P,R,\gamma>$,其中 $S$ 为状态集,$A$ 为动作集,$P$ 是转移概率,$R$ 为立即回报函数,$\gamma$ 为折扣因子。$T$ 为总的时间步,$\tau$ 为一个轨迹序列,$\tau=(s_0,a_0,r_0,s_1,a_1,r_1,\cdots)$,对应的累积回报为 $R=\sum_{t=0}^{T}\gamma^k r_t$。则强化学习的目标是:找到最优策略 $\pi$,使得该策略下的累积回报期望最大,即 $\pi = \underset{\pi}{\operatorname{argmax}} R(\tau)\mathrm{d}\tau$。

### 2.3.1 最优策略定义

对于任何状态 $s$,当且仅当遵循策略 $\pi$ 的价值不小于遵循策略 $\pi'$ 的价值时,则称策略 $\pi$ 优于策略 $\pi'$,即

$$\pi \geqslant \pi', \quad V_\pi(s) \geqslant V_{\pi'}(s), \quad \forall s$$

对于任何 MDP,存在一个最优策略,即满足如下公式:

$$\pi^* \geqslant \pi, \quad \forall \pi$$

每个策略对应着一个状态值函数,最优策略自然对应着最优状态值函数。

### 2.3.2 求解最优策略

根据策略最优定理可知,当值函数最优时采取的策略也是最优的;反过来,策略最优时值函数也最优,所以可以通过求取最优值函数 $V^*$ 或 $Q^*$ 来求取最优策略。

一旦有了 $V^*$,基于每一个状态 $s$,做一步搜索,一步搜索之后,出现的最优行为将会是最优的,对应的最优行为集合就是最优策略。

$$\pi^*(a\mid s) = \underset{a\in A}{\operatorname{argmax}} \left[ R_s^a + \gamma \sum_{s'\in S} P_{ss'}^a V^*(s') \right]$$

如果我们拥有最优行为值函数 $Q^*$,则求解最优策略将变得更为方便。对于任意的状态 $s$,直接找到最大化 $Q^*(s,a)$ 对应的行为,最优策略求取公式如下:

$$\pi^*(a\mid s) = \begin{cases} 1 & a = \underset{a\in A}{\operatorname{argmax}} Q^*(s,a) \\ 0 & \text{其他} \end{cases}$$

对于任何 MDP 问题，总存在一个确定性的最优策略，找到最优行为价值函数，就相当于找到了最优策略。

图 2-15 为求职马尔可夫决策模型的最优策略。

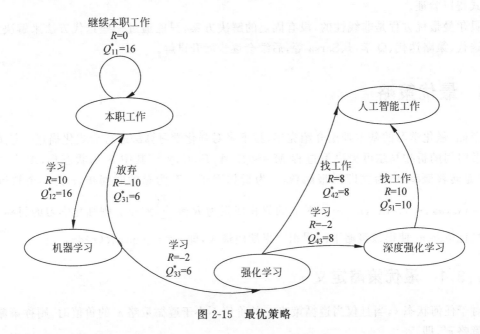

图 2-15　最优策略

在同一个状态 $s$ 下，会同时存在多个行为 $a$，每一个行为 $a$ 分别对应一个行为值函数 $Q(s,a)$。若在当前状态 $s$ 下，有 $m$ 个行为值函数相等且取值最大，则其对应的行为概率均为 $\frac{1}{m}$。

如图 2-15，在状态"机器学习"下，存在两个相等的行为值函数，有 $Q_{31}^* = Q_{33}^* > Q_{32}^*$，则"放弃"和"学习"行为的概率均为 $\frac{1}{2}$。

## 2.4　小结

本章首先介绍了三个基本概念：马尔可夫性、马尔可夫过程和马尔可夫决策过程。接着引入贝尔曼方程，给出了值函数、状态行为函数、最优值函数、最优状态行为函数的推导公式及它们相互之间的关系。最后通过求职实例对以上概念及公式推导进行了验证和解释。

## 2.5 习题

1. 请分别解释马尔可夫性、马尔可夫过程和马尔可夫决策过程。
2. MDP 五元组 $M=<S,A,P,R,\gamma>$ 中,各个字母代表的含义是什么?
3. 对于一个马尔可夫决策过程,奖赏值数量有限,请给出状态转移函数和回报函数。
4. 扑克和围棋均属于 MDP 问题,两种游戏之间有什么本质区别?
5. 请写出贝尔曼期望方程和贝尔曼最优方程。
6. 强化学习的目标是什么?什么是最优策略和最优值函数?
7. 最优值函数和最优策略为什么等价?

# 第 3 章 动态规划

## 3.1 动态规划简介

动态规划(Dynamic Programming)是运筹学的一个分支,是求解决策过程最优化的数学方法。20 世纪 50 年代初,美国数学家 R. E. Bellman(贝尔曼)等在研究多阶段决策过程的优化问题时提出了著名的**最优化原理**,把多阶段过程转化为一系列单阶段问题,利用各阶段之间的关系逐个求解,创立了解决这类过程优化问题的新方法——动态规划。

其基本思想是将待求解问题分解成若干个子问题,先求解子问题,然后从这些子问题的解得到原问题的解。适合于用动态规划求解的问题,经分解得到的子问题往往不是互相独立的,因此在解决子问题的时候,其结果通常需要存储起来用以解决后续复杂问题。这样就可以避免大量的重复计算,节省时间。

当问题具有下列特性时,通常可以考虑使用动态规划来求解:第一个特性是一个复杂问题的最优解由数个小问题的最优解构成,可以通过寻找子问题的最优解来得到复杂问题的最优解;第二个特性是子问题在复杂问题内重复出现,使得子问题的解可以被存储起来重复利用。

马尔可夫决策过程(MDP)具有上述两个特性。贝尔曼方程把问题递归为求解子问题,价值函数相当于存储了一些子问题的解,可以复用。因此可以使用动态规划来求解马尔可夫决策过程(MDP)。

使用动态规划算法求解马尔可夫决策过程(MDP)模型,也就是在清楚模型结构(包括状态转移概率、回报等)的基础上,用规划方法来进行策略评估和策略改进,最终获得最优策略。

策略评估(预测):给定一个马尔可夫决策过程模型 MDP:$<S,A,P,R,\gamma>$和一个策略 $\pi$,要求输出基于当前策略 $\pi$ 的所有状态的值函数 $V_\pi$。

策略改进(控制):给定一个马尔可夫决策过程模型 MDP:$<S,A,P,R,\gamma>$和一个策略 $\pi$,要求确定最优值函数 $V^*$ 和最优策略 $\pi^*$。

## 3.2 策略评估

策略评估要解决问题是,给定一个策略 $\pi$,如何计算在该策略下的值函数 $V_\pi$。

因为实际中涉及的马尔可夫模型规模一般比较大,直接求解效率低,因此可使用迭代法进行求解。考虑应用贝尔曼(Bellman)期望方程进行迭代,公式如下:

$$V_\pi(s) = \sum_{a \in A} \pi(a \mid s)\left(R_s^a + \gamma \sum_{s' \in S} P_{ss'}^a V_\pi(s')\right)$$

可见,状态 $s$ 处的值函数 $V_\pi(s)$,可以利用后继状态 $s'$ 的值函数 $V_\pi(s')$ 来表示,依此类推,这种求取值函数的方法称为自举法(Bootstrapping)。

如图 3-1 所示,初始所有状态值函数全部为 0。第 $k+1$ 次迭代求解 $V_\pi(s)$ 时,使用第 $k$ 次计算出来的值函数 $V_k(s')$ 更新计算 $V_{k+1}(s)$。迭代时使用的公式如下:

$$V_{k+1}(s) = \sum_{a \in A} \pi(a \mid s)\left(R_s^a + \gamma \sum_{s' \in S} P_{ss'}^a V_k(s')\right)$$

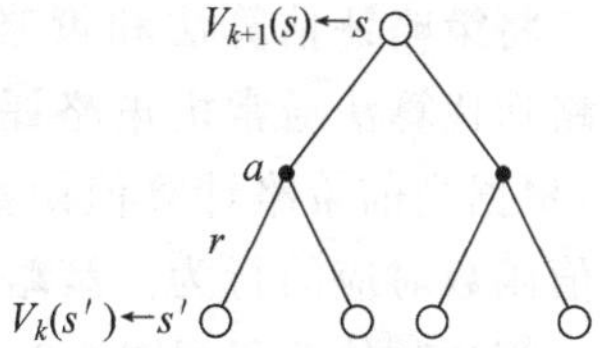

对于模型已知的强化学习算法,上式中,$P_{ss'}^a$、$\pi(a \mid s)$、$R_s^a$ 都是已知数,唯一的未知数是值函数,因此该方法通过反复迭代最终将收敛。

图 3-1 迭代法

## 3.3 策略改进

计算值函数的目的是利用值函数找到最优策略。既然值函数已经获得,接下来要解决的问题是如何利用值函数进行策略改善,从而得到最优策略。

一个很自然的方法是针对每个状态采用贪心策略对当前策略进行改进,即

$$\pi_{l+1}(s) \in \operatorname*{argmax}_a Q_{\pi_l}(s, a)$$

其中,$Q_\pi(s, a)$ 可由下式获得:

$$Q_\pi(s, a) = R_s^a + \gamma \sum_{s' \in S} P_{ss'}^a V_\pi(s')$$

在当前策略 $\pi$ 的基础上,利用贪心算法选取行为,直接将所选择的动作改变为当前最优的动作。

改变之后,策略是不是变得更好了呢?

令动作改变后对应的策略为 $\pi'$,$a'$ 为在状态 $s$ 下遵循策略 $\pi'$ 选取的动作,同理 $a''$ 为在状态 $s'$ 下遵循策略 $\pi'$ 选取的动作。改变动作的条件是 $Q_\pi(s, a') \geqslant V_\pi(s)$,则可得

$$V_\pi(s) \leqslant Q_\pi(s, a') = R_s^{a'} + \sum_{s' \in S} \gamma P_{ss'}^{a'} V_\pi(s') \leqslant R_s^{a'} + \sum_{s' \in S} \gamma P_{ss'}^{a'} Q_\pi(s', a'') = \cdots = V_{\pi'}(s)$$

可见,值函数对于策略的每一点改进都是单调递增的,因此对于当前策略 $\pi$,可以放心地将其改进为

$$\pi' = \underset{a \in A}{\operatorname{argmax}}\, Q_\pi(s,a)$$

直到 $\pi'$ 与 $\pi$ 一致,不再变化,收敛至最优策略。

贪心这个词在计算机领域是指在对问题求解时,总是做出在当前看来是最好的选择,不从整体最优上加以考虑,仅针对短期行为(即一步搜索)求得局部最优解。将贪心算法应用在强化学习中求解最优策略实际上可以获得全局最优解,因为贪心策略公式中的值函数 $V_\pi(s)$、$Q_\pi(s,a)$ 已经考虑了未来的回报。因此在策略改进时,可以放心使用贪心算法求得全局最优解。

## 3.4 策略迭代

将策略评估算法和策略改进算法合起来便有了策略迭代算法。策略迭代算法通常由策略评估和策略改进两部分构成。在策略评估中,根据当前策略计算值函数。在策略改进中,通过贪心算法选择最大值函数对应的行为。策略评估和策略改进两部分交替进行不断迭代。算法整体流程如图 3-2 所示。

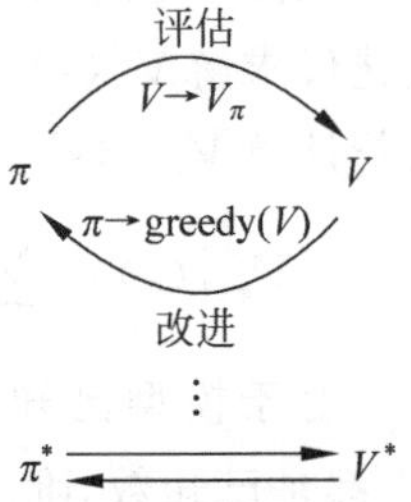

假设我们有一个初始策略 $\pi_1$,策略迭代算法首先评估该策略的价值(用 $E$ 表示),得到该策略的值函数 $V_{\pi_1}$ 或 $Q_{\pi_1}$。下一步,策略迭代算法会借助贪心算法对初始策略 $\pi_1$ 进行改进(用 $I$ 表示),得到 $\pi_2$。接着,对改进后的策略 $\pi_2$ 进行评估,再进一步改进当前策略,如此循环迭代,直到策略收敛至最优。

图 3-2 策略迭代

$$\pi_1 \xrightarrow{E} V_{\pi_1},\quad Q_{\pi_1} \xrightarrow{I} \pi_2 \xrightarrow{E} V_{\pi_2},\quad Q_{\pi_2} \xrightarrow{I} \cdots \pi^* \xrightarrow{E} V^*,\quad Q^* \xrightarrow{I} \pi^*$$

其中,$\pi_1$ 为初始策略,$E$ 表示策略评估,$I$ 表示策略改进。策略评估过程中,对于任意的策略 $\pi_k$,通过贝尔曼期望方程进行迭代计算得到 $V_{\pi_k}$ 和 $Q_{\pi_k}$。例如:

$$V_{\pi_k}(s) = V_k^{\pi_k}(s) = \sum_{a \in A} \pi_k(a \mid s)\left(R_s^a + \gamma \sum_{s' \in S} P_{ss'}^a V_{k-1}^{\pi_k}(s')\right)$$

策略改进部分,用贪心算法得到更新的策略:

$$\pi'(s) = \underset{a \in A}{\operatorname{argmax}}\, Q_{\pi_k}(s,a)$$

或者

$$\pi'(s) = \underset{a \in A}{\operatorname{argmax}}\left[R_s^a + \gamma \sum_{s' \in S} P_{ss'}^a V_{\pi_k}(s')\right]$$

算法流程如下。

| 算法:策略迭代算法 |
| --- |
| 输入:MDP 五元组 $M = <S, A, P, R, \gamma>$ |
| 初始化值函数 $V(s) = 0$,初始化策略 $\pi_1$ 为随机策略 |

```
Loop
    For    k=0,1,2,3…do
           ∀s∈S': V_{k+1}(s) = ∑_{a∈A} π(a|s)(R_s^a + γ ∑_{s'∈S} P_{ss'}^a V_k(s'))
        if    V_{k+1}(s) = v_k(s)
              break
        end if
    end for
    ∀s∈S': π'(s) = argmax_{a∈A} Q(s,a)
           or π'(s) = argmax_{a∈A} [R_s^a + γ ∑_{s'∈S} P_{ss'}^a V(s')]
    if    ∀s: π'(s) = π(s) then
          break
    else  π = π'
    end if
end loop
```

输出：最优策略 $\pi$

在策略评估过程中，往往需要等到值函数收敛之后才能进行策略改进，这其实是没有必要的。可以在进行一次策略评估之后就开始策略改进，如此循环往复执行这两个过程，最终会收敛到最优值函数和最优策略，如图 3-3 所示，这便是广义策略迭代的思想，很多强化学习方法都用到了这种思想。

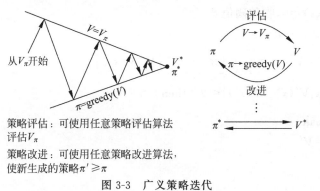

图 3-3　广义策略迭代

## 3.5　值迭代

策略迭代算法在每次进行策略评估时，采用贝尔曼期望方程更新值函数。而值迭代算法借助的是贝尔曼最优方程，直接使用行为回报的最大值更新原来的值，如图 3-4 所示。

$$V_{k+1}(s) = \max_{a \in A}\left(R_s^a + \gamma \sum_{s' \in S} P_{ss'}^a V_k(s')\right)$$

值迭代算法将策略改进视为值函数的改善,每一步都求取最大的值函数,即

$$V_1 \to V_2 \to V_3 \to \cdots \to V^*$$

假设在状态 $s$ 下,我们有一个初始值函数 $V_1(s)$,基于当前状态,我们有多个可选行为 $a$。每个行为 $a$ 会引发一个立即回报 $R_s^a$,一个或多个状态转移,如从状态 $s$ 转换至状态 $s'$。不同状态 $s'$ 对应有不同的值函数 $V_1(s')$ 整个的 $R_s^a + \gamma \sum_{s' \in S} P_{ss'}^a$

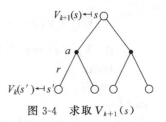

图 3-4 求取 $V_{k+1}(s)$

$V_1(s)$ 称为 $a$ 的行为回报。值迭代算法直接使用所有行为引发的行为回报中取值最大的那个值来更新原来的值,得到 $V_2(s)$。如此迭代计算,直至值函数收敛,整个过程没有遵循任何策略。

虽然算法中没有给出明确的策略,但是根据公式

$$V_{t+1}(s) \leftarrow \max_{a \in A} Q_{t+1}(s,a)$$

可以看出策略改进是隐含在值迭代过程中执行的。

算法流程如下。

---

**算法:值迭代算法**

输入:MDP 五元组 $M = <S, A, P, R, \gamma>$
初始化值函数 $V(s)=0$,收敛阈值 $\theta$
 For $k=0,1,2,3\cdots$ do
  $\forall s \in S': V'(s) = \max_{a \in A}\left[R_s^a + \gamma \sum_{s' \in S} P_{ss'}^a V(s')\right]$
  if $\max_{s \in S}|V'(s)-V(s)| < \theta$ then
   break
  else $V = V'$
  end if
 end for
 $\forall s \in S': \pi'(s) = \text{argmax}_{a \in A} Q(s,a)$
 or $\pi'(s) = \text{argmax}_{a \in A}\left[R_s^a + \gamma \sum_{s' \in S} P_{ss'}^a V(s')\right]$

输出:最优策略 $\pi'$

## 3.6 实例讲解

本节以在 5×5 的网格世界中寻找宝藏为例，分别使用策略迭代和值迭代算法寻找最优策略，并比较两种算法在处理上的异同，以及两者的运行效率。

### 3.6.1 "找宝藏"环境描述

**1. 环境描述**

首先构建寻宝环境的马尔可夫决策模型 $M=<S,A,P,R,\gamma>$。

如图 3-5 所示为 5×5 的网格世界，其状态空间为 $S=\{0,1,\cdots,24\}$，其中状态 8 为宝藏区。动作空间 $A=\{UP, RIGHT, DOWN, LEFT\}$，宝藏区回报为 $r=0$，其他位置回报为 $r=-1$。

当智能体位于网格世界边缘位置时，任何使其离开网格世界的行为都会使其停留在当前位置。例如，当位于 0 位置时，采取向上的行为，$a=UP$，智能体获取 -1 的回报后，重新回到位置 0。当智能体位于宝藏区时，则无论采取何种行为，均会产生 0 回报，且位置不变。当智能体位于其他位置时，采取任何一个行为，则会向相应的方向移动一格。状态转移概率 $p_{ss'}^a=1$。折扣因子 $\gamma=1$。

| 0 | 1 | 2 | 3 | 4 |
|---|---|---|---|---|
| 5 | 6 | 7 | 宝藏 | 9 |
| 10 | 11 | 12 | 13 | 14 |
| 15 | 16 | 17 | 18 | 19 |
| 20 | 21 | 22 | 23 | 24 |

图 3-5  5×5 网格世界

求解此网格世界寻找宝藏的最优策略。

**2. 环境代码**

接下来基于 gym 构建寻找宝藏的环境，以下代码主要定义了寻宝藏 MDP 模型的状态空间、行为空间、状态转移概率和回报等信息。此环境代码较为简单，读者可结合注释，加深对此代码的理解。

```
import numpy as np
import sys
from gym.envs.toy_text import discrete
# 定义动作空间
UP = 0
RIGHT = 1
DOWN = 2
LEFT = 3
# 定义宝藏区(宝藏所在的状态)
DONE_LOCATION = 8
# 定义网格世界环境模型
class GridworldEnv(discrete.DiscreteEnv):
```

```
"""定义了一个 5×5 网格,如下所示:
                    ○ ○ ○ ○ ○
                    ○ ○ ○ T ○
                    ○ ○ ○ ○ ○
                    ○ x ○ ○ ○
                    ○ ○ ○ ○ ○
x 是智能体的位置,T 是宝藏位置,智能体的目标是到达宝藏位置。在每个状态都可以采取 4 种
行为(UP = 0,RIGHT = 1,DOWN = 2,LEFT = 3)。每一步移动都会收到 -1 回报,直到达到宝藏状
态"""
    def __init__(self, shape = [5,5]):
        if not isinstance(shape, (list, tuple)) or not len(shape) == 2:
            raise ValueError('shape argument must be a list/tuple of length 2')
        self.shape = shape
# np.prod 函数是乘法,如传进去[4,5,6],那么就是 120。而这里传进去的就是 5,5,
# 得到 25 就代表元素的个数。Max_y 和 Max_x 得到横排和竖排的个数
        nS = np.prod(shape) # 状态个数
        nA = 4 # 动作个数
        MAX_Y = shape[0] # 5
        MAX_X = shape[1] # 5
# grid 是创建一个 5x5 的表格,而 np.nditer 是为这个表格索引排序
# flags = ['multi_index']表示对 grid 进行多重索引,如(1,3)
        P = {}
        grid = np.arange(nS).reshape(shape)
        it = np.nditer(grid, flags = ['multi_index'])
# s 得到的是一个索引值。p[s][a]记录的是对于每一个格子采用四种走法,即上右下左之后产
# 生的回报、下一个状态、是否达到宝藏区等信息。
# is_done 记录是否到达宝藏区,如果到达则返回 true,否则返回 false
# Reward 为回报,除了宝藏区,其他状态都是 -1 回报
        while not it.finished:
            s = it.iterindex
            y, x = it.multi_index
            P[s] = {a: [] for a in range(nA)}
            is_done = lambda s: s == DONE_LOCATION
            reward = 0.0 if is_done(s) else -1.0
# p[s][a]中第一个参数是状态转移概率,为 1。第二个参数代表到达下一个的位置。
# 第三个参数 reward 表示回报。最后一个参数为 True 表示达到宝藏区,为 false 表示未到达宝
# 藏区
            if is_done(s):
# 如果位于宝藏区,则采取上下左右之后,依然会转换到宝藏区
                P[s][UP]    = [(1, s, reward, True)]
                P[s][RIGHT] = [(1, s, reward, True)]
                P[s][DOWN]  = [(1, s, reward, True)]
                P[s][LEFT]  = [(1, s, reward, True)]
            else:
# 宝藏区之外的状态,采取上下左右之后,所进行的状态转换
```

```
                ns_up = s if y == 0 else s - MAX_X
                ns_right = s if x == (MAX_X - 1) else s + 1
                ns_down = s if y == (MAX_Y - 1) else s + MAX_X
                ns_left = s if x == 0 else s - 1
                P[s][UP] = [(1, ns_up, reward, is_done(ns_up))]
                P[s][RIGHT] = [(1, ns_right, reward, is_done(ns_right))]
                P[s][DOWN] = [(1, ns_down, reward, is_done(ns_down))]
                P[s][LEFT] = [(1, ns_left, reward, is_done(ns_left))]
            it.iternext()
        isd = np.ones(nS) / nS
        self.P = P
        super(GridworldEnv, self).__init__(nS, nA, P, isd)
```

## 3.6.2 策略迭代

**1. 算法详情**

使用策略迭代法对此问题进行求解。假设初始策略为均匀随机策略：
$\pi(\text{UP} \mid \cdot) = 0.25, \pi(\text{RIGHT} \mid \cdot) = 0.25, \pi(\text{DOWN} \mid \cdot) = 0.25, \pi(\text{LEFT} \mid \cdot) = 0.25$

（1）首先评估给定随机策略下的值函数，使用贝尔曼期望方程迭代计算直至值函数收敛。初始所有状态值函数全部为 0。在对值函数进行迭代计算时，使用如下公式：

$$V_{k+1}(s) = \sum_{a \in A} \pi(a \mid s) \left( R_s^a + \gamma \sum_{s' \in S} P_{ss'}^a V_k(s') \right)$$

初始，随机策略下的值函数 $V_0^{\pi}(s)$ 为：

| 0.0 | 0.0 | 0.0 | 0.0 | 0.0 |
| --- | --- | --- | --- | --- |
| 0.0 | 0.0 | 0.0 | 0.0 | 0.0 |
| 0.0 | 0.0 | 0.0 | 0.0 | 0.0 |
| 0.0 | 0.0 | 0.0 | 0.0 | 0.0 |
| 0.0 | 0.0 | 0.0 | 0.0 | 0.0 |

$k = 0$ 时，随机策略下的值函数 $V_1^{\pi}(s)$ 为：

| -1. | -1.25 | -1.3125 | -1.328 125 | -1.332 031 25 |
| --- | --- | --- | --- | --- |
| -1.25 | -1.625 | -1.734 375 | 0 | -1.333 007 81 |
| -1.3125 | -1.734 375 | -1.867 187 5 | -1.466 796 88 | -1.699 951 17 |
| -1.328 125 | -1.765 625 | -1.908 203 12 | -1.843 75 | -1.885 925 29 |
| -1.332 031 25 | -1.774 414 06 | -1.920 654 3 | -1.941 101 07 | -1.956 756 59 |

$k=1$ 时,随机策略下的值函数 $V_2^\pi(s)$ 为:

| | | | | |
|---|---|---|---|---|
| −2.125 | −2.578 125 | −2.738 281 25 | −2.349 609 38 | −2.586 669 92 |
| −2.578 125 | −3.156 25 | −2.940 429 69 | 0 | −2.404 907 23 |
| −2.738 281 25 | −3.381 835 94 | −3.424 316 41 | −2.742 004 39 | −3.183 197 02 |
| −2.791 015 62 | −3.463 867 19 | −3.663 146 97 | −3.558 044 43 | −3.645 980 83 |
| −2.807 373 05 | −3.491 577 15 | −3.754 119 87 | −3.802 505 49 | −3.840 499 88 |

$k=2$ 时,随机策略下的值函数 $V_3^\pi(s)$ 为:

| | | | | |
|---|---|---|---|---|
| −3.351 562 5 | −3.956 054 69 | −3.996 093 75 | −3.233 093 26 | −3.702 835 08 |
| −3.956 054 69 | −4.558 593 75 | −3.994 750 98 | 0 | −3.322 734 83 |
| −4.216 796 88 | −4.915 893 55 | −4.828 948 97 | −3.892 547 61 | −4.511 115 07 |
| −4.319 763 18 | −5.097 595 21 | −5.309 677 12 | −5.162 677 76 | −5.290 068 39 |
| −4.356 521 61 | −5.174 953 46 | −5.510 313 99 | −5.578 999 28 | −5.637 516 86 |

$k=3$ 时,随机策略下的值函数 $V_4^\pi(s)$ 为:

| | | | | |
|---|---|---|---|---|
| −4.653 808 59 | −5.291 137 7 | −5.128 768 92 | −4.016 174 32 | −4.686 144 83 |
| −5.346 313 48 | −5.887 023 93 | −4.961 185 46 | 0 | −4.129 998 68 |
| −5.699 691 77 | −6.378 314 97 | −6.135 431 29 | −4.952 306 03 | −5.720 872 04 |
| −5.868 392 94 | −6.682 834 63 | −6.872 814 42 | −6.673 547 03 | −6.830 501 08 |
| −5.939 097 4 | −6.826 799 87 | −7.197 231 89 | −7.271 823 76 | −7.344 339 64 |

$k=40$ 时,随机策略下的值函数 $V_{41}^\pi(s)$ 为:

| | | | | |
|---|---|---|---|---|
| −35.744 947 27 | −32.126 418 85 | −24.538 604 | −15.064 957 31 | −16.926 123 27 |
| −36.995 083 77 | −33.063 404 23 | −23.041 452 41 | 0 | −15.190 355 34 |
| −39.424 276 68 | −36.729 162 81 | −30.883 369 16 | −23.265 333 84 | −25.005 309 54 |
| −41.894 676 92 | −40.310 332 99 | −37.114 272 53 | −33.742 770 78 | −33.113 846 48 |
| −43.387 487 16 | −42.362 064 91 | −40.283 327 44 | −38.184 851 34 | −37.281 958 44 |

$k=337$ 时,随机策略下的值函数 $V_{338}^\pi(s)$ 收敛,收敛结果为:

| | | | | |
|---|---|---|---|---|
| −47.136 143 06 | −41.727 086 85 | −31.242 294 47 | −18.621 143 29 | −20.621 140 63 |
| −48.545 230 94 | −42.802 841 77 | −29.378 665 22 | 0 | −18.621 145 76 |
| −51.696 732 16 | −47.560 396 44 | −39.469 530 83 | −29.378 669 62 | −31.242 303 61 |
| −54.984 595 17 | −52.272 495 81 | −47.560 403 97 | −42.802 855 06 | −41.727 106 15 |
| −56.984 585 38 | −54.984 604 26 | −51.696 748 9 | −48.545 254 16 | −47.136 173 06 |

对应代码如下。

```python
V = np.zeros(env.nS)
i = 0

while True:
    value_delta = 0
    # 遍历各状态
    for s in range(env.nS):
        v = 0
        # 遍历各行为的概率(上,右,下,左)
        for a, action_prob in enumerate(policy[s]):
            # 对于每个行为确认下个状态
            # 四个参数: prob:概率, next_state:下一个状态的索引, reward:回报,
            # done: 是否是终止状态
            for prob, next_state, reward, done in env.P[s][a]:
                # 使用贝尔曼期望方程进行状态值函数的求解
                v += action_prob * (reward + discount_factor * prob * V[next_state])
        # 求出各状态和上一次求得状态的最大差值
        value_delta = max(value_delta, np.abs(v - V[s]))
        V[s] = v
```

(2) 使用如下公式：

$$\pi^*(a \mid s) = \underset{a \in A}{\operatorname{argmax}} \left[ R_s^a + \gamma \sum_{s' \in S} P_{ss'}^a V^*(s') \right]$$

对收敛的值函数 $V_{338}^\pi(s)$，使用贪心算法进行策略改进，求取 $V_{338}^\pi(s)$ 对应的改进后的策略 $\pi_1$，则有 $\pi_1$：

| → | → | → | ↓ | ← |
|---|---|---|---|---|
| → | → | → | 宝藏 | ← |
| → | → | ↑ | ↑ | ↑ |
| ↑ | ↑ | ↑ | ↑ | ↑ |
| ↑ | → | ↑ | ↑ | ↑ |

对应代码如下:

```python
# 评估当前的策略,输出为各状态的当前的状态值函数
V = policy_eval_fn(policy, env, discount_factor)
# 定义一个当前策略是否改变的标识
policy_stable = True

# 遍历各状态
for s in range(env.nS):
    # 取出当前状态下最优行为的索引值
    chosen_a = np.argmax(policy[s])

    # 初始化行为数组[0,0,0,0]
    action_values = np.zeros(env.nA)
    for a in range(env.nA):
        # 遍历各行为
        for prob, next_state, reward, done in env.P[s][a]:
            # 根据各状态值函数求出行为值函数
            action_values[a] += reward + discount_factor * prob * V[next_state]

    # 输出一个状态下所有的可能性
    best_a_arr, policy_arr = get_max_index(action_values)
    if chosen_a not in best_a_arr:
        policy_stable = False
    policy[s] = policy_arr
```

(3) 继续使用贝尔曼期望方程求取当前策略 $\pi_1$ 下的值函数,直至值函数收敛。计算过程与(1)相同。

经过 5 轮迭代,值函数收敛,得到 $V_5^{\pi_1}(s)$ 为:

| -4 | -3 | -2 | -1 | -2 |
|---|---|---|---|---|
| -3 | -2 | -1 | 0 | -1 |
| -4 | -3 | -2 | -1 | -2 |
| -5 | -4 | -3 | -2 | -3 |
| -6 | -5 | -4 | -3 | -4 |

(4) 针对值函数 $V_5^{\pi_1}(s)$,进行第二次策略改善,得到 $\pi_2$。

(5) 继续求取 $\pi_2$ 对应的值函数(策略评估),针对收敛的值函数 $V_5^{\pi_2}(s)$ 进行第三次策略改进,得到 $\pi_3$。经过三次策略改进,策略收敛。

对应最优值函数 $V^*$ ($V_5^{\pi_2}(s)$) 为：

| −4 | −3 | −2 | −1 | −2 |
|---|---|---|---|---|
| −3 | −2 | −1 | 0 | −1 |
| −4 | −3 | −2 | −1 | −2 |
| −5 | −4 | −3 | −2 | −3 |
| −6 | −5 | −4 | −3 | −4 |

最优策略 $\pi^*$ ($\pi_3$) 为：

| ↓→ | ↓→ | ↓→ | ↓ | ←↓ |
|---|---|---|---|---|
| → | → | → | 宝藏 | ← |
| ↑→ | ↑→ | ↑→ | ↑ | ←↑ |
| ↑→ | ↑→ | ↑→ | ↑ | ←↑ |
| ↑→ | ↑→ | ↑→ | ↑ | ←↑ |

代码如下。

```
if policy_stable:
    return policy, V
```

policy_stable 初始为 True，策略未达到收敛时不会输出策略和值函数，只有达到最优收敛之后结束迭代时，才会输出最优策略和值函数。

2. 核心代码

策略迭代算法主要包含两步，即策略评估和策略改进，重点包含了两个函数 policy_eval 方法和 policy_improvement 方法。

policy_eval 方法是策略评估方法，输入要评估的策略 policy，环境 env，折扣因子 discount_factor，阈值 threshold。输出当前策略下收敛的值函数 V。

policy_improvement 是策略改进方法，输入为环境 env，策略评估函数 policy_eval，折扣因子 discount_factor。输出为最优值函数和最优策略。

（1）首先展示策略评估方法：

```
def policy_eval(policy, env, discount_factor = 1, threshold = 0.00001):  #
    # 初始化各状态的状态值函数
    V = np.zeros(env.nS)
    i = 0
```

```python
        while True:
            value_delta = 0
            # 遍历各状态
            for s in range(env.nS):
                v = 0
                # 遍历各行为的概率(上,右,下,左)
                for a, action_prob in enumerate(policy[s]):
                    # 对于每个行为确认下个状态
                    # P[s][a]含四个参数。prob:状态转换概率, next_state:下一个状态, reward:
                    # 回报, done:是否是终止状态(宝藏区)
                    for prob, next_state, reward, done in env.P[s][a]:
                        # 使用贝尔曼期望方程进行状态值函数的求解
                        v += action_prob * (reward + discount_factor * prob * V[next_state])
                # 求出各状态和上一次求得状态的最大差值
                value_delta = max(value_delta, np.abs(v - V[s]))
                V[s] = v
            i += 1
            # 当前循环得出的各状态和上一次状态的最大差值小于阈值,则收敛,停止运算
            if value_delta < threshold:
                break
        return np.array(V)
```

(2) 策略改进方法通过调用策略评估方法实现。

```python
# 定义两个全局变量用来记录运算的次数
v_num = 1
i_num = 1
# 根据传入的四个行为选择值函数最大的索引,返回的是一个索引数组和一个行为策略
def get_max_index(action_values):
    indexs = []
    policy_arr = np.zeros(len(action_values))
    action_max_value = np.max(action_values)
    
    for i in range(len(action_values)):
        action_value = action_values[i]
        
        if action_value == action_max_value:
            indexs.append(i)
            policy_arr[i] = 1
    return indexs, policy_arr

# 将策略中的每行可能行为改成元组形式,方便对多个方向的表示
def change_policy(policys):
    action_tuple = []
```

```python
    for policy in policys:
        indexs, policy_arr = get_max_index(policy)
        action_tuple.append(tuple(indexs))

    return action_tuple
# policy_improvement 是策略改进方法,输入为环境 env,策略评估函数 policy_eval,折扣因子
# 输出为最优值函数和最优策略
def policy_improvement(env, policy_eval_fn = PolicyEvaluationSolution.policy_eval, discount_factor = 1.0):
    # 初始化一个随机策略
    policy = np.ones([env.nS, env.nA]) / env.nA

    while True:
        global i_num
        global v_num

        v_num = 1
        # 评估当前的策略,输出为各状态的当前的状态值函数
        V = policy_eval_fn(policy, env, discount_factor)
        # 定义一个当前策略是否改变的标识
        policy_stable = True

        # 遍历各状态
        for s in range(env.nS):
            # 取出当前状态下最优行为的索引值
            chosen_a = np.argmax(policy[s])

            # 初始化行为数组[0,0,0,0]
            action_values = np.zeros(env.nA)
            for a in range(env.nA):
                # 遍历各行为
                for prob, next_state, reward, done in env.P[s][a]:
                    # 根据各状态值函数求出行为值函数
                    action_values[a] += reward + discount_factor * prob * V[next_state]

            # 因为 np.argmax(action_values)只会选取第一个最大值出现的索引,会丢掉其他方
            # 向的可能性,所以这个方法会输出一个状态下所有的可能性
            best_a_arr, policy_arr = get_max_index(action_values)

            # 如果求出的最大行为值函数的索引(方向)没有改变,则定义当前策略未改变,收敛输出,
            # 否则将当前状态中将有最大行为值函数的方向置 1,其余方向置 0
            if chosen_a not in best_a_arr:
                policy_stable = False
            policy[s] = policy_arr
        i_num = i_num + 1
```

```
            # 如果当前策略没有发生改变,即已经到了最优策略,返回
            if policy_stable:
                return policy, V
env = GridworldEnv()
policy, v = policy_improvement(env)
update_policy_type = change_policy(policy)
```

### 3.6.3 值迭代

**1. 算法详情**

在进行一次策略评估(即求取当前策略下的值函数)之后就进行策略改进,这种方法称为值函数迭代算法。即,在每次进行值函数计算时,直接选择那个使得值函数最大的行为。

(1) 初始值函数 $V_0^\pi(s)$ 为:

| 0.0 | 0.0 | 0.0 | 0.0 | 0.0 |
|---|---|---|---|---|
| 0.0 | 0.0 | 0.0 | 0.0 | 0.0 |
| 0.0 | 0.0 | 0.0 | 0.0 | 0.0 |
| 0.0 | 0.0 | 0.0 | 0.0 | 0.0 |
| 0.0 | 0.0 | 0.0 | 0.0 | 0.0 |

代码如下。

```
V = np.zeros(env.nS)
```

(2) 使用贝尔曼最优方程,直接使用当前状态的最大行为值函数更新当前状态值函数。

$$V_{k+1}(s) = \max_{a \in A} \left( R_s^a + \gamma \sum_{s' \in S} P_{ss'}^a V_k(s') \right)$$

第一次迭代($k=0$),得 $V_1^\pi(s)$ 为:

| $-1$ | $-1$ | $-1$ | $-1$ | $-1$ |
|---|---|---|---|---|
| $-1$ | $-1$ | $-1$ | 0 | $-1$ |
| $-1$ | $-1$ | $-1$ | $-1$ | $-1$ |
| $-1$ | $-1$ | $-1$ | $-1$ | $-1$ |
| $-1$ | $-1$ | $-1$ | $-1$ | $-1$ |

# 第3章 动态规划

第二次迭代$(k=1)$，得$V_2^\pi(s)$为：

| −2 | −2 | −2 | −1 | −2 |
|---|---|---|---|---|
| −2 | −2 | −1 | 0 | −1 |
| −2 | −2 | −2 | −1 | −2 |
| −2 | −2 | −2 | −2 | −2 |
| −2 | −2 | −2 | −2 | −2 |

第三次迭代$(k=2)$，得$V_3^\pi(s)$为：

| −3 | −3 | −2 | −1 | −2 |
|---|---|---|---|---|
| −3 | −2 | −1 | 0 | −1 |
| −3 | −3 | −2 | −1 | −2 |
| −3 | −3 | −3 | −2 | −3 |
| −3 | −3 | −3 | −3 | −3 |

第七次之后各状态的最优行为值函数已经收敛，$V_7^\pi(s)$为：

| −4 | −3 | −2 | −1 | −2 |
|---|---|---|---|---|
| −3 | −2 | −1 | 0 | −1 |
| −4 | −3 | −2 | −1 | −2 |
| −5 | −4 | −3 | −2 | −3 |
| −6 | −5 | −4 | −3 | −4 |

对应的最优策略为：

| ↓→ | ↓→ | ↓→ | ↓ | ←↓ |
|---|---|---|---|---|
| → | → | → | 宝藏 | ← |
| ↑→ | ↑→ | ↑→ | ↑ | ←↑ |
| ↑→ | ↑→ | ↑→ | ↑ | ←↑ |
| ↑→ | ↑→ | ↑→ | ↑ | ←↑ |

求取各状态下最大行为值函数代码如下:

```
V = np.zeros(env.nS)

while True:
    # 停止条件
    delta = 0
    # 遍历每个状态
    for s in range(env.nS):
        # 计算当前状态的各行为值函数
        q = one_step_lookahead(s, V)
        # 找到最大行为值函数
        best_action_value = np.max(q)
        # 值函数更新前后求差
        delta = max(delta, np.abs(best_action_value - V[s]))
        # 更新当前状态的值函数,即将最大的行为值函数赋值给当前状态,用以更新当前状态的
        # 值函数
        V[s] = best_action_value

    i_num += 1
    # 如果当前状态值函数更新前后相差小于阈值,则说明已经收敛,结束循环
    if delta < threshold:
        break
```

求取最优策略的代码如下。

```
# 初始化策略
policy = np.zeros([env.nS, env.nA])
# 遍历各状态
for s in range(env.nS):
    # 根据已经计算出的 V,计算当前状态的各行为值函数
    q = one_step_lookahead(s, V)
    # 求出当前最大行为值函数对应的动作索引
    # 输出一个状态下所有的可能性
    best_a_arr, policy_arr = get_max_index(q)
    # 将当前所有最优行为赋值给当前状态
    policy[s] = policy_arr
```

### 2. 核心代码

值迭代方法将策略改进视为值函数的改进,每一步都求取最大行为值函数,用最大行为值函数更新当前状态值函数。值迭代方法为 value_iteration,输入为环境 env,阈值 threshold,折扣因子 discount_factor。输出为最优值函数和最优策略。在进行值函数更新时,使用了最优贝尔曼方程。其中方法 one_step_lookahead 用以求取当前状态的所有行为

值函数。

代码如下。

```python
from lib.envs.gridworld import GridworldEnv
# 定义 1 个全局变量用来记录运算的次数
i_num = 1
# 根据传入的四个行为选择值函数最大的索引,返回的是一个索引数组和一个行为策略
def get_max_index(action_values):
    indexes = []
    policy_arr = np.zeros(len(action_values))
    action_max_value = np.max(action_values)
    for i in range(len(action_values)):
        action_value = action_values[i]
        if action_value == action_max_value:
            indexes.append(i)
            policy_arr[i] = 1
    return indexes, policy_arr
# 将策略中的每行可能行为改成元组形式,方便对多个方向的表示
def change_policy(policys):
    action_tuple = []
    for policy in policys:
        indexes, policy_arr = get_max_index(policy)
        action_tuple.append(tuple(indexes))
    return action_tuple

def value_iteration(env, threshold = 0.0001, discount_factor = 1.0):
    """
    值迭代算法
        env 表示环境
            env.P[s][a](prob,next_state,reward,done)记录状态转移概率、下一个状态、回报、是否结束
            env.nS 是环境状态空间
            env.nA 是环境动作空间
        discount_factor:折扣因子
        返回:最优策略和最优值函数
    """
    global i_num

    def one_step_lookahead(state, V):
    # 求取当前状态的所有行为值函数
        q = np.zeros(env.nA)
        for a in range(env.nA):
            for prob, next_state, reward, done in env.P[state][a]:
                q[a] += prob * (reward + discount_factor * V[next_state])
        return q
```

```python
        V = np.zeros(env.nS)

        while True:
            # 停止条件
            delta = 0
            # 遍历每个状态
            for s in range(env.nS):
                # 计算当前状态的各行为值函数
                q = one_step_lookahead(s, V)
                # 找到最大行为值函数
                best_action_value = np.max(q)
                # 值函数更新前后求差
                delta = max(delta, np.abs(best_action_value - V[s]))
                # 更新当前状态的值函数,即将最大的行为值函数赋值给当前状态,用以更新当前
                # 状态的值函数
                V[s] = best_action_value
                    i_num += 1
            # 如果当前状态值函数更新前后相差小于阈值,则说明已经收敛,结束循环
            if delta < threshold:
                break

        # 初始化策略
        policy = np.zeros([env.nS, env.nA])
        # 遍历各状态
        for s in range(env.nS):
            # 根据已经计算出的V,计算当前状态的各行为值函数
            q = one_step_lookahead(s, V)
            # 求出当前最大行为值函数对应的动作索引
            # 在初始策略中对应的状态上将最大行为值函数方向置1,其余方向保持不变,仍为0
            # 因为np.argmax(action_values)只会选取第一个最大值出现的索引,
            # 会丢掉其他方向的可能性,所以以下方法会输出一个状态下所有的可能性
            best_a_arr, policy_arr = get_max_index(q)
            # 将当前所有最优行为赋值给当前状态
            policy[s] = policy_arr
        return policy, V
env = GridworldEnv()
policy, v = value_iteration(env)
update_policy_type = change_policy(policy)
```

### 3.6.4 实例小结

本节分别使用策略迭代和值迭代解决同一个网格世界寻找宝藏的问题,均给出了最优策略。

从策略迭代的代码可以看到,进行策略改进之前需要得到收敛的值函数。值函数的收

敛往往需要很多次迭代。例如，在第一次策略改进之前，进行了338次迭代。进行策略改进之前一定要等到策略值函数收敛吗？答案是不需要。依然以第一次策略改进之前策略评估为例，策略评估迭代41次和迭代338次所得到的贪心策略是一样的，可见策略迭代方法在效率方面存在问题。

相比而言，值迭代方法就高效得多，每一次都直接用最大的行为值函数更新当前状态的值函数，直至值函数收敛，输出最优策略，其解决同样的问题仅仅需要7次迭代。

## 3.7 小结

动态规划是用来解决已知模型强化学习问题的基础方法。具体来说，它包括策略迭代和值迭代两类算法。策略迭代通过策略评估和策略改进交替进行求取最优策略。值迭代在进行每一步的策略评估时，直接求取最优值函数，值函数收敛后求取最优策略。本章通过网格世界寻找宝藏的实例，详细介绍了两种算法的求解过程和代码，并对两者的效率进行了比较，相比而言，值迭代算法具有更高的效率。

## 3.8 习题

1. 动态规划是什么？它适合解决什么类型的问题？
2. 什么是策略评估和策略改进？
3. 简述策略迭代算法和值迭代算法。
4. 策略迭代和值迭代这两个算法的区别和联系是什么？
5. 假设在本章案例的迷宫问题中，对每个状态的立即奖赏加上一个常量C，这样对最终结果是否有影响？请给出解释。

# 第 4 章 蒙特卡罗

## 4.1 蒙特卡罗简介

第 3 章介绍的动态规划是基于模型的强化学习方法,如下为动态规划计算值函数的公式:

$$V_\pi(s) = \sum_{a \in A} \pi(a \mid s)\left(R_s^a + \gamma \sum_{s' \in S} P_{ss'}^a V_\pi(s')\right)$$

而在实际场景中,环境的状态转移概率及回报往往很难得知,此种情况下,动态规划就不再适用了。这个时候可考虑采用无模型方法通过采样的方式替代策略评估,本章介绍的蒙特卡罗方法就是基于这个思想。

蒙特卡罗(Monte Carlo)方法也称为统计模拟方法(或称统计实验法),是一种基于概率与统计的数值计算方法。算法名字蒙特卡罗来源于以赌博而闻名于世界的摩纳哥城市蒙特卡罗,象征性地表明该算法基于概率统计与随机性的特点。该计算方法的主要核心是通过对建立的数学模型进行大量随机试验,利用概率论求得原始问题的近似解,与它对应的是确定性算法。

蒙特卡罗方法的起源可以追溯到 18 世纪,法国数学家浦丰(C. D. Buffon,1777)为了验证大数定理,提出用随机投针实验估算圆周率。针长是两平行线距离的一半,投针 2212 次,相交 704 次,得出圆周率 $\pi = 2212/704 = 3.142$。浦丰投针实验演示了蒙特卡罗方法的随机抽样和统计估计的模拟思想,是蒙特卡罗方法的最早尝试。蒙特卡罗声名大噪是在 19 世纪 40 年代美国原子弹研制时期,当时,美国核武器研究实验室负责"曼哈顿计划"的成员乌拉姆(S. Ulam)和冯·诺依曼(John von Neumann)等在计算机上实现了中子在原子弹内扩散和增殖的蒙特卡罗模拟,出于保密缘故,冯.诺伊曼选择摩洛哥著名赌城蒙特卡罗作为该项目名称,自此蒙特卡罗方法广为流传。

蒙特卡罗算法的核心思想是,在问题领域中进行随机抽样,通过不断、反复、大量的抽样后,统计结果,得到解空间上关于问题领域的接近真实的分布。这样的思想使得蒙特卡罗算法的应用具有通用性,不受应用领域知识的限制,也因此蒙特卡罗算法被广泛推广运用至物理学、物理化学、医学等领域。

本章将蒙特卡罗应用于强化学习,就有了蒙特卡罗强化学习方法。蒙特卡罗强化学习在进行策略评估时,通过多次采样产生轨迹,求取平均累积回报作为期望累积回报的近似。整个蒙特卡罗强化学习使用了广义策略迭代框架,由策略评估和策略改进两部分组成,一次策略评估后面紧跟着对当前策略的改进,两个步骤交互进行,直至获得最优策略。

## 4.2 蒙特卡罗评估

蒙特卡罗评估是通过学习智能体与环境交互的完整轨迹来估计值函数的。所谓完整轨迹(Episode)是指,从一个起始状态开始,使用某种策略一步步执行动作,直至结束形成的经验性信息,包含所有时间步的状态、行为、立即回报等。

假设共执行 $T$ 步,形成的完整轨迹如下:

$$\langle s_0, a_0, r_0, s_1, a_1, r_1, s_2, a_2, r_2, \cdots, s_T, a_T, r_T \rangle$$

使用蒙特卡罗方法评估策略时,对评估方法做了以下三点改变:因为是无模型的方法,无法通过贝尔曼方程迭代获得值函数,因此通过统计多个轨迹中累积回报的平均数对值函数进行估计;在求累计回报平均时采用增量更新的方式进行更新,避免了批量更新方法中对历史数据的存储,提高了计算效率;为了方便直接从估计对象中求解最优策略,蒙特卡罗将估计值函数 $V$ 改为估计行为值函数 $Q$,这样可通过贪心策略直接获得最优行为。

**1. 利用平均累积回报估计值函数**

回到值函数、行为值函数最原始的定义公式,如下:

$$V_\pi(s) = E_\pi[G_t \mid S_t = s] = E_\pi[R_{t+1} + \gamma R_{t+2} + \cdots \mid S_t = s] = E_\pi\left[\sum_{k=0}^{\infty} \gamma^k R_{t+k+1} \,\bigg|\, S_t = s\right]$$

$$\begin{aligned} Q_\pi(s,a) &= E_\pi[G_t \mid S_t = s, A_t = a] \\ &= E_\pi[R_{t+1} + \gamma R_{t+2} + \cdots \mid S_t = s, A_t = a] \\ &= E_\pi\left[\sum_{k=0}^{\infty} \gamma^k R_{t+k+1} \,\bigg|\, S_t = s, A_t = a\right] \end{aligned}$$

可见,值函数、行为值函数的计算实际上是计算累计回报的期望。在没有模型时,我们可以采用蒙特卡罗方法进行采样,产生经验性信息。这些经验性信息经验性地推导出每个状态 $s$ 的平均回报,以此来替代回报的期望,而后者就是状态值函数。状态值函数的估计通常需要掌握完整的轨迹才能准确计算得到。

当要评估智能体的当前策略 $\pi$ 时,可以利用策略 $\pi$ 产生多个轨迹,每个轨迹都是从任意的初始状态开始直到终止状态,如下所示为多个完整的轨迹(Episode):

轨迹 1: $\langle s_0, a_0, r_{11}, s_1, a_1, r_{12}, \cdots, s_1, a_2, r_{1k}, \cdots, s_T, a_T, r_{1T} \rangle$

轨迹 2: $\langle s_0, a_0, r_{21}, s_3, a_1, r_{22}, \cdots, s_1, a_k, r_{2k}, \cdots, s_T, a_T, r_{2T} \rangle$

……

计算一个轨迹中状态处 $s$ 的累积回报返回值为：

$$G_t = r_{t+1} + \gamma r_{t+2} + \cdots = \sum_{k=0}^{\infty} \gamma^k r_{t+k+1}$$

为计算方便，轨迹中用累积回报代替立即回报，则上面的轨迹可表示如下：

轨迹 1：$\langle s_0, a_0, G_{11}, s_1, a_1, G_{12}, \cdots, s_1, a_2, G_{1k}, \cdots, s_T, a_T, G_{1T} \rangle$

轨迹 2：$\langle s_0, a_0, G_{21}, s_3, a_1, G_{22}, \cdots, s_1, a_k, G_{2k}, \cdots, s_T, a_T, G_{2T} \rangle$

……

在状态转移过程中，可能发生一个状态经过一定的转移后又一次或多次返回该状态，此时在多个轨迹里如何计算这个状态的平均回报呢？可以有如下两种方法：第一次访问蒙特卡罗方法（初访）和每次访问蒙特卡罗方法（每访）。

初访法是指，在计算状态 $s$ 处的值函数时，只利用每个轨迹中第一次访问到状态 $s$ 时的累积回报。如上式轨迹 1 中，状态 $s_1$ 出现了两次，但计算状态 $s_1$ 处的累计回报均值时只利用 $s_1$ 初次出现的累积回报 $G_{12}$（不计算 $s_1$ 第二次出现后的累积回报 $G_{1k}$）。轨迹 2 中，状态 $s_1$ 仅出现了一次，其累积回报为 $G_{2k}$。因此初访法计算 $V(s_1)$ 的公式为：

$$V(s_1) = \frac{G_{12} + G_{2k} + \cdots}{N(s_1)}$$

其中，$N(s_1)$ 表示包含状态 $s_1$ 的轨迹数。

每访是指，在计算状态 $s$ 处的值函数时，利用所有访问到状态 $s$ 时的累积回报，如轨迹 1，计算状态 $s_1$ 处的均值时需要用到 $G_{12}$ 和 $G_{1k}$。因此每访法计算 $V(s_1)$ 的公式为：

$$V(s_1) = \frac{G_{12} + G_{1k} + G_{2k} + \cdots}{N(s_1)}$$

其中，$N(s_1)$ 表示状态 $s_1$ 出现的总次数。

蒙特卡罗方法是用统计的方法求取值函数的，根据大数定律：当样本数量足够多的时候，即 $N(s_1)$ 无穷大时，根据样本求取的值函数 $V(s_1)$ 近似于真实值函数 $V_\pi(s_1)$。

## 2. 增量式更新

通常，蒙特卡罗法在求平均值的时候是采用批处理式进行的，即在一个完整的采样轨迹完成后，对全部的累积回报进行更新。实际上，这个更新过程可以增量式进行，使得在计算平均值时不需要存储所有既往累积回报，而是每得到一个累积回报之后就计算其平均值。

对于状态 $s_t$，不妨假设基于 $k$（初访法 $k$ 指的是含有状态 $s_t$ 的轨迹数，每访法指的是状态 $s_t$ 的数目）个采样数据估计出值函数为 $V(s_t)$，增量式公式如下：

$$V_k = \frac{1}{k} \sum_{j=1}^{k} G_j = \frac{1}{k}\left(G_k + \sum_{j=1}^{k-1} G_j\right) = \frac{1}{k}(G_k + (k-1)V_{k-1}) = V_{k-1} + \frac{1}{k}(G_k - V_{k-1})$$

则在得到第 $k+1$ 个采样数据 $G_t$（$s_t$ 状态对应累积回报）时，有：

$$V_{k+1}(s_t) \leftarrow V_k(s_t) + \frac{1}{k+1}(G_{k+1}(s_t) - V_k(s_t))$$

可简写为：

$$V(s_t) \leftarrow V(s_t) + \frac{1}{k+1}(G_t - V(s_t))$$

显然，只需要给 $V(s_t)$ 加上 $\frac{1}{k+1}(G_t - V(s_t))$ 即可，更一般地，将 $\frac{1}{k+1}$ 替换为常数 $\alpha$，令 $1 > \alpha > 0$，表示更新步长，$\alpha$ 越大，代表越靠后的累积回报越重要。

最终得到蒙特卡罗方法值函数估计的更新公式：

$$V(s_t) \leftarrow V(s_t) + \alpha(G_t - V(s_t))$$

### 3. 估计行为值函数 $Q$ 代替估计值函数 $V$

动态规划中的策略迭代算法估计的是值函数 $V$，而最终的策略通过行为值函数 $Q$ 获得，或者下一个状态的 $V$ 获得。当模型已知的时候，从值函数 $V$ 到行为值函数 $Q$ 有一个很简单的转换公式，可以根据此公式求解 $\pi'(s)$：

$$\pi'(s) = \underset{a \in A}{\operatorname{argmax}} Q(s, a)$$

同时因为知道 $P_{ss'}^a$ 和 $R_s^a$，也可根据如下公式求解 $\pi'(s)$：

$$\pi'(s) = \underset{a \in A}{\operatorname{argmax}} \left[ R_s^a + \gamma \sum_{s' \in S} P_{ss'}^a V(s') \right]$$

蒙特卡罗这种无模型方法难以通过上面两个方法求解策略，于是考虑将估计对象从值函数 $V$ 改为行为值函数 $Q$，也就是说蒙特卡罗方法估计的是行为值函数的值。

假设使用初访法，利用每个轨迹中第一次访问到状态 $s$ 且采取行为 $a$ 时的累积回报的平均值来计算状态行为对 $(s, a)$ 的行为值函数。如轨迹 1 状态行为对 $(s, a)$ 仅出现 1 次，其对应的累积回报为 $G_{12}$，则有：

$$Q(s_1, a_1) = \frac{G_{12} + \cdots}{N(s_1, a_1)}$$

其中，$N(s_1, a_1)$ 表示包含状态行为对 $(s_1, a_1)$ 的轨迹数。结合增量式更新公式，可得到行为值函数为：

$$Q(s_t, a_t) \leftarrow Q(s_t, a_t) + \alpha(G_t - Q(s_t, a_t))$$

## 4.3 蒙特卡罗控制

策略评估的结果是获得了每一个状态行为对 $(s_t, a_t)$ 的行为值函数 $Q(s_t, a_t)$，策略控制要做的事情就是基于策略评估结果采用贪心算法改进策略。

$$\pi'(s_t) = \underset{a_t \in A}{\operatorname{argmax}} Q(s_t, a_t)$$

如果每次都使用贪心算法就会存在一个问题，很有可能由于没有足够的采样经验而导致我们选择的是并不是最优的策略。因此，我们需要不时地尝试新行为去挖掘更多的信息，这就是探索（Exploration），使用一个示例来解释。

如图 4-1 所示，有 6 个宝盒。打开 1 号宝箱得到立即回报为 1：$V(1)=1$。打开 2 号宝箱得到立即回报为 3：$V(2)=3$。打开 3 号宝箱得到立即回报为 2：$V(3)=2$。

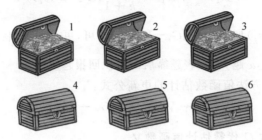

图 4-1 宝盒（见彩插）

在这种没有足够采样的情况下，如果使用贪心算法，将会继续打开 2 号宝箱。打开 2 号宝箱是否就一定是最好的选择呢？答案显然是否定的。也许 4、5、6 号宝箱会有更高的回报。因此完全使用贪心算法改进策略通常不能得到最优策略。

为了解决这一问题，需要引入一个随机机制，使得某一状态下所有可能的行为都有一定非零概率被选中执行，以保证持续的探索，代表性的方法是 ε-贪心探索（也称 ε-贪心法）。以 ε 的概率从所有动作中均匀随机选取一个，以 $1-\varepsilon$ 的概率选取当前最优动作。假设 $m$ 为动作数，在 ε-贪心策略中，当前最优动作被选中的概率是 $1-\varepsilon+\dfrac{\varepsilon}{m}$，而每个非最优动作被选中的概率是 $\dfrac{\varepsilon}{m}$，数学表达式如下：

$$\pi(a\mid s)=\begin{cases}\dfrac{\varepsilon}{m}+1-\varepsilon & a^{*}=\underset{a\in A}{\operatorname{argmax}}\,Q(s,a)\\ \dfrac{\varepsilon}{m} & 其他\end{cases}$$

ε-贪心策略中，每个动作都会被选取，保证了探索的充分性。如果使用这样的策略进行采样（生成轨迹），就可以保证多次采样产生不同的采样轨迹，保证采样的丰富性。

接下来需要证明使用 ε-贪心策略可以改进任意一个给定的策略，并且是在评估这个策略的同时改进它。假设需要改进的原始策略为 π，使用 ε-贪心策略选取动作后对应的策略为 $\pi'$。

证明：

$$Q_{\pi}(s,\pi'(s))=\sum_{a\in A}\pi'(a\mid s)Q_{\pi}(s,a)$$

$$=\dfrac{\varepsilon}{m}\sum_{a\in A}Q_{\pi}(s,a)+(1-\varepsilon)\max_{a\in A}Q_{\pi}(s,a)$$

$$=\dfrac{\varepsilon}{m}\sum_{a\in A}Q_{\pi}(s,a)+(1-\varepsilon)\max_{a\in A}Q_{\pi}(s,a)$$

其中，

$$\max_{a \in A} Q_\pi(s,a) \geqslant \sum_{a \in A} \pi(a \mid s) Q_\pi(s,a) = \sum_{a \in A} \pi(a \mid s) \frac{1-\varepsilon}{1-\varepsilon} Q_\pi(s,a)$$

$$= \sum_{a \in A} \frac{\pi(a \mid s) - \pi(a \mid s)\varepsilon}{1-\varepsilon} Q_\pi(s,a) = \frac{\sum_{a \in A} \pi(a \mid s) - \sum_{a \in A} \pi(a \mid s)\varepsilon}{1-\varepsilon} Q_\pi(s,a)$$

$$= \frac{\sum_{a \in A} \pi(a \mid s) - \varepsilon}{1-\varepsilon} Q_\pi(s,a) = \frac{\sum_{a \in A} \pi(a \mid s) - \sum_{a \in A} \frac{1}{|A|}\varepsilon}{1-\varepsilon} Q_\pi(s,a)$$

$$= \sum_{a \in A} \frac{\pi(a \mid s) - \frac{\varepsilon}{m}}{1-\varepsilon} Q_\pi(s,a)$$

则有

$$Q_\pi(s,\pi'(s)) \geqslant \frac{\varepsilon}{m} \sum_{a \in A} Q_\pi(s,a) + (1-\varepsilon) \sum_{a \in A} \frac{\pi(a \mid s) - \frac{\varepsilon}{m}}{1-\varepsilon} Q_\pi(s,a)$$

$$= \sum_{a \in A} \pi(a \mid s) Q_\pi(s,a) = V_\pi(s)$$

上述结果表明，ε-贪心探索策略可以改进任意一个给定的策略 $\pi$，满足 $Q_\pi(s,\pi'(s)) \geqslant V_\pi(s)$。紧接着需要证明：策略改进后，值函数单调递增，即 $V_\pi(s) \leqslant V_{\pi'}(s)$。

证明过程如下：

$$V_\pi(s) \leqslant Q_\pi(s,\pi'(s)) = \sum_{s' \in S} R_s^{\pi'(s)} + \gamma P_{ss'}^{\pi'(s)} V_\pi(s') \leqslant \sum_{s' \in S} R_s^{\pi'(s)} + \gamma P_{ss'}^{\pi'(s)} Q_\pi(s',\pi''(s))$$

$$= \cdots = V_{\pi'}(s)$$

解决了策略评估和策略控制两个问题，最终得到蒙特卡罗方法，即使用行为值函数 $Q$ 进行策略评估，使用 ε-贪心算法改进策略，该方法最终可以收敛至最优策略，如图 4-2 所示。

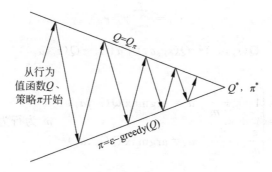

图 4-2 蒙特卡罗

## 4.4 在线策略蒙特卡罗

根据产生采样的策略(行为策略)和评估改进的策略(原始策略)是否是同一个策略,蒙特卡罗方法又分为在线策略(on-policy)蒙特卡罗和离线策略(off-policy)蒙特卡罗。

在线策略是指产生数据的策略与要评估改进的策略是同一个策略。其基本思想是遵循一个已有策略进行采样,根据样本数据中的回报更新值函数。或者遵循该策略采取行为,根据行为得到的回报更新值函数。最后根据更新的值函数来优化这个已有的策略,以得到更优的策略。由于要优化改进的策略就是当前遵循的策略,所以此方法称为在线策略。

离线策略是指产生数据的策略与评估改进的策略不是同一个策略。其基本思想是,虽然已有一个原始策略,但是并不针对这个原始策略进行采样,而是基于另一个策略进行采样。这另一个策略可以是先前学习到的策略,也可以是人类的策略等一些较为成熟的策略。观察这类策略的行为和回报,并根据这些回报评估和改进原始策略,以此达到学习的目的。

先介绍在线策略蒙特卡罗方法,其算法流程如下。这里产生数据的策略和评估改进的策略都是 $\varepsilon$-贪心策略。

| 算法:在线策略蒙特卡罗强化学习算法 |
|---|
| 输入:环境 $E$,状态空间 $S$,动作空间 $A$,初始化行为值函数 $Q(s,a)=0$,初始化策略 $\pi$ 为贪心策略 |
| For $k=0,1,\cdots,m$ do<br>    在 $E$ 中执行策略 $\pi$ 产生轨迹<br>    $\langle s_0,a_0,r_0,s_1,a_1,r_1,s_2,a_2,r_2,\cdots,s_T,a_T,r_T \rangle$<br>    for $t=0,1,\cdots,T-1$ do<br>        $\forall s_t \in S \quad \forall a_t \in A$<br>$$G_t = \sum_{i=t}^{T} \gamma^{i-t} r_i$$<br>$$Q(s_t,a_t) \leftarrow Q(s_t,a_t) + \alpha(G_t - Q(s_t,a_t))$$<br>    end for<br>$$\forall s_t \in S': \pi(a_t|s_t) = \begin{cases} 1-\varepsilon+\dfrac{\varepsilon}{m} & a_t = \underset{a \in A}{\mathrm{argmax}}\, Q(s_t,a_t) \\ \dfrac{\varepsilon}{m} & a_t \neq \underset{a \in A}{\mathrm{argmax}}\, Q(s_t,a_t) \end{cases} \quad m\text{ 为行为空间大小}$$<br>end for |
| 输出:最优策略 $\pi$ |

## 4.5 离线策略蒙特卡罗

4.4节给出的在线策略蒙特卡罗方法,产生数据的策略和评估改进的策略都是ε-贪心策略。引入ε-贪心策略的目的是产生丰富的采样数据,因其具有一定的随机性,不适合作为最终的策略使用。可考虑在策略评估时引进随机性策略,如ε-贪心策略或随机策略,而在策略改进时改进原始的非ε-贪心策略,如贪心策略。基于这个思想,就有了离线策略蒙特卡罗方法。

### 4.5.1 重要性采样离线策略蒙特卡罗

在离线蒙特卡罗强化学习中,使用了重要性采样的方法,通过随机性策略(如ε-贪心策略)产生的数据,对原始贪心策略进行评估和改进。其中,产生采样数据的策略叫行为策略,用 $\pi'$ 表示;评估和改进的策略叫原始策略,用 $\pi$ 表示。

先来看重要性采样的原理。一般的,假设 $p、q$ 为两个不同的概率分布,函数 $f(x)$ 在概率分布 $p$ 下的期望可表示为

$$E(f) = \int_x p(x)f(x)\mathrm{d}x$$

可使用从概率分布 $p$ 上的采样 $\{x_1, x_2, \cdots, x_m\}$ 来估计 $f$ 的期望,有:

$$\hat{E}(f) = \frac{1}{m}\sum_{i=1}^{m} f(x_i)$$

上式也可看成是函数 $\dfrac{p(x)}{q(x)}f(x)$ 在分布 $q$ 下的期望:

$$E(f) = \int_x p(x)f(x)\mathrm{d}x = \int_x q(x)\frac{p(x)}{q(x)}f(x)\mathrm{d}x$$

使用从 $q$ 上的采样 $\{x'_1, x'_2, \cdots, x'_m\}$,估计 $f$ 的期望,有:

$$\hat{E}(f) = \frac{1}{m}\sum_{i=1}^{m}\frac{p(x'_i)}{q(x'_i)}f(x'_i) = \frac{1}{m}\sum_{i=1}^{m}f(x_i)$$

可见,当随机变量 $f(x)$ 的分布($f(x)$服从于 $p$ 分布)无法产生样本,或者产生的样本比较复杂的时候,就可以考虑使用一个已知样本或者比较简单的概率分布(如使用 $\dfrac{p(x)}{q(x)}f(x)$ 服从于 $q$ 分布)来逼近随机变量 $f(x)$ 的期望。

回到我们的问题,分别用 $\pi$ 和 $\pi'$ 产生两条采样轨迹。两条轨迹的区别是每个"状态行为对"被采样的概率不同。

使用策略 $\pi$ 的采样轨迹评估策略 $\pi$,实际上是在求取状态行为对 $(s, a)$ 的累积回报期望,即行为值函数:

$$Q(s, a) = \frac{1}{m}\sum_{i=1}^{m} G_i$$

$G_i$ 表示第 $i$ 条轨迹上,自状态行为对 $(s,a)$ 到结束的累积回报,若使用策略 $\pi'$ 的采样轨迹来评估策略 $\pi$,则对累积回报加权,得到

$$Q(s,a) = \frac{1}{m}\sum_{i=1}^{m} \frac{P_i^{\pi}}{P_i^{\pi'}} G_i$$

$P_i^{\pi}$ 和 $P_i^{\pi'}$ 分别表示两个策略产生第 $i$ 条轨迹的概率,对于一条给定的轨迹 $\langle s_0, a_0, r_0, s_1, a_1, r_1, s_2, a_2, r_2, \cdots, s_T, a_T, r_T \rangle$,策略 $\pi$ 产生该轨迹的概率为:

$$P_i^{\pi} = \prod_{j=0}^{T-1} \pi(a_j \mid s_j) P_{s_j, s_{j+1}}^{a_j}$$

同理可得 $\pi'$ 产生该轨迹的概率 $P_i^{\pi'}$ 为:

$$P_i^{\pi'} = \prod_{j=0}^{T-1} \pi'(a_j \mid s_j) P_{s_j, s_{j+1}}^{a_j}$$

$$\rho_i^T = \frac{P_i^{\pi}}{P_i^{\pi'}} = \prod_{j=0}^{T-1} \frac{\pi(a_j \mid s_j)}{\pi'(a_j \mid s_j)}$$

$\rho_i^T$ 称为重要采样比率,$i$ 表示第 $i$ 条轨迹,$T$ 为轨迹终止时刻。可见,原始策略和行为策略产生轨迹概率的比值转化为了两个策略概率的比值。

则使用策略 $\pi'$ 的采样轨迹评估策略 $\pi$,增量式更新公式如下:

$$Q(s_t, a_t) \leftarrow Q(s_t, a_t) + \alpha \left( \prod_{j=0}^{T-1} \frac{\pi(a_j \mid s_j)}{\pi'(a_j \mid s_j)} G_t - Q(s_t, a_t) \right)$$

推导过程如下,其中 $m$ 为轨迹数。

$$Q_m(s_t, a_t) = \frac{1}{m}\sum_{i=1}^{m} \rho_i^T G_i = \frac{\rho_m^T G_m + Q_{m-1}(s_t, a_t)(m-1)}{m}$$

$$= \frac{\rho_m^T G_m + Q_{m-1}(s_t, a_t)(m-1)}{m}$$

$$= Q_{m-1}(s_t, a_t) + \frac{\rho_m^T G_m - Q_{m-1}(s_t, a_t)}{m}$$

$$= Q_{m-1}(s_t, a_t) + \alpha \left( \prod_{j=t}^{T-1} \frac{\pi(a_j \mid s_j)}{\pi'(a_j \mid s_j)} G_t - Q(s_t, a_t) \right)$$

若 $\pi$ 为贪心策略,而 $\pi'$ 是 $\pi$ 的 ε-贪心策略,则 $\pi(a_j|s_j)$ 对于 $a_j = \pi(s_j)$ 为 1,$\pi'(a_j|s_j)$ 为 $1-\varepsilon + \frac{\varepsilon}{m}$ 或者 $\frac{\varepsilon}{m}$。则可以通过行为策略(ε-贪心策略)对原始策略(贪心策略)进行评估。

以下为重要采样的离线策略蒙特卡罗算法的描述。算法中产生数据的策略为 ε-贪心策略,评估改进的策略是贪心策略。

| 算法:重要性采样离线策略蒙特卡罗强化学习算法 |
|---|
| 输入:环境 $E$,状态空间 $S$,动作空间 $A$,初始化行为值函数 $Q(s,a)=0$,策略 $\pi$ 为相对于 $Q$ 的贪心策略 |

For $k=0,1,\cdots,m$ do
    在 $E$ 中执行策略 $\pi$ 的 $\varepsilon$-贪心策略（即 $\pi'$）产生轨迹
    $\langle s_0,a_0,r_0,s_1,a_1,r_1,s_2,a_2,r_2,\cdots,s_T,a_T,r_T\rangle$

$$p_i=\begin{cases}1-\varepsilon+\dfrac{\varepsilon}{m} & a_i=\pi(s_i)\\ \dfrac{\varepsilon}{m} & a_i\neq\pi(s_i)\end{cases}$$

    for $t=0,1,2,3\cdots$ do
        $\forall s_t\in S\quad \forall a_t\in A$

$$G_t=\sum_{i=t}^{T}\gamma^{i-t}r_i$$

$$Q(s_t,a_t)\leftarrow Q(s_t,a_t)+\alpha\left(\prod_{i=t}^{T-1}\frac{1}{p_i}G_t-Q(s_t,a_t)\right)$$

    end for
$\forall s_t\in S':\pi(s_t)=\underset{a\in A}{\operatorname{argmax}}\,Q(s_t,a_t)$
end for
输出：最优策略 $\pi$

## 4.5.2 加权重要性采样离线策略蒙特卡罗

基于重要性采样的积分是无偏估计，因此使用重要性采样进行策略评估时，得到的行为值函数的估计也是无偏估计。然而由于在进行计算时，对被积函数乘以了一个重要性比率，如下：

$$\prod_{i=t}^{T-1}\frac{\pi(a_i\mid s_i)}{\pi'(a_i\mid s_i)}G_t$$

使得被积函数方差发生较大变化，如果轨迹存在循环不终止的情况，对应的方差会变为无穷大。为了解决采样方差问题，就有了加权重要性采样方法：

$$\hat{E}(f)=\frac{\sum_{i=1}^{m}\dfrac{p(x'_i)}{q(x'_i)}f(x'_i)}{\sum_{i=1}^{m}\dfrac{p(x'_i)}{q(x'_i)}}$$

与普通重要采样相比，分母由 $m$ 变为重要采样比率之和 $\sum_{i=1}^{m}\dfrac{p(x'_i)}{q(x'_i)}$。

用加权重要性采样方法解决离线策略蒙特卡罗问题时，对应的行为值函数估计可表示为

$$Q(s,a)=\frac{\sum_{i=1}^{m}\rho_i^T G_i}{\sum_{i=1}^{m}\rho_i^T}$$

现在来推导使用加权重要采样方法更新行为值函数的公式：

$$Q_m(s,a)=\frac{\sum_{i=1}^{m}\rho_i^T G_i}{\sum_{i=1}^{m}\rho_i^T}=\frac{\rho_m^T G_m+\sum_{i=1}^{m-1}\rho_i^T G_i}{\sum_{i=1}^{m}\rho_i^T}$$

$$=\frac{\rho_m^T G_m+Q_{m-1}(s,a)\sum_{i=1}^{m-1}\rho_i^T}{\sum_{i=1}^{m}\rho_i^T}$$

$$=\frac{\rho_m^T G_m+Q_{m-1}(s,a)\sum_{i=1}^{m}\rho_i^T-\rho_m^T Q_{m-1}(s,a)}{\sum_{i=1}^{m}\rho_i^T}$$

$$=Q_{m-1}(s,a)+\frac{\rho_m^T}{\sum_{i=1}^{m}\rho_i^T}(G_m-Q_{m-1}(s,a))$$

$\frac{\rho_m^T}{\sum_{i=1}^{m}\rho_i^T}$ 称为加权重要性采样权重。若 $\pi$ 为贪心策略，而 $\pi'$ 是随机策略。$m$ 为轨迹数，则可以通过行为策略（随机策略）对原始策略（贪心策略）进行评估。以下为加权重要性采样离线策略蒙特卡罗算法的描述。

| 算法：加权重要性采样离线策略蒙特卡罗强化学习算法 |
| --- |
| 输入：环境 $E$，状态空间 $S$，动作空间 $A$，初始化行为值函数 $Q(s,a)=0$，策略 $\pi$ 为基于 $Q(s,a)$ 的贪心策略；加权重要性采样权重分母 $C(s,a)=0$ |
| For   $k=0,1,\cdots,m$ do：<br>    在 $E$ 中执行随机策略 $\pi'$ 产生轨迹<br>    $\langle s_0,a_0,r_0,s_1,a_1,r_1,s_2,a_2,r_2,\cdots,s_T,a_T,r_T\rangle$<br>    累积回报 $G\leftarrow 0$<br>    加权重要性采样权重分子 $W\leftarrow 1$<br>    for   $t=T-1,T-2\cdots$ do to 0：<br>        $\forall s_t\in S$    $\forall a_t\in A$ |

$$G \leftarrow \gamma G + r_{t+1}$$
$$C(s_t, a_t) \leftarrow C(s_t, a_t) + W$$
$$Q(s_t, a_t) \leftarrow Q(s_t, a_t) + \frac{W}{C(s_t, a_t)}(G - Q(s_t, a_t))$$
$$\pi(s_t) \leftarrow \underset{a \in A}{\mathrm{argmax}}\, Q(s_t, a)$$

If $a_t \neq \pi(s_t)$　退出循环

$$W \leftarrow \frac{W}{\pi'(s_t, a_t)}$$

　　end for
end for

输出：最优策略 $\pi$

## 4.6　实例讲解

本节以"十点半"游戏为例，分别使用在线策略蒙特卡罗和离线策略蒙特卡罗寻找最优策略，并比较两种算法在处理上的异同。

### 4.6.1　"十点半"游戏

**1. 简单"十点半"游戏介绍**

"十点半"是一种流行于浙江一带的扑克游戏，这种游戏老少皆宜。在"十点半"游戏中，手牌（A,2,3,4,5,6,7,8,9,10）为普通牌，其中，A 为 1 点，其余牌点数为本身的点数。手牌（J,Q,K）为人牌，牌点数视为半点。

游戏者的目标是使手中的牌的点数之和在不超过十点半的情况下尽量大。本文的简单十点半由一个庄家和一个玩家进行对局游戏，并且在游戏中增加了特殊牌型（人五小、天王、五小、十点半），针对特殊牌型，添加了加倍功能，使游戏更有趣，更刺激。

牌型说明如下。

人五小：5 张牌，且每张都由人牌组成，5 倍回报。

天王：5 张牌，且牌面点数总和为十点半，4 倍回报。

五小：5 张牌不都是人牌，且总点数小于十点半，3 倍回报。

十点半：5 张牌以下，牌的总点数正好等于十点半，2 倍回报。

平牌：5 张牌以下，牌的总点数小于十点半，1 倍回报。

爆牌：牌的总点数大于十点半。

其中,(人五小、天王、五小、十点半)属于特殊牌型。

比牌规则如下。

牌型大小:人五小＞天王＞五小＞十点半＞平牌＞爆牌

游戏开始时,庄家为玩家发一张牌,玩家可根据自己的手牌,决定要牌或停牌。玩家最多可连续要 4 张牌,即手牌数目不能超过 5 张。

玩家拿到牌型为十点半以上(包含)的牌(人五小,天王,五小,十点半),则立即获胜,庄家立输,玩家按照游戏规则,获得相应回报。玩家拿到总分为十点半以上的牌,则为爆牌,玩家立输,庄家立即获胜。

玩家拿到十点半以下的牌并停牌,则庄家要牌,再和玩家比大小。

庄家如果当前分数小于玩家,则继续要牌,直至分出胜负。如果庄家等于玩家分数则比较手牌的数量,若手牌数大于等于玩家的手牌数,则判定为庄家获胜。庄家手牌也同样遵循牌型规则。

在计算回报时,普通牌型赢牌回报 1,输牌回报 −1。如遇特殊牌型,应该根据各牌型的相应倍率计算回报。比如,庄家为人五小时,玩家回报为 −5。

### 2. 环境描述

接下来对"十点半"游戏的马尔可夫决策过程模型进行描述 $M = <S, A, P, R, \gamma>$。

状态空间 $S$:(多达 200 种,根据对状态的定义可以有不同的状态空间,这里采用的定义是玩家手牌总分,手牌数目,人牌数目)。

(1) 当前手牌总分 $(0.5, 1, 1.5, 2, 2.5, 3, 3.5, 4, 4.5, \cdots, 10.5)$。

(2) 手牌数目 $(1, 2, 3, 4, 5)$。

(3) 人牌数目 $(0, 1, 2, 3, 4, 5)$。

行为空间 $A$:

(1) 要牌,用 1 表示。

(2) 停牌,用 0 表示。

回报 $R$(要牌):这里的回报是指玩家获得的回报,如果输掉比赛,得分用负数表示。

(1) +5:如果玩家手牌为人五小。

(2) +4:如果玩家手牌为天王。

(3) +3:如果玩家手牌为五小。

(4) +2:如果玩家手牌为十点半。

(5) +1:玩家手牌分数大于庄家手牌分数,指的是玩家没遇到特殊牌型,也没爆牌。

(6) −1:如果玩家手牌分数超过十点半。

回报 $R$(停牌):同上,这里的回报是指玩家获得的回报,如果输掉比赛,得分用负数表示。

(1) −5:如果庄家手牌为人五小。

(2) −4:如果庄家手牌为天王。

(3) −3：如果庄家手牌为五小。

(4) −2：如果庄家手牌为十点半。

(5) +1：如果庄家手牌分数超过十点半。

(6) −1：如果庄家手牌分数大于玩家手牌分数，指的是庄家没有遇到特殊牌型，也没有爆牌的情况下，和玩家手牌比大小。

状态转换：玩家采取要牌动作，要到一张牌后，玩家的手牌状态发生变化（手牌总分加上新牌分数，手牌总数加1，若新牌为人牌，则人牌数目加1）；玩家采取停牌动作，玩家手牌状态不发生变化，开始给庄家发牌。

求解问题：玩家应该采取的最优策略。

**3. 环境代码**

接下来基于gym构建"十点半"游戏的环境，以下代码主要定义了"十点半"游戏马尔可夫决策过程模型的状态空间、行为空间，以及分别采取不同行为后的状态转换和回报等信息。

主要包含如下方法。

- def draw_card(np_random)：随机发牌。
- def sum_hand(hand)：求取当前手牌总分。
- def get_card_num(hand)：获取当前手牌的数量。
- def get_p_num(hand)：获得当前手牌的人牌数量。
- def_step(self,action)：基于当前的状态和输入动作，得出下一步的状态、回报和是否结束。如果动作为叫牌：给玩家发一张手牌，改变玩家手牌的状态，判断玩家当前手中的牌型，返回（玩家当前手牌状态、回报和是否结束）。如果动作为停牌：庄家开始补牌，点数比玩家大，庄家获胜，游戏结束，否则继续补牌至分出胜负（注意：当点数相同时，比较手牌，庄家手牌大于等于玩家，庄家胜，否则继续补牌）。
- def_get_obs(self)：获取当前的状态空间（玩家手牌数的总分、玩家手中的总牌数、玩家手中的人牌数）。
- def cmp(dealer,player)：庄家和玩家比较手牌总分。如果庄家大，返回True，玩家大，返回False。当点数相同时比较手牌数量，庄家手牌数小于等于玩家，返回False，大于则返回True。
- def gt_bust(hand)：判断手牌总分是否超过10.5。
- def is_dest(hand)：判断手牌总分是否刚好等于10.5。
- def is_rwx(hand)：判断是否为人五小。
- def is_tw(hand)：判断是否为天王。
- def is_wx(hand)：判断是否为五小。
- def hand_types(hand)：根据手牌返回结果（牌型、回报、结束状态）。

具体代码如下：

```python
import gym
from gym import spaces
from gym.utils import seeding
# 定义牌的分数,其中,A = 1, 2~10 = 牌的点数, J/Q/K = 0.5.随机发牌就是随机从 deck 中选择
# 一张牌
deck = [1, 2, 3, 4, 5, 6, 7, 8, 9, 10, 0.5, 0.5, 0.5]
# 人牌值
p_val = 0.5
# 限制值
dest = 10.5
# 随机发牌,随机从 deck 中选择一张牌
def draw_card(np_random):
    return np_random.choice(deck)
# 随机发到手一张牌
def draw_hand(np_random):
    return [draw_card(np_random)]
# 当前手牌总分
def sum_hand(hand):
    return sum(hand)
# 获取手牌的数量
def get_card_num(hand):
    return len(hand)
# 获取手牌中的人牌数
def get_p_num(hand):
    count = 0
    for i in hand:
        if i == p_val:
            count += 1
    return count
# 手上的牌是否爆掉
def gt_bust(hand):
    return sum_hand(hand) > dest
# 判断是否刚好达到了十点半
def is_dest(hand):
    return sum_hand(hand) == dest
# 判断是否是比十点半小
def lt_dest(hand):
    return sum_hand(hand) < dest
# 判断是否为人五小(手中牌为 5 张,且都为人牌)
def is_rwx(hand):
    return True if get_p_num(hand) == 5 else False
# 判断是否为天王(手中牌为 5 张,且牌面点数总和为十点半)
def is_tw(hand):
    return True if get_card_num(hand) == 5 and is_dest(hand) else False
# 判断是否为五小(手中牌为 5 张,且总点数小于十点半)
def is_wx(hand):
```

```python
        return True if get_card_num(hand) == 5 and lt_dest(hand) else False
# 根据手牌返回结果(牌型、回报、结束状态)
def hand_types(hand):
    # 默认为平牌
    type = 1
    reward = 1
    done = False

    if gt_bust(hand):
        # 爆牌
        type = 0
        reward = -1
        done = True
    elif is_rwx(hand):
        # 人五小
        type = 5
        reward = 5
        done = True
    elif is_tw(hand):
        # 天王
        type = 4
        reward = 4
        done = True
    elif is_wx(hand):
        # 五小
        type = 3
        reward = 3
        done = True
    elif is_dest(hand):
        # 十点半
        type = 2
        reward = 2
        done = True
    return type, reward, done
# 庄家和玩家比较手牌
def cmp(dealer, player):
    # 规则：庄家大,返回 True,玩家大,返回 False,当点数相同时比较手牌,庄家手牌数小于等于
    # 玩家,返回 False,大于则返回 True
    dealer_score = sum_hand(dealer)
    player_score = sum_hand(player)
    if dealer_score > player_score:
        return True
    elif dealer_score < player_score:
        return False
    else:
        dealer_num = get_card_num(dealer)
```

```python
        player_num = get_card_num(player)
    return True if dealer_num >= player_num else False
# 创建十点半的环境
class HalftenEnv(gym.Env):
    def __init__(self):
        # 行为空间:停牌,叫牌
        self.action_space = spaces.Discrete(2)  # 停牌,叫牌
        # 状态空间:(玩家手牌数的总分,玩家手中的总牌数,玩家手中的人牌数)
        # 玩家的手牌总分数:21 个状态
        # 玩家的手牌数:5 个状态
        # 玩家手中的人牌数:6 个状态
        self.observation_space = spaces.Tuple((
            spaces.Discrete(21),  # 玩家当前手牌的积分
            spaces.Discrete(5),   # 手中的手牌数
            spaces.Discrete(6)))  # 手中的人牌数
        self._seed()
        # 开始牌局
        self._reset()
        # 行为数
        self.nA = 2

    # 获取随机种子
    def _seed(self, seed=None):
        self.np_random, seed = seeding.np_random(seed)
        return [seed]
    # 基于当前的状态和输入动作,得出下一步的状态、回报和是否结束
    # 如果动作为叫牌:给玩家发一张手牌,改变玩家手牌的状态.判断玩家当前手中的牌型,
    # 返回(玩家当前手牌状态、回报和是否结束)
    # 如果动作为停牌:庄家开始补牌,点数比玩家大,庄家获胜,游戏结束,否则继续补牌至分出胜负
    # (注意:当点数相同时,比较手牌,庄家手牌大于等于玩家,庄家胜,否则继续补牌)
    def _step(self, action):
        assert self.action_space.contains(action)
        reward = 0
        # 叫牌
        if action:
            self.player.append(draw_card(self.np_random))
            # 判断当前玩家手中的牌型
            type, reward, done = hand_types(self.player)
        # 停牌
        else:
            done = True
            # 玩家停牌之后,庄家开始补牌
            self.dealer = draw_hand(self.np_random)
            # 因为只有一张手牌,凑不成规则中的特殊牌型,所以只需直接比较大小
            result = cmp(self.dealer, self.player)
            if result:
```

```python
                    reward = -1
            else:
                while not result:
                    # 继续给庄家补牌
                    self.dealer.append(draw_card(self.np_random))
                    # 判断庄家牌型
                    dealer_type, dealer_reward, dealer_done = hand_types(self.dealer)
                    # 出现特殊牌型,终止比赛(上式计算的是庄家的回报,所以在转成玩家回报
                    # 时应该是负值)
                    if dealer_done:
                        reward = -dealer_reward
                        break
                    # 还未终止,则对比庄家和玩家的手牌分数
                    result = cmp(self.dealer, self.player)
                    if result:
                        reward = -1
                        break
        return self._get_obs(), reward, done, {}
    # 获取当前的状态空间(玩家手牌数的总分,玩家手中的总牌数,玩家手中的人牌数)
    def _get_obs(self):
        return (sum_hand(self.player), get_card_num(self.player), get_p_num(self.player))
    # 牌局初始化
    def _reset(self):
        self.player = draw_hand(self.np_random)
        return self._get_obs()
```

## 4.6.2 在线策略蒙特卡罗

### 1. 算法详情

使用在线策略蒙特卡罗方法对"十点半"游戏马尔可夫问题进行求解的总体思路是以 $\epsilon$-贪心策略采样数据,生成完整轨迹。每生成一条完整轨迹,进行一次策略评估和策略改进。规定轨迹总数目为 500 000 条,每条轨迹最多 200 个时间步。超出轨迹数目之后,输出所有状态对应的最优行为。

(1) 初始化行为值函数 $Q=0$。

```python
Q_on = defaultdict(lambda: np.zeros(env.action_space.n))
```

(2) 初始化环境,随机给玩家发一张牌。
如:玩家当前手牌状态为(0.5,0,1)。

```python
state = env._reset()
```

(3) 遵循 ε-贪心策略选择行为，返回结果。例如：选择行为要牌后(1)，状态转换为(5.5,1,1)，回报为 0，标记轨迹未结束(done=false)。继续使用 ε-贪心策略选择行为停牌(0)，返回结果：状态转换为(5.5,1,1)，回报为 −1，标记轨迹结束(done=true)，详见代码(env._step(action)函数)。

```
# 定义遵循的策略为 ε-贪心策略
policy = make_epsilon_greedy_policy(Q_on, epsilon, env.action_space.n)
# 在线策略入口
Q_on, policy, returns_sum, returns_count, episode_on = on_policy(state,
    Q_on, discount_factor, returns_sum, returns_count, episode_on, policy)
# 将当前的状态传入 ε-贪心策略获取各行为的概率值
probs = policy(state)

def policy_fn(observation):
    A = np.ones(nA, dtype=float) * epsilon / nA
    # 在状态空间中求最大行为索引
    best_action = np.argmax(Q[observation])
    A[best_action] += (1.0 - epsilon)
    return A
# 根据返回的行为概率随机选择动作
action = np.random.choice(np.arange(len(probs)), p=probs)
# 根据当前动作确认下一步的状态、回报以及是否结束
next_state, reward, done, _ = env._step(action)
# 基于当前的状态和输入动作，得出下一步的状态、回报和是否结束
# 如果动作为叫牌，给玩家发一张手牌，改变玩家手牌的状态.判断玩家当前手中的牌型，返回玩家
# 当前手牌状态、回报以及是否结束.
# 如果动作为停牌，庄家开始补牌，点数比玩家大，庄家获胜，游戏结束，否则继续补牌至分出胜负
# (注意：当点数相同时，比较手牌，庄家手牌大于等于玩家，庄家胜，否则继续补牌)
def _step(self, action):
    assert self.action_space.contains(action)

    reward = 0
    # 叫牌
    if action:
        self.player.append(draw_card(self.np_random))

        # 判断当前玩家手中的牌型
        type, reward, done = hand_types(self.player)
    # 停牌
    else:
        done = True

        # 玩家停止牌之后，庄家开始补牌
        self.dealer = draw_hand(self.np_random)
        # 因为只有一张手牌，凑不成规则中的特殊牌型，所以只需直接比较大小
```

```
                result = cmp(self.dealer, self.player)

            if result:
                reward = -1
            else:
                while not result:
                    # 继续给庄家补牌
                    self.dealer.append(draw_card(self.np_random))

                    # 判断庄家牌型
                    dealer_type, dealer_reward, dealer_done = hand_types(self.dealer)

            # 出现特殊牌型,终止比赛(因为上式计算的是庄家的回报,所以在转成玩家回报时应该是负值)
                    if dealer_done:
                        reward = -dealer_reward
                        break

                    # 还未终止,则对比庄家和玩家的手牌分数
                    result = cmp(self.dealer, self.player)

                    if result:
                        reward = -1
                        break
        return self._get_obs(), reward, done, {}
```

(4)使用初访法计算轨迹中的状态行为对的行为值函数,并进行更新。

```
sa_pair = (state, action)
# 使用初访法统计累计回报的均值
# 找到状态、动作在所有轨迹中第一次出现的索引
first_occurence_idx = next(i for i, x in enumerate(episode)  if x[0] == state and x[1] == action)
# 从第一次出现的位置起计算累计回报
G = sum([x[2] * (discount_factor ** i) for i, x in enumerate(episode[first_occurence_idx:])])
# 计算当前状态的累计回报均值
returns_sum[sa_pair] += G
returns_count[sa_pair] += 1.0
```

(5)结合更新后的行为值函数,对原始策略进行更新。

```
# 策略的改进就是不断改变该状态下的Q
Q[state][action] = returns_sum[sa_pair] / returns_count[sa_pair]
```

(6)重复步骤(2)~(5),直至轨迹数=500 000。最终得到的最优策略如图4-3所示。

```
Episode 500000/500000,当前手牌数之和为:1.0,当前手牌数为:1时,当前人牌数为0,最优策略为:叫牌
当前手牌数之和为:2.0,当前手牌数为:1时,当前人牌数为0,最优策略为:叫牌
当前手牌数之和为:6.0,当前手牌数为:2时,当前人牌数为0,最优策略为:叫牌
当前手牌数之和为:8.0,当前手牌数为:1时,当前人牌数为0,最优策略为:停牌
当前手牌数之和为:2.0,当前手牌数为:2时,当前人牌数为0,最优策略为:叫牌
当前手牌数之和为:0.5,当前手牌数为:1时,当前人牌数为1,最优策略为:叫牌
当前手牌数之和为:4.0,当前手牌数为:1时,当前人牌数为0,最优策略为:叫牌
当前手牌数之和为:7.0,当前手牌数为:2时,当前人牌数为0,最优策略为:停牌
当前手牌数之和为:1.5,当前手牌数为:2时,当前人牌数为1,最优策略为:叫牌
当前手牌数之和为:6.0,当前手牌数为:1时,当前人牌数为0,最优策略为:叫牌
当前手牌数之和为:6.5,当前手牌数为:2时,当前人牌数为1,最优策略为:叫牌
当前手牌数之和为:9.0,当前手牌数为:1时,当前人牌数为0,最优策略为:停牌
当前手牌数之和为:3.0,当前手牌数为:1时,当前人牌数为0,最优策略为:叫牌
当前手牌数之和为:3.5,当前手牌数为:2时,当前人牌数为1,最优策略为:叫牌
当前手牌数之和为:10.0,当前手牌数为:1时,当前人牌数为0,最优策略为:停牌
当前手牌数之和为:8.5,当前手牌数为:2时,当前人牌数为1,最优策略为:停牌
当前手牌数之和为:7.0,当前手牌数为:1时,当前人牌数为0,最优策略为:停牌
当前手牌数之和为:5.0,当前手牌数为:1时,当前人牌数为0,最优策略为:叫牌
当前手牌数之和为:4.0,当前手牌数为:2时,当前人牌数为0,最优策略为:叫牌
当前手牌数之和为:4.5,当前手牌数为:3时,当前人牌数为1,最优策略为:叫牌
当前手牌数之和为:7.0,当前手牌数为:3时,当前人牌数为2,最优策略为:叫牌
当前手牌数之和为:9.0,当前手牌数为:2时,当前人牌数为0,最优策略为:停牌
```

图 4-3 最优策略

不同状态下最优策略的三维图如图 4-4～图 4-8 所示。

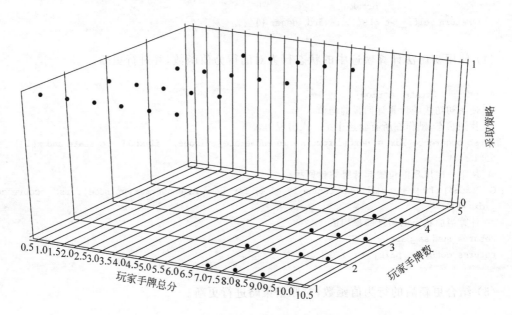

图 4-4 没有人牌时的最优策略

第4章 蒙特卡罗

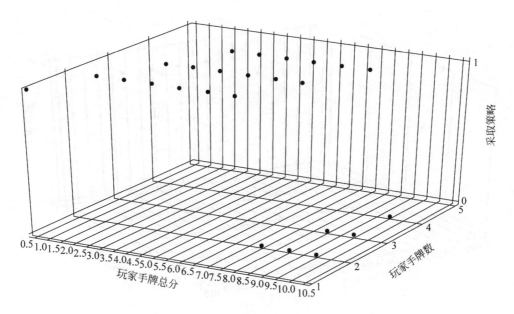

图 4-5　一张人牌时的最优策略

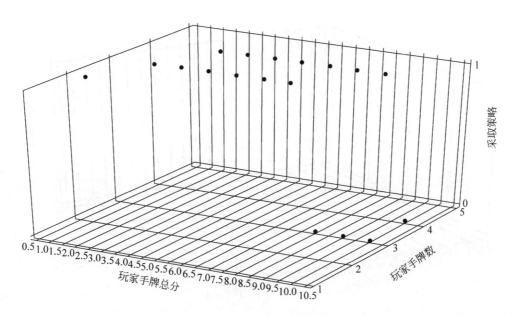

图 4-6　两张人牌时的最优策略

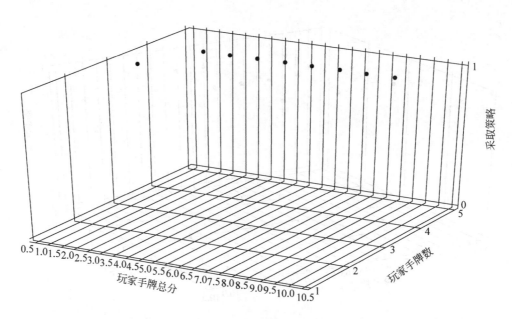

图 4-7 三张人牌时的最优策略

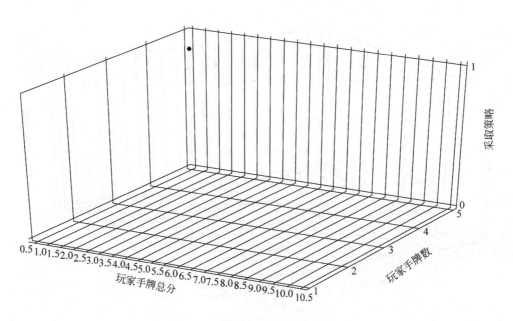

图 4-8 四张人牌时的最优策略

## 2. 核心代码

接下来对在线策略蒙特卡罗算法的代码进行描述。在线方法的主体函数是 mc_control _epsilon_greedy，输入为：十点半环境 env，样本的总步数 num_episodes，衰减因子 discount _factor, epsilon 值。输出为：行为值函数 Q 和最优策略。此方法采样数据时，使用了 ε-贪心策略，此策略是通过调用函数 make_epsilon_greedy_policy 生成的。

此代码用到的方法如下。

- **def** make_epsilon_greedy_policy(Q, epsilon, nA)：基于给定的 Q 行为值函数和 epsilon 值创建一个 ε-贪心策略。
- **def** policy_fn(observation)：求取该状态对应的最大行为值函数。

具体代码如下。

```python
import gym
import matplotlib
import numpy as np
import sys

from collections import defaultdict
if "../" not in sys.path:
    sys.path.append("../")
from lib.envs.halften import HalftenEnv
import matplotlib.pyplot as plt
from mpl_toolkits.mplot3d import Axes3D
from matplotlib.ticker import MultipleLocator, FormatStrFormatter
env = HalftenEnv()

# 返回一个 epsilon 贪心策略函数
def make_epsilon_greedy_policy(Q, epsilon, nA):
    def policy_fn(observation):
        A = np.ones(nA, dtype = float) * epsilon / nA
        # 在状态空间中求最大行为值函数
        best_action = np.argmax(Q[observation])
        A[best_action] += (1.0 - epsilon)
        return A
    return policy_fn
def mc_control_epsilon_greedy(env, num_episodes, discount_factor = 1.0, epsilon = 0.1):
    returns_sum = defaultdict(float)
    # 返回的所有轨迹的数量
    returns_count = defaultdict(float)
    
    # 最终的行为空间
    Q = defaultdict(lambda: np.zeros(env.action_space.n))
    
    # 遵循的策略
    policy = make_epsilon_greedy_policy(Q, epsilon, env.action_space.n)
```

```python
        # 玩的局数
        for i_episode in range(1, num_episodes + 1):
            # 处理进度(每 1000 次在控制台更新一次)
            if i_episode % 1000 == 0:
                print("\rEpisode {}/{}.".format(i_episode, num_episodes), end = "")
                sys.stdout.flush()
            # 定义一个 episode 数组,用来存入(state, action, reward)
            episode = []
            # 游戏开始
            state = env._reset()
            for t in range(100):
                # 根据当前的状态返回一个可能的行为概率数组
                probs = policy(state)
                # 根据返回的行为概率随机选择动作
                action = np.random.choice(np.arange(len(probs)), p = probs)
                # 根据当前动作确认下一步的状态、回报以及是否结束
                next_state, reward, done, _ = env._step(action)
                # 将当前的轨迹信息加入 episode 数组中
                episode.append((state, action, reward))
                if done:
                    break
                state = next_state
            # 从所有轨迹中提取出(state,action)
            sa_in_episode = set([(tuple(x[0]), x[1]) for x in episode])
            for state, action in sa_in_episode:
                sa_pair = (state, action)
                # 使用初访法统计累计回报的均值
                # 找到状态、动作在所有轨迹中第一次出现的索引
                first_occurence_idx = next(i for i,x in enumerate(episode) if x[0] == state and x[1] == action)
                # 从第一次出现的位置起计算累计回报
                G = sum([x[2] * (discount_factor ** i) for i,x in enumerate(episode[first_occurence_idx:])])
                # 计算当前状态的累计回报均值
                returns_sum[sa_pair] += G
                returns_count[sa_pair] += 1.0
                # 策略的提升就是不断改变该状态下的 Q
                Q[state][action] = returns_sum[sa_pair] / returns_count[sa_pair]
        return Q, policy
Q, policy = mc_control_epsilon_greedy(env, num_episodes = 500000, epsilon = 0.1)
```

### 4.6.3 离线策略蒙特卡罗

**1. 算法详情**

使用加权重要性采样离线策略蒙特卡罗方法对"十点半"游戏马尔可夫问题进行求解的总体思路是以随机策略采样数据,生成完整轨迹。每生成一条完整轨迹,通过加权重要性采样的方法进行一次策略评估和策略改进。评估和改进的策略都是贪心策略。轨迹总数目为500 000条,每条轨迹最多200个时间步。超出轨迹数目之后,输出所有状态对应的最优行为。

(1) 初始化行为值函数 $Q=0$。加权重要性采样权重分母 $C(s,a)=0$,折扣因子为1。

```
# 行为值函数
Q_off = defaultdict(lambda: np.zeros(env.action_space.n))
# 加权重要性采样公式的累积分母(通过所有的 episodes)
C = defaultdict(lambda: np.zeros(env.action_space.n))
```

(2) 初始化环境,随机给玩家发一张牌,如玩家当前手牌状态为(0.5,1,1)。

```
state = env._reset()
```

(3) 遵循随机策略选择行为,返回结果。例如:选择要牌(1)后,状态转换为(1.0,2,2),回报为0,标记轨迹未结束(done=false)。继续执行随机策略,直至轨迹结束。状态转换及回报情况见代码(env._step(action)函数)。最终生成的轨迹如下。

$$(0.5,1,1),1,0,(1.0,2,2),1,0,(1.5,3,3),1,0,(8.5,4,3),0,1$$

离线策略蒙特卡罗算法初始所遵循的随机策略如下。

```
random_policy = create_random_policy(env.action_space.n)
def create_random_policy(nA):
    A = np.ones(nA, dtype=float) / nA
    def policy_fn(observation):
        return A
    return policy_fn
```

离线策略蒙特卡罗算法需要评估改进的目标策略为贪心策略。

```
target_policy = create_greedy_policy(Q_off)

def create_greedy_policy(Q):
    def policy_fn(state):
        A = np.zeros_like(Q[state], dtype=float)
        best_action = np.argmax(Q[state])
        A[best_action] = 1.0
        return A
    return policy_fn
```

调用离线策略蒙特卡罗算法。

```
Q_off, target_policy, C, episode_off = off_policy(state, random_policy, episode_off,
discount_factor, target_policy, C, Q_off)
```

根据当前状态遵循随机策略求出每个行为的对应概率,根据概率随机选取行为,并且根据当前行为获取下一个状态、回报、是否结束等结果。

```
# 根据当前的状态返回一个行为概率数组
probs = behavior_policy(state)
# 根据返回的行为概率数组随机选择动作
action = np.random.choice(np.arange(len(probs)), p = probs)
# 根据当前动作确认下一步的状态、回报,以及是否结束
next_state, reward, done, _ = env._step(action)
```

(4) 针对每一条轨迹,从终止状态到开始状态,以倒序的方式计算每一个时间步的累积回报 $G$:

$$G \leftarrow \gamma G + r_{t+1}$$

更新权重分母 $C(s_t, a_t)$:

$$C(s_t, a_t) \leftarrow C(s_t, a_t) + W$$

更新 $Q(s_t, a_t)$:

$$Q(s_t, a_t) \leftarrow Q(s_t, a_t) + \frac{W}{C(s_t, a_t)}(G - Q(s_t, a_t))$$

同时对权重分子进行更新:

$$W \leftarrow \frac{W}{\pi'(s_t, a_t)}$$

最后针对更新后的行为值函数,对当前状态的策略进行更新,各时间步的行为值函数和策略取值见表 4-1。

$$\pi(s_t) \leftarrow \underset{a \in A}{\operatorname{argmax}} Q(s_t, a_t)$$

表 4-1 轨迹

| 时间步 | $(s, a)$ | $r$ | $G$ | $C(s_t, a_t)$ | $Q(s_t, a_t)$ | $W$ | $\pi(s_t)$ |
|---|---|---|---|---|---|---|---|
| 3 | (8.5, 4, 3), 0 | 1 | 1 | 1 | 1 | 2 | 0 |
| 2 | (1.5, 3, 3), 1 | 0 | 1 | 2 | 1 | 4 | 1 |
| 1 | (1.0, 2, 2), 1 | 0 | 1 | 4 | 1 | 8 | 1 |
| 0 | (0.5, 1, 1), 1 | 0 | 1 | 8 | 1 | 16 | 1 |

对应代码如下。

```
# 累计回报的值
G = 0.0
# 权重
W = 1.0
# 对于每一个 episode,倒序进行计算
for t in range(len(episode))[::-1]:
    state, action, reward = episode[t]
    # 从当前步更新总回报
    G = discount_factor * G + reward
    # 更新加权重要性采样公式分母
    C[state][action] += W
    # 使用增量更新公式更新动作值函数
    Q[state][action] += (W / C[state][action]) * (G - Q[state][action])
    # 如果行为策略采取的行动不是目标策略采取的行动,则跳出循环
    if action != np.argmax(target_policy(state)):
        break
    W = W * 1. / behavior_policy(state)[action]
```

(5) 重复(4)步,直至轨迹数=500 000。最终得到的最优策略如图 4-9～图 4-14 所示。

```
Episode 500000/500000.当前手牌数之和为:4.5,当前手牌数为:2时,当前人牌数为1,最优策略为:叫牌
当前手牌数之和为:7.0,当前手牌数为:1时,当前人牌数为0,最优策略为:停牌
当前手牌数之和为:9.0,当前手牌数为:1时,当前人牌数为0,最优策略为:停牌
当前手牌数之和为:0.5,当前手牌数为:1时,当前人牌数为1,最优策略为:叫牌
当前手牌数之和为:5.0,当前手牌数为:1时,当前人牌数为0,最优策略为:叫牌
当前手牌数之和为:10.0,当前手牌数为:2时,当前人牌数为0,最优策略为:停牌
当前手牌数之和为:10.0,当前手牌数为:1时,当前人牌数为0,最优策略为:停牌
当前手牌数之和为:8.0,当前手牌数为:2时,当前人牌数为0,最优策略为:停牌
当前手牌数之和为:9.0,当前手牌数为:2时,当前人牌数为0,最优策略为:停牌
当前手牌数之和为:7.0,当前手牌数为:2时,当前人牌数为0,最优策略为:停牌
当前手牌数之和为:4.0,当前手牌数为:1时,当前人牌数为0,最优策略为:叫牌
当前手牌数之和为:8.0,当前手牌数为:1时,当前人牌数为0,最优策略为:停牌
当前手牌数之和为:5.0,当前手牌数为:4时,当前人牌数为2,最优策略为:叫牌
当前手牌数之和为:3.0,当前手牌数为:3时,当前人牌数为2,最优策略为:叫牌
当前手牌数之和为:1.0,当前手牌数为:2时,当前人牌数为2,最优策略为:叫牌
当前手牌数之和为:8.0,当前手牌数为:3时,当前人牌数为2,最优策略为:停牌
当前手牌数之和为:1.0,当前手牌数为:1时,当前人牌数为0,最优策略为:叫牌
当前手牌数之和为:3.0,当前手牌数为:1时,当前人牌数为0,最优策略为:叫牌
当前手牌数之和为:7.5,当前手牌数为:2时,当前人牌数为1,最优策略为:停牌
当前手牌数之和为:1.5,当前手牌数为:2时,当前人牌数为1,最优策略为:叫牌
当前手牌数之和为:5.5,当前手牌数为:2时,当前人牌数为1,最优策略为:叫牌
当前手牌数之和为:6.0,当前手牌数为:1时,当前人牌数为0,最优策略为:叫牌
```

图 4-9　最优策略

### 2. 核心代码

接下来对离线策略蒙特卡罗算法的代码进行描述。此处的代码采用了加权重要性采样的方法。

离线策略蒙特卡罗算法的主体函数是 mc_control_importance_sampling,输入输出与在线策略蒙特卡罗算法的主体函数相同。此方法采样数据时,使用了随机策略,此策略是通

# 强化学习

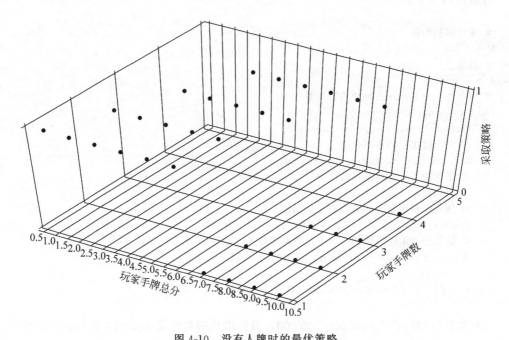

图 4-10 没有人牌时的最优策略

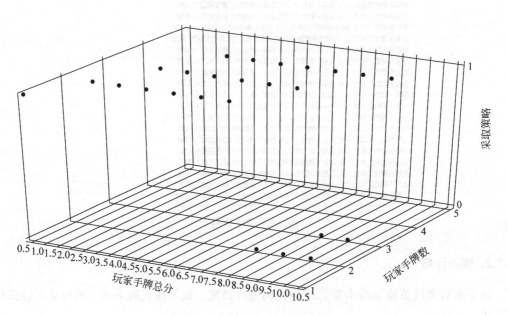

图 4-11 一张人牌时的最优策略

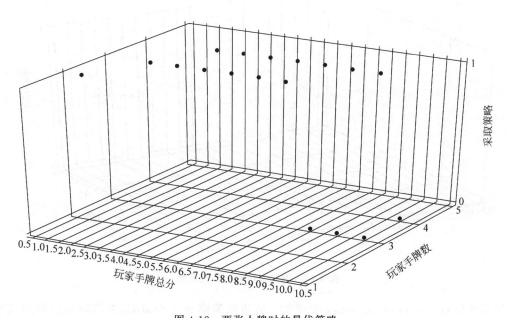

图 4-12　两张人牌时的最优策略

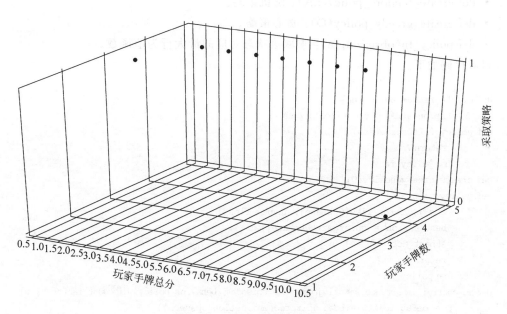

图 4-13　三张人牌时的最优策略

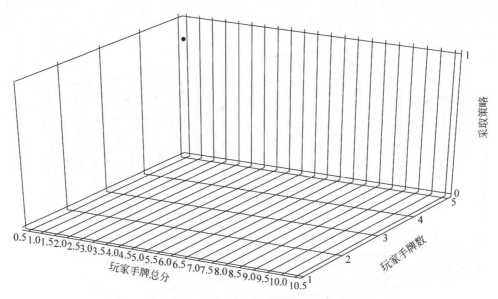

图 4-14 四张人牌时的最优策略

过调用函数 create_random_policy 生成的。改进的策略是贪心策略，此策略通过调用函数 create_greedy_policy 生成。

此代码用到的方法如下。
- def create_random_policy(nA)：随机策略。
- def create_greedy_policy(Q)：贪心策略。
- def policy_fn(observation)：求取该状态对应的最大行为值函数。

对应代码如下。

```
def create_random_policy(nA):
    A = np.ones(nA, dtype = float) / nA
def policy_fn(observation):
        return A
    return policy_fn
def create_greedy_policy(Q):
    def policy_fn(state):
        A = np.zeros_like(Q[state], dtype = float)
        best_action = np.argmax(Q[state])
        A[best_action] = 1.0
        return A
    return policy_fn
def mc_control_importance_sampling(env, num_episodes, behavior_policy, discount_factor = 1.0):
    Q = defaultdict(lambda: np.zeros(env.action_space.n))
    # 加权重要采样公式的累积分母(通过所有的 episodes)
    C = defaultdict(lambda: np.zeros(env.action_space.n))
```

```python
        # 需要评估改进的目标策略为贪心策略
        target_policy = create_greedy_policy(Q)
        # 玩的场次
        for i_episode in range(1, num_episodes + 1):
            # 处理进度(每1000次在控制台更新一次)
            if i_episode % 1000 == 0:
                print("\rEpisode {}/{}.".format(i_episode, num_episodes), end = "")
                sys.stdout.flush()
            # 定义一个 episode 数组,用来存放(state, action, reward)信息
            episode = []
            state = env._reset()
            for t in range(100):
                # 根据当前的状态返回一个行为概率数组
                probs = behavior_policy(state)
                # 根据返回的行为概率数组随机选择动作
                action = np.random.choice(np.arange(len(probs)), p = probs)
                # 根据当前动作确认下一步的状态、回报,以及是否结束
                next_state, reward, done, _ = env._step(action)
                # 将当前的轨迹信息加入 episode 数组中
                episode.append((state, action, reward))
                if done:
                    break
                state = next_state
            # 累计回报的值
            G = 0.0
            # 权重
            W = 1.0
            # 对于每一个 episode,倒序进行计算
            for t in range(len(episode))[::-1]:
                state, action, reward = episode[t]
                # 从当前步更新总回报
                G = discount_factor * G + reward
                # 更新加权重要性采样公式分母
                C[state][action] += W
                # 使用增量更新公式更新动作值函数
                Q[state][action] += (W / C[state][action]) * (G - Q[state][action])
                # 如果行为策略采取的行动不是目标策略采取的行动,则跳出循环
                if action != np.argmax(target_policy(state)):
                    break
                W = W * 1./behavior_policy(state)[action]
        return Q, target_policy
random_policy = create_random_policy(env.action_space.n)
Q, policy = mc_control_importance_sampling(env, num_episodes = 50,
behavior_policy = random_policy)
```

### 4.6.4 实例小结

分别使用蒙特卡罗在线策略算法和离线策略算法针对"十点半"游戏,运行 500、1000、2000、5000、1万、2万、10万、20万、30万、40万、50万条轨迹。早期,无论是在线策略方法还是离线策略方法,其对应的最优值函数均随着轨迹的增多迅速增加,但到达一定取值之后,其对应的值函数基本稳定在一个范围内,但后期还是会在一定范围内波动,这说明两种方法都有一定的探索。且最终两者对应的最优值函数基本一致,图 4-15 是当人牌数为 0 时,两种方法计算出来的最优值函数对比,其中五星表示在线策略算法,倒三角表示离线策略算法。

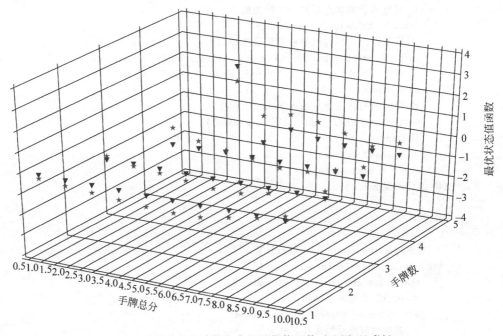

图 4-15　两种方法计算出来的最优值函数对比图(见彩插)

## 4.7　小结

蒙特卡罗是用来解决未知模型强化学习问题的基础方法。该方法通过采样产生多条完整轨迹,使用轨迹数据状态行为对的平均累积回报来逼近行为值函数,以求解最优策略。整个蒙特卡罗强化学习使用了广义策略迭代框架,由策略评估和策略改进两部分组成,一次策略评估后面紧跟着对当前策略的改进,两个步骤交互进行。

其中,产生采样的策略(行为策略)和评估改进的策略(目标策略)可以是同一个策略,也可以是不同的策略,分别对应在线策略蒙特卡罗和离线策略蒙特卡罗。离线策略蒙特卡罗可以使用重要性采样的方法,通过行为策略产生的采样来评估和改进目标策略。因为普通重要性采样的方差比较高,因此引入了加权重要性采样的方法。并以"十点半"游戏为例,分别对"在线策略蒙特卡罗"和"加权重要性采样的离线策略蒙特卡罗"进行详细介绍,并给出了核心代码。相比较而言,离线策略产生的轨迹数据更为丰富,因此在实际中比较常用。

## 4.8 习题

1. 蒙特卡罗方法可以解决什么样的问题?其核心思想是什么?
2. 简述蒙特卡罗通过增量更新的方式估计值函数的算法。
3. 在 ε-贪心策略中,当前最优动作被选中的概率是多少?每个非最优动作被选中的概率是多少?
4. 什么是在线策略(on-policy)?什么是离线策略(off-policy)?两者的优缺点是什么?
5. 简述重要性采样的原理及其在蒙特卡罗强化学习方法中的应用。
6. 尝试推导加权重要性采样蒙特卡罗方法行为值函数的更新公式。

# 第 5 章 时序差分

## 5.1 时序差分简介

前面几章分别介绍了蒙特卡罗强化学习和动态规划强化学习。蒙特卡罗强化学习需要学习完整的采样轨迹,才能去更新值函数和改进策略,学习效率很低。而动态规划强化学习需要采用自举(bootstapping)的方法,用后继状态的值函数估计当前值函数,可以在每执行一步策略之后就进行值函数的更新,相比较而言,效率较高。本章介绍的时序差分方法充分结合了动态规划的自举和蒙特卡罗的采样,通过学习后继状态的值函数来逼近当前状态值函数,实现对不完整轨迹进行学习,可以高效地解决免模型强化学习问题。

时序差分学习最早由 A. Sammuel 在他著名的跳棋算法中提出,这个程序具有自学习能力,可通过分析大量棋局来逐渐辨识出当前局面的好棋和坏棋,不断提高棋艺水平。1988年,Sutton 首次证明了时序差分方法(TD(0))在最小均方误差(MSE)上的收敛性。之后,时序差分法被广泛应用在无法产生完整轨迹的无模型强化学习问题上。

第 4 章已经介绍过,蒙特卡罗使用实际的累积回报平均值 $G_t$ 作为值函数的估计来更新值函数:

$$V(s_t) \leftarrow V(s_t) + \alpha(G_t - V(s_t))$$

而时序差分方法的应用场景是不完整轨迹,无法获得累积回报。它在估计状态 $S_t$ 的值函数时,用的是离开该状态的立即回报 $R_{t+1}$ 与下一状态 $S_{t+1}$ 的预估折扣值函数 $\gamma V(S_{t+1})$ 之和:

$$V_\pi(S_t) = E_\pi[G_t \mid S_t = s] = E_\pi[R_{t+1} + \gamma V(S_{t+1}) \mid S_t = s]$$

上式符合 Bellman 方程的描述。用 $R_{t+1} + \gamma V(S_{t+1})$ 代替 $G_t$,就有了时序差分方法(TD)的值函数更新公式:

$$V(s_t) \leftarrow V(s_t) + \alpha(R_{t+1} + \gamma V(s_{t+1}) - V(s_t))$$

其中:$R_{t+1} + \gamma V(s_{t+1})$ 称为 TD 目标值;$\delta_t = R_{t+1} + \gamma V(s_{t+1}) - V(s_t)$ 称为 TD 误差。

## 5.2 三种方法的性质对比

接下来从值函数估计方式、偏差与方差、马尔可夫属性等方面对时序差分、动态规划和蒙特卡罗三种方法进行对比。

## 1. 值函数估计

三种方法最大的不同体现在值函数的更新公式上。蒙特卡罗（MC）方法使用的是值函数最原始的定义，该方法依靠采样，学习完整的轨迹，利用实际累积回报的平均值 $G_t$ 估计值函数，如图 5-1 所示。

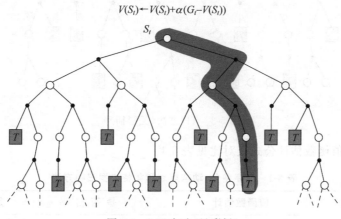

图 5-1　MC 方法（见彩插）

时序差分（TD）和动态规划（DP）则利用一步预测方法计算当前状态值函数，其共同点是利用了自举，使用后继值函数逼近当前值函数。不同的是，动态规划方法无须采样，直接根据完整模型，通过当前状态 $S$ 所有可能的转移状态 $S'$、转移概率、立即回报来计算当前状态 $S$ 的值函数，如图 5-2 所示。而时序差分（TD）方法是无模型方法，无法获得当前状态的所有后继状态及回报等，仅能通过采样学习轨迹片段，用下一状态的预估状态价值更新当前状态预估价值，如图 5-3 所示。

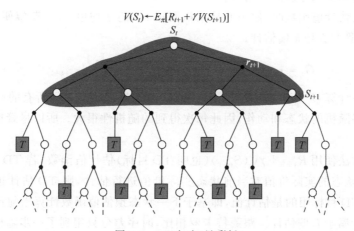

图 5-2　DP 方法（见彩插）

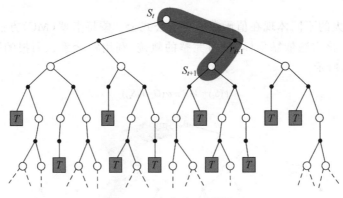

图 5-3 TD方法（见彩插）

三种方法的值函数估计公式及对比见表 5-1。

表 5-1 时序差分、动态规划和蒙特卡罗三种方法

| 方　　法 | 值函数估计 | 是否自举 | 是否采样 |
|---|---|---|---|
| DP | $V_\pi(S_t)=E_\pi[R_{t+1}+\gamma V(S_{t+1})\|S_t=s]$ | 自举 | 无须采样 |
| MC | $V_\pi(S_t)\approx G_t\|S_t=s$ | 不自举 | 采样，完整轨迹 |
| TD | $V_\pi(S_t)\approx R_{t+1}+\gamma V(S_{t+1})\|S_t=s$ | 自举 | 采样，不完整轨迹 |

**2. 偏差/方差**

蒙特卡罗（MC）和时序差分（TD）均是利用样本去估计值函数，可以从统计学的角度来对比两种方法的期望和方差两个指标。

蒙特卡罗在估计值函数时，使用的是累积回报 $G_t$ 的平均值。$G_t$ 期望便是值函数的定义，因此蒙特卡罗方法是无偏估计。

$$G_t = r_{t+1} + \gamma r_{t+2} + \cdots + \gamma^{T-1} r_T = \sum_{k=0}^{T} \gamma^k r_{t+k+1}$$

蒙特卡罗在计算 $G_t$ 值时，需要计算从当前状态到最终状态之间所有的回报，在这个过程中要经历很多随机的状态和动作，因此每次得到的随机性很大。所以尽管期望等于真值，但方差无穷大。

时序差分方法使用 $R_{t+1}+\gamma V(S_{t+1})$（也叫 TD 目标）估计值函数，若 TD 目标采用真实值，是基于下一状态的实际价值对当前状态实际价值进行估计，则 TD 估计也是无偏估计。然而在实际中 TD 目标用的是估计值，即基于下一状态预估值函数计算当前预估值函数，因此时序差分估计属于有偏估计。跟蒙特卡罗相比，时序差分只用到了一步随机状态和动作，因此 TD 目标的随机性比蒙特卡罗方法中的 $G_t$ 要小，其方差也比蒙特卡罗方法的方差小。

动态规划方法利用模型计算所有后继状态，借助贝尔曼方程，利用后继状态得到当前状

态的真实值函数,不存在偏差和方差,三种方法的偏差与方差对比见表 5-2。

表 5-2 三种方法的偏差与方差对比

| 方　　法 | 偏　　差 | 方　　差 |
|---|---|---|
| DP | 无偏差 | 无方差 |
| MC | 无偏差 | 高方差 |
| TD | 无偏（真实 TD 目标）<br>有偏（预估 TD 目标） | 低方差 |

### 3. 马尔可夫性

动态规划方法是基于模型的方法,基于现有的一个马尔可夫决策模型 MDP 的状态转移概率和回报,求解当前状态的值函数,因此该方法具有马尔可夫性。

蒙特卡罗和时序差分方法都是无模型方法,都需要通过学习采样轨迹估计当前状态值函数。所不同的是,应用时序差分(TD)算法时,时序差分算法试图利用现有的轨迹构建一个最大可能性的马尔可夫决策模型,即首先根据已有经验估计状态间的转移概率:

$$\hat{P}_{s,s'}^{a} = \frac{1}{N(s,a)} \sum_{k=1}^{K} \sum_{t=1}^{T_k} I(s_t^k, a_t^k, s_{t+1}^k = s, a, s')$$

同时估计某一个状态的立即回报:

$$\hat{R}_s^a = \frac{1}{N(s,a)} \sum_{k=1}^{K} \sum_{t=1}^{T_k} I(s_t^k, a_t^k = s, a) r_t^k$$

最后计算该马尔可夫决策模型的状态值函数。

而蒙特卡罗算法并不试图构建马尔可夫决策模型,该算法试图最小化状态值函数与累积回报的均方误差:

$$\sum_{k=1}^{K} \sum_{t=1}^{T_k} (G_t^k - V(s_t^k))^2$$

通过比较可以看出,时序差分和动态规划均使用了马尔可夫决策模型问题的马尔可夫属性,在马尔可夫环境下更有效;但是蒙特卡罗方法并不利用马尔可夫属性,通常在非马尔可夫环境下更有效,见表 5-3。

表 5-3 三种方法马尔可夫性对比

| 方　　法 | 是否使用马尔可夫属性 |
|---|---|
| DP | 是 |
| MC | 否 |
| TD | 是 |

## 5.3　Sarsa：在线策略 TD

与蒙特卡罗、动态规划一致，时序差分方法也遵循了广义策略迭代框架，由策略评估和策略改进两个步骤交替进行，直至获取最优解。因为是无模型方法，所以策略评估是针对采样数据进行的。同样地，根据产生采样数据的策略和评估改进的策略是否为同一个策略，时序差分方法也可以分为在线策略法（on-policy）和离线策略法（off-policy）。

先来介绍在线策略时序差分方法，也就是下面要介绍的 Sarsa 方法，此方法由 Rummmy 和 Niranjan 于 1994 年提出。

Sarsa 的名称来源如图 5-4 所示，序列描述：基于状态 $S$，遵循当前策略，选择一个行为 $A$，形成第一个状态行为对 $(S,A)$。与环境交互，得到回报 $R$，进入下一个状态 $S'$，再次遵循当前策略，产生一个行为 $A'$，产生第二个状态行为对 $(S',A')$。利用后一个状态行为对 $(S',A')$ 的行为值函数 $Q(S',A')$ 值更新前一个状态行为对 $(S,A)$ 的 $Q(S,A)$ 值。

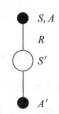

图 5-4　Sarsa 的名称来源

对应的行为值函数更新公式如下：

$$Q(S,A) \leftarrow Q(S,A) + \alpha(R + \gamma Q(S',A') - Q(S,A))$$

可见在具体执行时，单个轨迹内，每进行一个时间步，都会基于这个时间步的数据对行为值函数进行更新，产生采样的策略和评估改进的策略都是 ε-贪心策略。算法流程如下。

| 算法：Sarsa 算法 |
|---|
| 输入：环境 $E$，状态空间 $S$，动作空间 $A$，折扣回报 $\gamma$，初始化行为值函数 $Q(s,a)=0$，$\pi(a\mid s)=\dfrac{1}{\mid A\mid}$ |
| For $k=0,1,\cdots,m$ do（针对每一条轨迹）<br>　　初始化状态 $s$<br>　　在 $E$ 中通过 $\pi$ 的 ε-贪心策略采取行为 $a$，得到第一个状态行为对 $(s,a)$<br>　　For $t=0,1,2,3\cdots$ do（针对轨迹中的每一步）<br>　　　　$r,s'=$ 在 $E$ 中执行动作 $a$ 产生的回报和转移的状态；<br>　　　　基于 $s'$，通过 $\pi$ 的 ε-贪心策略采取行为 $a'$，得到第二个状态行为对 $(s',a')$<br>　　　　更新 $(s,a)$ 的 $Q$ 值<br>　　　　$Q(s,a) \leftarrow Q(s,a) + \alpha(r + \gamma Q(s',a') - Q(s,a))$;<br>　　　　$s \leftarrow s', a \leftarrow a'$<br>　　end for　$s$ 是一个终止状态<br>　　$\forall s_t \in S'$:<br>　　　　$$\pi(s_t) = \underset{a_t \in A}{\operatorname{argmax}} Q(s_t, a_t)$$<br>end for |
| 输出：最优策略 $\pi$ |

## 5.4 Q-learning：离线策略 TD 方法

离线策略时序差分（TD）学习的任务是借助策略 $\mu(a|s)$ 的采样数据来评估和改进另一个策略 $\pi(a|s)$。

离线策略 TD 也使用了重要性采样的方法。假设在状态 $s_t$ 下遵循两个不同的策略产生了同样的行为 $a_t$，则两种情形下产生行为 $a_t$ 的概率大小不一样。

首先考虑使用原始策略 $\pi$ 来评估策略 $\pi$。情形如下：基于状态 $s_t$，遵循策略 $\pi$，产生行为 $a_t$，得到回报 $R_{t+1}$，进入新的状态 $s_{t+1}$，再次遵循策略 $\pi$，产生行为 $a_{t+1}$。评估策略 $\pi$ 时对应的 TD 目标为

$$R_{t+1} + \gamma Q(s_{t+1}, a_{t+1})$$

若是改用行为策略 $\mu$ 来评估策略 $\pi$，则需要给 $R_{t+1} + \gamma Q(s_{t+1}, a_{t+1})$ 乘以一个重要性采样比率，对应的 TD 目标变为：

$$\frac{\pi(a_t \mid s_t)}{\mu(a_t \mid s_t)}(R_{t+1} + \gamma Q(s_{t+1}, a_{t+1}))$$

离线策略 TD 方法策略评估对应的具体数学表示为：

$$Q(s_t, a_t) \leftarrow Q(s_t, a_t) + \alpha \left( \frac{\pi(a_t \mid s_t)}{\mu(a_t \mid s_t)}(R_{t+1} + \gamma Q(s_{t+1}, a_{t+1})) - Q(s_t, a_t) \right)$$

这个公式可以这样解释：在状态 $s_t$ 时，分别比较依据策略 $\pi(a_t|s_t)$ 和当前策略 $\mu(a_t|s_t)$ 产生行为 $a_t$ 的概率大小，比值作为 TD 目标的权重，依此调整原来状态 $s_t$ 的价值 $Q(s_t, a_t)$。

应用这种思想表现最好的方法是 Q-学习（Q-learning）方法。Q-learning 方法由 Watkins 和 Dayan 于 1992 年提出。它的要点在于，更新一个状态行为对的 $Q$ 值时，采用的不是当前遵循策略（行为策略 $\mu$）的下一个状态行为对的 $Q$ 值，而是待评估策略（目标策略 $\pi$）产生的下一个状态行为对的 $Q$ 值。

更新公式如下：

$$Q(S_t, A_t) \leftarrow Q(S_t, A_t) + \alpha(R_{t+1} + \gamma Q(S_{t+1}, A') - Q(S_t, A_t))$$

式中，TD 目标 $R_{t+1} + \gamma Q(s_{t+1}, A')$ 是基于目标策略 $\pi$ 产生的行为 $A'$ 得到的 $Q$ 值和一个立即回报的和。在 Q-learning 方法中，实际与环境交互时遵循的策略 $\mu$ 是一个基于原始策略的 $\varepsilon$-贪心策略，它能保证经历足够丰富的新状态。而目标策略 $\pi$ 是单纯的贪心策略，保证策略最终收敛到最佳策略。

接下来，对 Q-learning 方法的更新公式进行变换。因为 $A'$ 是基于目标策略 $\pi$ 产生的行为，目标策略 $\pi$ 是基于行为值函数的贪心策略，所以 $A'$ 可表示为：

$$\pi(S_{t+1}) = \underset{a'}{\mathrm{argmax}}\, Q(S_{t+1}, a')$$

则 Q-learning 的 TD 目标为：

$$R_{t+1} + \gamma Q(S_{t+1}, A') = R_{t+1} + \gamma Q(S_{t+1}, \mathop{\mathrm{argmax}}\limits_{a'} Q(S_{t+1}, a')) = R_{t+1} + \max_{a'} \gamma Q(S_{t+1}, a')$$

图 5-5 所示是 Q-learning 具体的更新公式和图解。

可见，在状态 $s_t$ 遵循 ε-贪心策略得到的 $Q$ 值将朝着最大价值的方向更新。

同 Sarsa 方法一样，Q-learning 在具体执行时，单个轨迹内，每进行一个时间步，也会基于这个时间步的数据对行为值函数进行更新。其中产生采样的策略是 ε-贪心策略，而评估改进的策略是贪心策略。算法流程如下。

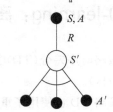

$Q(S,A) \leftarrow Q(S,A) + \alpha(R + \gamma \max_{a'} Q(S', a') - Q(S,A))$

图 5-5　Q-learning 公式及图解

| 算法：Q-learning 算法 |
|---|
| 输入：环境 $E$，状态空间 $S$，动作空间 $A$，折扣回报 $\gamma$，初始化行为值函数 $Q(s,a)=0$，$\pi(a\|s)=\dfrac{1}{\|A\|}$ |
| For $k=0,1,\cdots,m$ do(针对每一条轨迹)<br>　　初始化状态 $s$<br>　　For $t=0,1,2,3\cdots$ do(针对轨迹中的每一步)<br>　　　　在 $E$ 中通过 $\pi$ 的 ε-贪心策略采取行为 $a$<br>　　　　$r,s'$＝在 $E$ 中执行动作 $a$ 产生的回报和转移的状态；<br>　　　　$Q(s,a) \leftarrow Q(s,a) + \alpha(r + \gamma \max_{a'} Q(s', a') - Q(s,a))$;<br>　　　　$s \leftarrow s'$，<br>　　end for　$s$ 为终止状态<br>　end for<br>　　　　　　$\pi^*(s) = \mathop{\mathrm{argmax}}\limits_{a \in A} Q(s,a)$ |
| 输出：最优策略 $\pi^*$ |

## 5.5　实例讲解

本节以带陷阱的网格世界寻宝为例，分别使用 Sarsa 方法和 Q-learning 方法寻找最优策略并比较了两种算法在处理上的异同，同时给出核心代码。

## 5.5.1 迷宫寻宝

**1. 环境描述**

迷宫是一个 5×5 的网格世界,对应的马尔可夫决策模型一共有 24 个状态,如图 5-6 所示。

网格世界每个格子的边长是 40 像素,空心方块表示智能体,边长为 30 像素。状态用空心智能体移动至当前格子时,空心方块与网格格子中心重叠后,空心方块左上和右下角的坐标表示。例如,网格世界第一行第一列的格子所代表的状态可表示为(5,5,35,35),以此类推,可得到迷宫游戏的全部状态空间。其中有七个陷阱(图 5-6 实心方块所在位置)和一个宝藏区(实心圆所在位置)。

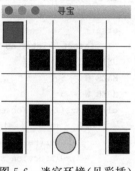

图 5-6 迷宫环境(见彩插)

空心方块表示智能体,可执行的行为分别为朝上、下、左、右移动一步,则动作空间标记为 $A=\{0,1,2,3\}$,0、1、2、3 分别对应上、下、左、右。

在这个迷宫游戏中,智能体一旦进入陷阱位置,获得负 1 回报,游戏终止。智能体一旦进入宝藏区,获得正 1 回报,游戏终止。除此之外,智能体的任何移动,回报为 0。并且当智能体位于网格世界边缘格子时,任何使得智能体试图离开格子世界的行为都会使得智能体停留在移动前的位置。

对于智能体来说,它不清楚整个格子世界的构造。它不知道格子是长方形还是正方形,不知道格子世界的边界在哪里,也不清楚陷阱和宝藏的具体位置。智能体能做的就是不断进行上下左右移动,与环境进行交互,通过环境反馈的回报不断调整自己的行为。

假设在此网格世界游戏中,智能体状态转移概率 $p_{ss'}^a=1$,折扣因子 $\gamma=1$。求解此网格世界寻找宝藏的最优策略。

**2. 环境代码**

接下来根据上述描述构建网格寻宝环境,环境代码主要由一个 Maze 类构成,包含如下方法。

- def _build_maze(self):构建迷宫的方法,该方法给出了陷阱位置、宝藏位置及智能体的初始位置。并且定义了动作空间,给出了状态转换过程以及行为回报。
- def step(self,action):根据当前行为,返回下一步的位置、立即回报,以及判断游戏是否终止。
- def reset(self):根据当前状态,重置画布。
- def render_by_policy(self,policy,result_list):根据传入策略,进行界面渲染。

# 强化学习

环境代码如下。

```python
import numpy as np
import time
import sys
if sys.version_info.major == 2:
    import Tkinter as tk
else:
    import Tkinter as tk
UNIT = 40                    # 每个格子的大小
MAZE_H = 5                   # 行数
MAZE_W = 5                   # 列数
class Maze(tk.Tk, object):
    def __init__(self):
        super(Maze, self).__init__()
        self.action_space = ['u', 'd', 'l', 'r']
        self.n_actions = len(self.action_space)
        self.title('寻宝')
        self.geometry('{0}x{1}'.format(MAZE_H * UNIT, MAZE_H * UNIT))
        self._build_maze()
    def _build_maze(self):
        # 创建一个画布
        self.canvas = tk.Canvas(self, bg='white',
                    height=MAZE_H * UNIT,
                    width=MAZE_W * UNIT)
        # 在画布上画出列
        for c in range(0, MAZE_W * UNIT, UNIT):
            x0, y0, x1, y1 = c, 0, c, MAZE_H * UNIT
            self.canvas.create_line(x0, y0, x1, y1)
        # 在画布上画出行
        for r in range(0, MAZE_H * UNIT, UNIT):
            x0, y0, x1, y1 = 0, r, MAZE_H * UNIT, r
            self.canvas.create_line(x0, y0, x1, y1)
        # 创建探险者起始位置(默认为左上角)
        origin = np.array([20, 20])
        # 陷阱1
        hell1_center = origin + np.array([UNIT, UNIT])
        self.hell1 = self.canvas.create_rectangle(
            hell1_center[0] - 15, hell1_center[1] - 15,
            hell1_center[0] + 15, hell1_center[1] + 15,
            fill='black')
        # 陷阱2
        hell2_center = origin + np.array([UNIT * 2, UNIT])
        self.hell2 = self.canvas.create_rectangle(
            hell2_center[0] - 15, hell2_center[1] - 15,
            hell2_center[0] + 15, hell2_center[1] + 15,
```

```python
            fill = 'black')
        # 陷阱 3
        hell3_center = origin + np.array([UNIT * 3, UNIT])
        self.hell3 = self.canvas.create_rectangle(
            hell3_center[0] - 15, hell3_center[1] - 15,
            hell3_center[0] + 15, hell3_center[1] + 15,
            fill = 'black')
        # 陷阱 4
        hell4_center = origin + np.array([UNIT, UNIT * 3])
        self.hell4 = self.canvas.create_rectangle(
            hell4_center[0] - 15, hell4_center[1] - 15,
            hell4_center[0] + 15, hell4_center[1] + 15,
            fill = 'black')
        # 陷阱 5
        hell5_center = origin + np.array([UNIT * 3, UNIT * 3])
        self.hell5 = self.canvas.create_rectangle(
            hell5_center[0] - 15, hell5_center[1] - 15,
            hell5_center[0] + 15, hell5_center[1] + 15,
            fill = 'black')
        # 陷阱 6
        hell6_center = origin + np.array([0, UNIT * 4])
        self.hell6 = self.canvas.create_rectangle(
            hell6_center[0] - 15, hell6_center[1] - 15,
            hell6_center[0] + 15, hell6_center[1] + 15,
            fill = 'black')
        # 陷阱 7
        hell7_center = origin + np.array([UNIT * 4, UNIT * 4])
        self.hell7 = self.canvas.create_rectangle(
            hell7_center[0] - 15, hell7_center[1] - 15,
            hell7_center[0] + 15, hell7_center[1] + 15,
            fill = 'black')
        # 宝藏位置
        oval_center = origin + np.array([UNIT * 2, UNIT * 4])
        self.oval = self.canvas.create_oval(
            oval_center[0] - 15, oval_center[1] - 15,
            oval_center[0] + 15, oval_center[1] + 15,
            fill = 'yellow')
        # 将探险者用矩形表示
        self.rect = self.canvas.create_rectangle(
            origin[0] - 15, origin[1] - 15,
            origin[0] + 15, origin[1] + 15,
            fill = 'red')
        # 画布展示
        self.canvas.pack()
    # 根据当前的状态重置画布(为了展示动态效果)
    def reset(self):
```

```python
            self.update()
            time.sleep(0.5)
            self.canvas.delete(self.rect)
            origin = np.array([20, 20])
            self.rect = self.canvas.create_rectangle(
                origin[0] - 15, origin[1] - 15,
                origin[0] + 15, origin[1] + 15,
                fill = 'red')
            return self.canvas.coords(self.rect)
        # 根据当前行为,确定下一步的位置
        def step(self, action):
            s = self.canvas.coords(self.rect)
            base_action = np.array([0, 0])
            if action == 0:                                    # 上
                if s[1] > UNIT:
                    base_action[1] -= UNIT
            elif action == 1:                                  # 下
                if s[1] < (MAZE_H - 1) * UNIT:
                    base_action[1] += UNIT
            elif action == 2:                                  # 左
                if s[0] > UNIT:
                    base_action[0] -= UNIT
            elif action == 3:                                  # 右
                if s[0] < (MAZE_W - 1) * UNIT:
                    base_action[0] += UNIT
            # 在画布上将探险者移动到下一位置
            self.canvas.move(self.rect, base_action[0], base_action[1])
            # 重新渲染整个界面
            s_ = self.canvas.coords(self.rect)    # next state
            # 根据当前位置来获得回报值及是否终止
            if s_ == self.canvas.coords(self.oval):
                reward = 1
                done = True
                s_ = 'terminal'
            elif s_ in [self.canvas.coords(self.hell1), self.canvas.coords(self.hell2), self.canvas.coords(self.hell3), self.canvas.coords(self.hell4), self.canvas.coords(self.hell5), self.canvas.coords(self.hell6), self.canvas.coords(self.hell7)]:
                reward = -1
                done = True
                s_ = 'terminal'
            else:
                reward = 0
                done = False
            return s_, reward, done
        def render(self):
            time.sleep(0.1)
            self.update()
```

## 5.5.2 Sarsa 方法

**1. 算法详情**

本节使用 Sarsa 方法对带陷阱的网格世界马尔可夫决策问题进行求解。总体思路是以 ε-贪心策略采样数据,生成轨迹。针对每一条轨迹的每个时间步,进行一次策略评估,根据下式更新状态行为对的行为值函数:

$$Q(s_1,a_1) \leftarrow Q(s_1,a_1) + \alpha(r + \gamma Q(s_2,a_2) - Q(s_1,a_1))$$

每条轨迹结束,根据更新的值函数,对策略进行改进。规定轨迹总数目为 100 条。超出轨迹数目之后,输出最优策略。具体操作过程如下。

(1) 初始化全部行为值函数 $Q(s,a)=0$。当前的 q 值以 q 表形式存储,创建 q 表。

```
self.q_table = pd.DataFrame(columns = self.actions, dtype = np.float64)
```

初始化值函数。

```
self.q_table = self.q_table.append(
    pd.Series(
        [0] * len(self.actions),
        index = self.q_table.columns,
        name = state,
    )
)
```

(2) 初始化环境,得到初始状态 $s_1$。这里指的是智能体初始位置,$s_1=(5,5,35,35)$。

```
observation = env.reset()
```

(3) 基于状态 $s_1$,遵循 ε-贪心策略选择行为 $a_1$。例如,得到动作 $a_1=2$(表示向右移动一格),得到第一个状态行为对 $(s_1,a_1)$。

```
# 基于当前状态选择行为
action = RL.choose_action(str(observation))

def choose_action(self, observation):
    self.check_state_exist(observation)
    # 从均匀分布的[0,1)中随机采样,当小于阈值时采用选择最优行为的方式,当大于阈值时采用
    # 选择随机行为的方式,这样人为增加随机性是为了解决陷入局部最优
    if np.random.rand() < self.epsilon:
        # 选择最优行为
        state_action = self.q_table.ix[observation, :]
```

```
            # 因为一个状态下最优行为可能会有多个,所以在碰到这种情况时,需要随机选择一个行
            # 为进行
            state_action = state_action.reindex(np.random.permutation(state_action.index))
            action = state_action.idxmax()
        else:
            # 选择随机行为
            action = np.random.choice(self.actions)
        return action
```

(4) 动作 $a_1$ 作用于环境,获得立即回报 $R_1$ 和下一个状态 $s_2$,同时得到了轨迹是否终止的标识。这里:$s_2=(45,5,75,35)$,$R_1=0$,done=false(表示轨迹未终止)。

```
observation_, reward, done, oval_flag = env.step(action)
```

(5) 基于状态 $s_2$,继续遵循 ε-贪心策略,得到行为 $a_2$。这里动作 $a_2=0$(表示向右移动一格),得到第二个状态行为对 $(s_2,a_2)$。

```
action_ = RL.choose_action(str(observation_))
```

(6) 通过第二个状态行为对 $(s_2,a_2)$ 的行为值函数 $Q(s_2,a_2)$ 更新第一个状态行为对 $(s_1,a_1)$ 的行为值函数 $Q(s_1,a_1)$。根据公式 $Q(s_1,a_1) \leftarrow Q(s_1,a_1)+\alpha(r+\gamma Q(s_2,a_2)-Q(s_1,a_1))$,计算得到:$Q(s_1,a_1)=0$,紧接着,令 $s_2=s_1$。

```
RL.learn(str(observation), action, reward, str(observation_), action_)

def learn(self, s, a, r, s_, a_):
    self.check_state_exist(s_)
    q_predict = self.q_table.ix[s, a]
    if s_ != 'terminal':
        # 使用公式:Q_target = r + γQ(s',a')
        q_target = r + self.gamma * self.q_table.ix[s_, a_]
    else:
        q_target = r
    # 更新公式:Q(s,a)←Q(s,a) + α(r + γQ(s',a') - Q(s,a))
    self.q_table.ix[s, a] += self.lr * (q_target - q_predict)

observation = observation_
```

(7) 重复步骤(3)~(6),直至轨迹结束。
(8) 结合更新后的行为值函数,采用 ε-贪心法对原始策略进行更新。

```python
# 开始输出最终的Q表
q_table_result = RL.q_table
# 使用Q表输出各状态的最优策略
policy = get_policy(q_table_result)

def get_policy(q_table, rows = 5, cols = 5, pixels = 40, origin = 20):
    policy = []
    
    for i in range(rows):
        for j in range(cols):
            # 求出每个格子的状态
            item_center_x, item_center_y = (j * pixels + origin), (i * pixels + origin)
            item_state = [item_center_x - 15.0, item_center_y - 15.0, item_center_x + 15.0, item_center_y + 15.0]
            
            # 如果当前状态为各终止状态,则值为-1
            if item_state in [env.canvas.coords(env.hell1), env.canvas.coords(env.hell2), env.canvas.coords(env.hell3), env.canvas.coords(env.hell4), env.canvas.coords(env.hell5), env.canvas.coords(env.hell6), env.canvas.coords(env.hell7), env.canvas.coords(env.oval)]:
                policy.append(-1)
                continue
            
            if str(item_state) not in q_table.index:
                policy.append((0, 1, 2, 3))
                continue
            # 选择最优行为
            item_action_max = get_action(q_table, str(item_state))
            policy.append(item_action_max)
    
    return policy
```

(9) 重复步骤(2)～(8),直至轨迹数＝100。最终得到的最优策略如图5-7所示。

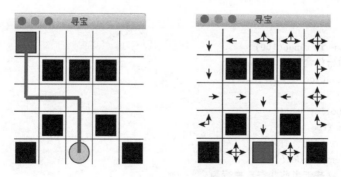

图5-7 Sarsa方法得到的最优策略(见彩插)

图 5-7 为智能体从起点出发找到宝藏的最优路径。最优路径所在状态经历了多次探索，可以得到比较准确的最优行为。而其他状态经历次数很少，给出的最优行为不精确。例如，宝藏左右两侧的网格位置，因为智能体从没有经历过，因此其四个方向的行为值函数均为 0，对应的最优行为为四个方向中的任意一个。为简要地说明问题，仅列出最优路径经历的状态及采取的最优行为，见表 5-4。其中最优行为是带有 ε 随机性的随机行为，以 ε 的概率选择当前最优动作，以 1－ε 的概率随机选择一个行为。

表 5-4 最优路径经历的状态及采取的最优行为

| 状 态 | 行 为 |
| --- | --- |
| (5.0,5.0,35.0,35.0) | 1 |
| (5.0,45.0,35.0,75.0) | 1 |
| (5.0,85.0,35.0,115.0) | 3 |
| (45.0,85.0,75.0,115.0) | 3 |
| (85.0,85.0,115.0,115.0) | 1 |
| (85.0,125.0,115.0,155.0) | 1 |

**2. 核心代码**

Sarsa 最核心的方法是 update()方法，循环遍历 100 条轨迹中的每一个时间步；进行行为的选择和行为值函数的更新，并基于行为值函数进行策略改进。

update()方法调用的其他基础方法均写在 RL 类中，例如：

def choose_action(str(observation))：基于输入状态，根据 ε-贪心策略选择行为。

def learn(str(observation),action,reward,str(observation_),action_)：Sarsa 的值函数更新方法。由代码可见，Sarsa 方法自始至终都在维护一个 Q 表（q_table，行为值函数表），此表记录了智能体所经历过的状态行为对的行为值函数。

def get_policy(…)：基于当前 Q 表，绘制最优策略图。

具体代码如下。

```
def update():
    for episode in range(100):
        # 初始化状态
        observation = env.reset()
        c = 0
        tmp_policy = {}
        while True:
            # 渲染当前环境
            env.render()
            # 基于当前状态选择行为
            action = RL.choose_action(str(observation))
            state_item = tuple(observation)
```

```python
                tmp_policy[state_item] = action
                # 采取行为获得下一个状态和回报及是否终止
                observation_, reward, done, oval_flag = env.step(action)
                # 基于下一个状态选择行为
                action_ = RL.choose_action(str(observation_))
                # 基于变化 (s, a, r, s, a)使用 Sarsa 进行 Q 的更新
                RL.learn(str(observation), action, reward, str(observation_), action_)
                # 改变状态和行为
                observation = observation_
                c += 1
                # 如果为终止状态,结束当前的局数
                if done:
                    break
        print('游戏结束')
        # 开始输出最终的 Q 表
        q_table_result = RL.q_table
        print(q_table_result)
        # 使用 Q 表输出各状态的最优策略
        policy = get_policy(q_table_result)
        policy_result = np.array(policy).reshape(5,5)
        env.render_by_policy_new(policy_result)
        # env.destroy()

if __name__ == "__main__":
    env = Maze()
    RL = SarsaTable(actions = list(range(env.n_actions)))
    env.after(100, update)
    env.mainloop()

class RL(object):
    def __init__(self, action_space, learning_rate = 0.01, reward_decay = 0.9, e_greedy = 0.9):
        self.actions = action_space
        self.lr = learning_rate
        self.gamma = reward_decay
        self.epsilon = e_greedy
        self.q_table = pd.DataFrame(columns = self.actions, dtype = np.float64)
    def check_state_exist(self, state):
        if state not in self.q_table.index:
            # 如果状态在当前的 Q 表中不存在,将当前状态加入 Q 表中
            self.q_table = self.q_table.append(
                pd.Series(
                    [0] * len(self.actions),
                    index = self.q_table.columns,
                    name = state,
                )
            )
```

```python
    def choose_action(self, observation):
        self.check_state_exist(observation)
        # 从均匀分布的[0,1]中随机采样,当小于阈值时采用选择最优行为的方式,当大于阈值时采用
        # 选择随机行为的方式,这样人为增加随机性是为了解决陷入局部最优
        if np.random.rand() < self.epsilon:
            # 选择最优行为
            state_action = self.q_table.ix[observation, :]
            # 因为一个状态下最优行为可能会有多个,所以在碰到这种情况时,需要随机选择一
            # 个行为进行
            state_action = state_action.reindex(np.random.permutation(state_action.index))
            action = state_action.idxmax()
        else:
            ## 选择随机行为
            action = np.random.choice(self.actions)
        return action
    def learn(self, *args):
        pass


# 在线策略 Sarsa
class SarsaTable(RL):
    def __init__(self, actions, learning_rate = 0.01, reward_decay = 0.9, e_greedy = 0.9):
        super(SarsaTable, self).__init__(actions, learning_rate, reward_decay, e_greedy)
    def learn(self, s, a, r, s_, a_):
        self.check_state_exist(s_)
        q_predict = self.q_table.ix[s, a]
        if s_ != 'terminal':
            # 使用公式: Q_target = r + γQ(s',a')
            q_target = r + self.gamma * self.q_table.ix[s_, a_]
        else:
            q_target = r
        # 更新公式: Q(s,a)←Q(s,a) + α(r + γQ(s',a') - Q(s,a))
        self.q_table.ix[s, a] += self.lr * (q_target - q_predict)
def get_action(q_table, state):
    # 选择最优行为
    state_action = q_table.ix[state, :]
    # 因为一个状态下最优行为可能会有多个,所以在碰到这种情况时,需要随机选择一个
    state_action_max = state_action.max()

    idxs = []
    for max_item in range(len(state_action)):
        if state_action[max_item] == state_action_max:
            idxs.append(max_item)
    sorted(idxs)
```

```
            return tuple(idxs)


def get_policy(q_table, rows = 5, cols = 5, pixels = 40, origin = 20):
    policy = []
    for i in range(rows):
        for j in range(cols):
            # 求出每个格子的状态
            item_center_x, item_center_y = (j * pixels + origin), (i * pixels + origin)
            item_state = [item_center_x - 15.0, item_center_y - 15.0, item_center_x + 15.0, item_center_y + 15.0]
            if item_state in [env.canvas.coords(env.hell1), env.canvas.coords(env.hell2),
             env.canvas.coords(env.hell3), env.canvas.coords(env.hell4),
             env.canvas.coords(env.hell5), env.canvas.coords(env.hell6),
             env.canvas.coords(env.hell7), env.canvas.coords(env.oval)]:
                policy.append(-1)
                continue
            if str(item_state) not in q_table.index:
                policy.append((0, 1, 2, 3))
                continue
            # 选择最优行为
            item_action_max = get_action(q_table, str(item_state))
            policy.append(item_action_max)
    return policy
```

## 5.5.3 Q-learning 方法

**1. 算法详情**

使用 Q-learning 方法对带陷阱的网格世界马尔可夫问题进行求解,总体思路是以 ε-贪心策略采样数据,生成轨迹。针对每一条轨迹的每个时间步,进行一次策略评估,更新状态行为对的行为值函数。Q-learning 在对策略进行评估的同时,通过 max 操作实现贪心算法,对策略进行改进。

$$Q(s_1, a_1) \leftarrow Q(s_1, a_1) + \alpha(r + \gamma \max_{a'} Q(s_2, a') - Q(s_1, a_1))$$

规定轨迹总数目为 100 条。超出轨迹数目之后,得到最终的行为值函数。通过对行为值函数进行贪婪操作,得到最优策略。

(1) 初始化行为值函数 $Q(s, a) = 0$。当前的 q 值以 q 表形式存储,创建 q 表。

```
self.q_table = pd.DataFrame(columns = self.actions, dtype = np.float64)
```

初始化值函数。

```
self.q_table = self.q_table.append(
    pd.Series(
        [0] * len(self.actions),
        index = self.q_table.columns,
        name = state,
    )
)
```

(2) 初始化环境,得到初始状态 $s_1$,也即智能体初始位置,$s_1=(5,5,35,35)$。

```
observation = env.reset()
```

(3) 基于状态 $s_1$,遵循 ε-贪心策略选择行为 $a_1$。选择动作 $a_1=0$,表示向上移动一格;得到第一个状态行为对 $(s_1,a_1)$。

```
action = RL.choose_action(str(observation))
def choose_action(self, observation):
    self.check_state_exist(observation)
    # 从均匀分布的[0,1)中随机采样,当小于阈值时采用选择最优行为的方式,
    # 当大于阈值时采用选择随机行为的方式,这样人为增加随机性是为了解决陷入局部最优
    if np.random.rand() < self.epsilon:
        # 选择最优行为
        state_action = self.q_table.ix[observation, :]
        # 因为一个状态下最优行为可能有多个,所以碰到这种情况时,需要随机选择一个行为
        # 进行
        state_action = state_action.reindex(np.random.permutation(state_action.index))
        action = state_action.idxmax()
    else:
        ## 选择随机行为
        action = np.random.choice(self.actions)
    return action
```

(4) 获得立即回报 $R_1$ 和下一个状态 $s_2$ 及是否终止的标识。$s_2=(5,5,35,35)$,$R_1=0$,done=false 表示轨迹未终止。

```
observation_, reward, done, oval_flag = env.step(action)
```

(5) 获得 $s_2$ 对应的所有行为值函数(共 4 个),并找出其中最大的值,得到 $\max_{a'} Q(s_2,a')$。

```
RL.learn(str(observation), action, reward, str(observation_))
def learn(self, s, a, r, s_):
    self.check_state_exist(s_)
    q_predict = self.q_table.ix[s, a]
    if s_ != 'terminal':
```

```
                # 如果下一个状态不是终止状态,使用公式:Q_target = r + γ maxQ(s',a')计算
                q_target = r + self.gamma * self.q_table.ix[s_, :].max()
            else:
                q_target = r
```

(6) 通过值函数 $\max_{a'} Q(s_2, a')$ 更新值函数 $Q(s_1, a_1)$,得到:$Q(s_2, a_2)=0$,接着令 $s_2 = s_1$。

```
# 更新公式:Q(s,a)←Q(s,a) + α(r + γ maxQ(s',a') - Q(s,a))
self.q_table.ix[s, a] += self.lr * (q_target - q_predict)

observation = observation_
```

(7) 重复步骤(3)~(6),直至轨迹结束。
(8) 结合更新后的行为值函数,采用贪心法对原始策略进行更新。

```
# 开始输出最终的Q表
q_table_result = RL.q_table
# 使用Q表输出各状态的最优策略
policy = get_policy(q_table_result)
```

(9) 重复步骤(2)~(7),直至轨迹数=100,得到最优行为值函数和最优策略。
(10) 同 Sarsa 方法一样,Q-learning 方法也可以找到智能体从起点出发找到宝藏的最优路径,如图 5-7 所示。

表 5-5 仅列出最优路径经历的状态及采取的最优行为。

表 5-5 最优路径经历的状态及采取的最优行为

| 状 态 | 行 为 |
| --- | --- |
| (5.0,5.0,35.0,35.0) | 1 |
| (5.0,45.0,35.0,75.0) | 1 |
| (5.0,85.0,35.0,115.0) | 3 |
| (45.0,85.0,75.0,115.0) | 3 |
| (85.0,85.0,115.0,115.0) | 1 |
| (85.0,125.0,115.0,155.0) | 1 |

### 2. 核心代码

Q-learning 最核心的方法是 update() 方法,循环遍历 100 条轨迹中的每一个时间步来更新行为值函数,并基于行为值函数进行策略改进。update() 方法调用的其他基础方法均写在 RL 类中。例如:

- def choose_action(str(observation)):基于当前状态,使用 ε-贪心策略产生行为。
- def learn(str(observation),action,reward,str(observation_)):Q-learning 的值函

数更新方法。同 Sarsa 方法一样，Q-learning 也在维护一个 Q 表（q_table），此表记录了智能体所经历过的状态行为对的行为值函数。
- get_policy(…)：基于当前 Q 表，绘制最优策略图。

具体代码如下：

```python
def update():
    for episode in range(100):
        # 初始化状态
        observation = env.reset()
        c = 0
        tmp_policy = {}
        while True:
            # 渲染当前环境
            env.render()
            # 基于当前状态选择行为
            action = RL.choose_action(str(observation))
            state_item = tuple(observation)
            tmp_policy[state_item] = action
            # 采取行为获得下一个状态和回报及是否终止
            observation_, reward, done, oval_flag = env.step(action)
            # 根据当前的变化开始更新Q
            RL.learn(str(observation), action, reward, str(observation_))
            # 改变状态和行为
            observation = observation_
            c += 1
            # 如果为终止状态，则结束当前的局数
            if done:
                break
    print('游戏结束')
    # 开始输出最终的Q表
    q_table_result = RL.q_table
    print(q_table_result)
    # 使用Q表输出各状态的最优策略
    policy = get_policy(q_table_result)
    policy_result = np.array(policy).reshape(5,5)
    env.render_by_policy_new(policy_result)
    # env.destroy()

if __name__ == "__main__":
    env = Maze()
    RL = QLearningTable(actions=list(range(env.n_actions)))
    env.after(100, update)
    env.mainloop()
    class RL(object):
        def __init__(self, action_space, learning_rate=0.01, reward_decay=0.9, e_greedy=0.9):
```

```python
        self.actions = action_space
        self.lr = learning_rate
        self.gamma = reward_decay
        self.epsilon = e_greedy
        self.q_table = pd.DataFrame(columns = self.actions, dtype = np.float64)
    def check_state_exist(self, state):
        if state not in self.q_table.index:
            # 如果状态在当前的Q表中不存在,将当前状态加入Q表中
            self.q_table = self.q_table.append(
                pd.Series(
                    [0] * len(self.actions),
                    index = self.q_table.columns,
                    name = state,
                )
            )
    def choose_action(self, observation):
        self.check_state_exist(observation)
        # 从均匀分布的[0,1)中随机采样,当小于阈值时采用选择最优行为的方式,当大于阈值时
        # 采用选择随机行为的方式,这样人为增加随机性是为了解决陷入局部最优
        if np.random.rand() < self.epsilon:
            # 选择最优行为
            state_action = self.q_table.ix[observation, :]
            # 因为一个状态下最优行为可能会有多个,所以在碰到这种情况时,需要随机选择一
            # 个行为进行
            state_action = state_action.reindex(np.random.permutation(state_action.index))
            action = state_action.idxmax()
        else:
            ## 选择随机行为
            action = np.random.choice(self.actions)
        return action
    def learn(self, *args):
        pass
# 离线策略Q-learning
class QLearningTable(RL):
    def __init__(self, actions, learning_rate = 0.01, reward_decay = 0.9, e_greedy = 0.9):
        super(QLearningTable, self).__init__(actions, learning_rate, reward_decay, e_greedy)
    def learn(self, s, a, r, s_):
        self.check_state_exist(s_)
        q_predict = self.q_table.ix[s, a]
        if s_ != 'terminal':
            # 如果下一个状态为非终止状态使用公式:Q_target = r + γ maxQ(s',a')计算
            q_target = r + self.gamma * self.q_table.ix[s_, :].max()
        else:
            q_target = r
        # 更新公式:Q(s,a)←Q(s,a) + α(r + γ maxQ(s',a') - Q(s,a))
```

```python
            self.q_table.ix[s, a] += self.lr * (q_target - q_predict)
    def get_policy(q_table, rows = 5, cols = 5, pixels = 40, origin = 20):
        policy = []
        for i in range(rows):
            for j in range(cols):
                # 求出每个格子的状态
                item_center_x, item_center_y = (j * pixels + origin), (i * pixels + origin)
                item_state = [item_center_x - 15.0, item_center_y - 15.0, item_center_x +
15.0, item_center_y + 15.0]
                if item_state in [env.canvas.coords(env.hell1), env.canvas.coords(env.hell2),
                        env.canvas.coords(env.hell3),
                        env.canvas.coords(env.hell4),
                        env.canvas.coords(env.hell5),
                        env.canvas.coords(env.hell6),
                        env.canvas.coords(env.hell7),
                        env.canvas.coords(env.oval)]:
                    policy.append(-1)
                    continue
                if str(item_state) not in q_table.index:
                    policy.append((0, 1, 2, 3))
                    continue
                # 选择最优行为
                item_action_max = get_action(q_table, str(item_state))
                policy.append(item_action_max)
        return policy
```

### 5.5.4 实例小结

通过对 6×6 的迷宫寻宝游戏多次运行 Sarsa 和 Q-learning 的代码发现,Sarsa 方法和 Q-learning 方法在经过 100 多条轨迹后可以得到最优策略。Sarsa 得到的最优策略带有 ε 的随机性,而 Q-learning 得到的策略是一个确定的策略。

因此在一个完全可观测的马尔可夫决策过程模型中,如果确定会有一个最优策略的话,这个策略一定是确定性策略,这时候应该选择 Q-learning 方法。

## 5.6 小结

时序差分是本书介绍的第二个用来解决未知模型强化学习问题的基础方法,也是通过学习采样数据获得最优策略。与蒙特卡罗不同的是,时序差分方法不要求轨迹完整。

时序差分通过学习后继状态的值函数,实现对当前状态值函数的更新。整个时序差分强化学习也遵循了广义策略迭代框架,由策略评估和策略改进两部分组成。根据产生采样的策略和评估改进的策略是否相同,时序差分方法分为在线策略时序差分方法和离线策略时序差分方法。对应的比较著名的方法分别为 Sarsa 和 Q-learning。

本章最后以迷宫寻宝游戏为例,分别对 Sarsa 和 Q-learning 进行详细介绍,并给出了核心代码。相比较而言,离线策略产生的轨迹数据更为丰富,且获得的结果是一个确定性策略,因此在实际中比较常用。

## 5.7 习题

1. DP、MC、TD、CV 中,哪个不属于强化学习方法?
2. 简述时序差分算法。
3. MC 和 TD 分别是无偏估计吗? MC 和 TD 谁的方差大?
4. 简述 Sarsa,写出其 $Q(s,a)$ 更新公式。它是 on-policy 还是 off-policy? 为什么?
5. 简述 Q-learning,写出其 $Q(s,a)$ 更新公式。它是 on-policy 还是 off-policy? 为什么?

# 第 6 章 资格迹

## 6.1 资格迹简介

第 4 章讲的蒙特卡罗方法和第 5 章讲的时序差分方法,这两种算法之间存在一个关键的不同点:更新当前状态的值函数时,基于当前状态往未来看的距离不同。在蒙特卡罗算法中,这个距离是整个轨迹的长度,记为 $N$;而在一步时序差分方法中,这个距离是 1(单位是时间步)。那么在 $1\sim N$ 中,就有很多可以选择的距离 $d$,使得 $1\leqslant d\leqslant N$。通过利用这些不同距离,构造出了新的算法类型——多步时序差分法(也称资格迹法)。

关于多步时序差分法存在两种视角。

一种是前向视角,向前看,即由当前状态出发向还未访问的状态观察设计的一种算法。前向视角也叫理论视角,它认为资格迹是连接时序差分方法和蒙特卡罗方法的桥梁。当 $n=1$ 步,资格迹法退化为一步时序差分法;当 $n\geqslant N$ 步,资格迹法发展为蒙特卡罗法;当 $1<n<N$ 步,则产生了一系列介于时序差分和蒙特卡罗两者中间的多步时序差分方法。我们可以采用不同 $n$ 值的线性组合来对参数进行更新,只要它们的权重值和为 1。

另一种是后向视角,向后看,即由当前状态向已经访问过的状态观察设计的一种算法。本章引入资格迹(Eligibility Traces)来对两种视角进行解释。资格迹是进行资格分配(信用分配)的方法,它是强化学习的一项基本机制。TD($\lambda$)算法中的 $\lambda$ 就是对资格迹的运用。几乎所有的 TD 算法,包括 Q-learning 方法、Sarsa 方法,都可以结合资格迹来提升效率。后向视角也叫工程视角,它认为资格迹是事件发生的临时记录,如访问某个状态或采取某个行动。它为轨迹中每个状态(或状态行为对)附加一个属性,这个属性决定了该状态(或状态行为对)与当前正访问的状态(或状态行为对)的值函数更新量之间的关联程度,或者说影响程度。当目标误差(TD 误差)产生时,只有有资格的状态行为才能被分配回报或者惩罚。

虽然两种算法的表述不一样,但在本质上是统一的。前向视角告诉我们资格迹在理论层面是如何工作的;后向视角告诉我们资格迹在工程层面是如何实现的。实际中,因为前向算法计算量较大,一般都采用后向算法实现。

## 6.2 多步 TD 评估

考虑使用蒙特卡罗算法来估计值函数 $V(s_t)$,采用如下公式:
$$V(s_t) \leftarrow V(s_t) + \alpha(G_t - V(s_t))$$
其中,更新目标 $G_t$ 为累积回报。
$$G_t = r_{t+1} + \gamma r_{t+2} + \gamma^2 r_{t+3} + \cdots + \gamma^{T-t-1} r_T$$
在用一步 TD 估计值函数 $V(s_t)$ 时,它的更新目标为一步回报:
$$G_t^1 = r_{t+1} + \gamma V(s_{t+1})$$
很容易知道,两步 TD 的更新目标为两步回报:
$$G_t^2 = r_{t+1} + \gamma r_{t+2} + \gamma^2 V(s_{t+2})$$
于是,$n$ 步 TD 的更新目标为 $n$ 步回报:
$$G_t^n = r_{t+1} + \gamma r_{t+2} + \cdots + \gamma^{n-1} r_{t+n} + \gamma^n V(s_{t+n})$$
可见,当 $n$ 步中的 $n$ 大于等于轨迹的长度时,多步时序差分方法就变成了蒙特卡罗方法。所以,蒙特卡罗实际上是多步时序差分方法的一个特例。图 6-1 很清楚地表明了 1 步、2 步、$n$ 步以及蒙特卡罗方法在预测估计值函数时存在不同,图中空白圆形符号代表状态,黑色圆形符号代表动作,方块代表终止状态。

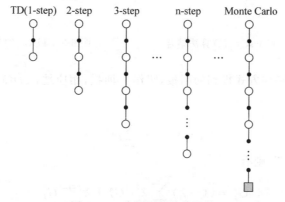

图 6-1 $n$ 步预测估计值函数

那么,使用 $n$ 步 TD 方法估计值函数时的更新公式为:
$$V(s_t) \leftarrow V(s_t) + \alpha(G_t^n - V(s_t))$$

## 6.3 前向算法

既然存在 $n$ 步时序差分方法,那么 $n$ 为多少时效果最好呢?
一种最简单的方法是通过平均多个不同的 $n$ 步回报进行更新,即给每个回报赋予一定的权值,并确保这些权值的和为 1。

比如选择 2 步 TD 和 4 步 TD 算法相结合。如图 6-2 所示,在每次状态更新时,2 步算法的更新量占 1/2 权重,4 步算法的更新量占 1/2 权重,然后求加权和,将 $\frac{1}{2}G_t^2 + \frac{1}{2}G_t^4$ 作为最终更新量。

从前向视角看 TD($\lambda$) 算法,其主要特点就是这种平均化操作的运用。唯一特别的是,TD($\lambda$) 直接平均了所有的 $n$ 步回报,每个回报的权重是 $(1-\lambda)\lambda^{n-1}$。通过引入这个新的参数 $\lambda$,综合考虑所有步数的回报,并且保证了最终所有权重之和为 1。

TD($\lambda$) 算法的前向视角图如图 6-3 所示。

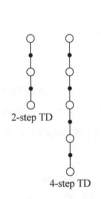

图 6-2  2-step TD 和 4-step TD 算法结合

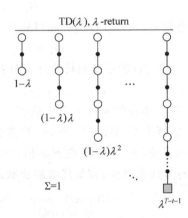

图 6-3  TD($\lambda$) 的前向视图

我们把通过这种平均方式得到的回报,叫作 $\lambda$-回报,相应地,TD($\lambda$) 前向算法也称为 $\lambda$-回报算法。如下式:

$$G_t^\lambda = (1-\lambda)\sum_{n=1}^{\infty}\lambda^{n-1}G_t^n$$

如果轨迹长度为 $T$,则有:

$$G_t^\lambda = (1-\lambda)\sum_{n=1}^{T-t-1}\lambda^{n-1}G_t^n + \lambda^{T-t-1}G_t$$

值函数更新公式如下:

$$V(s_t) \leftarrow V(s_t) + \alpha(G_t^\lambda - V(s_t))$$

图 6-4 为 TD($\lambda$) 方法的前向视角描述。对于每个访问到的状态 $s_t$,从它开始向前看所有的未来状态 $s_{t+1}, s_{t+2}, \cdots, s_T$,并决定如何结合未来状态的回报来更新当前状态 $s_t$ 的值函数 $V(s_t)$。每次更新完当前状态 $s$,就转移至下一个状态 $s_{t+1}$,不再回头关心已更新的状态 $s_t$。可见,前向观点通过观看未来状态的回报估计当前状态的值函数。

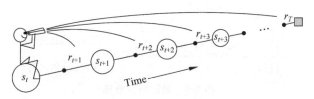

图 6-4　前向算法示意图

## 6.4　后向算法

利用 TD($\lambda$) 的前向观点估计值函数时，每一个时间步都需要用到很多步之后的信息，这在工程上很不高效。可以说，前向视角只提供了一个非常好但却无法直接实现的思路，这跟蒙特卡罗方法类似。实际中，我们需要一种无须等到实验结束就可以更新当前状态的值函数的更新方法。

这种增量式的更新方法需要利用多步时序差分的后向观点。它采用一种带有明确因果性的递增机制来实现值函数更新，恰恰解决了更新低效的问题。

后向视角在实现过程中，引入了一个和每个状态都相关的额外变量——资格迹。现在以一个"小狗死亡"的例子来解释资格迹的概念。如图 6-5 所示，假设存在这样一个场景：一只小狗在连续接受了 3 次拳击和 1 次电击后死亡，那么在分析小狗的死亡原因时，到底是拳击的因素较重要还是电击的因素较重要呢？用资格迹表述就是哪个因素最有资格导致小狗死亡。

图 6-5　小狗死亡示例

实际中进行资格分配时，有两种方式：一种是频率启发式，将资格分配给最频繁的状态，如上述例子里的拳击。另一种是最近启发式：将资格分配给最近的状态，如电击。而本节所介绍的资格迹同时结合了上述两种启发式。

在 $t$ 时刻的状态 $s$ 对应的资格迹，标记为 $E_t(s)$：

$$E_0(s) = 0$$
$$E_t(s) = \gamma \lambda E_{t-1}(s) + I(S_t = s)$$

初始时刻，每条轨迹中所有状态均有一个初始资格迹，$E_0(s)=0$。下一时刻，被访问到的状态，其资格迹为前一时刻该状态资格迹 $E_{t-1}(s)$ 乘以迹退化参数 $\lambda$ 和衰减因子 $\gamma$，然后加 1，表示当前时刻该状态的资格迹变大。其他未被访问的状态，其资格迹都只是在原有基础上乘以 $\lambda$ 和 $\gamma$，不用加 1，表明它们的资格迹退化了。这种更新方式的资格迹为"累计型资格迹"。它在状态被访问的时候累计，不被访问的时候退化，如图 6-6 所示。

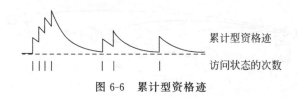

图 6-6　累计型资格迹

以"小狗死亡"的例子来对资格迹定义进行说明,假设此例子一共涉及两个状态:拳击和电击,分别用 $s_1$、$s_2$ 表示。$\lambda=0.9$,$\gamma=0.8$。初始时,令所有状态的资格迹为 0:

$$E_0(s_1)=E_0(s_2)=0$$

当 $t=1$ 时,有:

$$E_1(s_1)=\lambda\gamma E_0(s_1)+1=1$$
$$E_1(s_2)=\lambda\gamma E_0(s_2)=0$$

当 $t=2$ 时,有:

$$E_2(s_1)=\lambda\gamma E_1(s_1)+1=1.72$$
$$E_2(s_2)=\lambda\gamma E_1(s_2)=0$$

当 $t=3$ 时,有:

$$E_3(s_1)=\lambda\gamma E_2(s_1)+1=2.24$$
$$E_3(s_2)=\lambda\gamma E_2(s_2)=0$$

当 $t=4$ 时,有:

$$E_4(s_1)=\lambda\gamma E_3(s_1)=1.61$$
$$E_4(s_2)=\lambda\gamma E_3(s_2)+1=1$$

因此在推测小狗的致死原因时,拳击所占的比重更大一些。同时,从计算拳击和电击两个状态的资格迹的过程可见,资格迹定义同时结合了频率启发式和最近启发式。其中,$\lambda\gamma E_{t-1}(s)$ 代表频率启发式,指示函数 $I(s_t=s)$ 代表最近启发式。

可用资格迹 $E_t(s)$ 来分配各值函数更新的资格。也就是说可以使用资格迹来衡量当 TD 误差发生时,各状态的值函数更新会受到多大程度的影响。

TD 误差公式如下:

$$\delta_t=R_{t+1}+\gamma V_t(S_{t+1})-V_t(S_t)$$

结合资格迹更新状态价值,则有:

$$V(s)\leftarrow V(s)+\alpha\delta_t E_t(s)$$

这就是多步时序差分后向算法的值函数更新公式。

图 6-7 为后向算法示意图,每次当前状态获得一个误差量 $\delta_t$ 时,这个误差量都会根据之前各状态的资格迹来分配误差,进行值函数更新。此时之前各状态值函数更新的大小应该与距离当前访问状态的时间步相关。假设当前状态为 $s_t$,TD 偏差为 $\delta_t$,那么 $s_{t-1}$ 处的值函数更新资格乘以 $\lambda\gamma$,状态 $s_{t-2}$ 处的值函数更新乘以 $(\lambda\gamma)^2$,以此类推。

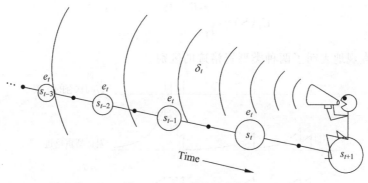

图 6-7　后向算法示意图

TD(λ)后向算法流程如下。

| 算法：TD(λ)后向算法 |
| --- |
| 输入：环境 $E$,状态空间 $S$,动作空间 $A$,折扣回报 $\gamma$,初始化值函数 $V(s)=0$ |
| For $k=0,1,\cdots,m$ do(针对每一条轨迹)<br>　　初始化资格迹 $Z(s)=0$,对于所有的 $s\in S$<br>　　初始化状态 $s$<br>　　For $t=0,1,2,3\cdots$ do(针对轨迹中的每一步)<br>　　　　针对 $s$,在 $E$ 中通过 $\varepsilon$-贪心策略采取行为 $a$<br>　　　　$r,s'=$ 在 $E$ 中执行动作 $a$ 产生的回报和转移的状态；<br>　　　　$\delta \leftarrow R+\gamma V(s')-V(s)$<br>　　　　$Z(s)\leftarrow Z(s)+1$<br>　　　　对于所有的 $s\in S$<br>　　　　　　$V(s)\leftarrow V(s)+\alpha\delta Z(s)$<br>　　　　　　$Z(s)\leftarrow \gamma\lambda Z(s)$<br>　　　　$s\leftarrow s'$<br>　　end for　　($s$ 为终止状态时,轨迹结束)<br>end for<br>$\pi^*(s)=\underset{a\in A}{\mathrm{argmax}}\left[R_s^a+\gamma\sum_{s'\in S}P_{ss'}^a V(s')\right]$ |
| 输出：最优策略 $\pi^*$ |

前面介绍的后向算法使用的资格迹是累计型(accumulating traces)资格迹,强化学习领域还有另外一种资格迹也被广泛使用,即替代型资格迹(replacing traces)。当状态被访问时,相应的资格迹被置为1,不管以前的迹如何,新迹代替了旧迹,表示如下：

$$E_t(S) = \begin{cases} \gamma\lambda E_{t-1}(s) & s_t \neq s \\ 1 & s_t = s \end{cases}$$

图 6-8 更直观地表明了两种类型资格迹的区别。

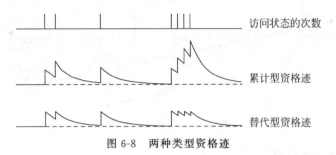

图 6-8 两种类型资格迹

可见，累计型资格迹对重复发生的事件赋予了较大的信度。当某个状态被频繁访问的时候，累计型资格迹会不断爬升，数值不断增加。而替代型资格迹则会一直保持 1 不变。这种区别使得替代型资格迹在某些任务中的效果要优于累计型资格迹。

比如，迷宫游戏中仅存在三种格子：陷阱、宝藏和无状态格子。进入陷阱会返回上一格子中，找到宝藏回报加 1，其余格子无回报。在一个轨迹中，假设智能体在找到宝藏之前，多次进入某个陷阱，在这种情况下，陷阱的资格迹可能比旁边未被访问的无状态格子大。最终，陷阱的值函数可能比旁边无状态区的大。这样的话，在一个轨迹中，智能体可能倾向于进入值函数较大的这个陷阱。

## 6.5 前向算法与后向算法的统一

由 6.3 节和 6.4 节的内容可知，前向算法和后向算法在更新值函数时所采用的方式不同。前向算法需要等到一次试验结束后再更新当前状态的值函数，更新完当前状态的值函数后，此状态的值函数就不再改变。而后向观点不需要等到轨迹结束，在每个时间步计算完当前状态的 TD 误差后，其他状态的值函数需要利用当前状态的 TD 误差进行更新。它每个时间步都在进行值函数更新，是增量式更新方法。

虽然前向算法和后向算法值函数更新方式不同，但两者本质上是一回事。在两种视角下，同一条轨迹中状态值函数的更新总量相同。

对于前向算法的一个长度为 $T$ 的轨迹来说，有：

$$G_t^\lambda = (1-\lambda)\sum_{n=1}^{T-t-1}\lambda^{n-1}G_t^n + \lambda^{T-t-1}G_t$$

值函数更新公式如下：

$$V(s_t) \leftarrow V(s_t) + \alpha(G_t^\lambda - V(s_t))$$

当 $\lambda=1$ 时，根据上式，除了 $G_t$ 的权重为 1，其他回报的权重均为 0。$G_t^\lambda = G_t$，$G_t$ 指的是从当前状态开始，一直到轨迹结束的累积回报，则 TD($\lambda$) 算法变为蒙特卡罗方法。

当 $\lambda=0$ 时,除了 $G_t^1$ 的权重为 $1$(因 $G_t^1$ 的权重为 $1-\lambda$),其他回报的权重均为 $0$。$G_t^\lambda = G_t^1$,TD($\lambda$)算法变成了 1-step TD,也就是 TD(0)。

接下来讨论后向算法。所有状态的资格迹计算公式如下:
$$E_0(s)=0$$
$$E_t(s)=\gamma\lambda E_{t-1}(s)+I(S_t=s)$$

TD 误差公式如下:
$$\delta_t=R_{t+1}+\gamma V_t(S_{t+1})-V_t(S_t)$$

结合资格迹更新状态价值后所得如下:
$$V(s) \leftarrow V(s)+\alpha\delta_t E_t(s)$$

$\lambda=0$ 时,TD($\lambda$)退化成 TD(0),除了当前状态,其他所有状态的资格迹为 $0$。这时候,当前状态的 TD 误差不会传递给其他状态,只用于当前状态值函数更新。此时前后向算法本质相同。

$\lambda=1$ 时,当 $\gamma$ 不等于 $1$ 时,其他状态的资格迹依照 $\gamma^k$($k$ 为距离当前状态的时间步)逐步递减;如果 $\gamma$ 等于 $1$,那么所有状态的资格迹不再递减。我们把 $\lambda=1$ 时的 TD 算法叫作 TD(1)。

那么 TD(1) 和蒙特卡罗方法的更新总量是否相同呢?

后向算法中,TD(1) 的更新总量为:
$$\begin{aligned}\nabla V^{\text{TD1}}(S_t)&=\delta_t+\gamma\delta_{t+1}+\gamma^2\delta_{t+2}+\cdots+\gamma^{T-1-t}\delta_{T-1}\\&=R_{t+1}+\gamma V(S_{t+1})-V(S_t)+\gamma R_{t+2}+\\&\quad\gamma^2 V(S_{t+2})-\gamma V(S_{t+1})+\gamma^2 R_{t+3}+\gamma^3 V(S_{t+3})-\gamma^2 V(S_{t+2})+\cdots+\\&\quad\gamma^{T-1-t}R_T+\gamma^{T-t}V(S_T)-\gamma^{T-1-t}V(S_{T-1})\\&=R_{t+1}+\gamma R_{t+2}+\cdots+\gamma^{T-1-t}R_T+\gamma^{T-t}V(S_T)-V(S_t)\\&=R_{t+1}+\gamma R_{t+2}+\cdots+\gamma^{T-1-t}R_T-V(S_t)\end{aligned}$$

其中,第二步推导的依据是 $\delta_t$ 的定义,第三步是对第二步的化简,第四步省去 $\gamma^{T-t}V(S_T)$,因为 $T$ 是终止状态,则 $V(S_T)=0$。

前向算法中,MC 的更新总量为:
$$\nabla V^{\text{MC}}(S_t)=G_t-V(S_t)=R_{t+1}+\gamma R_{t+2}+\cdots+\gamma^{T-1-t}R_T-V(S_t)$$

则前后向算法在 $\lambda=1$ 时,也等价。

尽管 TD(1) 和蒙特卡罗方法更新总量相同,但两者适用范围不同。传统蒙特卡罗(MC)需要完整的轨迹,如果轨迹不结束,就没有办法获取累积回报进行学习。但是 TD(1) 可以适用于不完整轨迹,可即时地从正在进行的轨迹中学习,因此 TD(1) 不但适用于片段式任务,也适用于连续性任务。

接下来证明,对于一般的 $\lambda$,$0<\lambda<1$,前向算法是否也等价于后向算法。

前向算法的更新总量为:
$$\nabla V^{\text{fore}}(S_t)=G_t^\lambda-V(S_t)$$

$$
\begin{aligned}
&= -V(S_t) + (1-\lambda)\lambda^0[R_{t+1} + \gamma V(S_{t+1})] + (1-\lambda)\lambda^1[R_{t+1} + \gamma R_{t+2} + \\
&\quad \gamma^2 V(S_{t+2})] + (1-\lambda)\lambda^2[R_{t+1} + \gamma R_{t+2} + \gamma^2 R_{t+3} + \gamma^3 V(S_{t+3})] + \cdots \\
&= (\gamma\lambda)^0[R_{t+1} + \gamma V(S_{t+1}) - \gamma\lambda V(S_t)] + (\gamma\lambda)^1[R_{t+2} + \\
&\quad \gamma V(S_{t+2}) - \gamma\lambda V(S_{t+1})] + (\gamma\lambda)^2[R_{t+3} + \gamma V(S_{t+3}) - \gamma\lambda V(S_{t+2})] + \cdots \\
&= \delta_t + \gamma\lambda\delta_{t+1} + (\gamma\lambda)^2\delta_{t+2} + \cdots + (\gamma\lambda)^{T-1-t}\delta_{T-1} = \nabla V^{\text{back}}(S_t)
\end{aligned}
$$

第二步到第三步的推导依据是，$R_{t+1}$ 前面的所有系数加起来等于 1，因此可以把 $R_{t+1}$ 提出来，同理看到 $R_{t+2}$ 前面的所有系数之和为 $\gamma\lambda$，因此也可以把 $R_{t+2}$ 提出来，依此类推，可以得到第三步。第三步到第四步是将第三步中 $-V(S_t)$ 融入第四步第一个中括号中，同理，第三步第一个中括号中的 $\gamma\lambda V(S_{t+1})$ 融入第四步第二个中括号中，以此类推，最终求得前向算法更新总量恰好等于后向算法的更新总量，因此这两种视角在本质上是相同的。需要说明的是，为了方便证明，以上证明过程设定 TD($\lambda$) 为离线更新，即轨迹完成之后，对所有的数据进行累加更新。相应地，在线更新指的是每一步一有数据就立即执行更新。实际上对于在线更新的情况，以上证明近似成立，为避免累赘，此处就不予具体证明了。

## 6.6 Sarsa($\lambda$) 方法

本节把资格迹思想和第 5 章讲的 Sarsa 算法结合，得到一种新的方法——Sarsa($\lambda$)。与 TD($\lambda$) 相比，需要做出变化的是不再去学习 $V_t(s)$，而是去学习 $Q_t(s,a)$。同样地，Sarsa($\lambda$) 也分为前向 Sarsa($\lambda$) 和后向 Sarsa($\lambda$)。

### 6.6.1 前向 Sarsa($\lambda$) 方法

图 6-9 为 Sarsa($\lambda$) 的前向视图，其主要思想同 TD($\lambda$) 一样，是通过给每个回报赋予权值 $(1-\lambda)\lambda^{n-1}$ 来平均多个不同的 $Q$-回报进行更新。

这里的 $Q$-回报，相对于累积回报 $G$，指的是状态行为对 $(s,a)$ 从 $t$ 时刻开始往后所有的回报的有衰减的总和。

其中，$n$-step Sarsa 的 $Q$-回报为：

$$Q_t^n = r_{t+1} + \gamma r_{t+2} + \gamma^{n-1} r_{t+n} + \gamma^n Q(s_{t+n}, a_{t+n})$$

对 $Q$-回报加权求和得到 $Q$ 的 $\lambda$-回报 $Q_t^\lambda$：

$$Q_t^\lambda = (1-\lambda)\sum_{n=1}^{\infty}\lambda^{n-1}Q_t^{(n)}$$

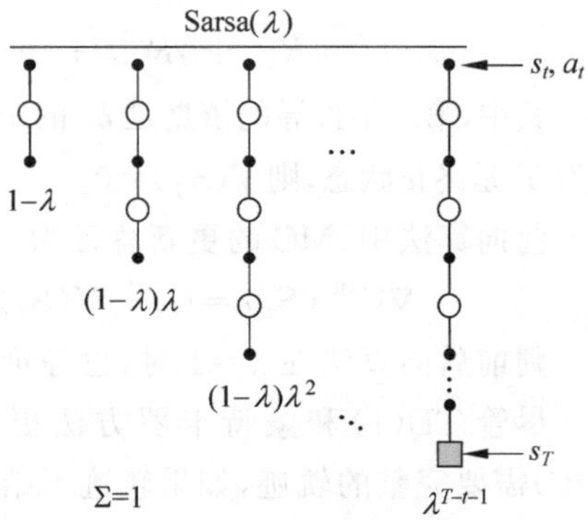

图 6-9 Sarsa($\lambda$) 的前向视图

结合 Sarsa 的更新公式，得到 Sarsa($\lambda$) 的更新公式为：

$$Q(S_t, A_t) \leftarrow Q(S_t, A_t) + \alpha(Q_t^\lambda - Q(S_t, A_t))$$

同普通 TD($\lambda$) 前向算法一样，前向 Sarsa($\lambda$) 估计值函数时，需要用到很多步以后的

$Q$-回报,这在工程应用中很不高效,因此实际中用得比较多的还是增量更新的后向算法。

## 6.6.2 后向 Sarsa($\lambda$)方法

后向 Sarsa($\lambda$)算法通过引入资格迹,将当前行为值函数误差按比例抛给其他状态行为值函数,作为其更新的依据。不同的是,资格迹不再是 $E_t(s)$,而是 $E_t(s,a)$,即针对每一个状态行为对都有一个资格迹,公式如下:

$$E_0(s,a)=0$$
$$E_t(s,a)=\gamma\lambda E_{t-1}(s,a)+I(S_t=s,A_t=a)$$

其他的部分和后向 TD($\lambda$)一模一样。$Q_t(s,a)$ 的更新公式如下:

$$Q_{t+1}(s,a) \leftarrow Q_t(s,a)+\alpha\delta_t E_t(s,a)$$

其中,

$$\delta_t = R_{t+1} + \gamma Q(s_{t+1},a_{t+1}) - Q(s_t,a_t)$$

Sarsa($\lambda$)是在线策略算法,也就是采样的策略和评估改进的策略是同一个策略。对于在线策略算法,策略的更新方式有很多,最简单的就是依据当前的行为值函数估计值采用 ε-贪心算法进行更新。

Sarsa($\lambda$)后向算法为单个轨迹内,每进行一个时间步,都会基于这个时间步的数据对行为值函数进行更新,产生采样的策略和评估改进的策略都是 ε-贪心策略。

算法流程如下。

| **算法:Sarsa($\lambda$)后向算法** |
|---|
| 输入:环境 $E$,状态空间 $S$,动作空间 $A$,折扣回报 $\gamma$,初始化行为值函数 $Q(s,a)=0$,$\pi(a\mid s)=\dfrac{1}{\mid A\mid}$ |
| For $k=0,1,\cdots,m$ do(针对每一条轨迹)<br>    初始化所有状态行为对的资格迹:$E(s,a)=0$<br>    初始化状态 $s$ 和行为 $a$,得到第一个状态行为对 $(s,a)$<br>    For $t=0,1,2,3\cdots$ do(针对轨迹中的每一步)<br>        $R,s'=$在 $E$ 中执行动作 $a$ 产生的回报和转移的状态;<br>        基于 $s'$,通过 $\pi$ 的 ε-贪心策略采取行为 $a'$,得到第二个状态行为对 $(s',a')$<br>        求解 TD 误差:$\delta \leftarrow R+\gamma Q(s',a')-Q(s,a)$<br>        更新当前访问的状态行为对 $(s,a)$ 的资格迹:$E(s,a) \leftarrow E(s,a)+1$<br>        对于所有的状态行为对 $(s,a)$<br>            $Q(s,a) \leftarrow Q(s,a)+\alpha\delta E(s,a)$<br>            $E(s,a) \leftarrow \gamma\lambda E(s,a)$<br>        $s \leftarrow s', a \leftarrow a'$ |

| |
|---|
| end for    $s$ 是一个终止状态 |
| $\forall s_t \in S'$: |
| $$\pi(s) = \underset{a \in A}{\arg\max}\, Q(s,a)$$ |
| end for |
| 输出：最优策略 $\pi$ |

## 6.7 Q(λ)方法

当我们把资格迹和 Sarsa 方法结合之后，自然会想到是否资格迹也能和 Q-learning 方法结合。答案是可以，得到的方法就是 Q(λ)方法。

本节我们会介绍三种 Q(λ)算法：前向 Watkins's Q(λ)方法，后向 Watkins's Q(λ)方法以及 Peng's Q(λ)方法。

### 6.7.1 前向 Watkins's Q(λ)方法

常规的 Q-learning 方法属于离线策略算法，即产生采样的策略(行为策略)和评估改进的策略(目标策略)不是同一个策略。也就是说：Q-learning 方法需要依据带有 ε-贪心行为的轨迹来学习一个贪心策略。

在进行行为值函数估计的时候，Q-learning 采用的更新公式如下：

$$Q(s,a) \leftarrow Q(s,a) + \alpha(R + \gamma \max_{a'} Q(s',a') - Q(s,a))$$

对应的更新目标为：

$$Q_t = R + \gamma \max_{a'} Q(s',a')$$

Q-learning 的更新目标为一步回报，如果是多步呢？

假设我们正在求解贪心策略在状态行为对$(s_t, a_t)$的行为值函数，前两个时间步选择的行为是贪婪行为，但是第三个时间步选择的行为是探索行为，那么 Watkins's Q(λ)使用的有效轨迹长度，最长就到第二个时间步，从第三个时间步往后的序列都不再理会。也就是说，Watkins's Q(λ)使用的有效轨迹长度最远到达第一个探索行为对应的时间步长。因为 Q(λ)要学习的是贪心策略，而第三步采用的是探索行为，因此当 $n \geq 3$ 的 $n$ 步回报已经和贪心策略没有联系了。

如何确定当前时间步选择的行为是不是贪婪行为呢？很简单，把当前选择的行为和当前的 $\arg\max_{a'} Q(s',a')$ 对比，如果一致就是贪婪行为，不一致就是探索行为。

因此，不同于 TD(λ)或者 Sarsa(λ)，Watkins's Q(λ)所使用的有效轨迹长度不是整个轨迹从开始到结束，它只考虑最近的探索行为，一旦探索行为发生，则轨迹结束。

假设求解状态行为对 $(s_t, a_t)$ 在贪心策略下的行为值函数时，$a_{t+n}$ 是第一个探索行为，轨迹以 $s_{t+n}$ 为最后一个状态，则最长的 $n$ 步 $Q$-回报为：

$$Q_t^n = r_{t+1} + \gamma r_{t+2} + \cdots + \gamma^{n-1} r_{t+n} + \gamma^n \max_a Q(s_{t+n}, a)$$

图 6-10 为 Watkins's $Q(\lambda)$ 前向观点图。

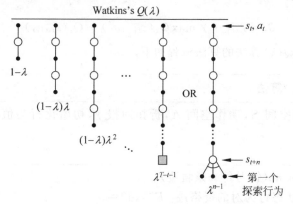

图 6-10　Watkins's $Q(\lambda)$ 前向视图

可见，Watkins's $Q(\lambda)$ 方法所使用的有效轨迹的长度取决于第一个探索行为。如果第一个探索行为在轨迹结束前出现，则该方法有效轨迹长度最远到达此探索行为对应的时间步，否则有效轨迹长度等于整个轨迹长度。

对 $Q$-回报加权求和得到 $Q$ 的 $\lambda$-回报 $Q_t^\lambda$：

$$Q_t^\lambda = (1-\lambda) \sum_{n=1}^\infty \lambda^{n-1} Q_t^{(n)}$$

Watkins's $Q(\lambda)$ 更新公式为：

$$Q(s_t, a_t) \leftarrow Q(s_t, a_t) + \alpha(Q_t^\lambda - Q(s_t, a_t))$$

## 6.7.2　后向 Watkins's $Q(\lambda)$ 方法

后向 Watkins's $Q(\lambda)$ 的资格迹如何更新呢？

对于所有状态行为对 $(s,a)$ 的资格迹，更新分两部分：首先，如果当前选择行为 $a_t$ 是贪婪行为，资格迹乘以系数 $\gamma\lambda$，否则资格迹变成 0；其次，对于当前正在访问的 $(s_t, a_t)$，其资格迹单独加 1。

资格迹的更新公式如下：

$$E_t(s,a) = I_{ss_t} \cdot I_{aa_t} + \begin{cases} \gamma\lambda E_{t-1}(s,a) & \text{如果 } Q_{t-1}(s_t, a_t) = \max_a Q_{t-1}(s_t, a) \\ 0 & \text{其他} \end{cases}$$

其中，$I_{ss_t}$ 和 $I_{aa_t}$ 均为指示函数。$I_{ss_t}$ 表示当 $s = s_t$ 时，其值为 1。

假设当前正在访问的状态行为对为$(s_t,a_t)$，其中$a_t$是探索行为，状态行为对$(s,a)$的资格迹为：$E_t(s,a)=0+0=0$。与此同时，当前正在访问的状态行为对$(s_t,a_t)$的资格迹$E_t(s_t,a_t)=1+0=1$。

$Q(s,a)$更新公式如下：
$$Q_{t+1}(s,a)=Q_t(s,a)+\alpha\delta_t E_t(s,a)$$

$\delta_t$计算公式如下：
$$\delta_t=r_{t+1}+\gamma\max_{a'}Q_t(s_{t+1},a')-Q_t(s_t,a_t)$$

后向Watkins's $Q(\lambda)$算法的算法流程如下。

| 后向Watkins's $Q(\lambda)$算法 |
|---|
| 输入：环境$E$，状态空间$S$，动作空间$A$，折扣回报$\gamma$，初始化行为值函数$Q(s,a)=0$，$\pi(a\|s)=\dfrac{1}{\|A\|}$ |
| For $k=0,1,\cdots,m$ do(针对每一条轨迹)<br>    初始化所有状态行为对的资格迹：$E(s,a)=0$<br>    初始化状态$s$和行为$a$，得到第一个状态行为对$(s,a)$<br>    For $t=0,1,2,3\cdots$ do(针对轨迹中的每一步)<br>        $R,s'=$在$E$中执行动作$a$产生的回报和转移的状态；<br>        基于$s'$，通过$\pi$的$\varepsilon$-贪心策略采取行为$a'$，得到第二个状态行为对$(s',a')$<br>        $a^*\leftarrow\arg\max_{b\in A}Q(s',b)$<br>        $\delta\leftarrow R+\gamma Q(s',a^*)-Q(s,a)$<br>        $E(s,a)\leftarrow E(s,a)+1$<br>        对于所有的状态行为对$(s,a)$<br>            $Q(s,a)\leftarrow Q(s,a)+\alpha\delta E(s,a)$<br>            如果$a'=a^*$，则有$E(s,a)\leftarrow\gamma\lambda E(s,a)$<br>            否则$E(s,a)\leftarrow 0$<br>        $s\leftarrow s',a\leftarrow a'$<br>    end for  $s$是一个终止状态<br>end for<br>$\forall s_t\in S':\pi^*(s)=\arg\max_{a\in A}Q(s,a)$ |
| 输出：最优策略$\pi^*$ |

从上述算法流程可见，只有贪婪行为才能影响状态行为对$(s_t,a_t)$的行为值函数$Q(s_t,a_t)$的更新。因为当探索行为发生时，如$(s_{t+n},a_{t+n})$，当前状态行为对$(s_t,a_t)$的资格迹会变为0。所以从探索行为时间步处传递过来的误差量$\delta_{t+n}$不会影响$Q(s_t,a_t)$的更新。

### *6.7.3 Peng's $Q(\lambda)$方法

Watkins's $Q(\lambda)$方法有个很大的缺点：每次只考虑一段轨迹中探索行为之前的部分，这样会浪费大量后面的轨迹信息。如果有很多探索行为发生在轨迹的早期，那么每段估计的有效信息就只有一两个时间步。

于是我们需要 Peng's $Q(\lambda)$算法来解决上述问题，如图 6-11 所示。

Peng's $Q(\lambda)$算法可以看作既有在线策略部分又有离线策略部分的混合型 $Q(\lambda)$算法。从 Peng's $Q(\lambda)$算法的前向视角可以看到，在每个备份（backup）过程中（除了最长的完整轨迹），前面的状态转移过程属于实际经验，都是依据某个随机的探索策略采样得到；最后一个行为的选择，则是依据贪婪行为，即根据 $\max_a Q(s,a)$ 来选择最优行为。这么看的话，每个备份过程都是既有在线策略成分（前面部分 $Q$ 的更新基于当前的策略），又有离线策略成分（最终的行为选择基于贪心策略）。

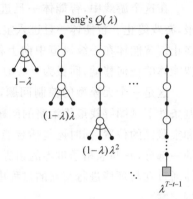

图 6-11　Peng's $Q(\lambda)$算法

然而 Peng's $Q(\lambda)$算法也有两个缺点：(1)代码实现起来不容易；(2)在理论上不能保证收敛到最优行为值函数 $Q(s,a)$。

## 6.8　实例讲解

本节以带陷阱的风格子世界寻宝为例，分别使用 Sarsa($\lambda$)方法和 Q-learning($\lambda$)方法寻找最优策略，比较了两种算法在处理上的异同，给出了核心代码，并对算法效率进行了初步对比。

### 6.8.1　风格子世界

**1. 环境描述**

本章使用的风格子世界，与第 5 章案例中的网格世界基本相同，如图 6-12 所示，迷宫是一个 6×6 的网格世界，对应马尔可夫决策模型一共有 36 个状态。同样地，风格子世界每个格子的边长是 40 像素，空心方块表示智能体，边长为 30 像素。状态用空心方块智能体移动至当前格子时，空心方块与网格格子中心重叠后，空心方块左上和右下角的坐标表示。例如，风格子世界第一行第一列的格子所代表的状态可表示为(5,5,35,35)。

智能体动作空间标记为：$A=\{0,1,2,3\}$，数值 0、1、2、3 分别对应上、下、左、右。风格子世界中灰色格子表示该列格子上存在一级风（风向为从下向上）。具体对智能体状态的影响表现为:智能体采取"0"动作向上移动时,将受到该位置风力的影响,继而沿着风向继续向上偏离与风力等级相等的格子数。比如,在风力等级为 1 的位置,采取"0"动作后,智能体会向上移动 2 格。在风力等级为 0 的列里,采取"0"动作后,智能体会向上移动 1 格。

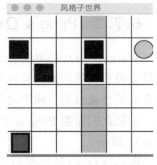

在这个游戏中,智能体一旦进入陷阱位置,获得负 10 回报,游戏终止。智能体一旦进入宝藏区,获得正 10 回报,游戏终止。智能体在一级风道中向上移动,回报为 0。除此之外,智能体的任何移动,回报为 −0.01。

图 6-12 风格子世界(见彩插)

这是一个无模型的控制问题,即智能体在不清楚模型机制条件下试图寻找最优策略的问题。在这个问题中,环境信息包括格子世界的形状、陷阱区和宝藏区的位置,同时还包括智能体在任何时候所在的格子位置。风的设置是环境动力学的一部分,它与风格子世界的边界及智能体的行为共同决定了智能体下一步的状态。智能体通过在与环境进行交互的过程中学习到自身及其他格子的位置关系,并顺利避免陷阱,找到宝藏。

假设在此风格子世界游戏中,智能体状态转移概率 $p_{ss'}^a=1$,折扣因子 $\gamma=1$。求解此风格子世界寻找宝藏最优策略。

2. 环境代码

接下来根据上述描述构建风格子世界,如下为环境代码。环境代码主要由一个 Maze 类构成,包含如下方法。

- def _build_maze(self):构建迷宫的方法,该方法给出了陷阱位置、宝藏位置以及智能体的初始位置,并且定义了动作空间,给出了状态转移过程以及行为回报。
- def step(self,action):根据当前行为,返回下一步的位置、立即回报以及判断游戏是否终止。
- def reset(self):根据当前状态,重置画布。
- def render_by_policy(self,policy,result_list):根据传入策略,进行界面渲染。

```
UNIT = 40              # 每个格子的大小
MAZE_H = 6             # 行数
MAZE_W = 6             # 列数

class Maze(tk.Tk, object):
    def __init__(self):
        super(Maze, self).__init__()
        self.action_space = ['u', 'd', 'l', 'r']
        self.n_actions = len(self.action_space)
        self.title('风格子世界')
```

```python
        self.geometry('{0}x{1}'.format(MAZE_H * UNIT, MAZE_H * UNIT))
        self._build_maze()
    def _build_maze(self):
        # 创建一个画布
        self.canvas = tk.Canvas(self, bg = 'white',
                                height = MAZE_H * UNIT,
                                width = MAZE_W * UNIT)
        # 在画布上画出列
        for c in range(0, MAZE_W * UNIT, UNIT):
            x0, y0, x1, y1 = c, 0, c, MAZE_H * UNIT
            self.canvas.create_line(x0, y0, x1, y1)
        # 在画布上画出行
        for r in range(0, MAZE_H * UNIT, UNIT):
            x0, y0, x1, y1 = 0, r, MAZE_H * UNIT, r
            self.canvas.create_line(x0, y0, x1, y1)
        # 创建探险者起始位置(默认为左下角)
        origin = np.array([20, 220])
        # 陷阱 1
        hell1_center = origin + np.array([UNIT, -3 * UNIT])
        self.hell1 = self.canvas.create_rectangle(
            hell1_center[0] - 15, hell1_center[1] - 15,
            hell1_center[0] + 15, hell1_center[1] + 15,
            fill = 'black')
        # 陷阱 2
        hell2_center = origin + np.array([3 * UNIT, -3 * UNIT])
        self.hell2 = self.canvas.create_rectangle(
            hell2_center[0] - 15, hell2_center[1] - 15,
            hell2_center[0] + 15, hell2_center[1] + 15,
            fill = 'black')
        # 陷阱 3
        hell3_center = origin + np.array([0, -4 * UNIT])
        self.hell3 = self.canvas.create_rectangle(
            hell3_center[0] - 15, hell3_center[1] - 15,
            hell3_center[0] + 15, hell3_center[1] + 15,
            fill = 'black')
        # 陷阱 4
        hell4_center = origin + np.array([3 * UNIT, -4 * UNIT])
        self.hell4 = self.canvas.create_rectangle(
            hell4_center[0] - 15, hell4_center[1] - 15,
            hell4_center[0] + 15, hell4_center[1] + 15,
            fill = 'black')
        # 宝藏位置
        oval_center = origin + np.array([5 * UNIT, -4 * UNIT])
        self.oval = self.canvas.create_oval(
            oval_center[0] - 15, oval_center[1] - 15,
            oval_center[0] + 15, oval_center[1] + 15,
```

```python
            fill = 'yellow')
        # 将探险者用矩形表示
        self.rect = self.canvas.create_rectangle(
            origin[0] - 15, origin[1] - 15,
            origin[0] + 15, origin[1] + 15,
            fill = 'red')
        # 将2级风道各块进行标记(灰色)
        num = 6
        for pint in range(num):
            if pint == 3 or pint == 4:
                continue
            wind = origin + np.array([3 * UNIT, - pint * UNIT])
            self.canvas.create_rectangle(
                wind[0] - 20, wind[1] - 20,
                wind[0] + 20, wind[1] + 20,
                fill = 'Gainsboro')
        # 画布展示
        self.canvas.pack()
    # 根据当前的状态重置画布(为了展示动态效果)
    def reset(self):
        self.update()
        time.sleep(0.5)
        self.canvas.delete(self.rect)
        origin = np.array([20, 220])
        self.rect = self.canvas.create_rectangle(
            origin[0] - 15, origin[1] - 15,
            origin[0] + 15, origin[1] + 15,
            fill = 'red')
        return self.canvas.coords(self.rect)
    # 根据当前行为,确认下一步的位置
    def step(self, action):
        s = self.canvas.coords(self.rect)
        base_action = np.array([0, 0])
        if action == 0:  # 上
            if s[1] > UNIT:
                base_action[1] -= UNIT
        elif action == 1:  # 下
            if s[1] < (MAZE_H - 1) * UNIT:
                base_action[1] += UNIT
        elif action == 2:  # 左
            if s[0] > UNIT:
                base_action[0] -= UNIT
        elif action == 3:  # 右
            if s[0] < (MAZE_W - 1) * UNIT:
                base_action[0] += UNIT
        # 在画布上将探险者移动到下一位置
```

```python
            self.canvas.move(self.rect, base_action[0], base_action[1])
            # 重新渲染整个界面
            s_ = self.canvas.coords(self.rect)
            oval_flag = False
            # 根据当前位置来获得回报值及是否终止
            if s_ == self.canvas.coords(self.oval):
                reward = 2
                done = True
                s_ = 'terminal'
                oval_flag = True
            elif s_ in [self.canvas.coords(self.hell1), self.canvas.coords(self.hell2), self.canvas.coords(self.hell3), self.canvas.coords(self.hell4)]:
                reward = -2
                done = True
                s_ = 'terminal'
            else:
                reward = -0.1
                done = False
            return s_, reward, done, oval_flag
    def render(self):
        time.sleep(0.1)
        self.update()
    # 根据传入策略进行界面的渲染
    def render_by_policy(self, policy, result_list):
        pre_x, pre_y = 20, 220
        points = []
        for state in result_list:
            tmp_x = (state[0] + state[2]) / 2
            tmp_y = (state[1] + state[3]) / 2
            points.append((tmp_x, str(tmp_y)))
        for item in points:
            x, y = item
            y = float(y)
            self.canvas.create_line(pre_x, pre_y, x, y, fill="red", tags="line", width=5)
            pre_x = x
            pre_y = y
        # 连接到宝藏位置
        oval_center = [20, 220] + np.array([5 * UNIT, -4 * UNIT])
        self.canvas.create_line(pre_x, pre_y, oval_center[0], oval_center[1], fill="red", tags="line", width=5)
        self.render()
```

## 6.8.2 后向 Sarsa(λ)

**1. 算法详情**

本节使用后向 Sarsa(λ) 方法对风格子世界马尔可夫决策问题进行求解。

总体思路是以 ε-贪心策略采样数据,生成轨迹。针对该轨迹的每个时间步,进行策略评估,分别求取当前状态行为对 $(s_1, a_1)$ 和下一个状态行为对 $(s_2, a_2)$ 的 $Q$ 值,并依据两个 $Q$ 值得到 TD 误差。

根据下式更新所有状态行为对的行为值函数:

$$Q(s, a) \leftarrow Q(s, a) + \alpha \delta E(s, a)$$

$E(s, a)$ 为状态行为对 $(s, a)$ 的资格迹。初始取值为 0,当前状态行为对被访问到时,其取值增 1,否则衰减。

每条轨迹结束后,根据更新的值函数,对策略进行改进。规定轨迹总数目为 100 条。超出轨迹数目之后,输出最优策略。具体操作过程如下。

(1) 初始化全部行为值函数 $Q(s, a) = 0$。当前的 $Q$ 值以 $Q$ 表形式存储,创建 $Q$ 表。

```
self.q_table = pd.DataFrame(columns = self.actions, dtype = np.float64)
```

初始化值函数。

```
self.q_table = self.q_table.append(
    pd.Series(
        [0] * len(self.actions),
        index = self.q_table.columns,
        name = state,
    )
)
```

(2) 初始化环境,得到初始状态 $s_1$。智能体初始位置在左下角,$s_1 = (5, 205, 35, 235)$。

```
observation = env.reset()
```

(3) 初始化所有状态行为对的资格迹,$E(s, a) = 0$。

```
RL.eligibility_trace *= 0
```

(4) 基于状态 $s_1$,遵循 ε-贪心策略选择行为 $a_1$。例如,得到动作 $a_1 = 0$(表示向上移动一格),得到第一个状态行为对 $(s_1, a_1)$。

```
action = RL.choose_action(str(observation))
```

(5) 动作 $a_1$ 作用于环境,获得立即回报 $R_1$ 和下一个状态 $s_2$,同时得到了轨迹是否终止的标识。这里需要判断智能体是否在风道那一列,并且动作为向上移动。如果同时满足上述两个条件,则智能体会自动向上移动两格。其他情况为向相应位置移动一格。因为此处不在风道列,因此智能体向上移动一格,得到:$s_2=(5,165,35,195)$,$R_1=-0.01$,done= false(表示轨迹未终止)。

```
observation_, reward, done, oval_flag = env.step(action)
```

(6) 基于状态 $s_2$,继续遵循 ε-贪心策略,得到行为 $a_2$。这里动作 $a_2=2$(表示向左移动一格),得到第二个状态行为对 $(s_2,a_2)$。

```
action_ = RL.choose_action(str(observation_))
```

(7) 利用状态行为对 $(s_2,a_2)$ 的行为值函数 $Q(s_2,a_2)$ 和状态行为对 $(s_1,a_1)$ 的行为值函数 $Q(s_1,a_1)$,来求解 TD 误差:
$$\delta \leftarrow R + \gamma Q(s_2,a_2) - Q(s_1,a_1)$$
计算得:$\delta=-0.01$。

```
RL.learn(str(observation), action, reward, str(observation_), action_)

def learn(self, s, a, r, s_, a_):
    self.check_state_exist(s_)
    q_predict = self.q_table.ix[s, a]
    if s_ != 'terminal':
        # 下一个状态不是终止状态
        q_target = r + self.gamma * self.q_table.ix[s_, a_].max()
    else:
        # 下一个状态是终止状态
        q_target = r
    error = q_target - q_predict
```

(8) 更新状态行为对 $(s_1,a_1)$ 的资格迹:
$$E(s_1,a_1) \leftarrow E(s_1,a_1) + 1$$
计算得:$E(s_1,a_1)=1$。

```
self.eligibility_trace.ix[s, a] += 1
```

(9) 更新所有的状态行为对 $(s,a)$ 的行为值函数 $Q(s,a)$:
$$Q(s,a) \leftarrow Q(s,a) + \alpha \delta E(s,a)$$

**注意:** 对于未访问过的状态行为对来说,若其资格迹为 0,则其行为值函数不更新。即此时,除 $Q(s_1,a_1)$ 之外,其他状态行为对的行为值函数均为 0。$Q(s_1,a_1)=$

$-0.0001$,其中 $\alpha=0.01$。

```
self.q_table += self.lr * error * self.eligibility_trace
```

(10) 更新所有的状态行为对 $(s,a)$ 的资格迹 $E(s,a)$：
$$E(s,a) \leftarrow \gamma\lambda E(s,a)$$

```
self.eligibility_trace *= self.gamma * self.lambda_
```

除 $E(s_1,a_1)$ 之外，其他状态行为对的资格迹均为 0。$E(s_1,a_1)=0.81$。其中 $\gamma$、$\lambda$ 均为 0.9。紧接着令：
$$s \leftarrow s_2, a \leftarrow a_2$$

```
observation = observation_
action = action_
```

(11) 重复步骤 (3)~(10)，直至轨迹结束。
(12) 结合更新后的行为值函数，采用 $\varepsilon$-贪心法对原始策略进行更新。

```
q_table_result = RL.q_table
# 使用Q表输出各状态的最优策略
policy = get_policy(q_table_result)
# 该方法用于根据Q表获取各状态的最优策略,最终使用该方法获得的策略绘制图形
def get_policy(q_table, rows=6, cols=6, pixels=40, origin=20):
    policy = []

    for i in range(rows):
        for j in range(cols):
            # 求出每个格子的状态
            item_center_x, item_center_y = (j * pixels + origin), (i * pixels + origin)
            item_state = [item_center_x - 15.0, item_center_y - 15.0, item_center_x + 15.0, item_center_y + 15.0]
            if item_state in [env.canvas.coords(env.hell1), env.canvas.coords(env.hell2),
                              env.canvas.coords(env.hell3), env.canvas.coords(env.hell4), env.canvas.coords(env.oval)]:
                policy.append(-1)
                continue
            if str(item_state) not in q_table.index:
                policy.append((0, 1, 2, 3))
                continue
            # 选择最优行为
            item_action_max = get_action(q_table, str(item_state))
            policy.append(item_action_max)
    return policy
```

(13) 重复步骤(2)～(12)，直至轨迹数=100。最终得到的最优策略如图 6-13 所示。

同 Sarsa 方法一样，后向 Sarsa(λ)方法的智能体经过多次探索，也能够获得每个状态对应的最优行为。本实例设定智能体在输出最终最优策略之前，仅仅需要经过 100 次完整轨迹。

图 6-14 所示为智能体从起点出发找到宝藏的最优路径。因每次都是从固定的起始点出发，导致某些状态经历次数很少。对于那些智能体从未经历过的状态，其四个行为值函数均为 0，对应的最优行为为四个方向中的任意一个。而最优路径所在状态经历了多次探索，可以得到比较准确的最优行为。

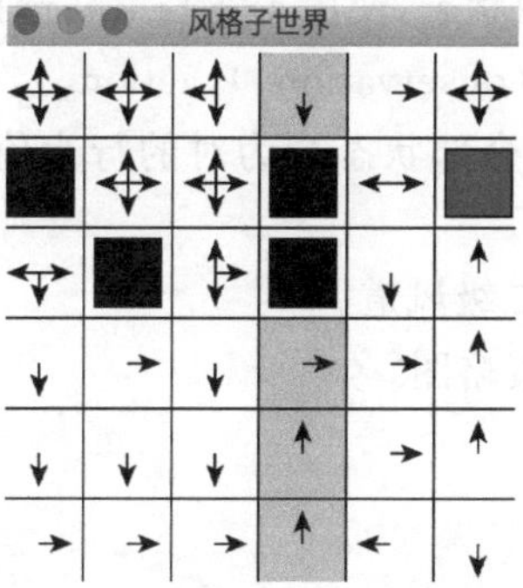

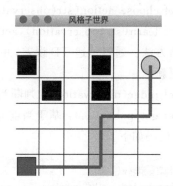

图 6-13　后向 Sarsa(λ)方法得到的
　　　　　最优策略（见彩插）

图 6-14　后向 Sarsa(λ)方法得到的
　　　　　最优路径（见彩插）

为简要地说明问题，表 6-1 仅列出最优路径经历的状态及相应的最优行为。每个最优行为均为带有 ε 随机性的随机行为，以 ε 的概率选择当前最优动作，以 $1-ε$ 概率随机选择一个行为。实际中为了得到确定性行为，会让 ε 逐渐变小，直至为 0。

表 6-1　最优路径经历的状态及对应的最优行为

| 状　　态 | 行　　为 |
| --- | --- |
| (5,205,35,235) | 3(右) |
| (45,205,75,235) | 3(右) |
| (85,205,115,235) | 3(右) |
| (125,205,155,235) | 0(上) |
| (125,165,155,195) | 0(上) |
| (125,125,155,155) | 3(右) |
| (165,125,195,155) | 3(右) |
| (205,125,235,155) | 0(上) |
| (205,85,235,115) | 0(上) |

**2. 核心代码**

Sarsa(λ)代码结构与 Sarsa 基本一致。update()是 Sarsa(λ)最核心的方法。该方法循环遍历 100 条轨迹中的每一个时间步，对全部状态行为对的行为值函数进行更新，以获得最优策略。同 Sarsa 方法一样，Sarsa($\lambda$) 方法也在维护一个 $Q$ 表（q_table，行为值函数表），此表记录了智能体所经历过的状态行为对的行为值函数。

Sarsa($\lambda$) 的 update() 方法通过调用其他基础方法来实现，此类基础方法均写在 RL 类中。

- def check_state_exist(self, state)：判断当前状态是否已被记录在 $Q$ 表中。
- def judge(self, observation, action_)：判断当前输入的状态行为对中，行为 action_ 是否为最优行为。
- def choose_action(str(observation))：基于当前状态，使用 ε-贪心策略选择行为。
- def learn(str(observation), action, reward, str(observation_), action_)：值函数更新方法。通过传递 TD 误差，并结合资格迹，对全部状态行为对的行为值函数进行更新。
- def judge(observation)：判断当前状态是否在二级风道。
- def get_policy(...)：基于当前 $Q$ 表，绘制最优策略图。

具体代码如下。

```python
def update():
    for episode in range(100):
        # 界面重置
        observation = env.reset()
        # 基于当前状态使用当前的策略选择的行为
        action = RL.choose_action(str(observation))
        # 初始化所有资格迹为 0
        RL.eligibility_trace *= 0
        while True:
            # 刷新界面
            env.render()
            # 在风格子世界中，二级风的位置向上走会走两格，现在进行处理
            # 判断当前状态是否在二级风道且产生的动作为向上的动作
            if judge(observation) and action == 0:
                # 符合条件后，在本次循环中额外加一次向上运行的操作
                observation_, reward, done, oval_flag = env.step(action)
                # 如果过程中出现终止状态，直接结束
                if done:
                    break
                # 直接赋值为继续向上，回报不减少
                action_ = 0
                reward = 0.01
                # 从当前的改变中进行学习
                RL.learn(str(observation), action, reward, str(observation_), action_)
                # 修改当前的状态和行为
                observation = observation_
                action = action_
```

```python
            # 从当前的状态采取行为得到下一个状态、回报、结束标志、宝藏位置标志
            observation_, reward, done, oval_flag = env.step(action)
            # 基于下一个状态选择行为
            action_ = RL.choose_action(str(observation_))
            # 风道风向向上,智能体在风道向下走时会进行惩罚(回报会在原基础上减少0.01)
            if judge(observation) and action == 1:
                reward = -0.01
            # 从当前的改变中进行学习
            RL.learn(str(observation), action, reward, str(observation_), action_)
            # 修改当前的状态和行为
            observation = observation_
            action = action_
            # 当达到终止条件时结束循环
            if done:
                break
    # 开始输出最终的Q表
    q_table_result = RL.q_table
    # 使用Q表输出各状态的最优策略
    policy = get_policy(q_table_result)
    policy_result = np.array(policy).reshape(6,6)
    env.render_by_policy_new(policy_result)
if __name__ == "__main__":
    env = Maze()
    RL = SarsaLambdaTable(actions=list(range(env.n_actions)))
    env.after(100, update)
    env.mainloop()
def get_action(q_table, state):
    # 选择最优行为
    state_action = q_table.ix[state, :]
    # 因为一个状态下最优行为可能会有多个,所以在碰到这种情况时,需要随机选择一个行为进行
    state_action_max = state_action.max()
    idxs = []
    for max_item in range(len(state_action)):
        if state_action[max_item] == state_action_max:
            idxs.append(max_item)
    sorted(idxs)
    return tuple(idxs)

def get_policy(q_table, rows=6, cols=6, pixels=40, origin=20):
    policy = []
    for i in range(rows):
        for j in range(cols):
            # 求出每个格子的状态
            item_center_x, item_center_y = (j * pixels + origin), (i * pixels + origin)
            item_state = [item_center_x - 15.0, item_center_y - 15.0, item_center_x + 15.0, item_center_y + 15.0]
```

```python
            # 如果当前状态为各终止状态,则值为-1
            if item_state in [env.canvas.coords(env.hell1), env.canvas.coords(env.hell2),
                              env.canvas.coords(env.hell3), env.canvas.coords(env.hell4), env.canvas.coords(env.oval)]:
                policy.append(-1)
                continue
            if str(item_state) not in q_table.index:
                policy.append((0, 1, 2, 3))
                continue
            # 选择最优行为
            item_action_max = get_action(q_table, str(item_state))
            policy.append(item_action_max)
    return policy
# 判断当前状态是否在二级风道
def judge(observation):
    # 求出中心点坐标
    x = (observation[0] + observation[2]) / 2
    # 当横坐标为140时为风道
    if x == 140:
        return True
    return False


class RL(object):
    def __init__(self, action_space, learning_rate=0.01, reward_decay=0.9, e_greedy=0.9):
        self.actions = action_space
        self.lr = learning_rate
        self.gamma = reward_decay
        self.epsilon = e_greedy
        self.q_table = pd.DataFrame(columns=self.actions, dtype=np.float64)
    def check_state_exist(self, state):
        if state not in self.q_table.index:
            # 如果状态在当前的Q表中不存在,将当前状态加入Q表中
            self.q_table = self.q_table.append(
                pd.Series(
                    [0] * len(self.actions),
                    index=self.q_table.columns,
                    name=state,
                )
            )
    def choose_action(self, observation):
        self.check_state_exist(observation)
        # 从均匀分布[0,1]中随机采样,当小于阈值时选择最优行为,当大于阈值时选择
        # 随机行为,
        # 人为增加随机性是为了防止陷入局部最优
        if np.random.rand() < self.epsilon:
```

```python
            # 选择最优行为
            state_action = self.q_table.ix[observation, :]
            # 因为一个状态下最优行为可能会有多个,所以在碰到这种情况时,需要随机选择一个
            state_action = state_action.reindex(np.random.permutation(state_action.index))
            action = state_action.idxmax()
        else:
            # 选择随机行为
            action = np.random.choice(self.actions)
        return action
    # 判断传入状态的行为是否为最优的行为
    def judge(self, observation, action_):
        self.check_state_exist(observation)
        state_action = self.q_table.ix[observation, :]
        max_num = state_action.max()
        idxs = []
        for max_item in range(len(state_action)):
            if state_action[max_item] == max_num:
                idxs.append(max_item)
        if action_ in idxs:
            return True
        return False
    def learn(self, *args):
        pass
# Sarsa(λ)后向资格迹
class SarsaLambdaTable(RL):
    def __init__(self, actions, learning_rate = 0.01, reward_decay = 0.9, e_greedy = 0.9, trace_decay = 0.9):
        super(SarsaLambdaTable, self).__init__(actions, learning_rate, reward_decay, e_greedy)
        self.lambda_ = trace_decay
        self.eligibility_trace = self.q_table.copy()
    def check_state_exist(self, state):
        if state not in self.q_table.index:
            # 增加新的状态到Q表中
            to_be_append = pd.Series(
                [0] * len(self.actions),
                index = self.q_table.columns,
                name = state,
            )
            self.q_table = self.q_table.append(to_be_append)
            # 更新资格迹
            self.eligibility_trace = self.eligibility_trace.append(to_be_append)
    def learn(self, s, a, r, s_, a_, ):
        self.check_state_exist(s_)
        q_predict = self.q_table.ix[s, a]
```

```
        if s_ != 'terminal':
            # 下一个状态不是终止状态
            q_target = r + self.gamma * self.q_table.ix[s_, a_]
        else:
            # 下一个状态是终止状态
            q_target = r
    error = q_target - q_predict
        self.eligibility_trace.ix[s, a] += 1
    # Q更新
    self.q_table += self.lr * error * self.eligibility_trace
    # 更新后的衰减资格迹
    self.eligibility_trace *= self.gamma * self.lambda_
```

## 6.8.3 后向 $Q(\lambda)$

**1. 算法详情**

此节使用后向 Watkins's $Q(\lambda)$ 方法对风格子世界马尔可夫决策问题进行求解。与后向 Sarsa($\lambda$) 不同的是，Watkins's $Q(\lambda)$ 在求 TD 误差 $\delta$ 时，使用的是状态 $s'$ 对应的最优行为值函数 $Q(s', a^*)$，即

$$\delta \leftarrow R + \gamma Q(s', a^*) - Q(s, a)$$

其中

$$a^* \leftarrow \underset{b \in A}{\arg\max}\, Q(s, b)$$

同时，其更新资格迹的方式也与 Sarsa($\lambda$) 不同。更新分两部分：首先，如果当前选择行为 $a_t$ 是贪婪行为，资格迹乘以系数 $\gamma\lambda$；否则，资格迹变成 0。其次，对于当前正在访问的 $(s_t, a_t)$，其资格迹单独加 1。

接下来详细介绍 Watkins's $Q(\lambda)$ 的总体思路和实现步骤。

总体思路是以 $\varepsilon$ 贪心策略采样数据，生成轨迹。针对该轨迹的每个时间步，进行策略评估。分别求取当前状态行为对 $(s_1, a_1)$ 对应的 $Q$ 值 $Q(s_1, a_1)$，以及下一个状态 $s_2$ 与最优行为 $a^*$ 组成的状态行为对 $(s_2, a_2^*)$ 对应的 $Q$ 值 $Q(s_2, a_2^*)$。并依据两个 $Q$ 值得到 TD 误差。根据下式更新所有状态行为对的行为值函数：

$$Q(s, a) \leftarrow Q(s, a) + \alpha \delta E(s, a)$$

$E(s, a)$ 是状态行为对 $(s, a)$ 的资格迹。初始取值为 0，当前状态行为对被访问到时，其取值增 1。否则判断当前选择行为是否为贪婪行为，如果是则资格迹乘以系数 $\gamma\lambda$；否则，资格迹变成 0。

每条轨迹结束后，根据更新的值函数，对策略进行改进。规定轨迹总数目为 100 条。超出轨迹数目之后，输出最优策略。具体操作过程如下。

(1) 初始化全部行为值函数 $Q(s, a) = 0$。当前的 $q$ 值以 $q$ 表形式存储，创建 $q$ 表。

```
self.q_table = pd.DataFrame(columns = self.actions, dtype = np.float64)
```

初始化值函数。

```
self.q_table = self.q_table.append(
    pd.Series(
        [0] * len(self.actions),
        index = self.q_table.columns,
        name = state,
    )
)
```

(2) 初始化环境,得到初始状态 $s_1$。智能体初始位置在左下角,$s_1=(5,205,35,235)$。

```
observation = env.reset()
```

(3) 初始化所有状态行为对的资格迹,$E(s,a)=0$。

```
RL.eligibility_trace *= 0
```

(4) 基于状态 $s_1$,遵循 ε-贪心策略选择行为 $a_1$。例如,得到动作 $a_1=3$(表示向右移动一格),得到第一个状态行为对 $(s_1,a_1)$。

```
action = RL.choose_action(str(observation))
```

(5) 动作 $a_1$ 作用于环境,获得立即回报 $R_1$ 和下一个状态 $s_2$,同时得到了轨迹是否终止的标识。因为此处不在风道列,因此智能体向右移动一格,得到:$s_2=(45,205,75,235)$,$R_1=-0.01$,done=false(表示轨迹未终止)。

```
observation_, reward, done, oval_flag = env.step(action)
```

(6) 基于状态 $s_2$,继续遵循 ε-贪心策略,得到行为 $a_2$。这里动作 $a_2=0$(表示向上移动一格),得到第二个状态行为对 $(s_2,a_2)$。

```
action_ = RL.choose_action(str(observation_))
```

(7) 利用最优状态行为对 $(s_2,a_2^*)$ 的行为值函数 $Q(s_2,a_2^*)$ 和状态行为对 $(s_1,a_1)$ 的行为值函数 $Q(s_1,a_1)$,求解 TD 误差:

$$\delta \leftarrow R + \gamma Q(s_2,a_2^*) - Q(s_1,a_1)$$

计算得:$\delta=-0.01$。

```
RL.learn(str(observation), action, reward, str(observation_), action_)
def learn(self, s, a, r, s_, a_):
    self.check_state_exist(s_)
    q_predict = self.q_table.ix[s, a]
    if s_ != 'terminal':
        # 下一个状态不是终止状态
        q_target = r + self.gamma * self.q_table.ix[s_, a_].max()
    else:
        # 下一个状态是终止状态
        q_target = r
    error = q_target - q_predict
```

(8) 更新状态行为对$(s_1, a_1)$的资格迹：
$$E(s_1, a_1) \leftarrow E(s_1, a_1) + 1$$
计算得：$E(s_1, a_1) = 1$。

```
self.eligibility_trace.ix[s, a] += 1
```

(9) 更新所有的状态行为对$(s, a)$的行为值函数$Q(s, a)$：
$$Q(s, a) \leftarrow Q(s, a) + \alpha \delta E(s, a)$$

**注意**：对于未访问过的状态行为对来说，其资格迹为 0，则其行为值函数不更新。即此时，除$Q(s_1, a_1)$之外，其他状态行为对的行为值函数均为 0。$Q(s_1, a_1) = -0.0001$，其中$\alpha = 0.01$。

```
self.q_table += self.lr * error * self.eligibility_trace
```

(10) 更新所有的状态行为对$(s, a)$的资格迹$E(s, a)$。首先判断当前访问的状态$(s_2, a_2)$是否为贪婪行为，如果是则资格迹乘以系数$\gamma\lambda$；否则，资格迹变成 0。因$s_2$对应的四个行为值函数均为 0，故$a_2$为贪婪行为。
$$E(s, a) \leftarrow \gamma\lambda E(s, a)$$

```
if a_flag:
    self.eligibility_trace *= self.gamma * self.lambda_
else:
    self.eligibility_trace *= 0
```

除$E(s_1, a_1)$之外，其他状态行为对的资格迹均为 0。有$E(s_1, a_1) = 0.81$。其中$\gamma\lambda$均为 0.9。紧接着令：
$$s \leftarrow s_2, \quad a \leftarrow a_2$$

```
observation = observation_
action = action_
```

(11) 重复步骤(3)~(10),直至轨迹结束。

(12) 结合更新后的行为值函数,采用ε-贪心法对原始策略进行更新。

```
q_table_result = RL.q_table
policy = get_policy(q_table_result)
```

(13) 重复步骤(2)~(12),直至轨迹数=100。最终得到的最优策略,如图6-15所示。智能体从起点出发找到宝藏的最优路径,如图6-16所示。

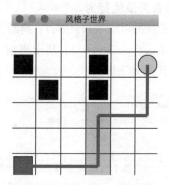

图 6-15　后向 $Q(\lambda)$ 方法得到的
最优策略(见彩插)

图 6-16　后向 $Q(\lambda)$ 方法得到的
最优路径(见彩插)

为简要地说明问题,表 6-2 仅列出最优路径经历的状态及相应的最优行为。与 Sarsa($\lambda$) 不同的是,$Q(\lambda)$ 输出的是确定性的行为。

表 6-2　最优路径状态及最优行为

| 状　　态 | 行　　为 |
| --- | --- |
| (5,205,35,235) | 3(右) |
| (45,205,75,235) | 3(右) |
| (85,205,115,235) | 3(右) |
| (125,205,155,235) | 0(上) |
| (125,165,155,195) | 0(上) |
| (125,125,155,155) | 3(右) |
| (165,125,195,155) | 3(右) |
| (205,125,235,155) | 0(上) |
| (205,85,235,115) | 0(上) |

**2. 核心代码**

$Q(\lambda)$ 代码结构与 Sarsa($\lambda$)、Sarsa 基本一致,最核心的方法是 update() 方法,循环遍历 100 条轨迹中的每一个时间步,对全部状态行为对的行为值函数进行更新,以获得最优策略。$Q(\lambda)$ 方法也在维护一个 $Q$ 表(q_table,行为值函数表),此表记录了智能体所经历过的状态行为对的行为值函数。

update()方法调用了如下基础方法。

- def choose_action(str(observation))：基于当前状态，使用ε-贪心策略选择行为。
- def learn(str(observation),action,reward,str(observation_),action_)：值函数更新方法。
- def check_state_exist(self,state)：判断当前状态是否已被记录在 $Q$ 表中。
- def judge(self,observation,action_)：判断当前输入的状态行为对中，行为 action_ 是否为最优行为。
- def judge(observation)：判断当前状态是否在二级风道。
- def get_policy(…)：基于当前 $Q$ 表，绘制最优策略图。

具体代码如下。

```
def update():
    for episode in range(100):
        # 界面重置
        observation = env.reset()
        # 基于当前状态使用当前的策略选择的行为
        action = RL.choose_action(str(observation))
        # 初始化所有资格迹为 0
        RL.eligibility_trace *= 0
        while True:
            # 刷新界面
            env.render()
            # 在风格子世界中，二级风的位置向上走会走两格，现在进行处理
            # 判断当前状态是否在二级风道且产生的动作为向上的动作
            if judge(observation) and action == 0:
                # 符合条件后，在本次循环中额外加一次向上运行的操作
                observation_, reward, done, oval_flag = env.step(action)

                # 如果过程中出现终止状态，则直接结束
                if done:
                    break
                # 直接赋值为继续向上，回报不减少
                action_ = 0
                reward = 0.01
                # 从当前的改变中进行学习
                RL.learn(str(observation), action, reward, str(observation_), action_)
                # 修改当前的状态和行为
                observation = observation_
                action = action_
            # 从当前的状态采取行为得到下一个状态、回报、结束标志、宝藏位置标志
            observation_, reward, done, oval_flag = env.step(action)
            # 基于下一个状态选择行为
```

```
                    action_ = RL.choose_action(str(observation_))
                    if judge(observation) and action == 1:
                        reward = -0.01
                    # 从当前的数据中学习
                    RL.learn(str(observation), action, reward, str(observation_), action_)
                    # 修改当前的状态和行为
                    observation = observation_
                    action = action_
                    # 当达到终止条件时结束循环
                    if done:
                        break
            # 开始输出最终的Q表
            q_table_result = RL.q_table
            # 使用Q表输出各状态的最优策略
            policy = get_policy(q_table_result)
            print("最优策略为", end=":")
            policy_result = np.array(policy).reshape(6,6)
            env.render_by_policy_new(policy_result)
if __name__ == "__main__":
    env = Maze()
    RL = QLambdaTable(actions = list(range(env.n_actions)))
    env.after(100, update)
    env.mainloop()
    def get_action(q_table, state):
    # 选择最优行为
    state_action = q_table.ix[state, :]
    # 因为一个状态下最优行为可能会有多个,所以在碰到这种情况时,需要随机选择一个
    state_action_max = state_action.max()
    idxs = []
    for max_item in range(len(state_action)):
        if state_action[max_item] == state_action_max:
            idxs.append(max_item)
    sorted(idxs)
    return tuple(idxs)
def get_policy(q_table, rows = 6, cols = 6, pixels = 40, origin = 20):
    policy = []
    for i in range(rows):
        for j in range(cols):
            # 求出每个格子的状态
            item_center_x, item_center_y = (j * pixels + origin), (i * pixels + origin)
            item_state = [item_center_x - 15.0, item_center_y - 15.0, item_center_x + 15.0, item_center_y + 15.0]
            # 如果当前状态为终止状态,则值为-1
            if item_state in [env.canvas.coords(env.hell1), env.canvas.coords(env.hell2),
                              env.canvas.coords(env.hell3), env.canvas.coords(env.hell4), env.canvas.coords(env.oval)]:
```

```python
                policy.append(-1)
                continue
            if str(item_state) not in q_table.index:
                policy.append((0, 1, 2, 3))
                continue
            # 选择最优行为
            item_action_max = get_action(q_table, str(item_state))
            policy.append(item_action_max)
    return policy
# 判断当前状态是否在二级风道
def judge(observation):
    # 求出中心点坐标
    x = (observation[0] + observation[2]) / 2
    # 当横坐标为 140 时为风道
    if x == 140:
        return True
    return False
class RL(object):
    def __init__(self, action_space, learning_rate=0.01, reward_decay=0.9, e_greedy=0.9):
        self.actions = action_space
        self.lr = learning_rate
        self.gamma = reward_decay
        self.epsilon = e_greedy
        self.q_table = pd.DataFrame(columns=self.actions, dtype=np.float64)
    def check_state_exist(self, state):
        if state not in self.q_table.index:
            # 如果状态在当前的 Q 表中不存在,将当前状态加入 Q 表中
            self.q_table = self.q_table.append(
                pd.Series(
                    [0] * len(self.actions),
                    index=self.q_table.columns,
                    name=state,
                )
            )
    def choose_action(self, observation):
        self.check_state_exist(observation)
        # 从均匀分布[0,1]中随机采样,当小于阈值时选择最优行为,当大于阈值时选择随机行为
        # 这样人为增加随机性是为了解决陷入局部最优
        if np.random.rand() < self.epsilon:
            # 选择最优行为
            state_action = self.q_table.ix[observation, :]
            # 因为一个状态下最优行为可能会有多个,所以在碰到这种情况时,需要随机选择
            # 一个行为
            state_action = state_action.reindex(np.random.permutation(state_action.index))
            action = state_action.idxmax()
```

```python
            else:
                ## 选择随机行为
                action = np.random.choice(self.actions)
            return action
    # 判断传入状态下的行为是否为最优的行为
    def judge(self, observation, action_):
        self.check_state_exist(observation)
        state_action = self.q_table.ix[observation, :]
        max_num = state_action.max()
        idxs = []
        for max_item in range(len(state_action)):
            if state_action[max_item] == max_num:
                idxs.append(max_item)
        if action_ in idxs:
            return True
        return False
    def learn(self, *args):
        pass
# Watkins's Q(λ)后向资格迹
class QLambdaTable(RL):
    def __init__(self, actions, learning_rate = 0.01, reward_decay = 0.9, e_greedy = 0.9,
trace_decay = 0.9):
        super(QLambdaTable, self).__init__(actions, learning_rate, reward_decay, e_greedy)
        self.lambda_ = trace_decay
        self.eligibility_trace = self.q_table.copy()
    def check_state_exist(self, state):
        if state not in self.q_table.index:
            # 增加新的状态到 Q 表中
            to_be_append = pd.Series(
                [0] * len(self.actions),
                index = self.q_table.columns,
                name = state,
            )
            self.q_table = self.q_table.append(to_be_append)
            # 更新资格迹
            self.eligibility_trace = self.eligibility_trace.append(to_be_append)
    def learn(self, s, a, r, s_, a_):
        self.check_state_exist(s_)
        q_predict = self.q_table.ix[s, a]
        if s_ != 'terminal':
            # 下一个状态不是终止状态
            q_target = r + self.gamma * self.q_table.ix[s_, a_].max()
        else:
            # 下一个状态是终止状态
            q_target = r
        error = q_target - q_predict
```

```python
# 判断 s'状态下的行为是否为最优行为
a_flag = self.judge(s,a_)
# 资格迹 +1
self.eligibility_trace.ix[s, a] += 1
# Q更新
self.q_table += self.lr * error * self.eligibility_trace
# 更新后的衰减资格迹
if a_flag:
    self.eligibility_trace *= self.gamma * self.lambda_
else:
    self.eligibility_trace *= 0
```

### 6.8.4 实例小结

在经过 100 条轨迹之后，Sarsa($\lambda$)可得到较为准确的最优策略。而后向 Watkins's $Q(\lambda)$得到的策略不是最优的也并不稳定。后向 Watkins's $Q(\lambda)$要想得到准确的最优策略，需要经历更多的轨迹数目。这是因为该方法每次仅考虑轨迹中探索行为之前的部分轨迹，导致浪费大量的轨迹信息。

## 6.9 小结

资格迹法(多步时序差分法)是蒙特卡罗法和时序差分法之间的桥梁，属于基于值函数的联合的求解方法，可以用来解决未知模型强化学习问题。将资格迹分别和 Sarsa 及 Q 方法进行结合，可以得到 Sarsa($\lambda$)和 $Q(\lambda)$。资格迹方法存在两种视角，一种是前向视角，一种是后向视角。前向视角需要对完整的轨迹进行学习，这在工程上很不高效，而后向视角可以处理不完整的轨迹，因此在实际中经常使用，如后向 Sarsa($\lambda$)和后向 Watkins's $Q(\lambda)$。

Sarsa($\lambda$)通过前后两个状态行为对的行为值函数差值得到 TD 误差，并结合资格迹对所有状态行为对的值函数进行更新。而后向 Watkins's $Q(\lambda)$在求解 TD 误差时，使用的是第二个状态对应的最优行为值函数和第一个状态行为对的行为值函数的差值。同时，在更新资格迹的时候也与 Sarsa($\lambda$)有所不同，在进行资格迹衰减时，若当前行为是探索行为，则全部状态行为对的资格迹变为 0。这样当探索行为发生时，不会影响到所有状态行为对的行为值函数的变化。

本章最后以风格子世界游戏为例，分别对后向 Sarsa($\lambda$)和后向 Watkins's $Q(\lambda)$进行详细介绍，并给出了核心代码。相比较而言，Sarsa($\lambda$)对轨迹的利用率更高。

## 6.10 习题

1. 如何理解资格迹？什么叫累计型资格迹？什么叫替代型资格迹？
2. 如何理解 TD($\lambda$) 的前向算法和后向算法？
3. 当 $n$ 为 1 步、2 步、$n$ 步时，分别利用 $n$ 步值函数估计当前值函数。
4. 当 $\lambda=0$ 时 TD($\lambda$) 算法实际上与哪种方法等价？当 $\lambda=1$ 时呢？
5. 分别给出 TD($\lambda$) 前向算法和后向算法的值函数更新公式。
6. 分别给出前向 Sarsa($\lambda$)、后向 Sarsa($\lambda$) 的算法描述。
7. 分别给出前向 Watkins's $Q(\lambda)$、后向 Watkins's $Q(\lambda)$ 的行为值函数更新公式。

# 第7章 值函数逼近

## 7.1 值函数逼近简介

到目前为止,我们一直假定强化学习任务是在有限状态上进行的,这时的值函数其实是一个表格。对于状态值函数,其索引是状态;对于行为值函数,其索引是状态行为对。值函数迭代更新的过程实际上就是对这张表进行迭代更新,获取某一状态或行为价值的时候通常需要一个查表操作。因此,之前介绍的强化学习算法又称为表格型强化学习。

若状态空间的维数很大,如西洋双陆棋的状态空间大约是 $10^{20}$,围棋(Computer Go)有 $10^{170}(2.8 \times 10^{170})$ 个状态空间;或者状态空间为连续空间,如控制直升机飞行需要的是一个连续状态空间,此时精确获得各种 $V(s)$ 和 $Q(s,a)$ 几乎是不可能的,因为既没有足够的内存也没有足够的计算能力,这时候需要找到近似的函数 $V(s,\theta)$,利用函数逼近的方法对值函数进行表示:

$$V(s) = \hat{V}(s, \theta)$$

其中,$\theta$ 表示引入的参数,实际通常是一个向量。通过函数近似,可以用少量的参数 $\theta$ 来拟合实际的各种价值函数。

针对强化学习,近似函数根据输入和输出的不同,可以有以下三种架构,如图 7-1 所示。

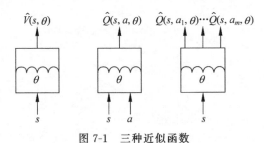

图 7-1 三种近似函数

左图输入为状态 $s$,输出为这个状态的近似价值 $\hat{V}(s,\theta)$;中间图片输入为状态行为对 $(s,a)$,输出当前状态行为对的近似价值 $\hat{Q}(s,a,\theta)$;右图输入为状态 $s$ 本身,输出为一个向量,向量中的每一个元素是该状态下采取一种可能行为的价值 $\hat{Q}(s,a,\theta)$,如 $\hat{Q}(s,a_1,\theta),\cdots,\hat{Q}(s,a_m,\theta)$。

在进行值函数逼近时,线性回归、神经网络等和机器学习相关的一些算法都可以拿来使用。根据所选择的逼近函数是线性函数还是非线性函数,值函数逼近又可分为线性逼近和非线性逼近。

当逼近的值函数结构确定时,如线性逼近时选定了基函数,非线性逼近时选定了神经网络的结构,那么值函数的逼近就等价于参数的逼近,值函数的更新也就等价于参数的更新。

也就是说,我们的目的变成了利用试验数据来更新参数值,通过轨迹学习线性函数或神经网络的参数值。下面将分别从线性逼近和非线性逼近两个角度来讲解值函数的近似方法。

## 7.2 线性逼近

所谓的线性逼近指的是将值函数表示为状态或状态函数的线性组合,如:

$$\hat{V}(s,\boldsymbol{\theta}) = \boldsymbol{\theta}^\mathrm{T} \boldsymbol{x}(s) = \sum_{i=1}^{d} \boldsymbol{\theta}_i x_i(s)$$

其中,$\boldsymbol{\theta}$ 为参数向量。

向量 $\boldsymbol{x}(s)$ 称为状态 $s$ 的特征分量。例如,我们在描述直升机飞行状态的时候,需要描述它的飞行速度、角速度等;或者评估移动机器人的状态时,需要描述电量、坐标等。

假设每个状态 $s$ 对应于 $k$ 个数,$s=(s_1,s_2,\cdots,s_k)$,$s_i \in R$。则对于这个 $k$ 维状态空间,函数 $x_i(s)$ 可以写成:

$$x_i(s) = s_j$$

上述值函数表示虽然简单,但是忽略了不同维度特征之间的相互作用,如评估直升机飞行状态好坏的时候,需要同时考虑坐标和速度以及角速度等。因此需要对函数 $\boldsymbol{x}(s)$ 进行扩展,使其不仅能表示状态的特征分量,还能表示一些更复杂的函数,如多项式函数、傅里叶函数等。这个时候 $\hat{V}(s,\boldsymbol{\theta})$ 还是关于参数向量 $\boldsymbol{\theta}$ 的线性函数,因此还是属于线性函数逼近的范畴。此时 $\boldsymbol{x}(s)$ 称为状态 $s$ 的特征函数,或者称为基函数。

常用的基函数类型有如下几种。

(1) 多项式基函数。

$n$ 阶多项式基特征 $x_i(s)$ 可以写成:

$$x_i(s) = \prod_{j=1}^{k} s_j^{c_{i,j}}$$

其中,$ci,j \in \{0,1,2,\cdots,n\}$,$n$ 为正整数,称为多项式的阶数。$k$ 为状态 $s$ 的维数。上述 $n$ 阶多项式包含 $(n+1)^k$ 个特征。

例如,一个拥有两维特征的状态 $s$,其多项式基函数可以表示为 $(1,s_1,s_2,s_1 s_2,s_1^2,s_2^2)$,或者 $(1,s_1,s_2,s_1 s_2)$ 等。高阶多项式越复杂,函数逼近越精确,但是随着维数 $k$ 的增大,其计算复杂度也是呈指数级增长。因此实际使用中,需要对特征进行筛选,选择其中的一个特征子集进行函数逼近。

(2) 傅里叶基函数。

另一种线性函数逼近方法是基于时间的傅里叶级数,将周期函数表示为不同频率的正弦或余弦基函数的加权和。

如果 $f(x)=f(x+\tau)$,对于所有 $x$ 和某个周期 $\tau$ 均成立,则函数 $f(x)$ 是周期的。将周期函数写为正弦余弦函数称为傅里叶变换。

一般令 $\tau=2$,使得特征 $s$ 被定义在半 $\tau$ 区间 $[0,1]$ 上。假设每个状态 $s$ 对应一个 $k$ 维向量,$s=(s_1,s_2,\cdots,s_k)^T$,且 $s_i \in [0,1]$,则 $n$ 阶傅里叶余弦的第 $i$ 个特征为:

$$x_i(s) = \cos \pi s^T c^i$$

其中,$c^i=(c_1^i,c_2^i,\cdots,c_k^i)^T$,对于 $j=1,\cdots,k$ 和 $i=0,\cdots,(n+1)^k$,$c_j^i \in \{0,1,\cdots,n\}$。$s^T c^i$ 相当于为 $s$ 的每个维度分配了一个正整数,这个正整数属于集合 $\{0,1,\cdots,n\}$。该正整数决定了该维度上的特征频率,上述特征可以移动和缩放以适应特殊情况下的有界状态空间。事实证明,傅里叶函数在强化学习中易于使用,而且效果良好。

(3) 径向基函数。

径向基函数是一个取值仅仅依赖于离原点距离的实值函数,也就是 $\Phi(x)=\Phi(\|x\|)$,或者还可以是到任意一点 $c$ 的距离,$c$ 点称为中心点,也就是 $\Phi(x,c)=\Phi(\|x-c\|)$。任意一个满足 $\Phi(x)=\Phi(\|x\|)$ 特性的函数 $\Phi$ 都叫作径向基函数。

最常用的径向基函数是高斯核函数,其形式为:

$$x_i(s) = \exp\left(-\frac{\|s-c_i\|^2}{2\sigma_i^2}\right)$$

其中,$c^i$ 为核函数中心;$\delta^i$ 为函数的宽度参数,控制了函数的径向作用范围。

以上三种基函数均为参数 $s$ 的线性函数,因此均属于线性逼近,相比于非线性逼近,线性逼近的好处是只有一个最优值,因此可以收敛到全局最优。

线性逼近方法分为两大类,一类是"增量法",即针对每一步(轨迹中的每一个状态转换序列),一旦有增量发生,则立即优化近似函数;另一类是"批量法",针对一批历史数据(如一段轨迹)集中进行近似。

### 7.2.1 增量法

进行值函数逼近时,我们希望学到的值函数尽可能地近似真实的值函数 $V_\pi(s)$,近似程度常用最小二乘误差来度量:

$$E_\theta = E_\pi[(V_\pi(s) - \theta^T x(s))^2]$$

为了使得误差最小化,采用梯度下降法,对误差求负倒数:

$$-\frac{\partial E_\theta}{\partial \theta} = E_\pi[2(V_\pi(s) - \theta^T x(s))x(s)]$$

于是可以得到对于单个样本的更新规则:

$$\nabla \theta = \alpha(V_\pi(s) - \theta^T x(s))x(s)$$

但是，在进行逼近的过程中，我们并不知道逼近目标，即真实值函数 $V_\pi(s)$ 的取值。这个时候我们可以考虑使用任何一个无模型方法对 $V_\pi(s)$ 进行估计。

这样就可以将值函数逼近的过程看作是一个监督学习的过程，标签在蒙特卡罗方法中等价于 $G_t$，在时序差分方法中等价于 $R_{t+1}+\gamma V(S_{t+1})$，在多步时序差分方法中等价于 $G_t^\lambda$。

**1. 基于蒙特卡罗方法的参数逼近**

首先，给定要评估的策略 $\pi$，产生一条完整的轨迹：

$$\langle s_0,a_0,r_0,s_1,a_1,r_1,s_2,a_2,r_2,\cdots,s_T,a_T,r_T\rangle$$

值函数的更新过程实际是一个监督学习的过程，其中监督数据集中的累积回报 $G_t$ 从蒙特卡罗的轨迹中得到，回报 $G_t$ 可以通过 $r_t$ 求得，所以轨迹也可以表示为如下数据集：

$$\langle s_0,G_0\rangle,\langle s_1,G_1\rangle,\langle s_2,G_2\rangle,\cdots,\langle s_T,G_T\rangle$$

参数更新公式如下：

$$\nabla\boldsymbol{\theta}=\alpha(G_t-\boldsymbol{\theta}^\mathrm{T}\boldsymbol{x}(\boldsymbol{s}_t))\boldsymbol{x}(\boldsymbol{s}_t)$$

**2. 基于时序差分法的参数逼近**

如果考虑使用一步时序差分方法从不完整的轨迹中学习参数值，就需要用到自举的方法，用下一步状态的值函数更新当前状态的值函数。TD(0)方法中目标值函数为：$R_{t+1}+\gamma V(S_{t+1})$。其中，$V(S_{t+1})$ 可以用 $\hat{V}(S_{t+1},\boldsymbol{\theta})$ 近似。

同样，将值函数更新看作监督学习过程，则对应的数据集为：

$$\langle s_0,R_1+\gamma\hat{V}(S_1,\boldsymbol{\theta})\rangle,\langle s_1,R_2+\gamma\hat{V}(S_2,\boldsymbol{\theta})\rangle,\langle s_2,R_3+\gamma\hat{V}(S_3,\boldsymbol{\theta})\rangle,\cdots,$$
$$\langle s_T,R_{T+1}+\gamma\hat{V}(S_{T+1},\boldsymbol{\theta})\rangle$$

此时，我们注意到要更新的参数 $\boldsymbol{\theta}$，不仅出现在要估计的当前状态的值函数 $\hat{V}(s,\boldsymbol{\theta})$ 中，还出现在目标值函数 $\hat{V}(S_{t+1},\boldsymbol{\theta})$ 中。在对 $\boldsymbol{\theta}$ 求导时，只考虑参数 $\boldsymbol{\theta}$ 对估计值函数 $\hat{V}(s,\boldsymbol{\theta})$ 的影响而忽略对目标值函数 $\hat{V}(S_{t+1},\boldsymbol{\theta})$ 的影响，即仅保留 $\hat{V}(s,\boldsymbol{\theta})$ 对 $\boldsymbol{\theta}$ 的导数，而忽略 $\hat{V}(S_{t+1},\boldsymbol{\theta})$ 对 $\boldsymbol{\theta}$ 的导数，这种方法并非完全的梯度法，只有部分梯度，称为半梯度法。

参数更新公式如下：

$$\nabla\boldsymbol{\theta}=\alpha(R_{t+1}+\gamma\hat{V}(S_{t+1},\boldsymbol{\theta})-\hat{V}(S_t,\boldsymbol{\theta}))\nabla_\theta\hat{V}(S_t,\boldsymbol{\theta})$$

也即：

$$\nabla\boldsymbol{\theta}=\alpha(R_{t+1}+\gamma\boldsymbol{\theta}^\mathrm{T}\boldsymbol{x}(\boldsymbol{s}_{t+1})-\boldsymbol{\theta}^\mathrm{T}\boldsymbol{x}(\boldsymbol{s}_t))\boldsymbol{x}(\boldsymbol{s}_t)$$

**3. 基于前向 TD($\lambda$) 的参数逼近**

考虑使用多步时序差分前向算法进行参数逼近，$\lambda$-回报 $G_t^\lambda$ 是值函数的无偏估计，对应的监督学习数据集为：

$$\langle s_0, G_0^\lambda \rangle, \langle s_1, G_1^\lambda \rangle, \langle s_2, G_2^\lambda \rangle, \cdots, \langle s_T, G_T^\lambda \rangle$$

参数更新公式如下：

$$\nabla \boldsymbol{\theta} = \alpha (G_t^\lambda - \hat{V}(S_t, \boldsymbol{\theta})) \nabla_\theta \hat{V}(S_t, \boldsymbol{\theta})$$

也即

$$\nabla \boldsymbol{\theta} = \alpha (G_t^\lambda - \boldsymbol{\theta}^\mathrm{T} \boldsymbol{x}(\boldsymbol{s}_t)) \boldsymbol{x}(\boldsymbol{s}_t)$$

### 4. 基于后向 TD(λ) 的参数逼近

对于后向算法，有：

$$\delta_t = R_{t+1} + \gamma \boldsymbol{\theta}^\mathrm{T} \boldsymbol{x}(\boldsymbol{s}_{t+1}) - \boldsymbol{\theta}^\mathrm{T} \boldsymbol{x}(\boldsymbol{s}_t)$$

$$E_t = \lambda \gamma E_{t-1} + \nabla_\theta \hat{V}(S_t, \boldsymbol{\theta}) = \lambda \gamma E_{t-1} + \boldsymbol{x}(\boldsymbol{s}_t)$$

这里细心的读者可能发现资格迹的公式发生了变化，在 6.4 节我们定义累计型资格迹 $E_t = \lambda \gamma E_{t-1} + 1$，它的应用场景是表格型强化学习。在非表格型强化学习中，资格迹第二项为 $\nabla_\theta \hat{V}(S_t, \boldsymbol{\theta})$。

接着上面的公式，得

$$\nabla \boldsymbol{\theta} = \alpha \delta_t E_t$$

在实际场景中，大多数情况下我们需要逼近行为值函数以便获取策略：

$$\hat{Q}(s, a, \boldsymbol{\theta}) \approx Q(s, a)$$

将 $\boldsymbol{\theta}$ 作用于状态和动作的联合向量上，即给状态向量增加一维用于存放动作向量，即将函数 $\boldsymbol{x}(s)$ 替换为 $\boldsymbol{x}(s, a)$。这样，就有了行为值函数：

$$\hat{Q}(s, a, \boldsymbol{\theta}) = \boldsymbol{\theta}^\mathrm{T} \boldsymbol{x}(s, a) = \sum_{i=1}^{d} \theta_i x_i(s, a)$$

对近似值和实际值采用最小二乘误差来度量，为了使误差最小，对其误差采用梯度下降法，有：

$$E_\theta = E_\pi [(Q^\pi(s, a) - \boldsymbol{\theta}^\mathrm{T} \boldsymbol{x}(s, a))^2]$$

$$-\frac{\partial E_\theta}{\partial \boldsymbol{\theta}} = E_\pi [2(Q^\pi(s, a) - \boldsymbol{\theta}^\mathrm{T} \boldsymbol{x}(s, a)) \boldsymbol{x}(s, a)]$$

对于单个样本的更新规则为：

$$\nabla \boldsymbol{\theta} = \alpha (Q^\pi(s, a) - \boldsymbol{\theta}^\mathrm{T} \boldsymbol{x}(s, a)) \boldsymbol{x}(s, a)$$

对应地，作为逼近目标，$Q^\pi(s, a)$ 是未知的，可以使用蒙特卡罗、时序差分等方法进行估计。

基于蒙特卡罗的参数逼近为：

$$\nabla \boldsymbol{\theta} = \alpha (G_t - \boldsymbol{\theta}^\mathrm{T} \boldsymbol{x}(\boldsymbol{s}_t, \boldsymbol{a}_t)) \boldsymbol{x}(\boldsymbol{s}_t, \boldsymbol{a}_t)$$

基于 Sarsa 的参数逼近为：

$$\nabla \boldsymbol{\theta} = \alpha (R_{t+1} + \gamma \boldsymbol{\theta}^\mathrm{T} \boldsymbol{x}(\boldsymbol{s}_{t+1}, \boldsymbol{a}_{t+1}) - \boldsymbol{\theta}^\mathrm{T} \boldsymbol{x}(\boldsymbol{s}_t, \boldsymbol{a}_t)) \boldsymbol{x}(\boldsymbol{s}_t, \boldsymbol{a}_t)$$

基于 Q-学习的参数逼近为：

$$\nabla \boldsymbol{\theta} = \alpha (R_{t+1} + \gamma \boldsymbol{\theta}^\mathrm{T} \boldsymbol{x}(\boldsymbol{s}_{t+1}, \pi(\boldsymbol{s}_{t+1})) - \boldsymbol{\theta}^\mathrm{T} \boldsymbol{x}(\boldsymbol{s}_t, \boldsymbol{a}_t)) \boldsymbol{x}(\boldsymbol{s}_t, \boldsymbol{a}_t)$$

其中, $\pi(s_{t+1})$ 为在状态 $s_{t+1}$ 下遵循目标策略 $\pi$ 采取的动作。

$$\pi(s_{t+1}) = \underset{a'}{\operatorname{argmax}} Q(s_{t+1}, a')$$

基于前向 TD($\lambda$) 的参数逼近为:

$$\nabla \boldsymbol{\theta} = \alpha(q_t^\lambda - \boldsymbol{\theta}^T \boldsymbol{x}(s_t, a_t)) \boldsymbol{x}(s_t, a_t)$$

基于后向 TD($\lambda$) 的参数逼近为:

$$\delta_t = R_{t+1} + \gamma \boldsymbol{\theta}^T \boldsymbol{x}(s_{t+1}, a_{t+1}) - \boldsymbol{\theta}^T \boldsymbol{x}(s_t, a_t)$$
$$E_t = \lambda \gamma E_{t-1} + \nabla_\theta \hat{Q}(s_t, a_t, \boldsymbol{\theta}) = \lambda \gamma E_{t-1} + \boldsymbol{x}(s_t, a_t)$$
$$\nabla \boldsymbol{\theta} = \alpha \delta_t E_t$$

以上为应用增量法求取 $\boldsymbol{\theta}$ 的公式,当 $\boldsymbol{\theta}$ 确定了,便可求取给定状态的值函数或者行为值函数,在此基础上可确定最优策略。

增量法涉及的基本方法很多,这里仅以基于 Sarsa 的参数逼近方法为例,给出算法对应的算法流程。

假设我们需要逼近的行为值函数 $\hat{Q}(s,a,\boldsymbol{\theta}) = \boldsymbol{\theta}^T \boldsymbol{x}(s_{t+1}, a_{t+1})$,$\boldsymbol{\theta}$ 为函数参数,$\boldsymbol{x}(s_{t+1}, a_{t+1})$ 为选定的任何一个基函数。在使用 Sarsa 方法进行逼近时,产生采样的策略和评估改进的策略都是 ε-贪心策略。在具体执行时,单个轨迹内,每进行一个时间步,都会基于这个时间步的数据对参数 $\boldsymbol{\theta}$ 进行更新,算法流程如下。

| 算法:值函数逼近——Sarsa 算法(增量法) |
|---|
| 输入:环境 $E$,状态空间 $S$,动作空间 $A$,折扣回报 $\gamma$,初始化参数 $\boldsymbol{\theta}=0$,$\pi(a\|s)=\dfrac{1}{\|A\|}$ |
| For $k=0,1,\cdots,m$ do(针对每一条轨迹)<br>    初始化状态 $s$<br>    在 $E$ 中通过 $\pi$ 的 ε-贪心策略采取行为 $a$,得到第一个状态行为对 $(s,a)$<br>    For $t=0,1,2,3\cdots$ do(针对轨迹中的每一步)<br>        $r',s'=$在 $E$ 中执行动作 $a$ 产生的回报和转移的状态;<br>        基于 $s'$,通过 $\pi$ 的 ε-贪心策略采取行为 $a'$,得到第二个状态行为对 $(s',a')$<br>        更新 $\hat{Q}(s,a,\boldsymbol{\theta})$ 的 $\boldsymbol{\theta}$ 值<br>        $\nabla \boldsymbol{\theta} = \alpha(r' + \gamma \boldsymbol{\theta}^T \boldsymbol{x}(s', a') - \boldsymbol{\theta}^T \boldsymbol{x}(s, a)) \boldsymbol{x}(s, a)$<br>        $s \leftarrow s', a \leftarrow a'$<br>    end for    $s$ 是一个终止状态<br>$\forall s_t \in S'$: $\pi(s_t) = \underset{a_t \in A}{\operatorname{argmax}} \boldsymbol{\theta}^T \boldsymbol{x}(s_t, a_t)$<br>end for |
| 输出:最优策略 $\pi$ |

## 7.2.2 批量法

前面讨论的是增量法更新,增量法参数更新过程随机性比较大,尽管计算简单,但样本数据的利用效率并不高。而批量法,尽管计算复杂,但计算效率高。

批量法是把一段时期内的数据集中起来,如给定一段经验数据集 $D=\{(s_1,V_1^\pi),(s_2,V_2^\pi),(s_3,V_3^\pi),\cdots,(s_T,V_T^\pi)\}$,通过学习,找到最好的拟合函数 $\hat{V}(s,\theta)$ 使得参数能较好地符合这段时期内所有的数据,满足损失函数最小。

$$L(\boldsymbol{\theta}) = \sum_{t=1}^{T}(V_t^\pi - \boldsymbol{\theta}^\mathrm{T}\boldsymbol{x}(\boldsymbol{s}_t))^2$$

对 $\boldsymbol{\theta}$ 求导,并令导数为 0,得:

$$-\frac{\partial L(\boldsymbol{\theta})}{\partial \boldsymbol{\theta}} = 2\sum_{t=1}^{T}(V_t^\pi - \boldsymbol{\theta}^\mathrm{T}\boldsymbol{x}(\boldsymbol{s}_t))\boldsymbol{x}(\boldsymbol{s}_t) = 0$$

同样地,可用蒙特卡罗、时序差分等方法对 $V_t^\pi$ 进行近似。对上式直接求解,可求得 $\boldsymbol{\theta}$。

最小二乘蒙特卡罗方法参数为:

$$\alpha \sum_{t=1}^{T}(G_t - \boldsymbol{\theta}^\mathrm{T}\boldsymbol{x}(\boldsymbol{s}_t))\boldsymbol{x}(\boldsymbol{s}_t) = 0$$

$$\boldsymbol{\theta} = \Big(\sum_{t=1}^{T}\boldsymbol{x}(\boldsymbol{s}_t)\boldsymbol{x}(\boldsymbol{s}_t)^\mathrm{T}\Big)^{-1}\sum_{t=1}^{T}\boldsymbol{x}(\boldsymbol{s}_t)G_t$$

最小二乘时序差分方法为:

$$\alpha \sum_{t=1}^{T}(R_{t+1} + \gamma\boldsymbol{\theta}^\mathrm{T}\boldsymbol{x}(\boldsymbol{s}_{t+1}) - \boldsymbol{\theta}^\mathrm{T}\boldsymbol{x}(\boldsymbol{s}_t))\boldsymbol{x}(\boldsymbol{s}_t) = 0$$

$$\boldsymbol{\theta} = \Big(\sum_{t=1}^{T}\boldsymbol{x}(\boldsymbol{s}_t)(\boldsymbol{x}(\boldsymbol{s}_t) - \gamma\boldsymbol{x}(\boldsymbol{s}_{t+1}))^\mathrm{T}\Big)^{-1}\sum_{t=1}^{T}\boldsymbol{x}(\boldsymbol{s}_t)R_{t+1}$$

最小二乘前向 TD($\lambda$) 方法为:

$$\alpha \sum_{t=1}^{T}(G_t^\lambda - \boldsymbol{\theta}^\mathrm{T}\boldsymbol{x}(\boldsymbol{s}_t))\boldsymbol{x}(\boldsymbol{s}_t) = 0$$

$$\boldsymbol{\theta} = \Big(\sum_{t=1}^{T}\boldsymbol{x}(\boldsymbol{s}_t)\boldsymbol{x}(\boldsymbol{s}_t)^\mathrm{T}\Big)^{-1}\sum_{t=1}^{T}\boldsymbol{x}(\boldsymbol{s}_t)G_t^\lambda$$

最小二乘后向 TD($\lambda$) 方法为:

$$\alpha \delta_t E_t = 0$$

$$\boldsymbol{\theta} = \Big(\sum_{t=1}^{T}E_t(\boldsymbol{x}(\boldsymbol{s}_t) - \gamma\boldsymbol{x}(\boldsymbol{s}_{t+1}))^\mathrm{T}\Big)^{-1}\sum_{t=1}^{T}E_t R_{t+1}$$

如果对行为值函数进行拟合,即:$\hat{Q}(s,a,\boldsymbol{\theta}) \approx Q(s,a)$,并对数据集 $D=\{\langle(s_1,a_1),Q_1^\pi\rangle,\langle(s_2,a_2),Q_2^\pi\rangle,\langle(s_3,a_3),Q_3^\pi\rangle,\cdots,\langle(s_T,a_T),Q_T^\pi\rangle\}$ 应用批量法,求得最小二乘蒙特卡罗方法参数为:

$$\alpha \sum_{t=1}^{T}(G_t - \boldsymbol{\theta}^{\mathrm{T}}\boldsymbol{x}(\boldsymbol{s}_t,\boldsymbol{a}_t))\boldsymbol{x}(\boldsymbol{s}_t,\boldsymbol{a}_t) = 0$$

$$\boldsymbol{\theta} = \Big(\sum_{t=1}^{T}\boldsymbol{x}(\boldsymbol{s}_t,\boldsymbol{a}_t)\boldsymbol{x}(\boldsymbol{s}_t,\boldsymbol{a}_t)^{\mathrm{T}}\Big)^{-1}\sum_{t=1}^{T}\boldsymbol{x}(\boldsymbol{s}_t,\boldsymbol{a}_t)G_t$$

最小二乘 Sarsa 方法为：

$$\alpha \sum_{t=1}^{T}(R_{t+1} + \gamma\boldsymbol{\theta}^{\mathrm{T}}\boldsymbol{x}(\boldsymbol{s}_{t+1},\boldsymbol{a}_{t+1}) - \boldsymbol{\theta}^{\mathrm{T}}\boldsymbol{x}(\boldsymbol{s}_t,\boldsymbol{a}_t))\boldsymbol{x}(\boldsymbol{s}_t,\boldsymbol{a}_t) = 0$$

$$\boldsymbol{\theta} = \Big(\sum_{t=1}^{T}\boldsymbol{x}(\boldsymbol{s}_t,\boldsymbol{a}_t)(\boldsymbol{x}(\boldsymbol{s}_t,\boldsymbol{a}_t) - \gamma\boldsymbol{x}(\boldsymbol{s}_{t+1},\boldsymbol{a}_{t+1}))^{\mathrm{T}}\Big)^{-1}\sum_{t=1}^{T}\boldsymbol{x}(\boldsymbol{s}_t,\boldsymbol{a}_t)R_{t+1}$$

最小二乘 Q-learning 方法为：

$$\alpha \sum_{t=1}^{T}(R_{t+1} + \gamma\boldsymbol{\theta}^{\mathrm{T}}\boldsymbol{x}(\boldsymbol{s}_{t+1},\pi(\boldsymbol{s}_{t+1})) - \boldsymbol{\theta}^{\mathrm{T}}\boldsymbol{x}(\boldsymbol{s}_t,\boldsymbol{a}_t))\boldsymbol{x}(\boldsymbol{s}_t,\boldsymbol{a}_t) = 0$$

$$\boldsymbol{\theta} = \Big(\sum_{t=1}^{T}\boldsymbol{x}(\boldsymbol{s}_t,\boldsymbol{a}_t)(\boldsymbol{x}(\boldsymbol{s}_t,\boldsymbol{a}_t) - \gamma\boldsymbol{x}(\boldsymbol{s}_{t+1},\pi(\boldsymbol{s}_{t+1})))^{\mathrm{T}}\Big)^{-1}\sum_{t=1}^{T}\boldsymbol{x}(\boldsymbol{s}_t,\boldsymbol{a}_t)R_{t+1}$$

其中，$\pi(\boldsymbol{s}_{t+1})$ 为在状态 $\boldsymbol{s}_{t+1}$ 下遵循目标策略 $\pi$ 采取的动作。

$$\pi(\boldsymbol{s}_{t+1}) = \mathop{\mathrm{argmax}}_{a'} Q(\boldsymbol{s}_{t+1},a')$$

最小二乘前向 TD($\lambda$) 方法为：

$$\alpha \sum_{t=1}^{T}(G_t^{\lambda} - \boldsymbol{\theta}^{\mathrm{T}}\boldsymbol{x}(\boldsymbol{s}_t,\boldsymbol{a}_t))\boldsymbol{x}(\boldsymbol{s}_t,\boldsymbol{a}_t) = 0$$

$$\boldsymbol{\theta} = \Big(\sum_{t=1}^{T}\boldsymbol{x}(\boldsymbol{s}_t,\boldsymbol{a}_t)\boldsymbol{x}(\boldsymbol{s}_t,\boldsymbol{a}_t)^{\mathrm{T}}\Big)^{-1}\sum_{t=1}^{T}\boldsymbol{x}(\boldsymbol{s}_t,\boldsymbol{a}_t)G_t^{\lambda}$$

最小二乘后向 TD($\lambda$) 方法为：

$$\alpha \delta_t E_t = 0$$

$$\boldsymbol{\theta} = \Big(\sum_{t=1}^{T}E_t(\boldsymbol{x}(\boldsymbol{s}_t,\boldsymbol{a}_t) - \gamma\boldsymbol{x}(\boldsymbol{s}_{t+1},\boldsymbol{a}_{t+1}))^{\mathrm{T}}\Big)^{-1}\sum_{t=1}^{T}E_t R_{t+1}$$

以上为应用批量法求取 $\boldsymbol{\theta}$ 的公式，通过求取 $\boldsymbol{\theta}$，可确定最优策略。下面以基于 Q-learning 的参数逼近方法为例，给出算法对应的算法流程。

假设我们需要逼近的行为值函数 $Q(s,a,\boldsymbol{\theta}) = \boldsymbol{\theta}^{\mathrm{T}}\boldsymbol{x}(\boldsymbol{s}_{t+1},\boldsymbol{a}_{t+1})$，$\boldsymbol{\theta}$ 为函数参数，$\boldsymbol{x}(\boldsymbol{s}_{t+1},\boldsymbol{a}_{t+1})$ 为选定的任何一个基函数。在使用 Q-learning 方法进行逼近时，评估改进的策略是贪心策略。数据集记为 $D$，算法流程如下。

| 算法：值函数逼近——Q-learning 算法（批量法） |
| --- |
| 输入：环境 $E$，状态空间 $S$，动作空间 $A$，折扣回报 $\gamma$，初始化参数 $\boldsymbol{\theta} = 0$，$\pi(a\|s) = \dfrac{1}{\|A\|}$ |

```
初始化 π′=π
loop
        π=π′
        $\theta \leftarrow \Big(\sum_{t=1}^{T} x(s_t,a_t)(x(s_t,a_t)-\gamma x(s_{t+1},\pi(s_{t+1})))^T\Big)^{-1} \sum_{t=1}^{T} x(s_t,a_t)R_{t+1}$
        $Q(s,a) \leftarrow \theta^T x(s_{t+1},a_{t+1})$,
        对于所有的状态 s
                $\pi'(s) \leftarrow \mathop{\arg\max}\limits_{a \in A} Q(s,a)$
end loop    until($\pi \approx \pi'$)
$\forall s_t \in S' : \pi^*(s) = \mathop{\arg\max}\limits_{a \in A} Q(s,a)$

输出：最优策略 $\pi^*$
```

## 7.3 非线性逼近

7.2节介绍的是线性逼近,值函数或行为值函数可以表示为基函数和参数线性组合,因为基函数的个数和形式有限,且事先确定,在逼近过程中无法改变,因此其函数逼近能力非常有限,无法逼近比较复杂的函数。而通过设计合理的神经网络,对输入输出样本对进行学习,理论上可以以任意精度逼近任意复杂的非线性函数,神经网络的这一优良特性使其可以作为多维非线性函数的通用数学模型。

神经网络包括两类,一类是用计算机的方式去模拟人脑,这就是我们常说的 ANN(Artificial Neural Network,人工神经网络),另一类是研究生物学上的神经网络,又叫生物神经网络,我们本章所使用的神经网络是人工神经网络。

人工神经网络又分为前馈神经网络和反馈神经网络。

在前馈神经网络中,各神经元从输入层开始,接收前一级输入,并输出到下一级,直至输出层。整个网络中无反馈,可用一个有向无环图表示。前馈神经网络包括单层神经网络和多层神经网络。例如,常见的卷积神经网络 CNN 属于一种特殊的多层神经网络。

而反馈神经网络的结构图是有回路的,输出经过一个时间步再接入到输入层。例如,循环神经网络 RNN 就属于反馈神经网络。

图 7-2 为一个前馈神经网络,除去输入层 $x$,输出层 $y$,一共包含 $n$ 层,神经网络的参数用 $(w,b)$ 表示,其中 $w_i$ 表示第 $i$ 层与第 $i+1$ 层神经单元之间的连接参数,$b_i$ 表示第 $i+1$ 层的偏置项。

则有:
$$Y=f(x)=\sigma(w_l\sigma(w_{l-1}\cdots\sigma(w_2\sigma(w_1 x+b_1)+b_2)\cdots+b_{l-1})+b_l)$$

令 $a_{l-1} = \sigma(w_{l-1} \cdots \sigma(w_2 \sigma(w_1 x + b_1) + b_2) \cdots + b_{l-1})$，表示第 $l-1$ 层神经网络的输出，则有：
$$Y = f(x) = \sigma(w_l a_{l-1} + b_l)$$

将 $a_{l-1}$ 看成是基函数，可以看出 $a_{l-1}$ 的参数为前 $l-2$ 层神经网络的权值和偏置，那么基函数就是参数化的，变化的基函数比固定的基函数有更强的函数逼近能力。

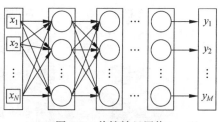

图 7-2  前馈神经网络

综上所述，神经网络每一层都是一个线性或非线性函数，它们有各自的权重和偏置，把这些函数复合，并通过反向传播算法调节这些权重和偏置，理论上可以逼近任意形式的目标函数。和浅层网络相比，深度网络有更强的表示能力，目前深度网络已经被广泛用于强化学习中用以对高维图像降维。例如，下面所介绍的DQN及扩展算法均采用卷积神经网络对图像进行处理。

### 7.3.1 DQN 方法

DQN 全名 Deep Q-Network，它是一种深度强化学习方法，由 DeepMind 团队于 2013 年提出，利用深度卷积神经网络直接学习 Atari 2600 游戏的高维图像，从输入中提取环境的高效描述，来近似最优动作-状态函数，从而习得成功策略。该算法在 Atari 游戏中经过了验证，即：只需输入原始像素和游戏的得分，该算法便可以达到人类专业玩家的水平。

**1. 算法要点**

DQN 算法是建立在传统强化学习方法 Q-learning 的基础上的，Q-learning 是离线策略时序差分法，使用 ε-贪心策略产生数据，利用该数据对贪心策略进行评估和改进。它利用查表法来对行为值函数（$Q$ 值）进行预测，迭代更新的目标是时序差分目标 $r + \gamma \max_{a'} Q(s', a')$。DQN 算法在此基础上进行了如下修改。

(1) DQN 使用深度神经网络从原始数据中提取特征，近似行为值函数（$Q$ 值）。

因为状态空间很大而且连续，无法用查表法来求解每个状态的价值，因此可以考虑使用深度神经网络来表示值函数（这里使用的是行为值函数），参数为每层网络的权重及偏置，用 $\theta$ 表示。对值函数进行更新等价于对参数 $\theta$ 的更新。参数确定了，则对应状态的值函数便可以求解了。

如图 7-3 所示，DQN 的神经网络结构是三个卷积层和两个全连接层。输入为经过处理的 4 个连续的 84×84 图像，经过三个卷积层，两个全连接层，输出为包含每一个动作的 $Q$ 值向量。此网络将高维状态输入转换为低维动作输出，其中，高维输入指的是原始图像，低维动作输出是指包含了所有动作的 $Q$ 值向量。

(2) DQN 利用经历回放对强化学习过程进行训练。

在使用非线性函数逼近器（深度神经网络）近似行为值函数时，学习结果很不稳定，甚至

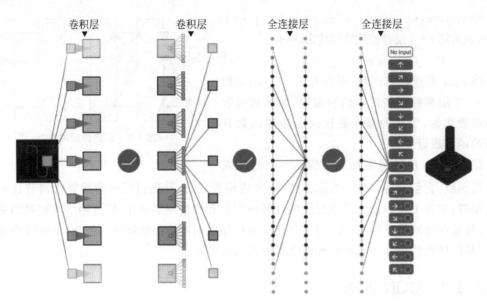

图 7-3 DQN 的神经网络结构（见彩插）

会出现较大偏差。不稳定的原因可能有：①利用数据训练神经网络的前提假设是数据之间独立同分布，而强化学习过程中，数据是智能体通过与环境交互产生的数据，相邻的数据之间高度相关。当神经网络依靠这些数据来优化时，存在严重的样本偏差。②由于神经网络对于价值函数的估算值极为敏感。如果价值函数值出现波动，就会导致策略发生很大的改变，直接影响到和环境互动学习过程中收集到的新数据样本，进而影响神经网络参数产生巨大波动而导致无法收敛。比如，一个机器人在探索环境及学习的过程中，如果价值函数值改变，告诉其去探索左边的环境，那么它很长时间内收集到的数据都是左边的环境的信息。如果因为波动，它又到右边去了，那么它学习的数据很长时间又是右边的环境的信息。依靠这样的实验数据培训的神经网络，参数出现错乱的大幅波动和发散，也就不足为奇了。③由于价值函数值的范围事前很难有正确的估计。如果在学习中突然获得了远大于历史值的回报或者损失，使用反向传播算法的神经网络会出现所谓的"梯度爆炸问题"（Exploding Gradient Problem），求解无法收敛。解决的办法就是"经历回放"（Experience Replay）。

经历回放的概念最初由 Long Ji Lin 于 1993 年在其博士论文里第一次提出。后来，DeepMind 团队创始人 Hassabis 博士在研究海马体时，将经历回放用来进行神经网络的训练。"经历回放"是将经历存储到记忆库里，在日后反复调用学习的一种方法。

经历回放由生物学所启发。人脑中的海马体是每个大脑半球的强化学习中心。海马体储存我们白天制造的所有经验，但它的经验记忆能力有限，一旦达到记忆限度，学习会变得很困难。在夜间，海马体会把一天的记忆重放给大脑皮层。皮层是大脑的"硬盘驱动器"，几乎所有记忆都储存在那里。手部动作的记忆存储在"手区"，听觉记忆存储在"听觉区"等。许多睡眠研究人员认为，我们通过做梦来帮助海马体将白天收集到的经验与我们在皮质中的记忆整合到一起,从而形成连贯的图片。利用这个启发机制,DeepMind 团队构造了一种神经网络的训练方法——经历回放,如图 7-4 所示。

经历回放在强化学习的计算中是这样实现的:智能体跟环境不断交互,将在环境中学习积累的数据存储到记忆库中。存储的时候,是按照时间步为单元进行存储的,如$\langle s_1, a_1, r_2, s_2 \rangle$。每一次对神经网络的参数进行更新时,利用均匀随机采样的方法从数据库中抽取数据,然后通过抽取的数据对神经网络进行训练。

因为经历回放的样本是随机抽取的,每次用于训练的样本不再是连续相关的数据,所以经历回放打破了数据间的关联,可以令神经网络的训练收敛且稳定。

(3) DQN 设置了单独的目标网络来处理 TD 偏差。

与 Q-learning 方法类似,利用神经网络对值函数进行更新时,更新的是神经网络的参数 $\boldsymbol{\theta}$,采用的是梯度下降法,更新公式如下:

$$\boldsymbol{\theta}_{t+1} = \boldsymbol{\theta}_t + \alpha(r + \gamma \max_{a'} Q(s', a'; \boldsymbol{\theta}_t) - Q(s, a; \boldsymbol{\theta}_t)) \nabla Q(s, a; \boldsymbol{\theta}_t)$$

在 DQN 出现之前,利用神经网络逼近值函数时,需行为值函数($Q$)与目标值 $r + \gamma \max_{a'} Q(s', a')$ 用的是同一张网络,这样就导致数据之间存在关联性,从而使训练网络不稳定,如图 7-5 所示。

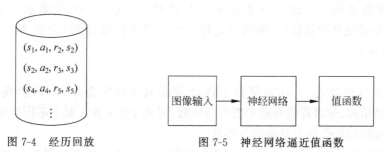

图 7-4　经历回放　　　　图 7-5　神经网络逼近值函数

为解决上述问题,DQN 算法在运行过程中引入了两个神经网络,一个网络固定参数专门用来产生 TD 目标,称为 TD 网络。另一个网络专门用来评估策略更新参数,逼近值函数,称为动作值函数逼近网络。两个网络参数不一致,用于动作值函数逼近的网络参数,每一步都更新;而用于计算 TD 目标的网络参数每隔固定的步数更新一次,期间保持不变。

因此值函数的更新变为:

$$\boldsymbol{\theta}_{t+1} = \boldsymbol{\theta}_t + \alpha(r + \gamma \max_{a'} Q(s', a'; \boldsymbol{\theta}_t^-) - Q(s, a; \boldsymbol{\theta}_t)) \nabla Q(s, a; \boldsymbol{\theta}_t)$$

2. *操作步骤

以下为 DeepMind 团队在 Atari 游戏中训练算法的过程,希望此算法可以在 Atari 游戏中完成各项具有挑战性的任务。整个算法的输入只有游戏视频的原始图像和得分,输出为当前图像下应采取的各种动作。以下为具体的操作步骤。

(1) 原始图片预处理。

因为该算法直接处理 Atari 游戏的原始数据，一帧是 $210\times160$ 个像素点，128 色，数据量非常大，对计算能力和记忆存储量要求很高。预处理的目的就是为了减低输入量的维度，降低计算量。

首先，对图像的单帧进行编码，编码方法是直接对每个像素的颜色值取最大值，这样可以消除由于闪烁造成的部分图像的缺失。第二步，从 RGB 帧中提取 Y 通道的数据（即亮度数据），并将图像重新调整为 $84\times84$ 的数据。

DQN 算法中的 $\phi$ 函数，通过以上两步对当前的 4 帧图像进行预处理，并将它们堆叠地送入 $Q$ 函数。

(2) 神经网络参数更新。

本步骤使用神经网络训练 $Q$ 函数的参数 $\theta$。神经网络的输入是通过函数 $\phi$ 预处理产生的 $84\times84\times4$ 图像，输出对应于单个动作的预测 $Q$ 值。

神经网络第一层隐层是卷积层，包括 32 个 $8\times8$ 的卷积核，卷积跨度是 4，后接一个非线性激活函数（Rectifier Nonlinearity）；第二层也是个卷积层，含 64 个 $4\times4$ 的卷积核，卷积跨度是 2，后接一个非线性激活函数；第三个卷积层包括 64 个 $3\times3$ 的卷积核，跨度是 1，后接一个非线性激活函数；最后一个隐层是全连接层，包含 512 个激活单元（Rectifier Units）；输出层是线性全连接层，输出值是每一个可能动作的 $Q$ 值（对应 Atari 中 18 个动作的行为值函数）。

(3) 训练。

利用 DQN 算法对 Atari 2600 平台上的 49 个游戏进行实验。不同的游戏使用不同的网络，但是网络结构、学习算法和超参数保持一致，可见 DQN 方法对于不同的游戏，在仅有少量先验知识的前提下，具有足够的鲁棒性。

行为策略选用 ε-贪心策略，在前一百万帧数据中，ε 从 1 线性下降到 0.1，之后保持固定不变。整个实验一共训练了大约 5000 万帧数据，并将最近 100 万帧存入记忆库，用来经历回放。

遵循之前的玩 Atari 2600 游戏的算法，训练过程中也使用了简单的跳帧技术。更确切地说，智能体每经历 $k$ 幅图像才采取一个动作，而不是每幅图像都采取动作，跳过的帧上的动作保持和最后一个动作一致。因为模拟器运行一步比智能体选取一个动作所需的计算量要少很多，故这项技术允许智能体在不显著增加运行时间的情况下粗略的计算 $k$ 次游戏。对于所有的游戏，一般使用 $k=4$。

由于每个游戏的得分范围差异很大，算法不易评估，因此操作前对训练期间的游戏回报做了调整，将回报值调整在 $-1\sim 1$ 之间。正面回报为 1，负面回报为 $-1$，回报不变为 0。这种方式保证算法能够在多个游戏中使用相同的学习速率。对于有生命计数器的游戏，Atari 2600 模拟器还会发送游戏中剩余的生命数，作为轨迹结束的标记。

所有的超参数（指的是记忆库大小、折扣因子、ε 初始值等）和优化参数（网络权重 $\theta$）的选取会根据其中几个游戏的反馈信息而调整，最后，所有参数在玩其他游戏的过程中会固定下来。

实验中,使用了如下少量的先验知识:视觉图像(用于输入卷积神经网络)、游戏的分数、采取的动作以及生命计数器。

(4) 评估。

接下来需要以专业测试人员作为参照,对训练好的DQN算法进行评估。

训练好的DQN算法(也称为智能体)每次使用不同的初始条件,遵循的策略是$\varepsilon$-贪心策略,其中,$\varepsilon=0.05$。针对每个游戏玩30次,每次最多5min,保存其平均回报。为避免虚假分数,智能体每隔10Hz(每隔6帧)选择一个动作,在间隔帧下重复上一个动作。因为10Hz是人类玩家可以选择按钮的最快速度。

专业测试人员使用与智能体相同的模拟器,并在受控条件下进行游戏。测试人员不得暂停、保存或重新加载游戏。在游戏过程中禁止输出音频,这是为了保证人类专家和智能体之间具有相同的感官输入。在真正开始评估之前,人类专家可以针对每个游戏进行2h的练习,然后进行20多次游戏,要求每次游戏最多持续5min,并对这些游戏的回报进行平均作为回报。

结果证明,在大部分的游戏中,DQN的表现远远超出了专业测试人员。

**3. 算法流程**

接下来继续以智能体在Atari模拟器中进行游戏为例,介绍DQN算法的具体流程。

智能体在和环境交互(这里环境也就是Atari模拟器)的过程中,观察模拟器当前的状态然后采取一系列动作,以获得回报。在每个步骤中,智能体从动作集合 $A=\{a_1,a_2,\cdots,a_i,\cdots,a_k\}$ 中选择一个合法的动作 $a_i$。这个动作被输入模拟器中,模拟器会改变内部的状态和分数。事实上,模拟器内部的状态智能体是观察不到的,智能体只能通过观察模拟器的输出图像来了解模拟器的状态,它是模拟器当前状态在屏幕上的像素值 $x_i$。此外,智能体获得一个回报 $r_i$,这个回报体现在屏幕的分数上。

因为智能体仅能观察到当前的屏幕像素 $x_i$,从当前的屏幕状态 $x_i$ 出发完全理解当前模拟器的状态 $s_i$ 是不可能的,此问题属于不完美信息问题。因此,可以考虑将动作和屏幕的序列 $s_t = x_1, a_1, x_2, a_2, \cdots, a_{t-1}, x_t$ 当作 $t$ 时间的状态,作为算法的输入,学习得到最优策略。经试验,这种学习方式使得算法结果得到很大的提升。

智能体在与模拟器进行交互时,不断地学习模拟器反馈的回报并调整自己的行为,期望能够学习到一个行为,使未来回报最大。假定:未来回报折扣因子为 $\gamma$,则 $t$ 时刻的未来折扣回报 $R_t = \sum_{t'=t}^{T} \gamma^{t'-t} r_{t'}$,这里 $T$ 是游戏结束时间。最优的行为值函数 $Q^*(s,a)$ 为在状态 $s$ 下采取行为 $a$,遵循某个策略 $\pi$ 获得的最大回报,即:

$$Q^*(s,a) = \max_{\pi}(R \mid s,a,\pi)$$

根据贝尔曼等式有:

$$Q^*(s,a) = E_{s'}[r + \gamma \max_{a'} Q^*(s',a') \mid s,a]$$

因为智能体进行游戏时,状态空间是连续的,故无法使用查表法对上式中的行为值函数进行求解,替代性地,通过使用神经网络来对行为值函数进行评估。本算法中分别使用了两个神经网络对两个行为值函数逼近。当前行为值函数 $Q(s,a)$ 的网络参数为 $\theta$,每次迭代都需要更新,以减少和目标值的均方误差。目标行为值函数 $Q^*(s,a)$,也即 TD 目标,采用的网络参数为 $\theta^-$,其值来自于之前迭代的 $\theta$ 值,相比于 $\theta$ 的每步更新,$\theta^-$ 每隔指定的步数更新一次。

网络参数 $\theta$ 更新公式如下:

$$\theta_{t+1} = \theta_t + \alpha(r + \gamma \max_{a'} Q(s',a';\theta^-) - Q(s,a;\theta)) \nabla Q(s,a;\theta)$$

如下所示为完整的 DQN 算法。因为将任意长度的轨迹输入神经网络中进行训练效果并不理想,因此 DQN 算法使用 $\phi$ 函数,将轨迹处理成固定的长度,对应的是输入网络的 4 帧图像和对应行为组成的输入特征。此算法从经历回放和设置单独的目标网络两个方面对 Q-learning 方法进行改善,使得大型神经网络更加稳定和容易收敛。具体流程如下。

---

**算法:DQN 算法**

输入:环境 $E$,动作空间 $A$,批量大小 $k$,屏幕图片像素 $x_{t+1}$,折扣因子 $\gamma$

初始化记忆库 $D=N$,表示可以容纳的数据条数为 $N$。
随机初始化网络参数 $\theta$,利用 $\theta$ 初始化当前行为值函数 $Q_\theta$。
令目标网络参数 $\theta^-=\theta$,利用 $\theta^-$ 初始化目标行为值函数 $Q_{\theta^-}$。
循环每一条轨迹,轨迹 $1,\cdots,M$:
  初始化状态 $s_1=\{x_1\}$,通过 $\phi$ 函数对状态 $s_1$ 进行预处理,得到状态对应的输入特征:$\phi_1=\phi\{s_1\}$
  循环轨迹中每个时间步:$t=1,\cdots,T$
    通过 $\varepsilon$-贪心策略选择行为 $a_t$(以 $\varepsilon$ 概率选择任一随机动作,以 $1-\varepsilon$ 概率选择使得行为值函数最大的动作,即:$a_t = \arg\max_a Q(\phi(s_t),a;\theta))$。
    行为 $a_t$ 作用于模拟器,返回回报 $r_t$ 和下一幅图片像素 $x_{t+1}$
    令 $s_{t+1}=s_t,a_t,x_{t+1}$,继续通过 $\phi$ 函数对状态 $s_{t+1}$ 进行预处理:$\phi_{t+1}=\phi\{s_{t+1}\}$
    将当前转换序列 $(\phi_t,a_t,r_t,\phi_{t+1})$ 存入记忆库 D 中。
    从记忆库中随机采样 $k$ 个转换数据。假设其中一个转换序列为 $(\phi_j,a_j,r_j,\phi_{j+1})$
    TD 目标 $y_j$ 为:$y_j = \begin{cases} r_j & j+1 \text{ 是终止状态} \\ r_j + \gamma \max_{a'} Q(\phi_{j+1},a';\theta^-) & j+1 \text{ 不是终止状态} \end{cases}$

$k$ 个序列的损失函数为:$J(\theta) = \frac{1}{k}\sum_{i=1}^{k}(y_i - Q(\phi_j, a_j; \theta))^2$

对 $J(\theta)$ 执行梯度下降法:$\nabla \theta = \frac{\partial J(\theta)}{\partial \theta_j} = \frac{2}{k}\sum_{i=1}^{k}(y_i - Q(\phi_j, a_j; \theta)) \nabla Q(\phi_j, a_j; \theta)$

更新网络参数:$\theta = \theta + \nabla \theta$

每隔 $C$ 步,更新一次 $\theta^-$ 取值。令 $\theta^- = \theta$

轨迹内部循环结束

全部轨迹循环结束

输出:最优网络参数 $\theta$

### 7.3.2 Double DQN 方法

Hasselt 等人发现传统的 Q-learning 和 DQN 方法都会普遍过高估计行为值函数 $Q$ 值,存在过优化的问题,这种过估计可能是因为环境噪声,值函数逼近过程中的最大化操作,网络不稳定或其他原因。

Q-learning 基于基函数的值函数更新公式为:

$$\theta_{t+1} = \theta_t + \alpha(R_{t+1} + \gamma \max_a Q(s_{t+1}, a; \theta_t) - Q(s_t, a_t; \theta_t)) \nabla_{\theta_t} Q(s_t, a_t; \theta_t)$$

DQN 更新公式为:

$$\theta_{t+1} = \theta_t + \alpha(R_{t+1} + \gamma \max_a Q(s_{t+1}, a; \theta_t^-) - Q(s_t, a_t; \theta_t)) \nabla_{\theta_t} Q(s_t, a_t; \theta_t)$$

可见,不管是 Q-learning 还是 DQN,值函数的更新公式中都有最大化操作,通过同一个最大化操作,选择了一个行为以及对此行为进行评估。整体上使得估计的值函数要比真实的值函数大,并且误差会随着行为个数的增加而增加。如果这些过估计量是均匀的,那么由于我们的目的是寻找最优策略(即寻找最大值函数对应的动作),则最大值函数是保持不变的。而实际中,过估计量经常是非均匀的,这时候值函数的过估计就会影响最优决策,导致最终选择了一个次优的动作。

为了解决值函数过估计的问题,Hasselt 提出了 Double DQN 方法,将行为选择和行为评估采用不同的值函数实现。事实证明,尽管没有完全解决掉过估计问题,但是在一定程度上降低了过估计的误差。

以 DQN 为例:行为选择指的是,在求 TD 目标时,首先要选取一个动作 $a^*$,满足:

$$a^* = \underset{a}{\mathrm{argmax}}\, Q(s_{t+1}, a; \theta_t^-)$$

行为评估指的是利用 $a^*$ 的行为值函数构建 TD 目标:

$$Y_t^{\mathrm{DQN}} = R_{t+1} + \gamma \max_a Q(s_{t+1}, a; \theta_t^-)$$

可见,在传统的 DQN 中,选择行为和评估行为用的是同一个网络参数 $\theta_t^-$,以及同一个

值函数 $\max_a Q(s_{t+1}, a; \theta_t^-)$。

Double DQN(DDQN)分别采用不同的值函数来实现动作选择和评估。传统的 DQN 架构自身就提供了两个网络：主网络和目标网络。因此可以直接使用主网络选择动作，再用目标网络进行动作评估，不必引入额外的网络。

首先使用主网络选择动作，网络参数为 $\theta_t$。

$$a^* = \underset{a}{\operatorname{argmax}}\, Q(s_{t+1}, a; \theta_t)$$

然后，使用目标网络找到这个动作对应的 $Q$ 值，以构成 TD 目标，网络参数为 $\theta_t^-$。

$$Y_t^{\mathrm{DDQN}} = R_{t+1} + \gamma Q(s_{t+1}, a^*; \theta_t^-)$$

也即：

$$Y_t^{\mathrm{DDQN}} = R_{t+1} + \gamma Q(s_{t+1}, \underset{a}{\operatorname{argmax}}\, Q(s_{t+1}, a; \theta_t); \theta_t^-)$$

这个 $Q$ 值在目标网络中不一定是最大的，因此可以避免选到被高估的次优行为。除此之外，其他设置与 DQN 一致。实验表明，DDQN 能够更准确地估计出 $Q$ 值，在一些 Atari 2600 游戏中可获得更稳定有效的策略。

具体流程如下。

---

**算法：Double DQN 算法**

输入：初始化网络参数 $\theta$，初始化目标网络参数 $\theta^-$，批量大小 $k$，屏幕图片像素 $x_{t+1}$，折扣因子 $\gamma$

---

初始化记忆库 $D=N$，表示可以容纳的数据条数为 $N$。
随机初始化网络参数 $\theta$，利用 $\theta$ 初始化当前行为值函数 $Q_\theta$。
令目标网络参数 $\boldsymbol{\theta^- = \theta}$，利用 $\theta^-$ 初始化目标行为值函数 $Q_{\theta^-}$。
循环每一条轨迹，轨迹 $1, 2, \cdots, M$：
 初始化状态 $s_1 = \{x_1\}$，通过 $\phi$ 函数对状态 $s_1$ 进行预处理，得到状态对应的输入特征：
 $\phi_1 = \phi\{s_1\}$
 循环轨迹中每个时间步：$t = 1, 2, \cdots, T$
  通过 $\varepsilon$-贪心策略选择行为 $a_t$
  行为 $a_t$ 作用于模拟器，返回回报 $r_t$ 和下一幅图片像素 $x_{t+1}$
  令 $s_{t+1} = s_t, a_t, x_{t+1}$，继续通过 $\phi$ 函数对状态 $s_{t+1}$ 进行预处理：$\phi_{t+1} = \phi\{s_{t+1}\}$
  将当前转换序列 $(\phi_t, a_t, r_t, \phi_{t+1})$ 存入记忆库 D 中。
  从记忆库中随机采样 $k$ 个转换数据。假设其中一个转换序列为 $(\phi_j, a_j, r_j, \phi_{j+1})$
  TD 目标为：$y_j = \begin{cases} r_j & j+1 \text{ 是终止状态} \\ r_j + \gamma Q(\phi_{j+1}, \underset{a}{\operatorname{argmax}}\, Q(\phi_{j+1}, a; \boldsymbol{\theta}); \boldsymbol{\theta^-}) & j+1 \text{ 不是终止状态} \end{cases}$

对损失函数$(y_i-Q(\phi_j,a_j;\boldsymbol{\theta}))^2$执行梯度下降法,得到$\nabla\boldsymbol{\theta}$

更新网络参数:$\boldsymbol{\theta}=\boldsymbol{\theta}+\nabla\boldsymbol{\theta}$

每隔$C$步,更新一次$\boldsymbol{\theta}^-$取值。令$\boldsymbol{\theta}^-=\boldsymbol{\theta}$

轨迹内部循环结束

全部轨迹循环结束

输出:最优网络参数$\theta$

### 7.3.3 Dueling DQN 方法

近年来强化学习领域研究的重点都是对算法本身进行改进,或者简单地将算法应用到现有的神经网络中,如卷积网络、多层感知器、长短期记忆网络和自编码器神经网络。而 Dueling DQN 在不对算法进行改变的基础上,关注于改造神经网络架构本身,使其训练更容易,结果更稳定,更适合于无模型强化学习。

**1. 价值和优势**

在许多基于视觉感知的深度强化学习任务中,不同的状态行为对的值函数$Q(s,a)$是不同的,但是在某些状态下,值函数的大小与动作无关。因此,Baird 于 1993 年提出将$Q$值分解为价值(Value)和优势(Advantage)。

$$Q(s,a)=V(s)+A(s,a)$$

$V(s)$可理解为在该状态$s$下所有可能动作所对应的动作值函数乘以采取该动作的概率之和。通俗地说,值函数$V(s)$是该状态下所有动作值函数关于动作概率的期望。而动作值函数$Q(s,a)$是单个动作所对应的值函数,$Q(s,a)-V(s)$表示当前动作值函数相对于平均值的大小。所以,优势表示的是动作值函数相比于当前状态值函数的优势。如果优势函数大于 0,则说明当前动作比平均动作好,如果优势函数小于 0,则说明当前动作不如平均动作好。优势函数表明的是在这个状态下各个动作的相对好坏程度。

价值和优势如图 7-6 所示。

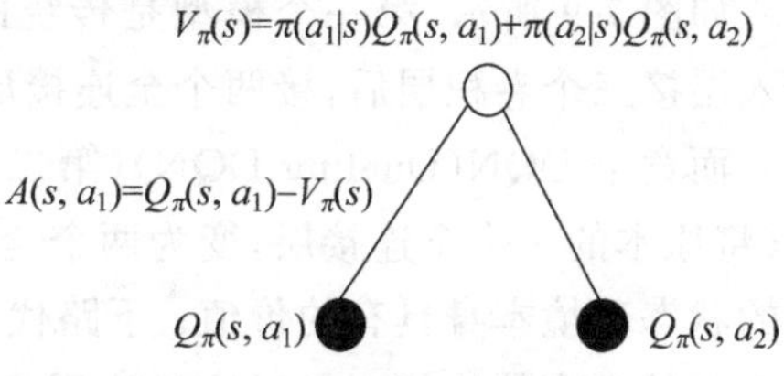

将$Q$值分解为价值函数和优势函数的想法可以用下面的驾驶汽车的例子进行说明。如图 7-7 所示,左边两张图是一个时间步,右边两张图是另一个时间步。左边两张图表示没有车子靠近时,选择什么动作并不会太影响行车状态。这个时候智能体更关注状态的价值,即行车路径和得分,而

图 7-6 价值和优势

对动作优势不是很关心,因为无论向左行驶还是向右行驶,得到的回报基本一样。右边两张图表示,旁边有车靠近时,选择动作至关重要。这个时候智能体就需要关心动作优势了。图 7-7 中红色区域(见彩插)代表$V(s)$和$A(s,a)$所关注的地方。$V(s)$关注于地平线上是否

有车辆出现(此时动作的选择影响不大)以及分数;$A(s,a)$则更关心会立即造成碰撞的车辆,此时动作的选择很重要。这个例子说明,$Q$值分解为价值和优势更能刻画强化学习的过程。

图 7-7 驾驶汽车(见彩插)

又例如:在骑自行车这个任务中,假设所处的状态是轮胎与地面成 30°角。可以想象,这个时候无论采取什么行为,基本上都会收到一个很糟糕的回报值:摔倒在地面上。在这种情况下,$Q$值的一大部分由输入的状态决定。假设自行车正常行驶过程中,遇到行人靠近,在这个状态下,不同的行为对 $Q$ 值影响巨大。如果某个行为可以躲开行人,则会收到比较好的回报值,相反如果某个行为导致自行车相撞行为,则回报值就会比较糟糕。这种情况下,$Q$ 值取决于不同行为之间的差别。

### 2. Dueling DQN 算法

竞争网络(Dueling Network)最早由 Ziyu Wang 提出,它的思路是把 $Q$ 网络(求取 $Q$ 值的神经网络)的结构显式地约束成两部分之和:跟动作无关的状态值函数 $V(s)$ 与在状态 $s$ 下各个动作的优势函数 $A(s,a)$ 之和,如图 7-8 所示。

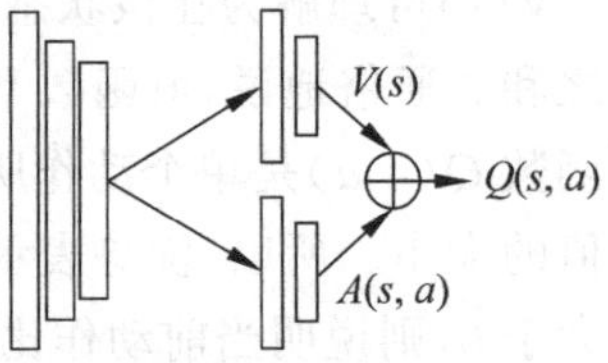

如果将深度强化学习算法 DQN 用于竞争网络,就有了 Dueling DQN。它与传统 DQN 唯一的区别就是网络结构。

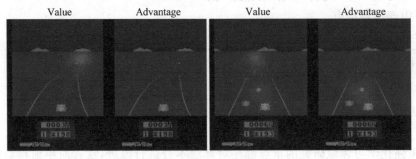

图 7-8 竞争网络

如图 7-9 所示,第一个模型是传统的 DQN 网络模型,即输入层接三个卷积层后,接两个全连接层,输出为每个动作的 $Q$ 值。

而竞争 DQN(Dueling DQN)(第二个模型)将卷积层提取的抽象特征分流到两个支路中(将原本的一个全连接层,变为两个全连接层)。其中上路代表状态值函数 $V(s)$,表示静态的状态环境本身具有的价值;下路代表依赖状态的动作优势函数 $A(s,a)$,表示选择某个行为额外带来的价值。最后这两路再聚合在一起得到每个动作的 $Q$ 值。

两个支路分别输出 $V(s;\boldsymbol{\theta},\beta)$ 和 $A(s,a;\boldsymbol{\theta},\alpha)$。其中,$\boldsymbol{\theta}$ 是卷积层参数,$\alpha、\beta$ 分别是两个全连接层参数。聚合函数负责将两个控制流合并成 $Q$ 函数:

$$Q(s,a;\boldsymbol{\theta},\alpha,\beta)=V(s;\boldsymbol{\theta},\beta)+A(s,a;\boldsymbol{\theta},\alpha)$$

上式只有一个等式,但包含两个未知数,这样就会出现一个无法识别问题:给定一个

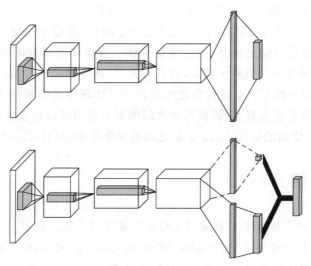

图 7-9 传统 DQN 和竞争 DQN 网络模型

$Q$，无法得到唯一的 $V$ 和 $A$。比如，$V$ 和 $A$ 分别加上和减去一个值能够得到同样的 $Q$。因此，在确定的 $Q$ 下，$V$ 和 $A$ 有无穷多个组合，而实际中只有很小一部分的组合是合乎情理、接近真实数据的。

在实际中，如果直接使用上述公式进行训练，效果很差，对我们的预测和估算很不利。为了解决这个问题，我们可以对 $A$ 函数做限定：强制令所有选择贪婪动作的优势函数为 0。

$$Q(s,a;\boldsymbol{\theta},\alpha,\beta) = V(s;\boldsymbol{\theta},\beta) + (A(s,a;\boldsymbol{\theta},\alpha) - \max_{a' \in |A|} A(s,a';\boldsymbol{\theta},\alpha))$$

这样，我们能得到固定的值函数：

$$a^* = \mathop{\mathrm{argmax}}_{a' \in A} Q(s,a';\boldsymbol{\theta},\alpha,\beta) = \mathop{\mathrm{argmax}}_{a' \in A} A(s,a';\boldsymbol{\theta},\alpha)$$

$$Q(s,a^*;\boldsymbol{\theta},\alpha,\beta) = V(s;\boldsymbol{\theta},\bar{\beta})$$

因为对同一个状态而言，值函数是确定的，与行为无关，不随着行为的变化而变化，所以经过上述公式约束之后，得到的一部分 $V$ 和 $A$ 可以很好地估计值函数和优势函数。

在实际中，一般使用优势函数的平均值代替上述的最优值。大量实验表明，两公式实验结果非常接近，但是很明显平均值公式比最大值公式更加简洁。

$$Q(s,a;\boldsymbol{\theta},\alpha,\beta) = V(s;\boldsymbol{\theta},\beta) + (A(s,a;\boldsymbol{\theta},\alpha) - \frac{1}{|A|}\sum_{a'} A(s,a';\boldsymbol{\theta},\alpha))$$

虽然平均值公式最终改变了优势函数的值，但是它可以保证该状态下在各优势函数相对排序不变的情况下，缩小 $Q$ 值的范围，去除多余的自由度，提高算法的稳定性。

同时，需要注意的是平均值公式是网络的一部分，不是一个单独的算法步骤。与标准的 DQN 算法一样，Dueling DQN 也是端对端的训练网络，不用单独训练值函数 $V$ 和优势函数 $A$。通过反向传播方法，$V(s;\boldsymbol{\theta},\beta)$ 和 $A(s,a;\boldsymbol{\theta},\alpha)$ 被自动计算出来，无须任何额外的算法修改。由于 Dueling DQN 与标准 DQN 具有相同的输入和输出，因此可以使用任何训练

DQN 的方法（如 DDQN 和 Sarsa）来训练决 Dueling DQN。

综上所述，相对于传统的网络结构来说，Dueling DQN 将 $Q$ 值分解为值函数 $V$ 和优势函数 $A$ 这种形式，使得训练更容易，收敛速度更快。当动作的数量增加时，其优势就越明显。状态值函数 $V$ 的部分只依赖于状态，和行为无关，训练起来更容易；且同一状态下，多个行为可共享一个值函数 $V$。不同行为之间的差别只体现在优势函数 $A$ 部分。这部分的收敛也可以与值函数 $V$ 独立开来，使得行为之间的相对差别可以独立学习。并且优势函数的引进，避免了因为 $Q$ 值的量级大，而 $Q$ 值之间差异非常小，而引起的结果不稳定问题。

## 7.4 实例讲解

本节通过飞翔的小鸟这个游戏来对 DQN 算法进行说明。通过对本节实例部分的学习，读者会对 DQN 及其变种方法（Double DQN 和 Dueling DQN）的实现过程有一定的理解。因为 Double DQN 仅改进了求解 TD 目标的公式，而 Dueling DQN 仅修改了神经网络的结构，除此之外整个算法的处理流程和 DQN 是一样的。

### 7.4.1 游戏简介

如图 7-10 所示，飞翔的小鸟（Flappy Bird）是当下流行的一款手机游戏，游戏中玩家需要控制一只小鸟在一个充满管道的地方飞行，注意不能让小鸟碰到管道。若小鸟碰到管道，则游戏结束。游戏结束前小鸟飞行的距离越多，获得的分数也就越高。

Flappy Bird 是个极其简单又具有挑战性的游戏，曾经风靡一时。很早之前，就有人使用 Q-learning 算法来玩 Flappy Bird，具体是通过获取小鸟的具体位置信息来实现。而 DQN 中深度学习对图像处理的强大能力，使得通过屏幕学习玩 Flappy Bird 成为可能。

最近，github 上有人放出使用 DQN 玩 Flappy Bird 的代码，其整个处理过程与 DQN 玩 Atari 游戏时基本

图 7-10　飞翔的小鸟（见彩插）

一致，表明 DQN 学习算法在端对端的学习任务中具有极大的通用性。本文对此代码进行了简单整理，便于读者理解。

### 7.4.2 环境描述

DQN 方法在每个时间步从游戏屏幕上观察原始图像进行训练，输出针对该原始图像下的最优行为。可见，此游戏对应的马尔可夫决策模型的状态空间为屏幕上每一帧的原始图像。因为静态图像很难表示游戏动态信息，故在此游戏中，算法将当前时刻的前 4 帧画面一

起作为一个状态输给网络模型。并对图像背景进行了处理,删除了原始游戏的颜色背景,这样可以使其更快地收敛,如图 7-11 所示。

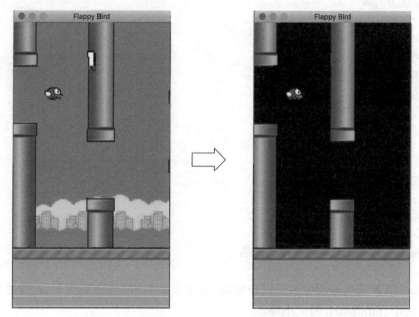

图 7-11　删除游戏背景(见彩插)

游戏中的管道上下排列,两两相对,两管道中间相隔一个确定的距离。两管道以一定的速度向左移动。当管道移动至屏幕最左侧时,又会迅速生成新的管道。两个管道间隔的位置(间隔中心点的 $y$ 值)是随机的。因此小鸟需要选择合适的动作,向上飞或者向下坠落,在不碰触管道的基础上,顺利穿过管道。可见,此马尔可夫决策模型对应的行为数为 2,分别为向上飞、向下坠落。上飞和下落的距离也在游戏环境中进行了定义。如果小鸟顺利穿过管道,即小鸟和管道没有发生碰撞,则回报为 1,游戏继续;否则回报为 -1,游戏结束。

最后,游戏环境提供了 frame_step 接口,供 DQN 算法使用,算法对小鸟和管道这两个物体没有任何概念,不知道它们的位置、形状等信息,它仅知道图像对应的像素矩阵、回报以及游戏是否结束。frame_step 就是根据输入的状态和行为返回下一个状态(输出执行完动作的屏幕截图)、回报以及游戏是否结束的标识。

本游戏环境的介绍不是本章的重点,这里就不再赘述,感兴趣的读者可参考本章节随书代码"飞翔的小鸟",对应文件名为 wrapped_flappy_bird.py。

### 7.4.3　算法详情

DQN 算法相当于一个大脑,这个类只需获取感知信息(也就是截图、环境回报等反馈信息),然后输出动作即可。

所以整个飞翔的小鸟算法流程如下。

(1) 初始化算法参数。

```
FRAME_PER_ACTION = 1
GAMMA = 0.99
OBSERVE = 100
EXPLORE = 200000
FINAL_EPSILON = 0.001
INITIAL_EPSILON = 0.01
REPLAY_MEMORY = 50000
BATCH_SIZE = 32
UPDATE_TIME = 100

self.replayMemory = deque()
self.timeStep = 0
self.epsilon = INITIAL_EPSILON
self.actions = actions
self.saved = 0
```

对算法中所涉及的各类参数进行初始化,包括跳帧数、回报衰减因子、$\varepsilon$ 的初始值和终值、记忆库大小、minibatch 的大小等。

(2) 分别创建当前 $Q$ 网络和目标 $Q$ 网络,并对网络参数进行初始化。

整个网络结构的主体部分由三个卷积层、三个池化层、两个全连接层构成。三个卷积层位于网络的最前端,依次对图像进行变换以提取特征。每个卷积层之后都有一个最大池化层,以降低图片分辨率。然后经过两个全连接层和两个非线性变换之后,得到最终的行为值函数。

卷积层和全连接层的权重矩阵都使用标准差为 0.01 的正态分布随机初始化,偏置量用的都是初始值 0.01。

神经网络结构如图 7-12 所示。

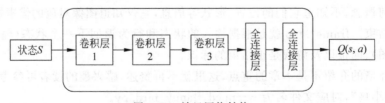

图 7-12 神经网络结构

其中,当前 $Q$ 网络创建代码如下。

```
init_params = self.createQNetwork()
```

目标 Q 网络如下：

```python
        target_params = self.createQNetwork()

def createQNetwork(self):
    # 网络权重
    W_conv1 = self.weight_variable([8, 8, 4, 32])
    b_conv1 = self.bias_variable([32])

    W_conv2 = self.weight_variable([4, 4, 32, 64])
    b_conv2 = self.bias_variable([64])

    W_conv3 = self.weight_variable([3, 3, 64, 64])
    b_conv3 = self.bias_variable([64])

    W_fc1 = self.weight_variable([256, 256])
    b_fc1 = self.bias_variable([256])

    W_fc2 = self.weight_variable([256, self.actions])
    b_fc2 = self.bias_variable([self.actions])

    # 输入层
    stateInput = tf.placeholder("float", [None, 80, 80, 4])

    # 隐层
    h_conv1 = tf.nn.relu(self.conv2d(stateInput, W_conv1, 4) + b_conv1)
    h_pool1 = self.max_pool_2x2(h_conv1)

    h_conv2 = tf.nn.relu(self.conv2d(h_pool1, W_conv2, 2) + b_conv2)
    h_pool2 = self.max_pool_2x2(h_conv2)

    h_conv3 = tf.nn.relu(self.conv2d(h_pool2, W_conv3, 1) + b_conv3)
    h_pool3 = self.max_pool_2x2(h_conv3)

    h_conv3_flat = tf.reshape(h_pool3, [-1, 256])
    h_fc1 = tf.nn.relu(tf.matmul(h_conv3_flat, W_fc1) + b_fc1)

    # Q 输出层
    QValue = tf.matmul(h_fc1, W_fc2) + b_fc2

    return stateInput, QValue, W_conv1, b_conv1, W_conv2, b_conv2, W_conv3, b_conv3, W_fc1, b_fc1, W_fc2, b_fc2
```

（3）预处理原始图像，获得初始化状态。

初始化状态是最初的屏幕截图，在算法进行训练之前，需要通过灰度化和二值化两步操作先对屏幕截图进行预处理。游戏的原始图片是 RGB 三通道的彩色图，每个像素有 128 种颜色，经过灰度化处理，变成了单通道的 80×80×1 的灰度图。对灰度图进行二值化后，整幅图像由黑白两色组成。转换后的图片仅保留了算法所需的主要信息，减轻了数据处理的负担，如图 7-13 所示。

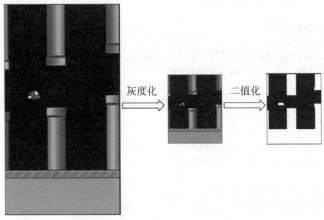

图 7-13　灰度化和二值化（见彩插）

为了加快计算速度，将整帧进行灰度化。

```
actions = 2
brain = BrainDQN(actions)
flappyBird = game.GameState()
action0 = np.array([1, 0])
observation0, reward0, terminal = flappyBird.frame_step(action0)
observation0 = cv2.cvtColor(cv2.resize(observation0, (80, 80)), cv2.COLOR_BGR2GRAY)
ret, observation0 = cv2.threshold(observation0, 1, 255, cv2.THRESH_BINARY)
brain.setInitState(observation0)
```

（4）基于当前的状态（屏幕像素值），通过 ε-贪心策略采取行为，获得环境反馈。

以 ε 的概率从两个动作中选择其中一个，以 1−ε 的概率选择行为值函数最大的那个行为。因为一开始所有行为值函数均为 0，因此一开始的行为策略是随机策略。这里 ε 是一个随着训练进行不断衰减的数，从一开始的 0.01 到最终的 0.001，表明了策略越来越侧重利用性，并且越来越稳定。

此步骤在输出行为时还采取了一个跳帧技术，代码中用一个常数定义需要略过的帧数，用户可根据需要进行更改。采取跳帧技术之后，不再针对每一个状态均输出一个行为，而是每隔几帧进行一次行为选择，中间的帧数重复执行前面选择的行为。在实际场景中，人类玩家在玩游戏的时候也是在多帧间维持同一个动作。跳帧技术同样可以减轻数据处理的负担。

行为作用于环境之后，环境会根据当前状态以及所选择的动作，返回给算法下一步的屏幕截图、对应的回报，以及判断游戏是否结束。

```
action = brain.getAction()
nextObservation, reward, terminal = flappyBird.frame_step(action)
```

为了加快计算速度，也会将下一帧进行灰度化处理。

```
nextObservation = preprocess(nextObservation)

def preprocess(observation):
    observation = cv2.cvtColor(cv2.resize(observation, (80, 80)), cv2.COLOR_BGR2GRAY)
    ret, observation = cv2.threshold(observation, 1, 255, cv2.THRESH_BINARY)
    return np.reshape(observation, (80, 80, 1))
```

(5) 将得到的转换序列存入记忆库。

将上一步得到的新的转换序列存入记忆库中。同时判断时间步数，根据运行的时间步数，将整个神经网络训练分为三个阶段。第一个阶段是观察期，时间步在 0～100，此阶段数据持续增加，ε 初始值设为 0.1，并保持不变。此阶段不进行训练和参数更新。

第二阶段是探索期，时间步在 100～200 100，此阶段中数据持续增加，但是记忆库最大存储为 50 000，超过 50 000 后会逐个删除旧数据，仅保留最近 50 000 条。这段时间 ε 从 0.1 均匀稳定减小至 0.001，并开始训练神经网络。

第三阶段是利用期，记忆库中的数据保持在 50 000，ε 固定为 0.001 不再变化。神经网络继续无限训练。

```
brain.setPerception(nextObservation, action, reward, terminal)
```

(6) 进行神经网络训练以及网络参数更新，如下：

```
self.trainQNetwork()
```

第一步：从记忆库中以 minibatch 的方式均匀采样 32 个转换序列，假设其中一个为 $(\phi_j, a_j, r_j, \phi_{j+1})$。

```
minibatch = random.sample(self.replayMemory, BATCH_SIZE)
```

第二步：通过目标 $Q$ 网络计算 $Q$ 值，并选择最大的那个 $Q$ 构建更新目标 $r_j + \gamma \max_{a'} Q(\phi_{j+1}, a'; \theta^-)$。

```
y_batch = []
QValue_batch = self.QValueT.eval(feed_dict = {self.stateInputT: nextState_batch})
for i in range(0, BATCH_SIZE):
    terminal = minibatch[i][4]
    if terminal:
        y_batch.append(reward_batch[i])
    else:
        y_batch.append(reward_batch[i] + GAMMA * np.max(QValue_batch[i]))
```

目标 $Q$ 值通过神经网络（见图 7-14）来获得，神经网络的输入为经过预处理的 $80\times 80$ 的二值图像，一共 4 帧，主要经过 3 个卷积层和 2 个全连接层，输出当前状态下所有动作的概率分布。

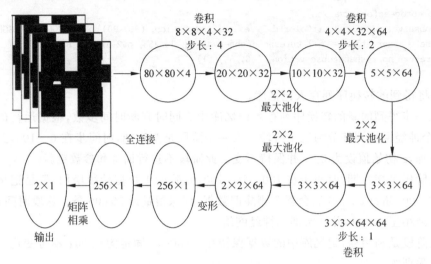

图 7-14　神经网络结构

第一层：卷积层。

该层输入为 4 个经过预处理的二值图像，大小为 $80\times 80$。卷积层卷积核大小为 $8\times 8$，深度为 32，使用 SAME 的方式进行填充，步长是 4。经过卷积层处理，输出 32 个 $20\times 20$ 的数字矩阵。紧接着是一个池化层，该层采用 pooling 核大小为 $2\times 2$，同样使用 SAME 的方式进行填充，步长为 2。经过最大池化后，本层输出为 32 个 $10\times 10$ 数字矩阵。

第二层：卷积层。

第二个卷积层的卷积核大小为 $4\times 4$，深度为 64，使用 SAME 的方式进行填充，padding 为 1.5，步长为 2。经过卷积后，该层输出 64 个 $5\times 5$ 的数字矩阵。此数字矩阵作为后继池化层的输入，该池化层 pooling 核大小为 $2\times 2$，使用 SAME 的方式进行填充，padding 为 0.5，步长为 2。通过最大池化后，本层输出 64 个 $3\times 3$ 的数字矩阵。

第三层：卷积层。

接着又是一个卷积池化，卷积核大小为 $3\times 3$，深度为 64，使用 SAME 的方式进行填充，padding 为 1，步长为 1，输出为 $3\times 3\times 64$ 的数字矩阵。池化层 pooling 核大小为 $2\times 2$，使用 SAME 的方式进行填充，padding 为 0.5，步长为 2，同样是使用最大池化，输出为 $2\times 2\times 64$ 的数字矩阵。接着将输出变形为 $256\times 1$ 的向量。

第四层：全连接层。

本层输入节点个数为 256 个，此层权重矩阵的形状为 $256\times 256$，偏置为 256，因此，输出节点数为 256 个。

第五层：全连接层。

本层输入节点个数为 256 个，形状为 $256\times 2$，偏置为 2，输出节点个数为 2。可见，最终输出层维度与游戏中有效动作的数量相同,分别对应向上、向下两种行为的 $Q$ 函数。

可得到相应的 TD 目标为:

$$y_j = \begin{cases} r_j & j+1 \text{ 是终止状态} \\ r_j + \gamma \max_{a'} Q(\phi_{j+1}, a'; \boldsymbol{\theta}^-) & j+1 \text{ 不是终止状态} \end{cases}$$

第三步:通过当前 $Q$ 网络计算当前 $Q$ 值 $Q(\phi_j, a_j; \boldsymbol{\theta})$,计算方法同第二步。结合 TD 目标得到 $k$ 个序列的损失函数为:

$$J(\boldsymbol{\theta}) = \frac{1}{k} \sum_{i=1}^{k} (y_i - Q(\phi_j, a_j; \boldsymbol{\theta}))^2$$

对 $J(\boldsymbol{\theta})$ 执行梯度下降法:

$$\nabla \boldsymbol{\theta} = \frac{\partial J(\boldsymbol{\theta})}{\partial \boldsymbol{\theta}_j} = \frac{2}{k} \sum_{i=1}^{k} (y_i - Q(\phi_j, a_j; \boldsymbol{\theta})) \nabla Q(\phi_j, a_j; \boldsymbol{\theta})$$

更新网络参数:

$$\boldsymbol{\theta} = \boldsymbol{\theta} + \nabla \boldsymbol{\theta}$$

训练完成之后,将最新的状态设置为当前状态,时间步增 1。

(7) 不断重复(3)~(6)步,直至一条轨迹结束。

每隔 $C$ 步,更新一次 $\boldsymbol{\theta}^-$ 取值,令 $\boldsymbol{\theta}^- = \boldsymbol{\theta}$。

(8) 不断重复(3)~(7)步,执行多条轨迹,直至网络参数 $\theta$ 收敛。经过多次训练发现,飞翔的小鸟一般执行 40 万条轨迹后,就可以稳定飞翔了。

### 7.4.4 核心代码

整个代码主要包含三个模块:DQN 算法模块、基础模块和环境模块。环境部分直接调用 FlappyBird 的游戏环境接口,nextObservation, reward, terminal = game.frame_step (action)。此接口根据输入的动作,输出代表下个状态的屏幕截图、立即回报以及游戏是否结束,此处不再赘述。

**1. DQN 算法模块**

算法模块封装了两个函数:preprocess(observation)函数,负责将屏幕截图进行预处理;playFlappyBird()函数,作为 DQN 的主体函数,负责通过 ε-贪心策略生成游戏轨迹,通过学习轨迹来获得网络参数,最终得到最优策略。该函数调用的一些基础函数写在了基础模块(类 brainDQN)中。

```
import wrapped_flappy_bird as game
from BrainDQN_Nature import BrainDQN
import numpy as np
# 将图片转换成 80 * 80 的灰度图像
```

```python
def preprocess(observation):
    # 灰度化
    observation = cv2.cvtColor(cv2.resize(observation, (80, 80)), cv2.COLOR_BGR2GRAY)
    # 二值化
    ret, observation = cv2.threshold(observation, 1, 255, cv2.THRESH_BINARY)
    return np.reshape(observation, (80, 80, 1))
def playFlappyBird():
    # 第一步：初始化 BrainDQN
    # 动作空间(上,下)
    actions = 2
    brain = BrainDQN(actions)
    # 第二步：初始化游戏状态
    flappyBird = game.GameState()
    # 第三步：开始游戏
    # 获取初始化状态
    action0 = np.array([1, 0])
    observation0, reward0, terminal = flappyBird.frame_step(action0)
    observation0 = cv2.cvtColor(cv2.resize(observation0, (80, 80)), cv2.COLOR_BGR2GRAY)
    ret, observation0 = cv2.threshold(observation0,1,255,cv2.THRESH_BINARY)
    brain.setInitState(observation0)
    # 运行游戏
    while 1 != 0:
        action = brain.getAction()
        nextObservation, reward, terminal = flappyBird.frame_step(action)
        nextObservation = preprocess(nextObservation)
        brain.setPerception(nextObservation, action, reward, terminal)
def main():
    playFlappyBird()
if __name__ == '__main__':
    main()
```

### 2. 基础模块

基础模块由一个叫作 brainDQN 类构成，该类包含了如下几个主要的函数。

- def createQNetwork(self)：构建神经网络。
- def trainQNetwork(self)：训练神经网络。
- def setPerception(self,nextObservation,action,reward,terminal)：准备训练数据。
- def getAction(self)：根据ε-贪心策略选择行为。

代码如下。

```python
import tensorflow as tf
import numpy as np
import random
```

```python
from collections import deque
# 全局变量
FRAME_PER_ACTION = 1
GAMMA = 0.99                            # 衰减率
OBSERVE = 100.                          # 正式训练之前需要观察的时间步
EXPLORE = 200000.
FINAL_EPSILON = 0.001                   # epsilon 的最终值 0.001
INITIAL_EPSILON = 0.01                  # epsilon 起始值 0.01
REPLAY_MEMORY = 50000                   # 记忆库大小
BATCH_SIZE = 32                         # minibatch 的大小
UPDATE_TIME = 100
try:
    tf.mul
except:
    # TensorFlow新版本中使用 tf.multiply 替代 tf.mul
    tf.mul = tf.multiply
class BrainDQN:
    def __init__(self, actions):
        # 初始化 D 的内存
        self.replayMemory = deque()
        # 初始化参数
        self.timeStep = 0
        self.epsilon = INITIAL_EPSILON
        self.saved = 0
        self.actions = actions
        # 初始化 Q 网络
        self.stateInput, self.QValue, self.W_conv1, self.b_conv1, self.W_conv2, self.b_conv2, self.W_conv3, self.b_conv3, self.W_fc1, self.b_fc1, self.W_fc2, self.b_fc2 = self.createQNetwork()
        # 初始化目标 Q 网络
        self.stateInputT, self.QValueT, self.W_conv1T, self.b_conv1T, self.W_conv2T, self.b_conv2T, self.W_conv3T, self.b_conv3T, self.W_fc1T, self.b_fc1T, self.W_fc2T, self.b_fc2T = self.createQNetwork()
        self.copyTargetQNetworkOperation = [self.W_conv1T.assign(self.W_conv1), self.b_conv1T.assign(self.b_conv1),
            self.W_conv2T.assign(self.W_conv2), self.b_conv2T.assign(self.b_conv2),
            self.W_conv3T.assign(self.W_conv3), self.b_conv3T.assign(self.b_conv3),
            self.W_fc1T.assign(self.W_fc1), self.b_fc1T.assign(self.b_fc1),
            self.W_fc2T.assign(self.W_fc2), self.b_fc2T.assign(self.b_fc2)]
        self.createTrainingMethod()
        # 存储或加载训练权重文件
        self.saver = tf.train.Saver()
        self.session = tf.InteractiveSession()
        self.session.run(tf.initialize_all_variables())
        checkpoint = tf.train.get_checkpoint_state("saved_networks")
        if checkpoint and checkpoint.model_checkpoint_path:
```

```python
            checkpoint_path = checkpoint.model_checkpoint_path
            self.saver.restore(self.session, checkpoint_path)
            print("Successfully loaded:", checkpoint_path)
            self.saved = int(checkpoint_path.split('-')[-1])
        else:
            print("Could not find old network weights")
    def createQNetwork(self):
        W_conv1 = self.weight_variable([8, 8, 4, 32])
        b_conv1 = self.bias_variable([32])
        W_conv2 = self.weight_variable([4, 4, 32, 64])
        b_conv2 = self.bias_variable([64])
        W_conv3 = self.weight_variable([3, 3, 64, 64])
        b_conv3 = self.bias_variable([64])
        W_fc1 = self.weight_variable([256, 512])
        b_fc1 = self.bias_variable([512])
        W_fc2 = self.weight_variable([512, self.actions])
        b_fc2 = self.bias_variable([self.actions])
        # 输入层
        stateInput = tf.placeholder("float", [None, 80, 80, 4])
        # 隐藏层
        h_conv1 = tf.nn.relu(self.conv2d(stateInput, W_conv1, 4) + b_conv1)
        h_pool1 = self.max_pool_2x2(h_conv1)
        h_conv2 = tf.nn.relu(self.conv2d(h_pool1, W_conv2, 2) + b_conv2)
        h_pool2 = self.max_pool_2x2(h_conv2)
        h_conv3 = tf.nn.relu(self.conv2d(h_pool2, W_conv3, 1) + b_conv3)
        h_pool3 = self.max_pool_2x2(h_conv3)
        h_conv3_flat = tf.reshape(h_pool3, [-1, 256])
        h_fc1 = tf.nn.relu(tf.matmul(h_conv3_flat, W_fc1) + b_fc1)
        # 求出 Q 值
        QValue = tf.matmul(h_fc1, W_fc2) + b_fc2
        return stateInput, QValue, W_conv1, b_conv1, W_conv2, b_conv2, W_conv3, b_conv3, W_fc1, b_fc1, W_fc2, b_fc2
    def copyTargetQNetwork(self):
        self.session.run(self.copyTargetQNetworkOperation)
    def createTrainingMethod(self):
        self.actionInput = tf.placeholder("float", [None, self.actions])
        self.yInput = tf.placeholder("float", [None])
        # 计算行为值函数 Q
        Q_Action = tf.reduce_sum(tf.mul(self.QValue, self.actionInput), reduction_indices=1)
        # 定义损失函数 cost
        self.cost = tf.reduce_mean(tf.square(self.yInput - Q_Action))
        # 定义优化函数
        self.trainStep = tf.train.AdamOptimizer(1e-6).minimize(self.cost)

    def trainQNetwork(self):
        # 第1步:从记忆库中获取随机 minibatch
```

```python
            minibatch = random.sample(self.replayMemory, BATCH_SIZE)
            state_batch = [data[0] for data in minibatch]
            action_batch = [data[1] for data in minibatch]
            reward_batch = [data[2] for data in minibatch]
            nextState_batch = [data[3] for data in minibatch]
            # 第二步:计算 y
            y_batch = []
            QValue_batch = self.QValueT.eval(feed_dict = {self.stateInputT: nextState_batch})
            for i in range(0, BATCH_SIZE):
                terminal = minibatch[i][4]
                if terminal:
                    y_batch.append(reward_batch[i])
                else:
                    y_batch.append(reward_batch[i] + GAMMA * np.max(QValue_batch[i]))
            # 执行优化函数
            self.trainStep.run(feed_dict = {
                self.yInput: y_batch,
                self.actionInput: action_batch,
                self.stateInput: state_batch
                })
            # 每 10000 次迭代保存当前训练节点
            if (self.timeStep + self.saved) % 10000 == 0:
                self.saver.save(self.session, 'saved_networks/' + 'network' + '-dqn', global_step = (self.saved + self.timeStep))
            if self.timeStep % UPDATE_TIME == 0:
                self.copyTargetQNetwork()
    def setPerception(self, nextObservation, action, reward, terminal):
        newState = np.append(self.currentState[:, :, 1:], nextObservation, axis = 2)
        self.replayMemory.append((self.currentState, action, reward, newState, terminal))
        if len(self.replayMemory) > REPLAY_MEMORY:
            self.replayMemory.popleft()
        if self.timeStep > OBSERVE:
            # 训练网络
            self.trainQNetwork()
        if self.timeStep <= OBSERVE:
            state = "observe"
        elif self.timeStep > OBSERVE and self.timeStep <= OBSERVE + EXPLORE:
            state = "explore"
        else:
            state = "train"
        self.currentState = newState
        self.timeStep += 1
    def getAction(self):
        QValue = self.QValue.eval(feed_dict = {self.stateInput: [self.currentState]})[0]
        action = np.zeros(self.actions)
        action_index = 0
```

```python
            if self.timeStep % FRAME_PER_ACTION == 0:
                if random.random() <= self.epsilon:
                    action_index = random.randrange(self.actions)
                    action[action_index] = 1
                else:
                    action_index = np.argmax(QValue)
                    action[action_index] = 1
            else:
                action[0] = 1
            # 改变 epsilon
            if self.epsilon > FINAL_EPSILON and self.timeStep > OBSERVE:
                self.epsilon -= (INITIAL_EPSILON - FINAL_EPSILON) / EXPLORE
            return action
        def setInitState(self, observation):
            self.currentState = np.stack((observation, observation, observation, observation), axis = 2)
        def weight_variable(self, shape):
            initial = tf.truncated_normal(shape, stddev = 0.01)
            return tf.Variable(initial)
        def bias_variable(self, shape):
            initial = tf.constant(0.01, shape = shape)
            return tf.Variable(initial)
        def conv2d(self, x, W, stride):
            return tf.nn.conv2d(x, W, strides = [1, stride, stride, 1], padding = "SAME")
        def max_pool_2x2(self, x):
            return tf.nn.max_pool(x, ksize = [1, 2, 2, 1], strides = [1, 2, 2, 1], padding = "SAME")
```

## 7.5 小结

本章将算法应用场景从离散的状态空间拓展到连续状态空间,之前的表格型强化学习算法不再适用。对于状态连续场景,需要用线性或者非线性函数逼近值函数。

非线性函数里用得比较多的就是神经网络,DQN 就是结合了 Q-learning 的价值估计和深层神经网络的较强拟合效果,在 Atari 2006 游戏上获得了不错的效果。当然它还用到了记忆库和目标网络,使得训练过程更加稳定。

此外,本章还介绍了 DQN 的两个变种方法:Double DQN 和 Dueling DQN。这两个方法在实际场景中也比较常见。Double DQN 分别采用不同的值函数来实现动作选择和评估,在一定程度上缓解了原有 DQN 的过优化问题,使得其能够估计出更准确出 $Q$ 值,在一些 Atari 2600 游戏中可获得更稳定有效的策略。Dueling DQN 修改了网络结构,将行为值函数 $Q$ 值拆解为值函数 $V$ 和优势函数 $A$,使得训练更容易,收敛速度更快。

最后,本章通过飞翔的小鸟这一实例,详细介绍了 DQN 算法的处理流程和核心代码,通过训练小鸟可稳定飞翔,这可让读者对深度强化学习有更深刻的理解。

## 7.6 习题

1. 为什么要引入值函数逼近?它可以解决哪些问题?
2. 什么是线性逼近和非线性逼近?
3. 写出蒙特卡罗、TD 和 TD(λ)这三种方法更新值函数的公式。
4. 详细描述 DQN 算法,并说明 DQN 算法中的三个关键设计。
5. 为什么不打破数据相关性,神经网络的训练效果就不好?
6. 画出 DQN 玩"飞翔的小鸟"的流程图。在这个游戏中状态是什么?状态是怎么转移的?回报函数如何设计?
7. DQN 都有哪些变种?分别简述这些变种。

# 第 8 章 随机策略梯度

## 8.1 随机策略梯度简介

到目前为止,我们介绍的都是基于值函数的方法,当值函数最优时,可以获得最优策略。最优策略是状态 $s$ 下,最大行为值函数对应的动作。

而当动作空间很大,或者是动作为连续集时,基于值函数的方法便无法有效求解了。因为基于值函数的方法在策略改进时,需要针对每个状态行为对求取行为值函数,以便求解 $\mathop{\mathrm{argmax}}\limits_{a \in A} Q(s,a)$。这种情况下,把每一个状态行为对严格地独立出来,求取某个状态下应该执行的行为是不切实际的。

因此,可直接将策略参数化,利用线性函数或非线性函数表示策略,即 $\pi_\theta(s)$,以寻找最优的参数 $\theta$,使得累积回报的期望 $E\left[\sum_{t=0}^{H} R(s_t) \mid \pi_\theta \right]$ 最大,这就是策略搜索方法。而策略搜索方法中最先发展起来的就是策略梯度方法,即在求解优化目标时,采用梯度上升法。

### 8.1.1 策略梯度优缺点

除了适用于连续动作空间场景外,相较于值函数的方法,策略梯度方法还有如下优点。

(1)策略搜索方法具有更好的收敛性。有些值函数在后期会一直围绕最优值持续小幅震荡而不收敛。而基于策略的学习遵循的是梯度法,它会一直朝着优化策略的方向进行更新,试图收敛。

(2)策略搜索方法更简单。在某些情况下,使用基于值函数方法求解最优策略非常复杂甚至无效。例如,接球游戏中,当小球从空中某个位置落下时,需要左右移动接住。计算小球在某个空间位置的行为值函数非常困难,而用基于策略的方法就简单许多,只需要朝着小球落地的方向更新策略即可。

(3)策略搜索方法可以学到随机策略。在某些情况下,如不完美信息 MDP 模型中,随机策略往往是最优策略。而使用基于值函数的方法学到的大多数策略都是确定性的策略,无法获得最优解。

# 第 8 章  随机策略梯度

确定性策略是指给定状态 $s$,动作唯一确定。即:
$$\pi_\theta(s) = a$$
随机策略是指在状态 $s$ 时,动作符合一个概率分布:
$$\pi_\theta(a \mid s) = P(a \mid s; \theta)$$

图 8-1 中的例子,最优策略就是一个随机策略。图 8-1 为一个格子世界,智能体需要在避免碰到骷髅的情况下找到钱袋子。

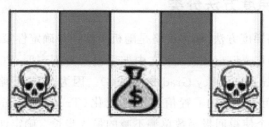

图 8-1  钱袋子

图 8-1 上方的 5 个格子组成 5 个状态,如果用格子东南西北四个方向是否有墙壁阻挡这个特征来描述格子状态的话,也就是用这个特征作为格子世界状态空间的特征时,就会发生灰色格子状态无法区分的情况,也称为状态重名(Aliased)。如图 8-2 所示,在这种情况下,如果采用确定性的策略,当智能体处于无论哪个灰色格子时,都只能选取相同的行为。结果就是智能体会一直(贪心策略)或很长时间(ε-贪心策略)徘徊在最左侧的两个格子之间,无法拿到钱袋子获得回报。

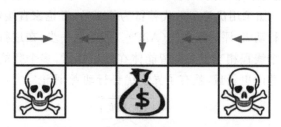

图 8-2  状态重名

当发生状态重名情况时,随机策略将会优于确定性的策略。例如,采取如下策略:
$$\pi_\theta(\text{wall to N and S}, \text{move E}) = 0.5$$
$$\pi_\theta(\text{wall to N and S}, \text{move W}) = 0.5$$

智能体会在很少几个时间步之后,获得回报。

之前的理论告诉我们对于任何 MDP 总有一个确定性的最优策略,不过那是针对状态可完美观测或者使用的特征可以完美描述状态的情况。当发生状态重名无法区分或者使用的近似函数里描述状态的特征限制了对状态的完美描述时,智能体得到的状态信息等效于部分观测的环境信息,问题将不具备马尔可夫性。此时最优策略将不再是确定性的,而直接基于策略的学习却能学习到最优策略,这就是我们为什么要直接基于策略进行强化学习的原因。

当然，策略搜索方法也有一些缺点，如在使用梯度法对目标函数进行求解时，容易收敛到局部最小值。并且策略更新时，仅会在策略函数某一参数梯度方向上移动很小的步长，使得整个学习比较平滑，因此不够高效。

最近几年，学者们正在针对这些缺点探索各种改进方法，目前已经在机器人控制和游戏等领域有了成功的应用案例。

## 8.1.2 策略梯度方法分类

本章主要介绍策略梯度方法，根据策略是随机策略还是确定性策略，分为随机策略梯度方法（Stochastic Policy Gradient，SPG，下文中如果没有特别声明，PG 表示 SPG）和确定性策略梯度方法（Deterministic Policy Gradient，DPG）。因为，随机策略梯度方法（SPG）存在学习速率难以确定的问题，就有了置信域策略优化（Trust Region Policy Optimization，TRPO），它能够确定一个使得回报函数单调不减的最优步长。确定性策略梯度方法（DPG）使用的是线性函数逼近行为值函数和确定性策略，如果将线性函数扩展到非线性函数——深度神经网络，就有了深度确定性策略梯度方法（Deep Deterministic Policy Gradient，DDPG）。

在此章之前我们接触的强化学习方法使用的都是广义策略迭代框架，它包括两步：策略评估和策略改进。本章开始我们会引入一个全新的迭代框架：行动者-评论家（AC）框架，评论家用来对行为值函数参数进行更新，行动者根据更新后的行为值函数对策略函数参数进行更新。根据采用的策略不同，可分为随机行动者-评论家方法和确定性行动者-评论家方法，如图 8-3 所示。如果用优势函数代替行为值函数，评论家直接对优势函数的参数进行更新，则就有了优势行动者-评论家方法（A2C）。如果进一步，在进行行为探索（采样）时，同时开启多个线程，每个线程相当于一个智能体在随机探索，多个智能体共同探索，并行计算策略梯度，维持一个总的更新量，就有了异步优势行动者-评论家方法（A3C）。

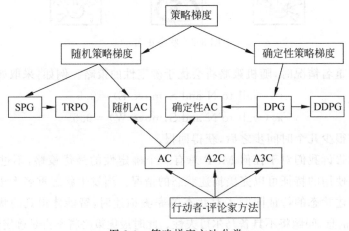

图 8-3 策略梯度方法分类

# 第8章 随机策略梯度

策略梯度部分安排如下,第 8 章(本章)介绍随机策略梯度相关内容;第 9 章介绍行动者-评论家方法及变种方法;第 10 章介绍确定性策略梯度相关内容。

## 8.2 随机策略梯度定理及证明

首先考虑策略是随机策略的情况,策略表示为 $\pi_\theta(a|s) = P(a|s;\boldsymbol{\theta})$,确定了在给定的状态 $s$ 和一定的参数设置 $\boldsymbol{\theta}$ 下,采取任何可能行为的概率。

比如,常用的高斯分布的概率公式为:

$$\pi_\theta(a \mid s, \boldsymbol{\theta}) = \frac{1}{\sqrt{2\pi}\delta(s,\boldsymbol{\theta})} \exp\left(-\frac{(a-\mu(s,\boldsymbol{\theta}))^2}{2\delta(s,\boldsymbol{\theta})^2}\right)$$

一般而言:

$$\mu(s,\boldsymbol{\theta}) = \boldsymbol{\theta}_\mu^T x(s)$$

$$\delta(s,\boldsymbol{\theta}) = \exp(\boldsymbol{\theta}_\sigma^T x(s))$$

将策略参数向量 $\boldsymbol{\theta}$,分成了两部分,$\boldsymbol{\theta} = [\boldsymbol{\theta}_\mu, \boldsymbol{\theta}_\sigma]^T$。$\boldsymbol{\theta}_\mu$ 用来近似均值,$\boldsymbol{\theta}_\sigma$ 用来近似方差。

可见,当采用此随机策略进行采样时,在同样的状态 $s$ 处,所采取的动作也会不一样。遵循此策略函数采样得到的动作 $a$ 服从均值为 $\mu(s,\boldsymbol{\theta})$、方差为 $\delta(s,\boldsymbol{\theta})^2$ 的正态分布。

我们要做的是利用参数化的策略函数 $\pi_\theta(a|s)$,通过调整这些参数 $\theta$ 来得到一个较优策略,使得遵循这个策略产生的行为能够得到较多的回报。具体的机制是设计一个与策略参数 $\boldsymbol{\theta}$ 相关的目标函数 $J(\boldsymbol{\theta})$,对其使用梯度上升(Gradient Ascent)算法优化参数 $\boldsymbol{\theta}$,使得 $J(\boldsymbol{\theta})$ 最大。

$$\boldsymbol{\theta}_{t+1} = \boldsymbol{\theta}_t + \alpha \nabla J(\boldsymbol{\theta}_t)$$

此方法是基于目标函数 $J(\boldsymbol{\theta})$ 的梯度进行策略参数更新的,在更新过程中无论是否同时对值函数进行近似,任何遵循这种更新机制的方法都叫作策略梯度法。因此后面介绍的行动者-评论家方法,也算是一种策略梯度法。

**注意** 在值函数的方法中,我们迭代计算的是值函数,并根据值函数对策略进行改进;而在策略搜索方法中,我们直接对策略进行迭代计算,迭代更新策略函数的参数值,直到累积回报的期望最大,将对应参数代入策略函数得到最优策略。而行动者-评论家方法同时对值函数和策略函数进行迭代计算,以求得最优策略。

### 8.2.1 随机策略梯度定理

在定义目标函数时,针对不同的问题类型,有不同的目标函数可以选择。

在能够产生完整轨迹的环境下(Episodic Case),也就是在智能体总是从某个状态 $s_0$ 开始,或者以一定的概率分布从 $s_0$ 开始可以到达终止状态时,我们可以用从起始状态 $s_0$ 到终止状态的累计回报来衡量整个策略的优劣。即:找到一个策略,当把智能体放在这个状态

$s_0$ 时,让它执行当前的策略,能够获得 $J(\boldsymbol{\theta})$ 的回报,并使得这个 $J(\boldsymbol{\theta})$ 最大化:

$$J(\boldsymbol{\theta}) = V_{\pi_\theta}(s_0)$$

**注意** $s_0$ 作为初始状态的概率是一个与策略无关的常数,在使用梯度上升法进行策略参数更新时,将被吸收至步长 $\alpha$ 中,因此可忽略。

对于没有终止状态的情况(Continuing Case),使用每一个时间步长下的平均回报来衡量策略的好坏。这个平均回报就等于在一个确定的时间步长内,智能体处于所有状态的可能性与每一种状态下采取所有行为能够得到的立即回报之积:

$$J(\boldsymbol{\theta}) = \sum_{t=1} u_{\pi_\theta}(s) \sum_a \pi_\theta(a \mid s, \boldsymbol{\theta}) R_s^a$$

其中, $u_{\pi_\theta}(s)$ 是基于策略 $\pi_\theta$ 生成的马尔可夫链关于状态的分布。可见,目标函数同时取决于状态分布和所选择的动作,而两者又同时受策略参数影响。给定状态下,策略参数对行为选择的影响,可以用策略函数以相对直接的方式计算。但是策略对状态的影响是环境的一个特性,并且通常是未知的,无法计算。在策略对状态分布影响未知的情况下,计算目标函数对策略参数的梯度十分困难。

策略梯度定理很好地解决了这个问题,提供给我们一个关于目标函数梯度的表达式。将完整轨迹(Episodic Case)和持续时间步(Continuing Case)定义的两种目标函数 $J(\boldsymbol{\theta})$ 的梯度,理论上统一成一种表达式。并且,表达式中不涉及关于状态分布对于策略参数的导数,表示如下:

$$\nabla J(\boldsymbol{\theta}) \propto \sum_s \mu(s) \sum_a Q_\pi(s,a) \nabla_\theta \pi(a \mid s, \boldsymbol{\theta})$$

可见,目标函数梯度与等式右边成正比,在完整轨迹情况下,比例常数为轨迹长度。连续时间步情况下,比例常数为1。因为更新时,常数可以被步长 $\alpha$ 吸收,所以上式可写为:

$$\nabla_\theta J(\boldsymbol{\theta}) \propto \sum_s u_{\pi_\theta}(s) \sum_a Q_\pi(s,a) \nabla_\theta \pi_\theta(a \mid s, \boldsymbol{\theta})$$

$$= \sum_s u_{\pi_\theta}(s) \sum_a \pi_\theta(a \mid s, \boldsymbol{\theta}) Q_\pi(s,a) \frac{\nabla_\theta \pi_\theta(a \mid s, \boldsymbol{\theta})}{\pi_\theta(a \mid s, \boldsymbol{\theta})}$$

$$= E_{s \sim u, a \sim \pi} \left[ Q_\pi(s,a) \frac{\nabla_\theta \pi_\theta(a \mid s, \boldsymbol{\theta})}{\pi_\theta(a \mid s, \boldsymbol{\theta})} \right]$$

$$= E_{s \sim u, a \sim \pi} [\nabla_\theta \log \pi_\theta(a \mid s, \boldsymbol{\theta}) Q_\pi(s,a)]$$

### *8.2.2 随机策略梯度定理证明

接下来对策略梯度定理进行证明。

(1) 首先是完整轨迹的情况,为了保证简化,证明过程中 $\nabla$ 隐含对 $\theta$ 求导。$\pi_\theta(a \mid s, \boldsymbol{\theta})$ 也简写成 $\pi(a \mid s)$。

状态值函数对 $\theta$ 的梯度可写为:

$$\begin{aligned}
\nabla V_\pi(s) &= \nabla\Big(\sum_a \pi(a\mid s)Q_\pi(s,a)\Big), \quad s\in\mathcal{S}\\
&= \sum_a \big(\nabla\pi(a\mid s)Q_\pi(s,a) + \pi(a\mid s)\,\nabla Q_\pi(s,a)\big)\\
&= \sum_a \Big(\nabla\pi(a\mid s)Q_\pi(s,a) + \pi(a\mid s)\,\nabla\sum_{s',r}p(s',r\mid s,a)(r+V_\pi(s'))\Big)\\
&= \sum_a \Big(\nabla\pi(a\mid s)Q_\pi(s,a) + \pi(a\mid s)\sum_{s'}p(s'\mid s,a)\,\nabla V_\pi(s')\Big)\\
&= \sum_a \Big(\nabla\pi(a\mid s)Q_\pi(s,a) + \pi(a\mid s)\sum_{s'}p(s'\mid s,a)\sum_{a'}\big(\nabla\pi(a'\mid s')Q_\pi(s',a') +\\
&\qquad \pi(a'\mid s')\sum_{s''}p(s''\mid s',a')\,\nabla V_\pi(s'')\big)\Big)\\
&= \sum_{x\in\mathcal{S}}\sum_{k=0}^{\infty}\Pr(s\to x,k,\pi)\sum_a \nabla\pi(a\mid x)Q_\pi(x,a)
\end{aligned}$$

第一个等式利用了值函数和行为值函数的贝尔曼公式。第二个等式利用了乘法求导方法。第三个等式使用了行为值函数和值函数的贝尔曼方程。其中, $r$ 表示的是 $r^a_{s,s'}$, 表示在状态 $s$, 采取动作 $a$, 转换至状态 $s'$, 获得的回报。因为 $r$ 与策略参数 $\theta$ 无关,于是有第四个等式。第五个等式利用了第三个等式。在重复展开之后,得到第六个等式。其中 $\Pr(s\to x, k,\pi)$ 是指状态 $s$ 在策略 $\pi$ 下,以 $k$ 时间步转换到状态 $x$ 的概率。

利用上述结果对目标函数进行计算,有:

$$\begin{aligned}
\nabla J(\boldsymbol{\theta}) &= \nabla V_\pi(s_0)\\
&= \sum_s \Big(\sum_{k=0}^{\infty}\Pr(s_0\to s,k,\pi)\Big)\sum_a \nabla\pi(a\mid s)Q_\pi(s,a)\\
&= \sum_s \eta(s)\sum_a \nabla\pi(a\mid s)Q_\pi(s,a)\\
&= \Big(\sum_s \eta(s)\Big)\sum_s \frac{\eta(s)}{\sum_s \eta(s)}\sum_a \nabla\pi(a\mid s)Q_\pi(s,a)\\
&\propto \sum_s \mu(s)\sum_a \nabla\pi(a\mid s)Q_\pi(s,a)
\end{aligned}$$

其中, $\eta(s)$ 表示整个轨迹中,状态 $s$ 出现的次数。$\sum_s \eta(s)$ 表示轨迹长度。则策略梯度定理在完整轨迹情况下得证。

(2) 接下来对连续时间步的策略梯度定理进行证明。

同样地,为了保证简化,证明过程中 $\nabla$ 隐含对 $\theta$ 求导。$\pi_\theta(a\mid s,\boldsymbol{\theta})$ 简写成 $\pi(a\mid s)$。因为是连续时间步,智能体和环境会一直交互,没有开始状态也没有结束状态,所以目标函数 $J(\boldsymbol{\theta})$ 表示的是单个时间步的平均回报。

$$J(\boldsymbol{\theta}) = \sum_{t=1}u_{\pi_\theta}(s)\sum_a \pi_\theta(a\mid s,\boldsymbol{\theta})R^a_s$$

其中，$u(s)$是策略 $\pi$ 下的稳态分布。所谓的稳态分布是指，如果一直遵循同样的策略选择动作，则状态分布不变。

$$\sum_s \mu(s) \sum_a \pi(a \mid s, \boldsymbol{\theta}) p(s' \mid s, a) = \mu(s')$$

在连续时间步条件下，计算回报不能用以前的折扣累积回报了，因为，无论是立即回报（当前时间步的回报）还是延迟回报（当前时间步之后的回报）对智能体都很重要。因此，回报表示为每一步回报和平均回报的差额，如下：

$$G_t = R_{t+1} - r(\pi) + R_{t+2} - r(\pi) + R_{t+3} - r(\pi) + \cdots$$

则，相应的值函数被称为差分值函数（Differential Value Function），如下所示为差分值函数的贝尔曼方程，与我们之前看到的略有不同。公式里没有了折扣因子 $\gamma$，回报 $r$ 被替换为回报和真实平均回报之间的差：

$$V_\pi(s) = \sum_a \pi(a \mid s) \sum_{r, s'} p(s', r \mid s, a)(r - r(\pi) + V_\pi(s'))$$

$$Q_\pi(s, a) = \sum_{r, s'} p(s', r \mid s, a)\left(r - r(\pi) + \sum_{a'} \pi(a' \mid s') Q_\pi(s', a')\right)$$

接下来进入证明，任意状态 $s$ 的值函数梯度 $\nabla V_\pi(s)$ 可以表示为：

$$\nabla V_\pi(s) = \nabla \left( \sum_a \pi(a \mid s) Q_\pi(s, a) \right), \quad for\ all\ s \in \mathcal{S}$$

$$= \sum_a \left( \nabla \pi(a \mid s) Q_\pi(s, a) + \pi(a \mid s) \nabla Q_\pi(s, a) \right)$$

$$= \sum_a \left( \nabla \pi(a \mid s) Q_\pi(s, a) + \pi(a \mid s) \nabla \sum_{s', r} p(s', r \mid s, a)(r - r(\boldsymbol{\theta}) + V_\pi(s')) \right)$$

$$= \sum_a \left( \nabla \pi(a \mid s) Q_\pi(s, a) + \pi(a \mid s)\left( -\nabla r(\boldsymbol{\theta}) + \sum_{s'} p(s' \mid s, a) \nabla V_\pi(s') \right) \right)$$

第一个等式是贝尔曼方程，第二个等式是乘法求导法则，第三个等式利用了连续时间步的贝尔曼递推公式。因为 $r$ 与策略参数无关，故导数为 0，得到第四个等式。

对第四个等式进行整理，将 $\nabla r(\boldsymbol{\theta})$ 移到等号左边，将 $\nabla V_\pi(s)$ 移到等号右边，有：

$$\nabla r(\boldsymbol{\theta}) = \sum_a \left( \nabla \pi(a \mid s) Q_\pi(s, a) + \pi(a \mid s) \sum_{s'} p(s' \mid s, a) \nabla V_\pi(s') \right) - \nabla V_\pi(s)$$

其中，$\nabla r(\boldsymbol{\theta})$ 就是我们要求导的目标函数 $J(\boldsymbol{\theta})$，表示的是单个时间步的平均回报。

需要注意的是，等号左边 $J(\boldsymbol{\theta})$ 不依赖于状态 $s$，故等号右边也不依赖于状态 $s$，因此我们可以给右边乘以 $\sum_s \mu(s)$，在不改变结果的情况下 $\left(\sum_s \mu(s) = 1\right)$，使其在 $s \in \mathcal{S}$ 上求和。

$$\nabla J(\boldsymbol{\theta}) = \sum_s \mu(s) \sum_a \left( \nabla \pi(a \mid s) Q_\pi(s, a) + \pi(a \mid s) \sum_{s'} p(s' \mid s, a) \nabla V_\pi(s') \right) - \nabla V_\pi(s)$$

$$= \sum_s \mu(s) \sum_a \nabla \pi(a \mid s) Q_\pi(s, a) + \mu(s) \sum_a \pi(a \mid s) \sum_{s'} p(s' \mid s, a) \nabla V_\pi(s') -$$

$$\mu(s) \sum_a \nabla V_\pi(s)$$

$$= \sum_s \mu(s) \sum_a \nabla \pi(a \mid s) Q_\pi(s,a) + \sum_{s'} \underbrace{\sum_s \mu(s) \sum_a \pi(a \mid s) p(s' \mid s,a)}_{\mu(s')} \nabla V_\pi(s') -$$

$$\sum_s \mu(s) \nabla V_\pi(s)$$

$$= \sum_s \mu(s) \sum_a \nabla \pi(a \mid s) Q_\pi(s,a) + \sum_{s'} \mu(s') \nabla V_\pi(s') - \sum_s \mu(s) \nabla V_\pi(s)$$

$$= \sum_s \mu(s) \sum_a \nabla \pi(a \mid s) Q_\pi(s,a)$$

第一个等式是给右边乘以 $\sum_s \mu(s)$，展开即得第二个等式。第三个等式右边第二项 $\sum_s \mu(s) \sum_a \pi(a \mid s) \sum_{s'} p(s' \mid s,a)$ 中的求和符号 $\sum_{s'} [\cdots]$ 提到了最外面，得到 $\sum_{s'} \sum_s \mu(s) \sum_a \pi(a \mid s) p(s' \mid s,a)$。根据稳态分布性质，得 $\sum_s \mu(s) \sum_a \pi(a \mid s) p(s' \mid s,a) = \mu(s')$，就有了第四个等式。等式右边最后两项消去，策略梯度定理得证。

## 8.3 蒙特卡罗策略梯度

### 8.3.1 REINFORCE 方法

现在介绍第一个策略梯度学习算法。由策略梯度定理 $\nabla_\theta J(\boldsymbol{\theta}) = E_{s \sim u, a \sim \pi}[\nabla_\theta \log \pi_\theta(a \mid s, \theta) Q_\pi(s,a)]$，可知，我们需要通过采样，以使样本梯度的期望与目标函数的实际梯度相等。

用采样数据 $a_t$ 代替 $a$，$s_t$ 代替 $s$，又因为：

$$E_{s \sim u, a \sim \pi}[G_t \mid s_t, a_t] = Q_\pi(s_t, a_t)$$

则有：

$$\nabla_\theta J(\boldsymbol{\theta}) = E_{s \sim u, a \sim \pi}[\nabla_\theta \log \pi_\theta(a_t \mid s_t, \boldsymbol{\theta}) Q_\pi(s_t, a_t)] = E_{s \sim u, a \sim \pi}[G_t \nabla_\theta \log \pi_\theta(a_t \mid s_t, \boldsymbol{\theta})]$$

结合策略参数的随机梯度上升公式 $\boldsymbol{\theta}_{t+1} = \boldsymbol{\theta}_t + \alpha \nabla J(\boldsymbol{\theta}_t)$，得到 REINFORCE 方法。如下：

$$\boldsymbol{\theta}_{t+1} = \boldsymbol{\theta}_t + \alpha G_t \nabla_\theta \log \pi_\theta(a_t \mid s_t, \boldsymbol{\theta})$$

由公式可见，REINFORCE 使用的是从时间 $t$ 开始到结束的完整轨迹的回报，因此属于一种蒙特卡罗算法，并且仅适用于完整轨迹情况。算法流程如下。

| 算法：REINFORCE：蒙特卡罗策略梯度 |
| --- |
| 输入：可微策略函数 $\pi(a \mid s, \boldsymbol{\theta})$ |
| 初始化策略参数 $\boldsymbol{\theta}$<br>loop |

> 遵循策略 $\pi(\cdot|\cdot,\boldsymbol{\theta})$，产生一条完整的轨迹。$s_0,a_0,r_1,\cdots,s_{T-1},a_{T-1},r_T$
> 对于轨迹中的每一步：$t=0,1,\cdots,T-1$：
> > 返回从当前时间步开始到结束的累积回报 $G$
> > $\boldsymbol{\theta} \leftarrow \boldsymbol{\theta} + \alpha\gamma^t G \nabla_\theta \ln\pi(a_t|s_t,\boldsymbol{\theta})$
> 结束循环，直至轨迹结束
> end loop　　until $\boldsymbol{\theta}$ 收敛

输出：最优策略参数 $\boldsymbol{\theta}$

算法流程中的 $\gamma^t$ 是用来修饰步长 $\alpha$ 的，随着更新的进行，步长越来越小。

## 8.3.2 带基线的 REINFORCE 方法

REINFORCE 方法通过采样的方式用 $t$ 时刻的回报作为当前策略下行为价值的无偏估计。每次更新时使用的 $G$ 都是通过对 $t$ 之后所有时间步回报采样获得，因此此算法收敛速度慢，需要的迭代次数长，还存在较高的方差。此节拟采用引入基线的方式来减小方差。

由之前的策略梯度定理我们知道，策略参数化后优化目标函数得到的策略梯度为：

$$\nabla_\theta J(\boldsymbol{\theta}) \propto \sum_s u_{\pi_\theta}(s) \sum_a Q_\pi(s,a) \nabla_\theta \pi_\theta(a|s,\boldsymbol{\theta})$$

现在在回报中引入基线 $b$ 函数，也就变成了：

$$\nabla_\theta J(\boldsymbol{\theta}) \propto \sum_s u_{\pi_\theta}(s) \sum_a (Q_\pi(s,a) - b(s)) \nabla_\theta \pi_\theta(a|s,\boldsymbol{\theta})$$

基线 $b$ 函数可以与状态相关，但一定要与行为无关，这样设置的基线 $b$ 函数不会改变梯度本身。

证明如下：

$$\sum_s u_{\pi_\theta}(s) \sum_a b(s) \nabla_\theta \pi_\theta(a|s,\boldsymbol{\theta}) = \sum_s u_{\pi_\theta}(s) b(s) \nabla_\theta \sum_a \pi_\theta(a|s,\boldsymbol{\theta})$$
$$= \sum_s u_{\pi_\theta}(s) b(s) \nabla_\theta 1$$
$$= 0$$

可见，基线函数在保证更新的策略梯度不变的同时，能够明显减少方差。一般令基线为一个关于状态的函数，基线值随状态而变化。在某些状态，所有行为都具有较高的价值 $Q(s,a)$，这时候需要一个比较高的基线来区分较高价值的行为和一般价值行为。在其他状态，所有行为的值函数 $Q(s,a)$ 都比较低，因此通常会设置一个较低的基线。

使用得最多的基线函数是值函数 $V(s,w)$。其中 $w$ 是值函数的参数向量，也可以通过蒙特卡罗方法进行学习。

如下所示为基于基线的 REINFORCE 的完整算法的流程。

| |
|---|
| **算法：带基线的 REINFORCE：蒙特卡罗策略梯度** |
| 输入：可微策略函数 $\pi(a\|s,\boldsymbol{\theta})$；<br>　　　可微值函数 $\hat{V}(s,\boldsymbol{w})$ |
| 初始化策略参数 $\boldsymbol{\theta}$ 和值函数参数 $\boldsymbol{w}$<br>loop<br>　　　遵循策略 $\pi(\cdot\|\cdot,\boldsymbol{\theta})$，产生一条完整的轨迹：$s_0,a_0,r_1,\cdots,s_{T-1},a_{T-1},r_T$<br>　　　对于轨迹中的每一步：$t=0,1,\cdots,T-1$：<br>　　　　　$G_t\leftarrow$ 返回从当前时间步 $t$ 开始到结束的累积回报<br>　　　　　$\delta\leftarrow G_t-\hat{V}(s_t,\boldsymbol{w})$<br>　　　　　$\boldsymbol{w}\leftarrow\boldsymbol{w}+\alpha^{\boldsymbol{w}}\gamma^t\delta\,\nabla_w\hat{V}(s_t,\boldsymbol{w})$<br>　　　　　$\boldsymbol{\theta}\leftarrow\boldsymbol{\theta}+\alpha^{\theta}\gamma^t\delta\,\nabla_\theta\ln\pi(a_t\|s_t,\boldsymbol{\theta})$<br>　　　结束循环，直至轨迹结束<br>end loop　until $\boldsymbol{\theta}$ 收敛 |
| 输出：最优策略参数 $\boldsymbol{\theta}$ |

## 8.4　TRPO 方法

8.3 节介绍的策略梯度方法，参数更新公式为：

$$\boldsymbol{\theta}_{\text{new}}=\boldsymbol{\theta}_{\text{old}}+\alpha\,\nabla_\theta J$$

它存在的问题是无法选择一个合适的步长 $\alpha$，使得学习算法单调收敛。步长太长，则策略容易发散，步长太短，则收敛速度太慢。当步长不合适时，更新的参数所对应的策略是一个更不好的策略，当利用这个更不好的策略进行采样学习时，再次更新的参数会更差，因此很容易导致越学越差，最后崩溃。

置信域策略优化（Trust Region Policy Optimization，TRPO）要解决的问题就是确定一个合适的更新步长，使得策略更新后，回报函数的值单调不减。TRPO 算法由伯克利的博士生 John Schulman 提出，目前常被用来优化大型神经网络的非线性策略。它在如下各项复杂的任务中表现非凡：机器人学习游泳、跳跃和步行；使用屏幕图像作为输入玩 Atari 游戏。

TRPO 算法的总体思路如下：首先证明了最大化某个替代回报函数可以保证策略的单调不减改进。然后，对这个理论上正确的替代算法进行一系列近似，得到一个实用的算法，我们称之为置信域策略优化（TRPO）。通过求解该算法，可以获得策略更新的方向和步长。

接下来对 TRPO 算法的具体推导过程进行描述。

（1）基本概念。

TRPO 从马尔可夫决策过程开始，MDP 过程的元组为 $(S,A,P,r,\gamma)$，其中 $S$ 是有限的状态集，$A$ 是有限动作集，$P$ 是状态转移概率分布，$r$ 是状态 $S$ 的回报，$\gamma$ 是折扣因子。

在决策过程中，$\pi(a|s)$ 表示状态 $s$ 下进行某个动作 $a$ 的概率，即策略。在策略 $\pi$ 下产生一系列的动作状态对，定义该序列的回报 $\eta(\pi)$ 为：

$$\eta(\pi) = E_{s_0,a_0,\cdots}\left[\sum_{t=0}^{\infty}\gamma^t r(s_t)\right]$$

其中，$a_t \sim \pi(a_t|s_t), s_{t+1} \sim P(s_{t+1}|s_t,a_t)$。

同时，我们还约定：

$$Q_\pi(s_t,a_t) = E_{s_{t+1},a_{t+1},\cdots}\left[\sum_{l=0}^{\infty}\gamma^l r(s_{t+l})\right]$$

$$V_\pi(s_t) = E_{a_t,s_{t+1},\cdots}\left[\sum_{l=0}^{\infty}\gamma^l r(s_{t+l})\right]$$

$$A_\pi(s,a) = Q_\pi(s,a) - V_\pi(s), \quad a_t \sim \pi(a_t|s_t), \quad s_{t+1} \sim P(s_{t+1}|s_t,a_t), \quad t \geqslant 0$$

和其他强化学习算法一致，$Q_\pi(s_t,a_t)$ 表示在状态 $s_t$ 下采用动作 $a_t$ 的期望累积回报，$V_\pi(s_t)$ 表示状态 $s_t$ 的价值，可以理解成各种动作产生的回报的均值，这里定义的 $A_\pi(s,a)$ 也称为优势函数，表示状态 $s$ 下使用动作 $a$ 产生的回报与状态 $s$ 下所有动作产生的回报的均值的差，因此可以用 $A(s,a)$ 描述某个动作的优劣。

（2）将新策略回报表示为旧策略回报加上其他值。

如前所述，TRPO 可以找到新的策略使得回报函数单调不减。一个自然的想法是能不能将新的策略所对应的回报函数分解成旧的策略所对应的回报函数与其他项之和。只要新的策略所对应的其他项大于等于零，那么新的策略就能保证回报函数单调不减。其实是存在这样的等式的，这个等式是 2002 年 Sham Kakade 提出来的。TRPO 的起点便是这样一个等式：

$$\eta(\tilde{\pi}) = \eta(\pi) + E_{s_0,a_0,s_1,a_1,\cdots}\left[\sum_{t=0}^{\infty}\gamma^t A_\pi(s_t,a_t)\right]$$

$$s_0 \sim \rho_0(s_0), \quad a_t \sim \tilde{\pi}(a_t|s_t), \quad s_{t+1} \sim P(s_{t+1}|s_t,a_t)$$

其中，$\pi$ 表示旧策略（更新前的策略）；$\tilde{\pi}$ 表示新策略（更新后的策略）；$\eta(\pi)$ 表示旧策略对应的回报；$\eta(\tilde{\pi})$ 表示新策略对应的回报。

上式的证明如下：

$$E_{\tau|\tilde{\pi}}\left[\sum_{t=0}^{\infty}\gamma^t A_\pi(s_t,a_t)\right] = E_{\tau|\tilde{\pi}}\left[\sum_{t=0}^{\infty}\gamma^t(r(s_t) + \gamma V_\pi(s_{t+1}) - V_\pi(s_t))\right]$$

$$= E_{\tau|\tilde{\pi}}\left[-V_\pi(s_0) + \sum_{t=0}^{\infty}\gamma^t r(s_t)\right]$$

$$= -E_{s_0}[V_\pi(s_0)] + E_{\tau|\tilde{\pi}}\left[\sum_{t=0}^{\infty}\gamma^t r(s_t)\right]$$

$$= -\eta(\pi) + \eta(\tilde{\pi})$$

# 第 8 章 随机策略梯度

第一个等式是引入了优势函数的定义,$A_\pi(s,a)$ 为 $Q_\pi(s,a)$ 与 $V_\pi(s)$ 的差。而 $Q_\pi(s,a)$ 为立即回报 $r$ 与所有可能的下一步状态 $s'$ 值函数 $V_\pi(s')$ 的期望,$V_\pi(s)$ 相对状态 $s'$ 不变,因此可以放到期望里面,则有:

$$A_\pi(s,a) = E_{s' \sim P(s'|s,a)}[r(s) + \gamma V_\pi(s') - V_\pi(s)]$$

第二个等式首先将第一个等式括号中的第一项和后两项分开写,然后将后两项展开相消,只剩下 $-V_\pi(s_0)$。其中,$s_0$ 只有分布概率,而其他状态 $s_1, \cdots, s_T$,只有状态转移概率。

由于 $\pi$ 和 $\tilde{\pi}$ 的初始分布一致,两者都是从同一个初始状态 $s_0$ 开始。$s_0 \sim \tilde{\pi}$ 等价于 $s_0 \sim \pi$,$V_\pi(s_0) = \eta(\pi)$,因此第四个等号成立。

为了方便推导,约定了以下符号:

$$\rho_\pi(s) = (P(s_0 = s) + \gamma P(s_1 = s) + \gamma^2 P(s_2 = s) + \cdots)$$

$\rho_\pi$ 表示折扣访问频率(Discounted Visitation Frequencies)。该符号把在时间步上的累加转为了在状态上的累加。

于是 $\eta(\tilde{\pi})$ 可以表示为:

$$\eta(\tilde{\pi}) = \eta(\pi) + \sum_{t=0}^{\infty} \sum_s P(s_t = s \mid \tilde{\pi}) \sum_a \tilde{\pi}(a \mid s) \gamma^t A_\pi(s,a)$$

$$= \eta(\pi) + \sum_s \sum_{t=0}^{\infty} \gamma^t P(s_t = s \mid \tilde{\pi}) \sum_a \tilde{\pi}(a \mid s) A_\pi(s,a)$$

$$= \eta(\pi) + \sum_s \rho_{\tilde{\pi}}(s) \sum_a \tilde{\pi}(a \mid s) A_\pi(s,a)$$

其中,第一个等式是将优势函数的期望写成 $(s,a)$ 的联合概率和优势函数的乘积。

(3) 对 $\eta(\tilde{\pi})$ 近似,获得替代回报函数。

可见,在求取 $\eta(\tilde{\pi})$ 时,状态 $s$ 的分布由新的策略产生,对新的策略严重依赖。按照之前的定义,对于原有的策略,有 $\sum_a \pi(a \mid s) A_\pi(s,a) = 0$,则对于一个改进的策略 $\tilde{\pi}$,如果满足 $\sum_a \tilde{\pi}(a \mid s) A_\pi(s,a) \geq 0$,则新的策略能够使回报更大,说明 $\tilde{\pi}$ 更加优秀。但是存在一些情况,例如,在训练的时候,对新策略下的状态采样,由于近似问题导致 $\sum_a \tilde{\pi}(a \mid s) A_\pi(s,a) \leq 0$,此时就很难优化 $\eta(\tilde{\pi})$。因此对原回报函数 $\eta(\tilde{\pi})$ 中的状态分布进行处理,用 $\rho_\pi$ 代替 $\rho_{\tilde{\pi}}$。即在每次训练变动的幅度并不是特别大的时候,忽略策略改变引起的某个状态出现概率的改变。这时,原回报函数可用下式代替:

$$L_\pi(\tilde{\pi}) = \eta(\pi) + \sum_s \rho_\pi(s) \sum_a \tilde{\pi}(a \mid s) A_\pi(s,a)$$

对比原回报函数和替代回报函数,发现两者唯一区别为状态分布不同。将 $\eta(\tilde{\pi})$ 和 $L_\pi(\tilde{\pi})$ 均看成是 $\tilde{\pi}$ 的函数,$\tilde{\pi}$ 和 $\pi$ 是关于参数 $\theta$ 的函数。则有 $\eta(\tilde{\pi})$ 和 $L_\pi(\tilde{\pi})$ 在 $\pi_{\theta_\text{old}}$ 处一阶近似。

$$L_{\pi_{\theta_\text{old}}}(\pi_{\theta_\text{old}}) = \eta(\pi_{\theta_\text{old}})$$

$$\nabla_\theta L_{\pi_{\theta_\text{old}}}(\pi_\theta) \mid_{\theta = \theta_\text{old}} = \nabla_\theta \eta(\pi_\theta) \mid_{\theta = \theta_\text{old}}$$

对两个式子进行证明,当 $\tilde{\pi} = \pi_{\theta_\text{old}}$ 时,$\eta(\tilde{\pi})$ 公式的第二项中 $\sum_a \pi_{\theta_\text{old}}(a \mid s) A_{\pi_{\theta_\text{old}}}(s,a) = 0$。

注意原公式中的 $\pi$ 与 $\pi_{\theta_{old}}$ 是一样的，均表示更新前的老策略。则 $\eta(\pi_{\theta_{old}}) = L_{\pi_{\theta_{old}}}(\pi_{\theta_{old}}) = \eta(\pi_{\theta_{old}})$。对 $\eta(\tilde{\pi})$ 和 $L_{\pi}(\tilde{\pi})$ 基于 $\theta$ 求偏导数，然后令 $\theta = \theta_{old}$，也即 $\tilde{\pi} = \pi_{\theta_{old}}$，有 $\eta(\tilde{\pi})$ 和 $L_{\pi}(\tilde{\pi})$ 在 $\pi_{\theta_{old}}$ 处一阶近似。

如图 8-4 表示，在 $\theta_{old}$ 附近，能改善 $L$ 的策略也能改善原回报函数 $\eta$。问题是：我们该选择多大的步长才能得到这样的结果呢？接下来会逐步求解，并最终在(7)中给出答案。

（4）控制 $\pi$ 和 $\tilde{\pi}$ 之间的散度小于 $\alpha$，就能保证回报单调增长。

为解决这个问题，Kakade 和 Langford 于 2002 年提出了一个名为保守策略迭代的更新方案，它可以为 $\eta$ 更新提供明确的下限。

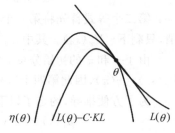

图 8-4　$\eta(\tilde{\pi})$ 及 $L_{\pi}(\tilde{\pi})$（见彩插）

它认为，当对于策略的改进采用以下的混合方式时：

$$\pi_{new}(a \mid s) = (1-\alpha)\pi_{old}(a \mid s) + \alpha\pi'(a \mid s)$$

其中，$\pi' = \arg\min_{\pi'} L_{\pi_{old}}(\pi')$，有：

$$\eta(\pi_{new}) \geqslant L_{\pi_{old}}(\pi_{new}) - \frac{2\varepsilon\gamma}{(1-\gamma)^2}\alpha^2, \quad \varepsilon = \max_s \mid E_{a \sim \pi'(a\mid s)}[A_{\pi}(s,a)] \mid$$

对上式进行证明，首先定义 $\overline{A}(s)$：

$$\overline{A}(s) = E_{a \sim \tilde{\pi}(\cdot \mid s)}[A_{\pi}(s,a)]$$

$\overline{A}(s)$ 表示在状态 $s$ 时采用策略 $\tilde{\pi}$ 相对于之前策略的改进。

使用 $\overline{A}(s)$ 可以将之前的问题表示为：

$$\eta(\tilde{\pi}) = \eta(\pi) + E_{\tau \sim \tilde{\pi}}\left[\sum_{t=0}^{\infty} \gamma^t \overline{A}(s_t)\right]$$

$$L_{\pi}(\tilde{\pi}) = \eta(\pi) + E_{\tau \sim \pi}\left[\sum_{t=0}^{\infty} \gamma^t \overline{A}(s_t)\right]$$

由于策略按照 $\pi_{new}(a\mid s) = (1-\alpha)\pi_{old}(a\mid s) + \alpha\pi'(a\mid s)$ 的模式混合，假设新策略 $\tilde{\pi}$ 是由 $\pi_{old}$ 和 $\pi'$ 各自决策后按照一定权重进行混合的，策略可以表示为策略对 $(\pi, \tilde{\pi})$，由策略对产生的动作对为 $(a, \tilde{a})$，并且有 $P(a \neq \tilde{a}\mid s) \leqslant \alpha$。即在每一个状态 $s$，$(\pi, \tilde{\pi})$ 给我们一对动作，这对动作不同的概率小于等于 $\alpha$。

注意　即便是采用了不同的策略，两者之间可能还是会产生相同的动作，因此不同动作的概率小于等于 $\alpha$。

则有：

$$\overline{A}(s) = E_{\tilde{a} \sim \tilde{\pi}}[A_{\pi}(s, \tilde{a})] = E_{(a,\tilde{a}) \sim (\pi,\tilde{\pi})}[A_{\pi}(s,\tilde{a}) - A_{\pi}(s,a)]$$

$$= P(a \neq \tilde{a} \mid s) E_{(a,\tilde{a}) \sim (\pi,\tilde{\pi})\mid a \neq \tilde{a}}[A_{\pi}(s,\tilde{a}) - A_{\pi}(s,a)]$$

第一个等式是定义。第二个等式是因为有：$E_{a \sim \pi} A_{\pi}(s,a) = 0$。第三个等式是将此公式按概率展开，当 $a = \tilde{a}$ 时，$A_{\pi}(s,\tilde{a}) - A_{\pi}(s,a) = 0$。

于是得到：
$$|\overline{A}(s)| \leqslant 2\alpha \max_{s,a} |A_\pi(s,a)|$$

如果用 $n_t$ 表示在时刻 $t$ 之前策略 $\pi$ 和 $\widetilde{\pi}$ 产生不同动作的次数，有：
$$E_{s_t \sim \widetilde{\pi}}[\overline{A}(s_t)] = P(n_t = 0)E_{s_t \sim \widetilde{\pi}|n_t=0}[\overline{A}(s_t)] + P(n_t > 0)E_{s_t \sim \widetilde{\pi}|n_t>0}[\overline{A}(s_t)]$$

类似的，如果状态服从策略 $\pi$ 下的分布：有：
$$E_{s_t \sim \pi}[\overline{A}(s_t)] = P(n_t = 0)E_{s_t \sim \pi|n_t=0}[\overline{A}(s_t)] + P(n_t > 0)E_{s_t \sim \pi|n_t>0}[\overline{A}(s_t)]$$

并且：
$$E_{s_t \sim \widetilde{\pi}|n_t=0}[\overline{A}(s_t)] = E_{s_t \sim \pi|n_t=0}[\overline{A}(s_t)]$$

因为在时刻 $t$ 之前两种策略产生的动作相同，所以也会处于相同的状态。
$$E_{s_t \sim \widetilde{\pi}}[\overline{A}(s_t)] - E_{s_t \sim \pi}[\overline{A}(s_t)] = P(n_t > 0)(E_{s_t \sim \widetilde{\pi}|n_t>0}[\overline{A}(s_t)] - E_{s_t \sim \pi|n_t>0}[\overline{A}(s_t)])|$$
$$E_{s_t \sim \widetilde{\pi}|n_t>0}[\overline{A}(s_t)] - E_{s_t \sim \pi|n_t>0}[\overline{A}(s_t)]|$$
$$\leqslant |E_{s_t \sim \widetilde{\pi}|n_t>0}[\overline{A}(s_t)]| + |E_{s_t \sim \pi|n_t>0}[\overline{A}(s_t)]|$$
$$\leqslant 4\alpha \max_{s,a} |A_\pi(s,a)|$$

根据混合的策略，每种策略每次决策有 $(1-\alpha)$ 的概率相同。因此 $P(n_t = 0) \geqslant (1-\alpha)^t$，$P(n_t > 0) \leqslant 1 - (1-\alpha)^t$，则：
$$|E_{s_t \sim \widetilde{\pi}}[\overline{A}(s_t)] - E_{s_t \sim \pi}[\overline{A}(s_t)]| \leqslant 4\alpha(1-(1-\alpha)^t)\max_{s,a}|A_\pi(s,a)|$$

因此有：
$$|\eta(\widetilde{\pi}) - L_\pi(\widetilde{\pi})| = \sum_{t=0}^\infty \gamma^t |E_{\tau \sim \widetilde{\pi}}[\overline{A}(s_t)] - E_{\tau \sim \pi}[\overline{A}(s_t)]|$$
$$\leqslant \sum_{t=0}^\infty \gamma^t \cdot 4\varepsilon\alpha(1-(1-\alpha)^t)$$
$$= 4\varepsilon\alpha\left(\frac{1}{1-\gamma} - \frac{1}{1-\gamma(1-\alpha)}\right)$$
$$= \frac{4\alpha^2 \gamma \varepsilon}{(1-\gamma)(1-\gamma(1-\alpha))}$$
$$\leqslant \frac{4\alpha^2 \gamma \varepsilon}{(1-\gamma)^2}$$

$\varepsilon$ 即 $\max_{a,s}|A_\pi(s,a)|$。这里 $\alpha$ 指采用之前的混合方式时的权重，可见当采用混合策略进行更新时，就能保证在一定的误差范围内用 $L_\pi(\widetilde{\pi})$ 替代 $\eta(\widetilde{\pi})$。

混合策略在实际中很少用到，因此，为了将混合策略扩展到一般的随机策略，用 $\alpha$ 表示两个新旧策略之间的距离，这里用到的是总方差散度(the Total Variation Divergence)。对于离散取值，有：
$$D_{\text{TV}}(p \| q) = \frac{1}{2}\sum_i |p_i - q_i|$$

其中：
$$D_{\text{TV}}^{\max}(\pi,\tilde{\pi}) = \max_s D_{\text{TV}}(\pi(\cdot\mid s)\parallel\tilde{\pi}(\cdot\mid s))$$

因为：
$$D_{\text{TV}}(p\parallel q^2) \leqslant D_{\text{KL}}(p\parallel q)$$

则有：
$$D_{\text{KL}}^{\max}(\pi,\tilde{\pi}) = \max_s D_{\text{KL}}(\pi(\cdot\mid s)\parallel\tilde{\pi}(\cdot\mid s))$$

实际中一般用 $\alpha$ 表示新策略和旧策略之间的散度。于是当能够控制 $\pi$ 和 $\tilde{\pi}$ 之间的散度小于 $\alpha$ 时，就能在误差确定的情况下使用 $L_\pi(\tilde{\pi})$ 替代 $\eta(\tilde{\pi})$，并且可以看到，当优化 $L_\pi(\tilde{\pi})$ 使其增加时，$\eta(\tilde{\pi})$ 也会随之增加，进而达到目的。

如果使用便于优化的 $L_\pi(\tilde{\pi})$，则需要控制散度在一定的范围内，这里散度取 KL 散度，则
$$\eta(\tilde{\pi}) \geqslant L_\pi(\tilde{\pi}) - CD_{\text{KL}}^{\max}(\pi,\tilde{\pi})$$
$$\text{where } C = \frac{4\varepsilon\gamma}{(1-\gamma)^2}$$

在保证回报函数单调不减的情况下，求取更新策略，算法流程如下。

| 算法：保证预期回报 $\eta$ 不减的近似策略迭代算法 |
| --- |
| 输入：初始化策略 $\pi_0$ |
| For $i=0,1,2,3\cdots$ until 收敛 do：<br>　　计算优势函数 $A_{\pi_i}(s,a)$<br>　　求解如下约束优化问题<br>$$\pi_{i+1} = \arg\max_\pi \left(L_{\pi_i}(\pi) + \left(\frac{2\varepsilon\gamma}{(1-\gamma)^2}\right) D_{\text{KL}}^{\max}(\pi_i,\pi)\right)$$<br>　　其中，$\varepsilon = \max_s \max_a \lvert A_\pi(s,a)\rvert$<br>$$L_{\pi_i}(\pi) = \eta(\pi_i) + \sum_s \rho_{\pi_i}(s)\sum_a \pi(a\mid s)A_{\pi_i}(s,a)$$<br>End for |
| 输出：最优策略 $\pi$ |

下面对该算法进行证明。

若假设 $M_i(\pi) = L_{\pi_i}(\pi) - CD_{\text{KL}}^{\max}(\pi_i,\pi)$，则有：
$$\eta(\pi_{i+1}) \geqslant M_i(\pi_{i+1})$$

又因为 $D_{\text{KL}}^{\max}(\pi_i,\pi_i) = 0$，则：
$$M_i(\pi_i) = L_{\pi_i}(\pi_i) = \eta(\pi_i)$$

有：
$$\eta(\pi_{i+1}) - \eta(\pi_i) \geqslant M_i(\pi_{i+1}) - M_i(\pi_i)$$

因此使用该算法能够使训练保持单调增长,这个使得 $M_i$ 最大的新策略就是我们一直要更新的策略。那么这个策略是如何得到的呢?

(5) 利用重要采样,对算法进一步近似。

假设策略是通过参数 $\theta$ 控制的,即 $\pi_\theta$,每次优化的目标就是在一定散度范围内,找到 $\theta$ 满足 $\max_\theta (L_{\theta_{\text{old}}}(\boldsymbol{\theta}) - CD_{\text{KL}}^{\max}(\boldsymbol{\theta}_{\text{old}}, \boldsymbol{\theta}))$。

可写为:

$$\underset{\theta}{\text{maximize}}\, L_{\theta_{\text{old}}}(\boldsymbol{\theta})$$

$$\text{subject to}\, D_{\text{KL}}^{\max}(\boldsymbol{\theta}_{\text{old}}, \boldsymbol{\theta}) \leqslant \delta$$

约束要求对于状态空间中的每一点都要维持 $KL$ 散度在一定范围内,因此约束条件有无穷多,直接使用该算法是不现实的,但是可以使用平均散度作为最大 $KL$ 散度的近似:

$$\overline{D}_{\text{KL}}^\rho(\boldsymbol{\theta}_1, \boldsymbol{\theta}_2) := E_{s \sim \rho}[D_{\text{KL}}(\pi_{\theta_1}(\cdot | s) \| \pi_{\theta_2}(\cdot | s))]$$

则有:

$$\underset{\theta}{\text{maximize}}\, \sum_s \rho_{\theta_{\text{old}}}(s) \sum_a \pi_\theta(a | s) A_{\theta_{\text{old}}}(s, a)$$

$$\text{subject to}\, \overline{D}_{\text{KL}}^{\rho_{\theta_{\text{old}}}}(\boldsymbol{\theta}_{\text{old}}, \boldsymbol{\theta}) \leqslant \delta$$

接着做进一步的近似,对于 $\sum_s \rho_{\theta_{\text{old}}}(s)[\cdots]$,根据 $\rho$ 的定义,TRPO 使用 $\frac{1}{1-\gamma} E_{s \sim \rho_{\theta_{\text{old}}}}[\cdots]$ 代替,然后利用采样的技巧替换对动作 $a$ 的求和:

$$\sum_s \pi_\theta(a | s) A_{\theta_{\text{old}}}(s, a) = E_{a \sim \pi_{\theta_{\text{old}}}} \left[ \frac{\pi_\theta(a | s)}{\pi_{\theta_{\text{old}}}(a | s)} A_{\theta_{\text{old}}}(s, a) \right]$$

最终 TRPO 问题简化为:

$$\underset{\theta}{\text{maxmize}}\, E_{s \sim \rho_{\theta_{\text{old}}}, a \sim \pi_{\theta_{\text{old}}}} \left[ \frac{\pi_\theta(a | s)}{\pi_{\theta_{\text{old}}}(a | s)} A_{\theta_{\text{old}}}(s, a) \right]$$

$$\text{subject to}\, E_{s \sim \rho_{\theta_{\text{old}}}}[D_{\text{KL}}(\pi_\theta(\cdot | s)) \| \pi_\theta(\cdot | s))] \leqslant \sigma$$

(6) 对目标函数进行一阶逼近,约束函数进行二阶逼近。

TRPO 进一步简化为不等式约束的标准化问题:

$$\underset{\theta}{\text{minimize}}\, -(\nabla_\theta L_{\theta_{\text{old}}}(\boldsymbol{\theta}) |_{\theta=\theta_{\text{old}}} \cdot (\boldsymbol{\theta} - \boldsymbol{\theta}_{\text{old}}))$$

$$\text{subject to}\, \frac{1}{2}(\boldsymbol{\theta}_{\text{old}} - \boldsymbol{\theta})^{\text{T}} A(\boldsymbol{\theta}_{\text{old}})(\boldsymbol{\theta}_{\text{old}} - \boldsymbol{\theta}) \leqslant \delta$$

其中:

$$L_{\theta_{\text{old}}}(\boldsymbol{\theta}) |_{\theta=\theta_{\text{old}}} = E_{s \sim \pi_{\theta_{\text{old}}}, a \sim \pi_{\theta_{\text{old}}}} \left[ \frac{\pi_\theta(a | s)}{\pi_{\theta_{\text{old}}}(a | s)} \boldsymbol{A}_{\theta_{\text{old}}}(s, a) \right]$$

约束条件的约简过程如下,首先,两个概率密度之间的 $KL$ 散度由定义得:

$$D_{\text{KL}}(f \| g) = \int f(x) \log \frac{f(x)}{g(x)} \mathrm{d}x = E_{x \sim f(x)} \log f(x) - E_{x \sim f(x)} \log g(x)$$

其次，将 $D_{KL}(\pi_\theta(\cdot|s) \| D_{KL}(\pi_\theta(\cdot|s))$ 利用泰勒进行二阶展开：

$$D_{KL}(\pi_{\theta_{old}}(\cdot|s) \| \pi_\theta(\cdot|s)) \approx E_{x\sim\pi_{\theta_{old}}}\log\pi_{\theta_{old}} - E_{x\sim\pi_{\theta_{old}}}\log\pi_\theta$$
$$= E_{\theta_{old}}[\log\pi_{\theta_{old}}] - (E_{\theta_{old}}[\log\pi_{\theta_{old}}] + E_{\theta_{old}}[\nabla\log\pi_{\theta_{old}}]\Delta\boldsymbol{\theta} +$$
$$\frac{1}{2}\Delta\boldsymbol{\theta}^T E_{\theta_{old}}[\nabla^2\log\pi_{\theta_{old}}]\Delta\boldsymbol{\theta})$$
$$= -\frac{1}{2}\Delta\boldsymbol{\theta}^T E_{\theta_{old}}[\nabla^2\log\pi_{\theta_{old}}]\Delta\boldsymbol{\theta}$$

令：

$$\boldsymbol{A} = E_{\theta_{old}}[\nabla^2\log\pi_{\theta_{old}}]$$

$\boldsymbol{A}$ 为 Fisher 矩阵。

(7) 使用共轭梯度法求解最优更新量。

① 计算一个搜索方向。

利用拉格朗日乘子将约束条件引入目标函数中，构造拉格朗日函数为：

$$L = -(\nabla_\theta L_{\theta_{old}}(\boldsymbol{\theta})|_{\boldsymbol{\theta}=\boldsymbol{\theta}_{old}} \cdot (\boldsymbol{\theta}-\boldsymbol{\theta}_{old})) + \lambda\left(\frac{1}{2}(\boldsymbol{\theta}-\boldsymbol{\theta}_{old})^T \boldsymbol{A}(\boldsymbol{\theta}_{old})(\boldsymbol{\theta}-\boldsymbol{\theta}_{old}) - \delta\right)$$

利用 KKT 条件，令 $L$ 对 $\boldsymbol{\theta}-\boldsymbol{\theta}_{old}$ 的偏导数为 0，则有：

$$-\nabla_\theta L_{\theta_{old}}(\boldsymbol{\theta})|_{\boldsymbol{\theta}=\boldsymbol{\theta}_{old}} + \lambda\boldsymbol{A}(\boldsymbol{\theta}_{old})(\boldsymbol{\theta}-\boldsymbol{\theta}_{old}) = 0$$

令 $\boldsymbol{d} = \lambda(\boldsymbol{\theta}-\boldsymbol{\theta}_{old})$，则 $\boldsymbol{d}$ 与最优更新量 $\boldsymbol{\theta}-\boldsymbol{\theta}_{old}$ 同向，则 $\boldsymbol{d}$ 为最优更新量的搜索方向。

该搜索方向满足如下等式：

$$\boldsymbol{A}(\boldsymbol{\theta}_{old})\boldsymbol{d} = \nabla_\theta L_{\theta_{old}}(\boldsymbol{\theta})|_{\boldsymbol{\theta}=\boldsymbol{\theta}_{old}}$$

上式是一个线性方程组，为了避免求逆，可以用共轭梯度的方法对其求解。共轭梯度法是把求解线性方程组的问题转化为求解一个与之等价的二次函数极小化的问题。下面以求解线性方程组 $\boldsymbol{AX}=\boldsymbol{b}$ 的解为例说明共轭梯度的求解方法。

构造目标函数 $f(x) = \frac{1}{2}\boldsymbol{x}^T\boldsymbol{Ax} - \boldsymbol{b}^T\boldsymbol{x}$，其极小值点 $x^*$ 是方程 $\boldsymbol{Ax}=\boldsymbol{b}$ 的解。

第一步：给定初始迭代点 $\boldsymbol{x}^{(0)}$ 以及停止条件（阈值 $\varepsilon$ 或最大迭代次数 $n$）。

第二步：计算 $\boldsymbol{\gamma}^{(0)} = \boldsymbol{b} - \boldsymbol{Ax}^{(0)}$，取 $\boldsymbol{d}^{(0)} = \boldsymbol{r}^{(0)}$。

第三步：for k=0 to n−1 do：

(a) $\boldsymbol{\alpha}_k = \frac{\boldsymbol{r}^{(k)T}\boldsymbol{r}^{(k)}}{\boldsymbol{d}^{(k)T}\boldsymbol{Ad}^{(k)}}$；其中，$\alpha_k$ 可以通过一元函数 $\phi(\alpha) = f(x^{(k)}+\alpha d^{(k)})$ 的极小化来求得；

(b) $\boldsymbol{x}^{(k+1)} = \boldsymbol{x}^{(k)} + \boldsymbol{\alpha}_k\boldsymbol{d}^{(k)}$；

(c) $\boldsymbol{r}^{(k+1)} = \boldsymbol{b} + \boldsymbol{Ax}^{(k+1)}$；

(d) 若 $\|\boldsymbol{r}^{(k+1)}\| \leqslant \varepsilon$ 或 $k+1=n$，则输出近似解 $\boldsymbol{x}^{(k+1)}$，停止；否则，转(e)；

(e) $\beta_k = \frac{\|\boldsymbol{r}^{(k+1)}\|_2^2}{\|\boldsymbol{r}^{(k)}\|_2^2}$；

(f) $\boldsymbol{d}^{(k+1)} = \boldsymbol{r}^{(k+1)} + \beta_k\boldsymbol{d}^{(k)}$；

本节所求线性方程组中，
$$b^T = \nabla_\theta L_{\theta_{old}}(\boldsymbol{\theta})|_{\theta=\theta_{old}}, \quad \boldsymbol{A} = E_{\theta_{old}}[\nabla^2 \log \pi_{\theta_{old}}]$$
则根据上述算法流程，可以求得搜索方向 $\boldsymbol{d}^*$。

② 求取更新步长 $\beta$。

将上一步求得的搜索方向代入约束方程，可得：
$$\delta \approx \frac{1}{2}(\beta \boldsymbol{d}^*)^T \boldsymbol{A}(\beta \boldsymbol{d}^*) = \frac{1}{2}\beta^2 \boldsymbol{d}^{*T} \boldsymbol{A} \boldsymbol{d}^*$$

从而得到步长为：
$$\beta = \sqrt{\frac{2\delta}{\boldsymbol{d}^{*T} \boldsymbol{A} \boldsymbol{d}^*}}$$

最后更新参数为：
$$\boldsymbol{\theta}_{new} = \boldsymbol{\theta}_{old} + \beta \boldsymbol{d}^*$$

## 8.5 实例讲解

本节通过小车上山这个游戏来对随机策略梯度算法进行说明。具体地说，此实例是对 REINFORCE 方法的应用。REINFORCE 方法使用神经网络逼近策略函数，通过训练神经网络，迭代更新网络参数，最终掌握最优策略。

带基线的 REINFORCE 方法比不带基线的 REINFORCE 方法，少了一个逼近值函数的神经网络，参数更新公式中累积回报由 $G$ 变成了减去值函数 $\delta(\delta=G-V)$。除此之外的输入、输出及训练过程与 REINFORCE 方法基本一致。

### 8.5.1 游戏简介及环境描述

小车上山游戏如图 8-5 所示，黑色线条表示小车可运行的路线，中间是低谷，两侧是斜坡，通过右侧的斜坡可以达到山顶。小车的轨迹是一维的，定位在两山之间，目标是爬上右边的山顶，即小旗所在的位置。

可是小车的发动机不足以一次性攀登到山顶，唯一的方式是小车在山谷间来回摆动增加动量。

在这个马尔可夫决策模型中，动作有三个，分别是向前、不动和向后。状态用两个属性表示，分别是位置(position)和速度(velocity)。位置的值在最低点处为 -0.5，左边的坡顶为 -1.2，右边与之相对应的高度位置为 0，小旗位置为 0.6。小车在移动过程中，每运行一个时间步，都会得到 -1 回

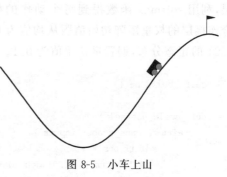

图 8-5 小车上山

报。并且检查自己是否越过了右边的山峰,到达小旗位置。如果没有越过山峰,轨迹标记未结束,否则轨迹标记结束。

以上描述都在_step_接口中写明:observation_,reward,done,info=env.step(action)。编程时,直接调用此函数即可模拟环境。此函数会根据输入的状态和行为返回下一个状态、回报以及游戏是否结束。因对环境的介绍不是本章的重点,这里就不再赘述。

### 8.5.2 算法详情

整个小车爬山算法的流程如下。

(1) 定义算法参数。

初始化学习率、折扣因子。定义动作个数(共 3 个,分别为向前、向后和不动),定义状态空间特征数(位置和速度)。定义变量 self.ep_obs,self.ep_as,self.ep_rs,分别存储当前轨迹的状态、动作和回报。

```
self.n_actions = n_actions
self.n_features = n_features
self.lr = learning_rate
self.gamma = reward_decay

self.ep_obs, self.ep_as, self.ep_rs = [], [], []
```

(2) 构建策略网络,并初始化网络参数。

整个神经网络由两个全连接层和一个 softmax 层构成,输出结果是三个动作对应的概率。神经网络结构如图 8-6 所示。

输入层为状态 $s$,有两个特征,对应 2 个神经元。第一个隐藏层包含 10 个神经元,激活函数为 tanh。因为输出为动作的概率,而动作有 3 个,因此第二层为 3 个神经元,没有激活函数。最后一层为 softmax 层,利用 softmax 函数得到每个动作的概率。两个全连接层的权重矩阵初始值服从均值为 0、标准差为 0.01 的正态分布,偏置量初始值为 0.1。

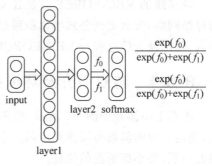

图 8-6 神经网络结构

```
self._build_net()

def _build_net(self):
    with tf.name_scope('inputs'):
        self.tf_obs = tf.placeholder(tf.float32, [None, self.n_features], name="observations")
        self.tf_acts = tf.placeholder(tf.int32, [None, ], name="actions_num")
        self.tf_vt = tf.placeholder(tf.float32, [None, ], name="actions_value")
```

```python
# 全连接层1
layer = tf.layers.dense(
    inputs = self.tf_obs,                               # 该层的输入
    units = 10,                                          # 神经元数量
    activation = tf.nn.tanh,                             # 激活函数
    kernel_initializer = tf.random_normal_initializer(mean = 0, stddev = 0.3),
    # 用于权重矩阵的初始化函数。如果无(默认),则使用 tf.get_variable 的默认初始化程
    # 序初始化权重
    bias_initializer = tf.constant_initializer(0.1),    # 初始化偏置量
    name = 'fc1'                                         # 该层的名称
)
# 全连接层2
all_act = tf.layers.dense(
    inputs = layer,
    units = self.n_actions,
    activation = None,
    kernel_initializer = tf.random_normal_initializer(mean = 0, stddev = 0.3),
    bias_initializer = tf.constant_initializer(0.1),
    name = 'fc2'
)

self.all_act_prob = tf.nn.softmax(all_act, name = 'act_prob')
```

(3) 定义损失函数。

由策略梯度定理,得

$$\nabla_\theta J(\theta) = E_{s \sim u, a \sim \pi}[\nabla_\theta \log \pi_\theta(a \mid s, \theta) Q_\pi(s, a)]$$

在一个回合内,策略梯度理论的一步更新,其实是对损失函数的一步更新。损失函数可定义为:

$$L = -E_{s \sim u, a \sim \pi}[\log \pi_\theta(a \mid s, \theta) Q_\pi(s, a)]$$
$$= \int p_{\pi_\theta} \log \pi_\theta(a \mid s, \theta) Q_\pi(s, a)$$

其中,$\int p_{\pi_\theta} \log \pi_\theta(a \mid s, \theta)$ 为交叉熵。$p_{\pi_\theta}$ 可根据未更新策略网络采样得到,$\pi_\theta(a \mid s, \theta)$ 是策略网络输出的行为概率。所以损失函数本质上是采样出的行为与网络输出的行为的交叉熵,再乘以值函数(代码中用的是 $V_t$),即

```python
with tf.name_scope('loss'):
    # 为使总回报最大(log_p * R),即最小化的 -(log_p * R)的值
    neg_log_prob = tf.nn.sparse_softmax_cross_entropy_with_logits(logits = all_act, labels
        = self.tf_acts)
    loss = tf.reduce_mean(neg_log_prob * self.tf_vt)
```

如果把策略梯度解决的问题看成是分类问题，那么在这个分类问题中，输入是状态 $s$，标签是当前状态下采样（旧策略网络的输出）的行为 $a$。假设采样得到的动作永远是正确标签，网络也永远会按照这个"正确标签"更新自己的参数。事实是，采样得到的动作不一定都是"正确标签"，这就是强化学习的策略梯度法和监督学习的分类方法的区别。为了确保这个动作是"正确标签"，损失函数在原本的交叉熵形式上乘以值函数，用值函数的取值来确定交叉熵算出来的梯度是否值得信任。如果值函数取值为负，则说明梯度下降遵循了一个错误的方向，应该向着另一个方向更新参数；如果值函数取值为正，则就会肯定交叉熵算出来的梯度，并继续朝着这个方向进行梯度下降。其中，值函数用一个完整轨迹的折扣累积回报计算。

有了损失函数，接下来需要定义优化目标。这里选择的是 AdamOptimizer 优化器，通过最小化损失函数来进行参数的更新。

```
with tf.name_scope('train'):
    # 根据损失进行优化操作
    self.train_op = tf.train.AdamOptimizer(self.lr).minimize(loss)
```

（4）初始化状态。

接下来进行轨迹的生成和神经网络的训练等操作。对环境进行初始化，获得初始状态，$s_1 = (-0.44, 0)$，表示小车此时的位置坐标为 $-0.44$，速度为 $0$。

```
env = gym.make('MountainCar - v0')
observation = env.reset()
```

（5）返回该状态下应采取的动作。

第一步：运行策略网络，将状态 $s_1 = (-0.44, 0)$ 作为整个神经网络的输入。输出为各行为的概率值。网络的输入是每次的观测值，即小车的状态，维数为 2。而输出是该状态下采取每个动作的概率，这些概率在最后会经过一个 softmax 处理。结果是一个由三个数组成的和为 1 的向量 $(p1, p2, p3)$。最终输出的三个概率值分别见表 8-1。

表 8-1 各行为概率值

| 行为 | 0 | 1 | 2 |
| --- | --- | --- | --- |
| 概率 | 0.349 836 23 | 0.301 674 22 | 0.348 489 55 |

第二步：利用该概率分布去采样动作。

按照给定的概率采样，表示的是分别按照 [0.349 836 23, 0.301 674 22, 0.348 489 55] 的概率去选择行为 0, 1, 2。其中函数 np.random.choice 是按照概率分布 p＝prob_weights.ravel() 进行采样的函数。假设本步骤返回动作 1。

```
action = RL.choose_action(observation)
```

# 第8章 随机策略梯度

(6) 作用于环境,得到环境反馈。

该动作作用于环境,得到下一步的状态 $s_2=(-0.429\ 153\ 08, -0.000\ 631\ 17)$、立即回报($-1$)和游戏是否结束的标志(false)。

```
observation_, reward, done, info = env.step(action)
```

(7) 回合数据存储。

将此时间步的数据 $s_2$、$a_2$、$r_2$ 分别存储在 ep_obs、ep_as、ep_rs 三个变量中,作为后续学习的数据基础。并令 $s_1=s_2$。

```
RL.store_transition(observation, action, reward)

def store_transition(self, s, a, r):
    self.ep_obs.append(s)
    self.ep_as.append(a)
    self.ep_rs.append(r)
```

(8) 重复执行步骤(5)~(7),直到轨迹结束。
(9) 轨迹结束,开始网络学习和更新阶段。

第一步:求取轨迹的累积折扣回报。

采用的是反向遍历的方法,将该轨迹变量 ep_rs 中记录的回报值进行衰减加权求和。求得轨迹经历的每个状态对应的值函数。

采用如下公式:

$$V_\pi(s) = E_\pi[G_t \mid S_t=s]$$
$$= E_\pi[R_{t+1} + \gamma R_{t+2} + \gamma^2 R_{t+3} + \cdots \mid S_t=s]$$
$$= R_{t+1} + \gamma R_{t+2} + \gamma^2 R_{t+3} + \cdots + \gamma^{T-1} R_T$$

并使用上述值函数的标准差和平均值对最终结果进行标准化处理,得到最终结果。标准化后的值函数围绕0上下波动,大于0说明高于平均水平,小于0说明低于平均水平。

```
if 'running_reward' not in globals():
    running_reward = ep_rs_sum
else:
    running_reward = running_reward * 0.99 + ep_rs_sum * 0.01
```

第二步:运行神经网络的反向传播算法,进行网络参数的更新。

将整个轨迹的状态序列(见图8-7 ep_obs)、对应的动作序列(见图8-7 ep_as)、标准化后的回报值(见图8-8 discounted_ep_rs_norm),喂入神经网络。使用 AdamOptimizer 优化器进行神经网络的训练。

```
ep_obs:
[array([-0.51538718,  0.        ]), array([-0.51444876,  0.00093842]), array([-5.14578958e-01, -1.30197224e-04]), array([-0.5137768 ,  0.00080216]),
 array([-0.51204829,  0.00172851]), array([-0.51140639,  0.0006419 ]), array([-5.11855917e-01, -4.49525604e-04]), array([-5.11393495e-01,  4
.62421169e-04]), array([-0.51002259,  0.0013709 ]), array([-0.50775348,  0.00226911]), array([-0.50460317,  0.00315031]), array([-0.50059525,
 0.00400792]), array([-0.49575971,  0.00483553]), array([-0.49013273,  0.00562698]), array([-0.48375632,  0.00637641]), array([-0.47667802,
 0.0070783 ]), array([-0.46895046,  0.00772756]), array([-0.46063093,  0.00831953]), array([-0.45178085,  0.00885007]), array([-0.44246526,
 0.0093156 ]), array([-0.43275217,  0.00971309]), array([-0.42271203,  0.01004014]), array([-0.41241704,  0.01029499]), array([-0.40194054,
 0.0104765 ]), array([-0.39135635,  0.01058419]), array([-0.38073817,  0.01061818]), array([-0.37015894,  0.01057923]), array([-0.3606903 ,
 0.00946864]), array([-0.3513954 ,  0.00929489]), array([-0.34233535,  0.00906005]), array([-0.33356876,  0.00876659]), array([-0.32715143,
 0.00641732]), array([-0.32312364,  0.00402779]), array([-0.3195104 ,  0.00361324]), array([-0.31633396,  0.00317644]), array([-0.31361376,
 0.0027202 ]), array([-0.31136633,  0.00224743]), array([-0.30960526,  0.00176107]), array([-0.30834115,  0.00126411]), array([-0.30758157,
 0.00075957]), array([-3.07331082e-01,  2.50489280e-04]), array([-3.07591175e-01, -2.60093532e-04]), array([-0.3083603 , -0.00076912]), array([-0
.30963384, -0.00127355]), array([-0.31140418, -0.00177033]), array([-0.31366064, -0.00225646]), array([-0.31638959, -0.00272895]), array([-0
.31957443, -0.00318485]), array([-0.32319569, -0.00362126]), array([-0.32723105, -0.00403536]), array([-0.33165545, -0.0044244 ]), array([-0
.33844118, -0.00678573]), array([-0.34554527, -0.00710409]), array([-0.35292215, -0.00737689]), array([-0.36052391, -0.00760176]), array([-0
.36830052, -0.00777661]), array([-0.37620018, -0.00789967]), array([-0.38416966, -0.00796948]), array([-0.39215463, -0.00798497]), array([-0
.40010008, -0.00794545]), array([-0.40795072, -0.00785064]), array([-0.41565143, -0.00770071]), array([-0.42314766, -0.00749624]), array([-0
.43038593, -0.00723827]), array([-0.43731422, -0.00692829]), array([-0.44388244, -0.00656822]), array([-0.45004285, -0.00616041]), array([-0
.45575046, -0.00570761]), array([-0.46196343, -0.00621297]), array([-0.46763603, -0.0056726 ]), array([-0.47272638, -0.00509036]), array([-0.4771968
, -0.00447042]), array([-0.48101411, -0.00381731]), array([-0.48414994, -0.00313583]), array([-0.48658095, -0.002431  ]), array([-0.48828901,
-0.00170807]), array([-0.48926141, -0.0009724 ]), array([-4.89490879e-01, -2.29470375e-04]), array([-0.48897571,  0.00051517]), array([-0.48771975,
 0.00125596]), array([-0.48573236,  0.00198739]), array([-0.48302837,  0.002704  ]), array([-0.47962789,  0.00340047]), array([-0.47555625,
 0.00407165]), array([-0.47084368,  0.00471257]), array([-0.46552512,  0.00531856]), array([-0.45963991,  0.00588521]), array([-0.45323145,
 0.00640845]), array([-0.44634685,  0.00688461]), array([-0.43903645,  0.00731039]), array([-0.4313535 ,  0.00768296]), array([-0.42535358,
 0.00599991]), array([-0.41907989,  0.0062737 ]), array([-0.4135773 ,  0.00550259]), array([-0.40788497,  0.00569233]), array([-0.40204317,
 0.0058418 ]), array([-0.39609297,  0.0059502 ]), array([-0.39007591,  0.00601706]), array([-0.3840337 ,  0.00604221]), array([-0.37800792,
 0.00602578]), array([-0.37203968,  0.00596824]), array([-0.36616937,  0.00587031]), array([-0.36043637,  0.005733  ]), array([-0.3548788 ,
```

```
ep_as:
 [2, 0, 2, 2, 0, 0, 2, 2, 2, 2, 2, 2, 2, 2, 2, 2, 2, 2, 2, 2, 2, 2, 2, 2, 2, 2, 1, 2, 2, 2, 0, 0, 2, 2, 2, 2, 2, 2, 2, 2, 2, 2, 2, 2, 2, 2, 2, 2, 2,
  2, 0, 2, 2, 2, 2, 2, 2, 2, 2, 2, 2, 2, 2, 2, 2, 2, 2, 1, 2, 2, 2, 2, 2, 2, 2, 2, 2, 2, 2, 2, 2, 2, 2, 2, 2, 2, 2, 2, 2, 2, 0, 2, 1, 2, 2, 2, 2, 2,
  2, 2, 2, 2, 2, 2, 2, 2, 0, 2, 2, 2, 2, 2, 2, 2, 2, 2, 2, 2, 2, 1, 2, 2, 2, 2, 2, 2, 2, 2, 2, 2, 2, 2, 2, 0, 2, 2, 0, 2, 1, 2, 2, 2, 2, 2, 2, 2, 2,
  2, 2, 2, 2, 2, 0, 2, 2, 2, 2, 2, 2, 2, 2, 2, 2, 2, 2, 2, 2, 2, 2, 2, 2, 2, 2, 2, 2, 2, 2, 2, 2, 2, 2, 2, 2, 2, 2, 2, 2, 2, 2, 2, 2, 2, 2, 2, 2, 2,
  2, 2, 2, 0, 2, 2, 2, 2, 2, 2, 2, 2, 2, 2, 2, 2, 2, 2, 2, 2, 2, 2, 2, 2, 2, 2, 2, 2, 0, 2, 2, 0, 2, 0, 2, 2, 2, 2, 2, 2, 2, 2, 2, 2, 2, 2, 0, 2, 2,
  2, 2, 2, 2, 2, 2, 2, 2, 2, 2, 2, 2, 2, 2, 2, 2, 2, 2, 2, 2, 2, 2, 2, 2, 2, 2, 2, 2, 2, 2, 2, 2, 2, 2, 2, 2, 2, 2, 2, 2, 2, 2, 2, 2, 2, 2, 2, 2, 2,
  2, 2, 2, 0, 2, 0, 2, 2, 2, 2, 2, 2, 2, 2, 0, 2, 2, 2, 2, 2, 2, 2, 2, 2, 2, 2, 2, 2, 2, 2, 2, 2, 2, 2, 2, 2, 2, 2, 2, 2, 2, 2, 2, 2, 2, 2, 2, 2, 2,
  2, 2, 2, 2, 2, 2, 2, 2, 2, 2, 2, 2, 2, 0, 2, 2, 2, 2, 2, 2, 2, 2, 2, 2, 2, 2, 2, 2, 2, 2, 2, 2, 2, 2, 2, 2, 2, 2, 0, 0, 2, 2, 2, 2, 2, 0, 2, 2, 2,
  2, 2, 2, 2, 2, 2, 2, 2, 2, 2, 2, 2, 1, 2, 2, 2, 2, 2, 2, 2, 2, 2, 2, 2, 2, 2, 2, 2, 2, 2, 2, 2, 2, 2, 2, 2, 2, 2, 2, 2, 2, 2, 2, 2, 0, 2, 2, 2, 2,
  2, 2, 2, 2, 2, 2, 2, 2, 2, 2, 2, 1, 2, 2, 2, 2, 2, 2, 2, 2, 2, 2, 2, 2, 2, 2, 2, 2, 0, 2, 2, 2, 2, 2, 2, 2, 1, 2, 2, 2, 2, 2, 2, 2, 2, 2, 2, 2, 2,
  2, 2, 2, 2, 2, 2, 2, 2, 2, 2, 2, 2, 2, 2, 2, 2, 2, 0, 2, 2, 2, 0, 2, 2, 2, 2, 2, 2, 2, 2, 2, 2, 2, 2, 2, 2, 2, 0, 2, 2, 2, 2, 0, 2, 2, 0, 0, 2, 2,
  2, 2, 1, 2, 2, 2, 2, 2, 2, 2, 2, 2, 2, 2, 2, 2, 2, 2, 2, 2, 2, 2, 2, 2, 2, 0, 2, 2, 2, 2, 2, 2, 2, 2, 2, 2, 2, 2, 2, 2, 2, 2, 2, 2, 2, 2, 2, 2, 2,
  2, 2, 2, 2, 2, 2, 2, 2, 2, 2, 2, 2, 2, 2, 2, 2, 2, 2, 2, 1, 0, 1, 0, 2, 2, 2, 2, 2, 2, 1, 2, 1, 0, 0, 2, 2, 2, 2, 2, 2, 2, 1, 2, 2, 2, 2, 2, 2, 2,
  2, 2, 2, 2, 2, 2, 2, 2, 2, 2, 2, 2, 2, 2, 2, 2, 2, 2, 2, 2, 2, 2, 2, 2, 2, 2, 2, 2, 2, 2, 2, 2, 2, 2, 2, 2, 2, 2, 2, 2, 2, 2, 2, 0, 2, 2, 2, 2, 2,
  2, 2, 2, 2, 2, 2, 2, 2, 2, 2, 2, 2, 2, 2, 2, 2, 2, 2, 2, 2, 2, 0, 2, 2, 2, 2, 2, 2, 2, 2, 2, 2, 2, 2, 2, 2, 2, 2, 2, 2, 2, 2, 1, 2, 2, 2, 2, 2, 2,
  2, 1, 2, 2, 2, 2, 2, 2, 2, 2, 0, 2, 2, 0, 2, 2, 2, 2, 2, 2, 2, 2, 1, 2, 1, 2, 2, 2, 2, 2, 2, 2, 2, 2, 2, 2, 2, 2, 2, 2, 2, 2, 2, 2, 2, 2, 2, 2, 2,
  2, 2, 2, 2, 2, 2, 2, 2, 2, 2, 2, 2, 2, 2, 2, 2, 2, 2, 2, 2, 2, 2, 2, 2, 2, 2]
```

图 8-7 整个轨迹的状态序列和对应的动作序列

```
discounted_ep_rs_norm:
 [-8.84823098e-01 -8.84481062e-01 -8.84137308e-01 -8.83791826e-01
  -8.83444608e-01 -8.83095645e-01 -8.82744929e-01 -8.82392450e-01
  -8.82038200e-01 -8.81682169e-01 -8.81324350e-01 -8.80964733e-01
  -8.80603308e-01 -8.80240067e-01 -8.79875001e-01 -8.79508101e-01
  -8.79139356e-01 -8.78768759e-01 -8.78396300e-01 -8.78021968e-01
  -8.77645756e-01 -8.77267653e-01 -8.76887650e-01 -8.76505738e-01
  -8.76121906e-01 -8.75736146e-01 -8.75348447e-01 -8.74958800e-01
  -8.74567195e-01 -8.74173622e-01 -8.73778071e-01 -8.73380533e-01
  -8.72980997e-01 -8.72579453e-01 -8.72175891e-01 -8.71770302e-01
  -8.71362674e-01 -8.70952998e-01 -8.70541263e-01 -8.70127459e-01
  -8.69711576e-01 -8.69293603e-01 -8.68873530e-01 -8.68451345e-01
  -8.68027039e-01 -8.67600601e-01 -8.67172020e-01 -8.66741286e-01
  -8.66308387e-01 -8.65873312e-01 -8.65436051e-01 -8.64996593e-01
  -8.64554927e-01 -8.64111041e-01 -8.63664924e-01 -8.63216566e-01
  -8.62765955e-01 -8.62313079e-01 -8.61857928e-01 -8.61400489e-01
  -8.60940752e-01 -8.60478704e-01 -8.60014335e-01 -8.59547632e-01
  -8.59078584e-01 -8.58607178e-01 -8.58133404e-01 -8.57657249e-01
  -8.57178702e-01 -8.56697750e-01 -8.56214380e-01 -8.55728582e-01
  -8.55240343e-01 -8.54749650e-01 -8.54256491e-01 -8.53760855e-01
  -8.53262727e-01 -8.52762097e-01 -8.52258950e-01 -8.51753275e-01
  -8.51245060e-01 -8.50734290e-01 -8.50220954e-01 -8.49705038e-01
  -8.49186529e-01 -8.48665415e-01 -8.48141683e-01 -8.47615318e-01
  -8.47086309e-01 -8.46554641e-01 -8.46020301e-01 -8.45483277e-01
  -8.44943553e-01 -8.44401118e-01 -8.43855956e-01 -8.43308056e-01
  -8.42757402e-01 -8.42203980e-01 -8.41647778e-01 -8.41088781e-01
  -8.40526975e-01 -8.39962345e-01 -8.39394879e-01 -8.38824560e-01
  -8.38251376e-01 -8.37675312e-01 -8.37096352e-01 -8.36514484e-01
  -8.35929691e-01 -8.35341960e-01 -8.34751275e-01 -8.34157622e-01
```

图 8-8 标准化后的回报值

对应的,网络参数更新公式如下:

$$\theta \leftarrow \theta + \alpha G \nabla_\theta \ln\pi(a_t \mid s_t, \theta)$$

更新完成,将 ep_obs、ep_as、ep_rs 三个变量中的回合数据清空。

```python
vt = RL.learn()

self.sess.run(self.train_op, feed_dict = {
    self.tf_obs: np.vstack(self.ep_obs),
    self.tf_acts: np.array(self.ep_as),
    self.tf_vt: discounted_ep_rs_norm,
})

self.ep_obs, self.ep_as, self.ep_rs = [], [], []
```

(10) 重复步骤(5)~(9),直至参数收敛。

### 8.5.3 核心代码

整个小车爬山游戏任务被分解写入以下三个模块:环境模块、强化学习模块(RL_brain.py)及主循环模块(run_MountainCar.py)。

主循环模块会调用环境模块和强化学习模块的函数方法,所以主循环模块将上面两者串联起来。环境模块直接使用 gym 提供的接口,gym 的具体内容不在本书讨论范围,所以下面重点介绍强化学习模块和主循环模块。

先来看主循环模块(run_MountainCar.py)部分,在此模块,整个学习的框架可以被简化成下面这样。

(1) 导入模块及初始化。
- 导入环境模块;导入强化学习模块。
- 初始化:调用强化学习模块(RL_brain.py)的主类 PolicyGradient 进行初始化,实例化对象 RL。
- 同时创建神经网络,定义了损失函数。

(2) 进入总循环。

(3) 进入单个轨迹内循环。
- 调用对象 RL 的动作选择函数:action=RL.choose_action(observation)。
- 调用环境的 step 函数:observation_,reward,done,info=env.step(action)。
- 调用 RL 的回合存储函数:RL.store_transition(observation,action,reward)。

(4) 结束单个轨迹内循环。调用 RL 的学习函数,进行网络参数更新。

(5) 结束总循环。

代码如下。

```python
import gym
from RL_brain import PolicyGradient
import matplotlib.pyplot as plt
RENDER = False                                    # 控制界面渲染的标志
env = gym.make('MountainCar-v0')                  # 加载 MountainCar 环境
env.seed(1)                                       # 设置随机种子,使结果可重现
env = env.unwrapped                               # 取消限制
RL = PolicyGradient(
    n_actions = env.action_space.n,               # 一共有三个行为,分别为左、右、静止
    n_features = env.observation_space.shape[0],  # 小车的四个顶点的坐标
    learning_rate = 0.02,
    reward_decay = 0.995,
    output_graph = False,
)
for i_episode in range(1000):
    observation = env.reset()
    while True:
        if RENDER: env.render()
        action = RL.choose_action(observation)
        observation_, reward, done, info = env.step(action)
        RL.store_transition(observation, action, reward)
        if done:
            # 计算运行回报
            ep_rs_sum = sum(RL.ep_rs)
            if 'running_reward' not in globals():
                running_reward = ep_rs_sum
            else:
                running_reward = running_reward * 0.99 + ep_rs_sum * 0.01
```

```
            if running_reward > DISPLAY_REWARD_THRESHOLD: RENDER = True
            vt = RL.learn()                           # 回合结束开始学习
            if i_episode == 30:
                plt.plot(vt)                          # 第 30 个回合展示 vt
                plt.xlabel('episode steps')
                plt.ylabel('normalized state-action value')
                plt.show()
            break
        observation = observation_
```

强化学习模块(RL_brain.py)由 PolicyGradient 类构成,包含了如下方法。

- _init_：初始化方法。
- _build_net：网络构建方法,包括定义网络结构、正向传播方法、损失函数和优化目标。
- choose_action：行为选择方法。
- learn：学习方法,进行网络参数更新。
- _discount_and_norm_rewards：折扣累积回报计算方法。

代码如下。

```
class PolicyGradient:
    def __init__(
        self,
        n_actions,                                    # 动作空间
        n_features,                                   # 状态空间
        learning_rate = 0.01,                         # 学习率
        reward_decay = 0.95,                          # 回报衰减率
        output_graph = False,                         # 是否输出 graph
    ):
        self.n_actions = n_actions
        self.n_features = n_features
        self.lr = learning_rate
        self.gamma = reward_decay
        # 记录每回合的状态、动作和回报
        self.ep_obs, self.ep_as, self.ep_rs = [], [], []
        self._build_net()
        self.sess = tf.Session()
        if output_graph:
            tf.summary.FileWriter("logs/", self.sess.graph)
        self.sess.run(tf.global_variables_initializer())
    def _build_net(self):
        with tf.name_scope('inputs'):
            self.tf_obs = tf.placeholder(tf.float32, [None, self.n_features], name = "observations")
            self.tf_acts = tf.placeholder(tf.int32, [None, ], name = "actions_num")
            self.tf_vt = tf.placeholder(tf.float32, [None, ], name = "actions_value")
        # 全连接层 1
        layer = tf.layers.dense(
            inputs = self.tf_obs,                     # 该层的输入
```

```python
            units = 10,                                         # 神经元数量
            activation = tf.nn.tanh,                            # 激活函数
            kernel_initializer = tf.random_normal_initializer(mean = 0, stddev = 0.3),
            bias_initializer = tf.constant_initializer(0.1),    # 初始化偏置量
            name = 'fc1'                                        # 该层的名称
        )
        # 全连接层 2
        all_act = tf.layers.dense(
            inputs = layer,
            units = self.n_actions,
            activation = None,
            kernel_initializer = tf.random_normal_initializer(mean = 0, stddev = 0.3),
            bias_initializer = tf.constant_initializer(0.1),
            name = 'fc2'
        )
        self.all_act_prob = tf.nn.softmax(all_act, name = 'act_prob')
                                                    # 使用 softmax 输出各动作的概率
        with tf.name_scope('loss'):
            # 因为 TensorFlow 优化器只有取最小的方法,所以为求得回报最大,现在将回报(log_
            # p * R)变成负数( - log_p * R)传入优化器中,求取负回报最小值
            neg_log_prob = tf.nn.sparse_softmax_cross_entropy_with_logits(logits = all_act,
labels = self.tf_acts)
            loss = tf.reduce_mean(neg_log_prob * self.tf_vt)
        with tf.name_scope('train'):
            # 根据损失进行优化操作
            self.train_op = tf.train.AdamOptimizer(self.lr).minimize(loss)
                                    # 更新公式 θ < - - θ + α ▽_θlogπ_θ(s_t,a_t)v_t
    def choose_action(self, observation):
        prob_weights = self.sess.run(self.all_act_prob, feed_dict = {self.tf_obs: observation
[np.newaxis, :]})                   # np.newaxis 在使用和功能上等价于 None
        action = np.random.choice(range(prob_weights.shape[1]), p = prob_weights.ravel())
                                            # 以指定概率随机选择动作
        return action
    def store_transition(self, s, a, r):
        self.ep_obs.append(s)
        self.ep_as.append(a)
        self.ep_rs.append(r)
    def learn(self):
        # 规范化每一个回合中的回报
        discounted_ep_rs_norm = self._discount_and_norm_rewards()
        self.sess.run(self.train_op, feed_dict = {
            self.tf_obs: np.vstack(self.ep_obs),        # shape = [None, n_obs]
            self.tf_acts: np.array(self.ep_as),         # shape = [None, ]
            self.tf_vt: discounted_ep_rs_norm,          # shape = [None, ]
        })
        # 清空回合数据
```

```
        self.ep_obs, self.ep_as, self.ep_rs = [], [], []
        return discounted_ep_rs_norm
    # 对回报的特殊处理(因为环境返回的回报都为1.0)
    def _discount_and_norm_rewards(self):
        discounted_ep_rs = np.zeros_like(self.ep_rs)
        running_add = 0
        # 反序遍历
        for t in reversed(range(0, len(self.ep_rs))):
            running_add = running_add * self.gamma + self.ep_rs[t]
            discounted_ep_rs[t] = running_add
        # 规范化回报值
        discounted_ep_rs -= np.mean(discounted_ep_rs)      # 各参数减去均值
        discounted_ep_rs /= np.std(discounted_ep_rs)       # 矩阵各参数除以标准差
        return discounted_ep_rs
```

## 8.6 小结

本章将强化学习的范围从基于值函数的方法扩展到了基于策略函数的方法。下一章介绍的 Actor-Critic 系列方法是基于值函数和基于策略函数的一种结合方法。

策略梯度方法的主要思想是直接计算目标函数关于策略的梯度,通过梯度来优化策略。比较经典的就是 REINFORCE 方法。因为其每次更新都需对完整轨迹所有时间步的回报进行采样,因此方差比较大。通过引入基线法,可以有效地解决这个问题。带基线的 REINFORCE 方法,将值函数作为基线函数,用累积折扣回报和值函数的差值,代替累积折扣回报,加快了方法的收敛速度。

随机策略梯度方法虽然有很好的特性,但是在训练模型时,还是存在一定的波动性。而置信域策略优化(Trust Region Policy Optimization,TRPO)可以解决这个学习速率无法确定的问题,它能够确定一个合适的更新步长,使得策略更新后,回报函数的值单调不减。

实例部分结合小车爬山游戏,介绍了策略梯度方法。通过训练策略网络,小车最终可以习得爬山的最优动作。

## 8.7 习题

1. 策略梯度方法有哪些优点?
2. 写出随机策略梯度定理的公式。
3. 给出 REINFORCE 方法的算法描述。
4. 策略梯度方法中引入基线是为了解决什么问题?基线 $b$ 如何确定?
5. 给出带基线的 REINFORCE 方法的算法描述。
6. 为什么 TRPO 能保证新策略的回报函数单调不减?

# 第9章 Actor-Critic及变种

使用蒙特卡罗策略梯度方法方差较高,引入基线可以在一定程度上减小方差。除此之外,还有一种降低方差的方法,使用相对准确的函数 $Q_w(s,a)$ 对行为值函数 $Q_\pi(s,a)$ 近似,避免了对数据的采样,也就避免了来自环境的噪声。用近似的值函数来指导策略参数更新,这就是 Actor-Critic 策略梯度的主要思想。

Actor-Critic 算法的引入,主要是为了解决 Policy Gradient 算法中回合更新效率低的问题,即它仅能在一个回合完成之后,才能更新参数。Actor-Critic 算法可以实现单步更新,收敛要快很多。

Actor-Critic 的字面意思是"行动者-评论家",相当于行动者在行动的同时有评论家指点继而行动者做得越来越好。即使用 Critic 来参数化行为值函数,并对其进行估计。

$$Q_w(s,a) \approx Q_{\pi_\theta}(s,a)$$

Actor 则按照 Critic 得到的行为值函数,引导策略参数 $\theta$ 的更新。

$$\Delta\theta = \alpha \nabla_\theta \log\pi_\theta(a \mid s) Q_w(s,a)$$

整个 9.1 节 Actor-Critic(AC)算法中的 Actor 采用的策略都是随机策略,遵循的是一个随机的策略梯度,属于随机策略梯度范畴(相应地,10.1 节讨论的 Actor-Critic 算法遵循的是一个确定性的策略梯度,属于确定性策略方法)。9.1.1 节和 9.1.2 节分别介绍了在线策略 Actor-Critic 方法和离线策略 Actor-Critic 方法,9.2 节通过引入基线的方式,对 AC 方法进行改进,就有了优势 Actor-Critic(A2C)方法。9.3 节引入多线程方式,就有了异步优势 Actor-Critic(A3C)方法。

## 9.1 AC 方法

虽然前面介绍的带基线 REINFORCE(REINFORCE-with-baseline)方法,也同时学习了策略函数和值函数,但它并不是一个行动者-评论家(Actor-Critic)方法,因为它的值函数仅作为基线函数(Baseline),而不是作为评论者(Critic)直接估计 $Q_\pi(s,a)$。

评论者(Critic)通过自举(根据后续状态值更新当前状态值)的方式估计 $Q_\pi(s,a)$,不可避免地为算法引入了偏差,并且算法严重依赖近似函数的质量。当然,自举的方法也有它的好处,它减少了算法的方差,提高了学习的速度,并且它克服了蒙特卡罗只能学习完整轨迹的限制。通过对评价家引入时序差分(TD(0))法,可以实现对不完整轨迹的在线增量学习。当然也可以采用 TD(λ)来灵活选择自举程度。

根据生成采样数据所使用的策略和评估改进的策略是否为同一个策略,行动者-评论家(Actor-Critic)方法又可以分为在线策略 AC 和离线策略 AC。同之前 Sarsa 一样,引入离线策略是为了保证对环境的充分探索。

## 9.1.1 在线策略 AC 方法

在线策略的行动者-评论家(Actor-Critic)方法表示用来采样的策略同时也是需要评估改进的策略,记为 $\pi(s|a,\theta)$。行动者 Actor 遵循随机策略梯度定理对策略参数进行更新,评论家 Critic 做的事情其实就是策略评估。关于策略评估,之前介绍的时序差分法 TD(0)、资格迹法 TD(λ)等都可以拿来使用。

本节以评论家(Critic)采用线性逼近函数为例来介绍在线策略 AC 方法。如下为线性近似函数:

$$Q_w(s,a) = w^T \phi(s,a)$$

$\phi(s,a)$ 可以是前面介绍的任意一个基函数。如果,评论家(Critic)通过 TD(0)更新 $w$,行动者(Actor)通过策略梯度更新 $\theta$,则有:对于一给定的样本,存在这样的 TD 残差:

$$\delta_t = r_s^a + \gamma w^T \phi(s_{t+1}, a_{t+1}) - w^T \phi(s_t, a_t)$$

则评论家的近似值函数参数 $w$ 更新公式为:

$$w_{t+1} = w_t + \beta \delta_t \phi(s_t, a_t)$$

行动者策略参数更新公式为:

$$\theta = \theta + \alpha \nabla_\theta \log \pi_\theta(a \mid s) Q_w(s,a)$$

具体算法流程如下。

| 算法:AC 方法——评论家(Critic)采用线性逼近函数 |
| --- |
| 输入:可微策略函数 $\pi(a\|s,\theta)$;线性逼近函数 $Q_w(s,a) = w^T \phi(s,a)$ |
| 初始化状态 $s$,初始化策略参数 $\theta$<br>loop<br>    遵循策略 $\pi_\theta$,采样得到动作 $a$<br>    对于轨迹中的每一步:$t=0,1,\cdots,T-1$:<br>        得到回报 $r=R_s^a$;以及下一个状态 $s' \sim P_s^a$<br>        遵循策略 $\pi_\theta$,采样得到动作 $a'$<br>        则有:$\delta = r + \gamma Q_w(s',a') - Q_w(s,a)$<br>        $\theta = \theta + \alpha \nabla_\theta \log \pi_\theta(a\|s) Q_w(s,a)$ |

| |
|---|
| $\qquad w \leftarrow w + \beta\delta\phi(s,a)$<br>$\qquad a \leftarrow a', s \leftarrow s'$<br>　结束循环,直至轨迹结束<br>end loop　　until $\theta$ 收敛 |
| 输出:最优策略参数$\theta$及最优策略 |

实际场景中,用得比较多的是通过神经网络来逼近评论家(Critic)$Q_w(s,a)$。$w$ 表示的是神经网络的参数,对网络参数的更新等价于更新评论家 $Q_w(s,a)$。具体的算法流程同线性逼近基本一致。其中,网络参数 $w$ 按照下式进行更新:

$$w \leftarrow w + \beta\delta \nabla_w Q_w(s,a)$$

在更新参数 $\theta$ 时,可使用 TD 残差代替 $Q_w(s,a)$ 作为轨迹回报的估计。此方法在减少计算量和减少方差方面有一定的优势。则 Actor 网络更新公式变为:

$$\theta = \theta + \alpha \nabla_\theta \log\pi_\theta(a \mid s) Q_w(s,a)$$

具体算法流程如下。

| |
|---|
| 算法:AC 方法——评论家(Critic)采用神经网络进行逼近 |
| 输入:行动者(Actor)的神经网络模型 $\pi_\theta(a\mid s)$,评论家(Critic)的神经网络模型 $Q_w(s,a)$ |
| 初始化状态 $s$,初始化策略参数 $\theta$<br>loop<br>　遵循策略 $\pi_\theta$,采样得到动作 $a$<br>　对于轨迹中的每一步:$t=0,1,\cdots,T-1$:<br>$\qquad$得到回报 $r=R_s^a$;以及下一个状态 $s' \sim P_s^a$<br>$\qquad$遵循策略 $\pi_\theta$,采样得到动作 $a'$<br>$\qquad$则有:$\delta = r + \gamma Q_w(s',a') - Q_w(s,a)$<br>$\qquad\theta = \theta + \alpha \nabla_\theta \log\pi_\theta(a\mid s) Q_w(s,a)$<br>$\qquad w \leftarrow w + \beta\delta \nabla_w Q_w(s,a)$<br>$\qquad a \leftarrow a', s \leftarrow s'$<br>　结束循环,直至轨迹结束<br>end loop　　until $\theta$ 收敛 |
| 输出:最优策略参数 $\theta$ 及最优策略 |

由上文可知,AC 方法针对每一个时间步进行更新,属于单步更新法。它不需要等到轨迹结束,是一个在线实时更新的算法。而单纯的策略梯度方法(如第 8 章介绍的 REINFORCE 方法)是回合更新,只能等到回合结束才开始更新,严重降低了学习效率。

## 9.1.2 离线策略 AC 方法

实际中,因为在线策略方法对环境的探索能力十分有限,因此离线策略方法被广泛使用。离线策略算法中,一般使用行为策略 $\beta(a|s)$ 来进行采样生成轨迹,$\beta(a|s) \neq \pi(s|a,\boldsymbol{\theta})$。并基于此轨迹来进行目标策略 $\pi(s|a,\boldsymbol{\theta})$ 的评估和改进。

在离线策略环境中,通常将目标函数修改为:

$$J_\beta(\pi_\theta) = \int_S \rho^\beta(s) V_\pi(s) \mathrm{d}s$$
$$= \int_S \int_A \rho^\beta(s) \pi_\theta(a|s) Q_\pi(s,a) \mathrm{d}a \mathrm{d}s$$

$V_\pi(s)$ 表示状态 $s$ 遵循目标策略 $\pi(s|a,\boldsymbol{\theta})$ 的状态值函数。$\rho^\beta(s)$ 为在 $\beta(a|s)$ 下的状态分布。可见,$J_\beta(s)$ 表示的是利用在策略 $\beta(a|s)$ 下采样的数据,评估策略 $\pi(s|a,\boldsymbol{\theta})$。

对离线策略的目标函数基于 $\boldsymbol{\theta}$ 求梯度,可得:

$$\nabla_\theta J_\beta(\pi_\theta) \approx \int_S \int_A \rho^\beta(s) \nabla_\theta \pi_\theta(a|s) Q_\pi(s,a) \mathrm{d}a \mathrm{d}s$$
$$= E_{s\sim\rho^\beta, a\sim\beta} \left[ \frac{\pi_\theta(a|s)}{\beta(a|s)} \nabla_\theta \log\pi_\theta(a|s) Q_\pi(s,a) \right]$$

根据乘法求导法则,$\nabla_\theta(\pi_\theta(a|s) Q_\pi(s,a)) = \nabla_\theta \pi_\theta(a|s) Q_\pi(s,a) + \pi_\theta(a|s) \nabla_\theta Q_\pi(s,a)$。$\nabla_\theta Q_\pi(s,a)$ 在离线策略情况下难以估计和求解,等式右边省略了 $\nabla_\theta Q_\pi(s,a)$ 这一项,得到一个近似的离线策略梯度法。此近似值被 Degris 等人证明可以在梯度上升方法中收敛到局部最优解。

离线策略行动者-评论家(Off Policy Actor-Critic,OffPAC)算法使用行为策略 $\beta(a|s)$ 来产生采样轨迹,评价家(Critic)通过对这些数据进行学习,采用时序差分法,用近似值函数 $Q_w(s,a)$ 逼近真实值函数 $Q_\pi(s,a)$。行动者(Actor)也是通过这些数据来对策略参数进行更新的,它采用的是随机梯度上升法。在算法中,针对采样数据的来源(来自于 $\beta(a|s)$ 而不是 $\pi_\theta(a|s)$),行动者和评论家都使用了重要采样比例 $\frac{\pi_\theta(a|s)}{\beta(a|s)}$ 来进行调整(假设 $Q_w(s,a)$ 为一个线性近似函数,参数为 $w$)。

$$Q_w(s,a) = w^\mathrm{T} \phi(s,a)$$

则对于一给定的样本,如果使用时序差分 TD(0) 方法,存在这样的 TD 残差(也叫 TD 目标):

$$\delta_t(w) = r_s^a + \gamma w^\mathrm{T} \phi(s_{t+1}, a_{t+1}) - w^\mathrm{T} \phi(s_t, a_t)$$

则评论家的近似值函数参数 $w$ 更新公式为:

$$w_{t+1} = w_t + \eta \frac{\pi_\theta(a|s)}{\beta(a|s)} \delta_t(w) \phi(s_t, a_t)$$

行动者策略参数更新公式为:

$$\boldsymbol{\theta} = \boldsymbol{\theta} + \alpha \nabla_\theta \log\pi_\theta(s,a) Q_w(s,a)$$

评论家在进行策略评估时,除了可以使用 TD(0),还可以使用 Sarsa、TD(λ)等。但是时序差分方法在离线策略的情况下,容易出现不稳定和发散的情况,尤其是 Sarsa 和 TD(λ)。为了解决这个问题,Sutton 在 2009 年提出了时序差分梯度方法(Gradient-TD Methods,GTD)。Maei 于 2011 年在 GTD 方法的基础上引入了梯度修正项,提出了带梯度修正项的时序差分法(TD with Gradient Correction Term,TDC),证明了此方法在离线策略情况下的收敛性,并且通过实验论证了它的效率。

TDC 以 $V_\theta(s)$ 作为真实值 $V_\pi(s)$ 的近似函数,它的目标是最小化均方投影贝尔曼误差 MSPBE($v$):

$$J(\boldsymbol{\theta}) = \left\| V_\theta - \prod_\mu T^\pi V_\theta \right\|_\mu^2$$
$$= (P_\mu^\pi \delta(\boldsymbol{\theta})\phi)^T E[\phi_t \phi_t]^{-1} (P_\mu^\pi \delta(\boldsymbol{\theta})\phi)$$
$$= E[\rho_t \delta_t(\boldsymbol{\theta})\phi_t]^T E[\phi_t \phi_t]^{-1} E[\rho_t \delta_t(\boldsymbol{\theta})\phi_t]$$

在对值函数参数进行更新时,需要同时更新两组参数,分别是 $\boldsymbol{\theta}$ 和 $\boldsymbol{w}$。

$$\boldsymbol{\theta}_{t+1} = \boldsymbol{\theta}_t + a_t \rho_t (\delta_t \phi_t - \gamma \phi_{t+1}(\phi_t^T \boldsymbol{w}_t))$$
$$\boldsymbol{w}_{t+1} = \boldsymbol{w}_t + \beta_t (\rho_t \delta_t - \phi_t^T \boldsymbol{w}_t)\phi_t$$

式中,$\delta_t = r_s^a + \gamma \boldsymbol{w}^T \phi(s_{t+1}) - \boldsymbol{w}^T \phi(s_t)$。

$$\rho_t = \frac{\pi_\theta(a \mid s)}{\beta(a \mid s)}$$

因此可将 TDC 方法引入 AC 的框架中,评论家在更新值函数参数时使用它,行动者在更新策略参数时依旧使用随机策略梯度公式。

### 9.1.3 兼容性近似函数定理

一个完整的行动者-评论家(Actor-Critic)方法包含两部分:评论家(Critic)引入近似值函数 $Q_w(s,a)$,通过时序差分法更新参数 $w$,对真实值函数 $Q_\pi(s,a)$ 近似。行动者(Actor)遵循随机策略梯度定理,在评论家(Critic)的指导下,通过梯度上升法,对随机梯度 $\pi(s\mid a,\boldsymbol{\theta})$ 的参数 $\boldsymbol{\theta}$ 进行迭代更新。

算法中,使用近似函数 $Q_w(s,a)$ 代替了真实值函数 $Q_\pi(s,a)$,不可避免地为算法引入了偏差,那么如何避免呢?Sutton 在 1999 年提出的兼容性近似函数定理(Compatible Function Approximation Theorem)很好地解决了这个问题。他认为只要近似函数 $Q_w(s,a)$ 同时满足如下两个条件,就可以消除偏差。

条件(1):近似值函数 $Q_w(s,a)$ 需要与随机策略 $\pi_\theta(s\mid a)$ 的特征 $\nabla_\theta \log \pi_\theta(s\mid a)$ 呈线性关系,即满足:

$$Q_w(s,a) = \nabla_\theta \log \pi_\theta(a \mid s)^T \boldsymbol{w}$$

条件(2):近似值函数参数 $w$ 使下式均方误差最小:

$$\varepsilon^2(\boldsymbol{w}) = E_{s\sim\rho^\pi, a\sim\pi_\theta}[(Q_w(s,a) - Q_\pi(s,a))^2]$$

当条件(1)和(2)同时满足时,有:

$$\nabla_\theta J(\pi_\theta) = E_{s \sim \rho^\pi, a \sim \pi_\theta}[\nabla_\theta \log \pi_\theta(a \mid s) Q_w(s,a)]$$

近似值函数 $Q_w(s,a)$ 可以在没有偏差的情况下代替真实值函数 $Q_\pi(s,a)$。

接下来对兼容性近似函数定理进行证明:

如果 $w$ 满足条件(2),使得 $Q_w(s,a)$ 和 $Q_\pi(s,a)$ 的均方误差最小。则有 $\varepsilon$ 对 $w$ 的梯度为 0。

$$\nabla_w \varepsilon = 0$$

其中,$\varepsilon = Q_w(s,a) - Q_\pi(s,a)$。因为 $Q_\pi(s,a)$ 与 $w$ 无关,则:

$$\nabla_w \varepsilon = \nabla_w Q_w(s,a)$$

则有:$E_\pi[\varepsilon \nabla_w \varepsilon] = E_\pi[(Q_w(s,a) - Q_\pi(s,a))\nabla_w Q_w(s,a)] = 0$

又因为,$Q_w(s,a)$ 需要满足条件(1),$\nabla_w Q_w(s,a) = \nabla_\theta \log \pi_\theta(a \mid s)$,则有:

$E_\pi[(Q_w(s,a) - Q_\pi(s,a))\nabla_w Q_w(s,a)] = E_\pi[(Q_w(s,a) - Q_\pi(s,a))\nabla_\theta \log \pi_\theta(a \mid s)]$

$E_\pi[Q_w(s,a) \nabla_\theta \log \pi_\theta(a \mid s)] = E_\pi[Q_\pi(s,a) \nabla_\theta \log \pi_\theta(a \mid s)]$

那么就有:

$$\nabla_\theta J(\boldsymbol{\theta}) = E_{\pi_\theta}[\nabla_\theta \log \pi_\theta(s,a) Q_w(s,a)]$$

在实践中,条件(2)通常被放宽,只需通过采用时序差分法来进行值函数更新即可近似保证。事实上,如果两个条件同时满足,那么整个行动者-评论家(Actor-Critic)算法就变成了 REINFORCE 算法,那就等同于没有使用评论家 Critic。

兼容近似函数定理给我们设计近似值函数提供了一种思路,采用兼容近似函数,可以有效地消除偏差。此定理可同时适用于在线策略和离线策略 AC 方法中。

## 9.2 A2C 方法

同之前介绍的 REINFORCE 方法一样,行动者-评论家方法也可以采用引入基线的方式来进一步减小方差。其基本思想是从策略梯度里减去一个基线函数 $B(s)$,要求这一函数仅与状态有关,与行为无关,因而不改变梯度本身。基线函数的特点是能在不改变策略梯度的同时降低其方差。

$$\nabla_\theta J(\boldsymbol{\theta}) = \sum_s u_{\pi_\theta}(s) \sum_a Q_\pi(s,a) \nabla_\theta \pi_\theta(a \mid s, \boldsymbol{\theta})$$
$$= \sum_s u_{\pi_\theta}(s) \sum_a (Q_\pi(s,a) - b(s)) \nabla_\theta \pi_\theta(a \mid s, \boldsymbol{\theta})$$

证明如 REINFORCE 方法,这里不再赘述。

原则上,与行为无关的函数都可以作为基线函数 $B(s)$。一个很好的基线函数 $B(s)$ 就是基于当前状态的值函数 $V_{\pi_\theta}(s)$。

$$B(s) = V_{\pi_\theta}(s)$$

这样就可以通过优势函数对策略梯度进行修改,其中优势函数的定义如下:

$$A_{\pi_\theta}(s,a) = Q_{\pi_\theta}(s,a) - V_{\pi_\theta}(s)$$

目标函数的梯度可以写成：
$$\nabla_\theta J(\boldsymbol{\theta}) = E_{\pi_\theta}[\nabla_\theta \log \pi_\theta(a \mid s)(Q_{\pi_\theta}(s,a) - V_{\pi_\theta}(s))]$$
$$= E_{\pi_\theta}[\nabla_\theta \log \pi_\theta(a \mid s) A_{\pi_\theta}(s,a)]$$

评论家 Critic 部分是一个优势函数，对应的 AC 方法也变成了 Advantage Actor-Critic 方法。

理论上，在进行评论家 Critic 部分的计算时，我们需要两个近似函数，同时更新两套参数。一套用来近似值函数，一套用来近似行为值函数。

$$V_v(s) \approx V_{\pi_\theta}(s)$$
$$Q_w(s,a) \approx Q_{\pi_\theta}(s)$$
$$A(s,a) = Q_w(s,a) - V_v(s)$$

不过实际操作时，一般用 TD 误差代替优势数进行计算，因为 TD 误差是优势函数的无偏估计。

$$\delta_{\pi_\theta} = r + \gamma V_{\pi_\theta}(s') - V_{\pi_\theta}(s)$$
$$E_{\pi_\theta}[\delta_{\pi_\theta} \mid s,a] = E_{\pi_\theta}[r + \gamma V_{\pi_\theta}(s') \mid s,a] - V_{\pi_\theta}(s)$$
$$= Q_{\pi_\theta}(s,a) - V_{\pi_\theta}(s)$$
$$= A_{\pi_\theta}(s,a)$$

实际运用时，我们使用一个近似的 TD 误差，即用状态函数的近似函数来代替实际的状态函数，并且近似 TD 误差只需一套参数即可完成计算。

$$\delta_v = r + \gamma V_v(s') - V_v(s)$$

最后，策略梯度计算公式变为：
$$\nabla_\theta J(\boldsymbol{\theta}) = E_{\pi_\theta}[\nabla_\theta \log \pi_\theta(a \mid s) \delta_{\pi_\theta}]$$

## 9.3 A3C 方法

### 9.3.1 简介

众所周知，深层神经网络提供了丰富的表示方式，使强化学习算法能够更加有效地执行。但是当利用神经网络逼近行为值函数时，因为数据之间存在的强关联使得神经网络训练很不稳定，因此很多研究者提出各种解决方案来稳定算法。例如，DQN 利用经历回放的技巧来打破数据之间的相关性。基本思路是将采样数据存储于记忆库中，然后通过批量或者随机采样的方式获取不同时间步的数据，以这种方式减少数据间的关联，降低训练过程的非平稳性。

基于经历回放的深度强化学习算法在许多挑战性领域（如 Atari 2600）取得空前成功，然而，它同时也存在如下缺点：①每次交互的时候都需要更多的内存和计算；②需要使用离线策略算法来产生训练数据进行更新,而同样条件下,离线策略算法不如在线策略算法稳定。

打破数据的相关性,经历回放并非是唯一的方法。Volodymyr Mnih 等于 2016 年提出了一个轻量级的深度强化学习框架,使用异步梯度下降法优化深度神经网络。所谓异步的方法是指,通过在多个环境实例中并行地执行多个智能体,来产生多样化的数据。因为在任何给定的时间步,并行的智能体将经历各种不同的状态,从而避免了数据之间的相关性,使得强化学习的序列满足独立同分布。异步方法可以在不使用经历回放的前提下,很好地解决神经网络不稳定的问题。因为不需要存储样本,异步方式需要的内存比非异步方法少得多,这是其第二个好处。在引入异步方法之前,深度强化学习严重依赖专用硬件,如 GPU 或大规模分布式架构。而异步方法仅需一台机器,在此机器上运行一个多核 CPU 来启动多个线程,就可以完成深度强化任务。因此,与基于 GPU 的方法相比,异步方式的运行时间和运行资源要少很多。

综上所述,异步的诸多好处使得它被广泛应用在各种强化学习方法中,包括在线策略强化学习,如 Sarsa、TD($\lambda$)、Actor-Critic 方法,以及离线策略强化学习,如 Q-learning。通过采用异步方法,大部分的强化学习算法在训练神经网络时,其鲁棒性和有效性都得到了明显的提升。这里面最大的功劳在于它们使用了 CPU 的多核属性,也可以说高效率地使用了计算资源。

异步方法的核心思想是:并行的交互采样和训练。在异步方法中,同时启动多个线程,智能体将在多个线程中同时进行环境交互。只要保证每一个线程中的环境设定不同,线程间交互得到的转换序列就不会完全一样。样本收集完成以后,每一个线程将独立完成训练并得到参数更新量,并以异步的方式更新到全局的模型参数中。下一次训练时,线程的模型参数将和全局参数完成同步,再使用新的参数进行新一轮的训练,如图 9-1 所示。

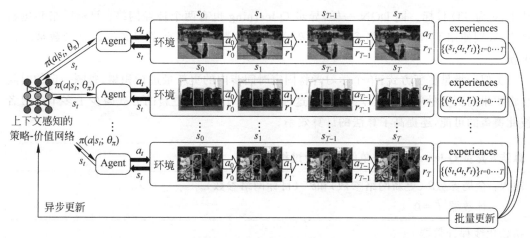

图 9-1 异步方法(见彩插)

在使用异步方式训练深度神经网络时,需要注意以下几点。

首先,在单个机器上使用多个 CPU 线程进行异步学习,而不是针对每个学习者(我们将每个线程中的智能体称为学习者,用来产生采样数据)分别使用单独的机器和参数服务器。保持学习者在同一台机器上,可以消除发送梯度和参数的通信成本。

其次,多个学习者需要使用不同的探索策略。多样化的探索策略可以最大化数据的多样性,大大地削弱了采样数据在时间上的相关性,异步方法正是通过这种方式代替了经历回放的角色。除了能够保持神经网络的训练稳定外,多并行学习者还可以减少训练时间,其训练时间与学习者数量大致呈线性关系。

最后,因为不再依赖经历回放,异步方式的应用范围从离线策略方法被扩展到了在线策略方法中,如 Sarsa 方法和 Actor-Critic 方法等。也就是说,异步方法可以应用在各种标准强化学习算法中。

本节接下来介绍的四种算法就是标准强化学习的异步变体,均成功地训练了神经网络。其主要包括异步 Sarsa、异步 Q-learning、异步 N-step Q-learning、异步优势的 Actor-Critic 方法。所有的异步方法中,异步优势 Actor-Critic 方法(A3C)性能最好,时间和计算资源消耗最少,在处理各种连续的电机控制问题中表现优秀。鉴于 A3C 方法的种种优点,以及其在二维和三维游戏、离散和连续动作空间上的成功,我们相信它会成为迄今为止最为普遍和成功的强化学习算法之一。

### 9.3.2 异步 Q-learning 方法

异步 Q-learning 的算法流程如下所示。在一台机器里同时运行多个线程,每个线程都与自己的环境进行交互,并在每个时间步计算 Q 学习损失的梯度。

$$\mathrm{d}\boldsymbol{\theta} \leftarrow \mathrm{d}\boldsymbol{\theta} + \frac{\partial (y - Q(s,a;\boldsymbol{\theta}))^2}{\partial \boldsymbol{\theta}}$$

其中,$y$ 为 TD 目标。同 DQN 一样,异步 Q-learning 也有两个神经网络:目标网络和更新网络,分别使用了不同的网络参数 $\boldsymbol{\theta}^-$ 和 $\boldsymbol{\theta}$,这两个参数作为多个学习者的共享参数被缓慢更新。

类似于批量更新方式,单个学习者将固定时间步内的更新量进行积累,每隔一定的时间步将积累的更新量更新给共享参数 $\boldsymbol{\theta}$。这种多个时间步累积更新的方式减少了多个学习者彼此覆盖的可能,还提高了算法的计算效率。

| 算法:异步 Q-learning——单线程执行过程 |
| --- |
| 输入:全局参数 $\boldsymbol{\theta}$(更新网络参数)和 $\boldsymbol{\theta}^-$(目标网络参数)。<br>　　　计数器 $T=0$ |
| 初始化线程计数器 $t \leftarrow 0$ |
| 初始化目标网络参数 $\boldsymbol{\theta}^- \leftarrow \boldsymbol{\theta}$ |
| 初始化网络参数梯度 $\mathrm{d}\boldsymbol{\theta} \leftarrow 0$ |
| 初始化状态 $s$ |

loop

  基于行为值函数 $Q(s,a;\boldsymbol{\theta})$，遵循 ε-贪心策略，采样得到动作 $a$。（以 ε 概率选择任一随机动作，以 $1-ε$ 概率选择使得行为值函数最大的动作，即：$a = \underset{a}{\operatorname{argmax}} Q(s,a;\boldsymbol{\theta})$ ））

  行为 $a$ 作用于模拟器，返回回报 $r$ 和下一个状态 $s'$

  计算 TD 目标 $y$ 为：

$$y = \begin{cases} r & \text{如果 } s' \text{ 是终止状态} \\ r + \gamma \underset{a'}{\max} Q(s', a'; \boldsymbol{\theta}^-) & s' \text{ 不是终止状态} \end{cases}$$

  计算关于 $\boldsymbol{\theta}$ 的累积梯度：$\mathrm{d}\boldsymbol{\theta} \leftarrow \mathrm{d}\boldsymbol{\theta} + \dfrac{\partial (y - Q(s,a;\boldsymbol{\theta}))^2}{\partial \boldsymbol{\theta}}$

  令 $s = s'$

  $T \leftarrow T+1$ 以及 $t \leftarrow t+1$

  if $T \bmod I_{\text{target}} == 0$（每隔一定步数更新一次 $\boldsymbol{\theta}^-$）

    更新目标网络参数：$\boldsymbol{\theta}^- \leftarrow \boldsymbol{\theta}$

  end if

  if $t \bmod I_{\text{AsyncUpdate}} == 0$ 或者 $s$ 为终止状态（每隔一定步数更新一次 $\boldsymbol{\theta}$）

    使用 $\mathrm{d}\boldsymbol{\theta}$ 更新 $\boldsymbol{\theta}$

    令 $\mathrm{d}\boldsymbol{\theta} \leftarrow 0$

  end if

end loop until $T > T_{\max}$

输出：最优网络参数 $\boldsymbol{\theta}$ 和 $\boldsymbol{\theta}^-$，以及最优策略

### 9.3.3 异步 Sarsa 方法

  异步 Sarsa 算法与异步 Q-learning 算法大致相同，区别在于 TD 目标不同。异步 Q-learning 的目标值为 $r + \gamma \underset{a'}{\max} Q(s',a';\boldsymbol{\theta}^-)$；而异步 Sarsa 目标值为 $r + \gamma Q(s',a';\boldsymbol{\theta}^-)$，其中 $a'$ 是在状态 $s'$ 上采取的行为。

  同样地，异步 Sarsa 也使用了两个神经网络，并通过多个时间步长累积更新来学习网络参数，算法流程如下。

算法：异步 Sarsa——单线程执行过程

输入：全局共享参数 $\boldsymbol{\theta}$（更新网络参数）和 $\boldsymbol{\theta}^-$（目标网络参数）。

  全局共享计数器 $T = 0$

初始化线程计数器 $t \leftarrow 0$
初始化目标网络参数 $\theta^- \leftarrow \theta$
初始化网络参数梯度 $d\theta \leftarrow 0$
初始化状态 $s$
loop
  基于行为值函数 $Q(s,a;\theta)$,遵循 $\varepsilon$-贪心策略,采样得到动作 $a$。(以 $\varepsilon$ 概率选择任一随机动作,以 $1-\varepsilon$ 概率选择使得行为值函数最大的动作,即:$a = \mathop{\mathrm{argmax}}\limits_{a} Q(s,a;\theta)$))
  行为 $a$ 作用于模拟器,返回回报 $r$ 和下一个状态 $s'$
  计算 TD 目标 $y$ 为:
$$y = \begin{cases} r & \text{如果 } s' \text{ 是终止状态} \\ r + \gamma Q(s',a';\theta^-) & s' \text{ 不是终止状态} \end{cases}$$
  计算关于 $\theta$ 的累积梯度:$d\theta \leftarrow d\theta + \dfrac{\partial (y - Q(s,a;\theta))^2}{\partial \theta}$
  令 $s = s'$
  $T \leftarrow T+1$ 以及 $t \leftarrow t+1$
  if  $T \bmod I_{\text{target}} == 0$(每隔一定步数更新一次 $\theta^-$)
    更新目标网络参数:$\theta^- \leftarrow \theta$
  end if
  if  $t \bmod I_{\text{AsyncUpdate}} == 0$ 或者 $s$ 为终止状态(每隔一定步数更新一次 $\theta$)
    使用 $d\theta$ 更新 $\theta$
    令 $d\theta \leftarrow 0$
  end if
end loop until $T > T_{\max}$

输出:最优网络参数 $\theta$ 和 $\theta^-$,以及最优策略

### 9.3.4 异步 $n$ 步 Q-learning 方法

接下来介绍异步 $n$ 步 Q-learning 算法。同样地,它也使用了两个神经网络,一个作为更新的目标,参数为 $\theta^-$;一个用来表示当前值函数,参数为 $\theta$。与异步 Q-learning 所不同的是,它在更新网络参数时,用到的是 $n$ 步回报。

为了计算单线程的更新量,算法首先使用 $\varepsilon$-贪心策略选择行为,产生 $t_{\max}$ 步(或达到终止状态)轨迹,从环境中获得 $t_{\max}$ 步立即回报。

接着使用得到的训练数据,计算 $t_{\max}$ 步的累积梯度。

$$\mathrm{d}\boldsymbol{\theta} \leftarrow \mathrm{d}\boldsymbol{\theta} + \frac{\partial(R - Q(s_i, a_i; \boldsymbol{\theta}'))^2}{\partial \boldsymbol{\theta}'}$$

累积梯度是从 $t_{\text{start}}$ 开始到 $t$，一共 $t_{\max}$ 步的梯度更新量之和。其中，$R$ 表示的是 $n$ 步回报。

$$R_t^n = r_{t+1} + \gamma r_{t+2} + \gamma^{n-1} r_{t+n} + \gamma^n R_{t+n}^n = r_{t+1} + \gamma R_{t+1}^n$$

最后，使用累积梯度 $\mathrm{d}\boldsymbol{\theta}$，异步更新网络参数。

单线程算法流程如下。

---

**算法：$n$ 步 Q-learning——单线程执行过程**

---

输入：全局共享参数 $\boldsymbol{\theta}$（更新网络参数）和 $\boldsymbol{\theta}^-$（目标网络参数）。

　　全局共享计数器 $T=0$

---

初始化线程计数器 $t \leftarrow 1$
初始化目标网络参数 $\boldsymbol{\theta}^- \leftarrow \boldsymbol{\theta}$
初始化特定线程的网络参数 $\boldsymbol{\theta}' \leftarrow \boldsymbol{\theta}$
初始化网络梯度 $\mathrm{d}\boldsymbol{\theta} \leftarrow 0$
loop
　　清空梯度 $\mathrm{d}\boldsymbol{\theta} \leftarrow 0$
　　同步更新特定线程的网络参数 $\boldsymbol{\theta}' = \boldsymbol{\theta}$
　　令 $t_{\text{start}} = t$
　　得到初始状态 $s_t$
　　loop
　　　　基于行为值函数 $Q(s_t, a; \boldsymbol{\theta}')$，遵循 ε-贪心策略，采样得到动作 $a_t$。（以 ε 概率选择任一随机动作，以 $1-\varepsilon$ 概率选择使得行为值函数最大的动作，即：$a_t = \underset{a}{\operatorname{argmax}} Q(s_t, a; \boldsymbol{\theta}')$）
　　　　行为 $a_t$ 作用于环境模拟器，返回回报 $r_t$ 和下一个状态 $s_{t+1}$
　　　　令 $T \leftarrow T+1$ 以及 $t \leftarrow t+1$
　　end loop　until $s_t$ 为终止状态，或者 $t - t_{\text{start}} == t_{\max}$
　　$R = \begin{cases} 0 & \text{如果 } s_t \text{ 是终止状态} \\ \underset{a}{\max} Q(s_t, a; \boldsymbol{\theta}^-) & s_t \text{ 不是终止状态} \end{cases}$
　　for $i \in \{t-1, \cdots, t_{\text{start}}\}$ do
　　　　$R \leftarrow r_i + \gamma R$
　　　　计算 $\boldsymbol{\theta}'$ 的累积梯度：$\mathrm{d}\boldsymbol{\theta} \leftarrow \mathrm{d}\boldsymbol{\theta} + \dfrac{\partial(R - Q(s_i, a_i; \boldsymbol{\theta}'))^2}{\partial \boldsymbol{\theta}'}$
　　end for

> 使用 d$\theta$ 异步更新网络参数$\theta$
>     if   $T$ mod $I_{target}$ ==0(每隔一定步数更新一次$\theta^-$)
>         更新目标网络参数：$\theta^- \leftarrow \theta$
>     end if
> end loop   until $T > T_{max}$

输出：最优网络参数$\theta$ 和$\theta^-$，以及最优策略

### 9.3.5　A3C方法详述

接下来介绍异步优势行动者-评论家算法（Asynchronous Advantage Actor-Critic，A3C）。它是Google DeepMind为解决Actor-Critic难以收敛问题而提出来的优化算法，从算法的名称就可以看出来，整个算法采用了异步并发的学习模型。

先简要概括下A3C的原理，如图9-2所示。A3C算法有两套模型，可看作是中央大脑的全局模型（global net 及其参数）和在子线程中运行的本地模型（localnet 及其参数）。该算法创建了多个并行的环境，并将多个本地模型放入多个线程中同步训练，使其分别和本地环境交互学习。本地模型完成各自参数更新量的计算后，会向全局模型推送更新。同时也会从全局模型那里获取综合版的更新以指导自己和环境的交互学习。并行中的本地模型（本质是Actor-Critic算法）互不干扰，而全局网络的参数更新受到子线程提交更新的不连续性数据的影响，更新的相关性被降低，收敛性提高。

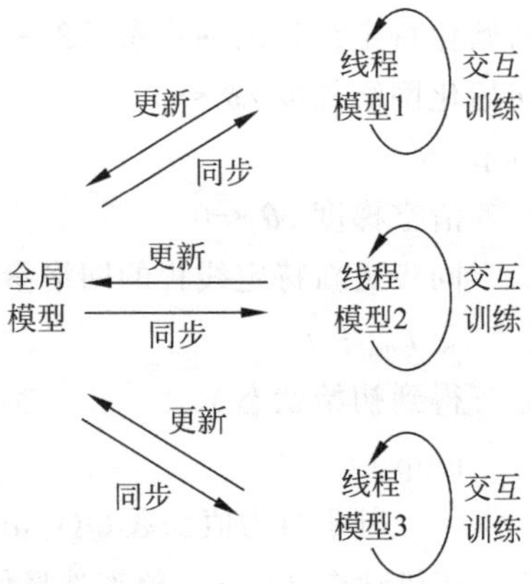

图 9-2　A3C 原理

可以想象，整个部门的员工都在有条不紊、循环多次地执行同一个工作任务。每执行完一次，都会将经验教训异步地上传给部门领导，然后又从部门领导那里获取最新的最完整的执行任务的方法。可见，部门领导那里汇集了所有人的经验教训，成为最会执行任务的人。而普通员工也可以从部门领导那里得到最新的方法，用在自己的场景中。这种方式消除了只基于一个人推送更新带来的连续性。使A3C不必像DQN、DDPG那样使用记忆库，也能很好地进行更新。

无论是全局模型，还是本地模型，其本质都是Actor-Critic算法。此算法需要更新计算两个参数：策略函数$\pi(a_t|s_t;\theta)$的参数$\theta$（行动者Actor）、值函数$V(s_t;\theta_v)$的参数$\theta_v$（评论家Critic）。

涉及的更新公式有两条，一条是梯度下降法更新值函数参数$\theta_v$，同异步 $n$ 步Q-learning方法一样，这里也使用了 $n$ 步累积梯度。

$$\mathrm{d}\boldsymbol{\theta}_v \leftarrow \mathrm{d}\boldsymbol{\theta}_v + \frac{\partial (R - V(s_i; \boldsymbol{\theta}'_v))^2}{\partial \boldsymbol{\theta}'_v}$$

其中，$\boldsymbol{\theta}'_v$ 是本地 Critic 网络参数。

另一条是梯度上升法更新策略参数 $\boldsymbol{\theta}$，可以看成是公式：

$$\mathrm{d}\boldsymbol{\theta} \leftarrow \mathrm{d}\boldsymbol{\theta} + \nabla_{\boldsymbol{\theta}'} \log \pi(a_t \mid s_t; \boldsymbol{\theta}') A(s_t, a_t; \boldsymbol{\theta}', \boldsymbol{\theta}'_v)$$

其中，$\boldsymbol{\theta}'$ 是特定线程的策略函数网络参数。

根据优势函数的定义，$A(s_t, a_t; \boldsymbol{\theta}', \boldsymbol{\theta}'_v)$ 可以表示为：

$$A(s_t, a_t; \boldsymbol{\theta}', \boldsymbol{\theta}'_v) = Q(s_t, a_t; \boldsymbol{\theta}'_v) - V(s_t; \boldsymbol{\theta}'_v)$$

运行一次样本数据，可以得到一个行为值函数 $Q(s_t, a_t; \boldsymbol{\theta}'_v)$ 的无偏估计。这样我们就可以通过当前时刻的回报和下一时刻的值函数来估计目标价值。

$$Q(s_t, a_t; \boldsymbol{\theta}'_v) = r_{s_t, a_t} + \gamma V(s_{t+1}; \boldsymbol{\theta}'_v)$$

因为一步的时序差分更新速度太慢，一个训练样本仅能影响一个价值函数的更新。为了使得模型更新速度加快，并且更好地平衡偏差和方差，我们使用 $n$ 步回报估计法，将上面的式子进一步展开。不仅使用下一时刻的回报，而且将此后更多时刻的回报加入目标值中。

$$A(s_t, a_t; \boldsymbol{\theta}', \boldsymbol{\theta}'_v) = r_{t+1} + \gamma r_{t+2} + \cdots + \gamma^{k-1} r_{t+k-1} + \gamma^k V(s_{t+k}; \boldsymbol{\theta}'_v) - V(s_t; \boldsymbol{\theta}'_v)$$

$$= \sum_{i=0}^{k-1} \gamma^i r_{t+i} + \gamma^k V(s_{t+k}; \boldsymbol{\theta}'_v) - V(s_t; \boldsymbol{\theta}'_v)$$

可见，这个时候，仅需要知道值函数 $V$ 就可以计算优势函数 $A$ 了，而这个值函数 $V$ 很容易用神经网络来计算。

---

**算法：A3C——单线程执行过程**（指的是本地模型在单线程中的处理过程）

输入：全局共享参数 $\boldsymbol{\theta}$（行动者 Actor 网络参数）和 $\boldsymbol{\theta}_v$（评论家 Critic 网络参数）。
　　　全局共享计数器 $T=0$
　　　本地参数 $\boldsymbol{\theta}'$（行动者 Actor 网络参数）和 $\boldsymbol{\theta}'_v$（评论家 Critic 网络参数）。

初始化本地计数器 $t \leftarrow 1$
repeat
　　重置本地梯度 $\mathrm{d}\boldsymbol{\theta} \leftarrow 0$；$\mathrm{d}\boldsymbol{\theta}_v \leftarrow 0$
　　使用全局参数来同步更新本地参数 $\boldsymbol{\theta}' = \boldsymbol{\theta}$；$\boldsymbol{\theta}'_v = \boldsymbol{\theta}_v$
　　令 $t_{\text{start}} = t$
　　得到初始状态 $s_t$
　　repeat
　　　　遵循策略 $\pi(a_t | s_t; \boldsymbol{\theta}')$，采样得到动作 $a_t$。
　　　　行为 $a_t$ 作用于环境模拟器，返回回报 $r_t$ 和下一个状态 $s_{t+1}$
　　　　令 $T \leftarrow T+1$ 以及 $t \leftarrow t+1$

> until $s_t$ 为终止状态，或者 $t-t_{start}==t_{max}$
> $$R = \begin{cases} 0 & \text{如果 } s_t \text{ 是终止状态} \\ V(s_t;\boldsymbol{\theta}'_v) & s_t \text{ 不是终止状态} \end{cases}$$
> for $i \in \{t-1,\cdots,t_{start}\}$ do
>   $R \leftarrow r_i + \gamma R$
>   计算本地参数 $\boldsymbol{\theta}'$ 的累积梯度：
>     $d\boldsymbol{\theta} \leftarrow d\boldsymbol{\theta} + \nabla_{\boldsymbol{\theta}'} \log \pi(a_t \mid s_t;\boldsymbol{\theta}')(R - V(s_t;\boldsymbol{\theta}'_v))$
>   计算本地参数 $\boldsymbol{\theta}'_v$ 的累积梯度：$d\boldsymbol{\theta}_v \leftarrow d\boldsymbol{\theta}_v + \dfrac{\partial (R - V(s_i;\boldsymbol{\theta}'_v))^2}{\partial \boldsymbol{\theta}'_v}$
> end for
> 分别使用本地累积梯度 $d\boldsymbol{\theta}$ 和 $d\boldsymbol{\theta}_v$ 异步更新全局参数 $\boldsymbol{\theta}$ 和 $\boldsymbol{\theta}_v$
> until $T > T_{max}$
>
> 输出：最优网络参数 $\boldsymbol{\theta}$ 和 $\boldsymbol{\theta}_v$，以及最优策略

值得注意的是，在训练本地模型时，并不直接对本地网络参数进行更新，而是在每个回合对其梯度累积求和。在整个轨迹结束后，利用累积梯度对全局网络参数进行更新。然后在轨迹重新开始时，将最新的全局网络参数同步给各个本地网络。

## 9.4 实例讲解

本节介绍了两款游戏，小车倒立摆和钟摆（pendulum）。通过这两个游戏对 Actor-Critic 的两个方法进行了详细的说明。

如前所述，无论 AC 还是 A2C，都涉及了两个神经网络。Actor 策略网络和 Critic 价值网络。AC 使用行为值函数 $Q$ 来指导策略网络参数更新，A2C 使用的是优势函数 $A$，这是两个方法的不同之处。A3C 由全局网络和本地网络组成，全局网络是一个 AC，本地网络由多个 AC 网络构成，这多个 AC 网共享一台机器，并行地运行在独立的环境中，极大地提高了样本数据的多样性。

### 9.4.1 AC 实例

此部分通过小车倒立摆游戏对 Actor-Critic 算法进行介绍。整个 Actor-Critic 算法有两个神经网络。行动者 Actor 使用的是策略网络，能够对策略函数进行估计，评论家 Critic 使用的是价值网络（值函数网络），估计整条轨迹的回报。然后利用轨迹回报来评估行动者 Actor 的策略，以指导策略参数更新。接下来对具体算法进行介绍。

## 1. 游戏简介及环境描述

小车倒立摆在 gym 模拟器里面,是一个比较简单的游戏。游戏里面有一个小车,上面竖着一根杆子。小车需要左右移动来保持杆子竖直。如果杆子倾斜的角度大于 15°或者小车的位移超出了一个范围(中间到两边各 2.4 个单位长度),那么游戏结束,如图 9-3 所示。

图 9-3 小车倒立摆

从小车倒立摆的环境模型中我们不难看到,小车倒立摆的状态空间为 $[\theta, \dot{\theta}, x, \dot{x}]$,如图 9-4 所示。动作空间为 $\{0,1\}$。当动作为 1 时,施加正向的力 10N;当动作为 0 时,施加负向的力 $-10$N。杆保持竖直向上的时间越长,得到的回报就越多。

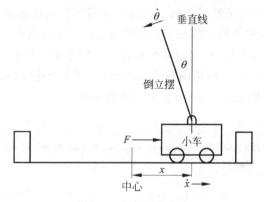

图 9-4 小车运动分析

同样地,只需调用_step_接口,就可以根据当前状态和行为返回下一个状态、回报及游戏是否结束的标识。

## 2. 算法详情

总的来说,整个方法涉及两个神经网络模型,一个是策略模型,另一个是价值模型。所以这个方法称为 Actor-Critic,其中 Actor 表示策略模型(也叫行动者网络),Critic 表示价值模型(也叫评论家网络)。接下来介绍用 Actor-Critic 方法玩小车倒立摆游戏的整个过程。

(1) 定义算法超参数。

首先,分别定义行动者网络和评论家网络的学习率、折扣因子等超参数。其次定义动作个数,这里动作有 2 个,分别为向左和向右。最后定义状态空间特征数,此例中,使用了四个特征来表征一个状态,包括横坐标、加速度、角度、角速度。

```python
OUTPUT_GRAPH = True                        # 输出 Graph
MAX_EPISODE = 3000                         # 最大片段
DISPLAY_REWARD_THRESHOLD = 200             # 如果时间段的回报大于此阈值,渲染环境
MAX_EP_STEPS = 1000                        # 在一个时间段内最大的时间步
RENDER = False                             # 渲染耗费时间
GAMMA = 0.9                                # 折扣因子
LR_A = 0.001                               # 行动者网络的学习率
LR_C = 0.01                                # 评论家网络的学习率

env = gym.make('CartPole - v0')            # 加载环境 CartPole
env.seed(1)                                # 可复现的种子值
env = env.unwrapped                        # 取消限制

N_F = env.observation_space.shape[0]
N_A = env.action_space.n
```

(2) 构建行动者网络,并初始化网络参数。

行动者网络是用来逼近策略函数的。通过给此网络喂入状态向量,经过两个全连接层和一个 softmax 变换,会输出给定状态下两个可选动作对应的概率。神经网络结构如下:

输入层为状态 $s$,有 4 个特征,对应 4 个神经元。网络第一层有 20 个神经元,激活函数为 relu。第二层有 2 个神经元,激活函数为 softmax。两个全连接层的权重矩阵初始值服从均值为 0、标准差为 0.1 的正态分布,偏置量初始值为 0.1。

```python
class Actor(object):
    def __init__(self, sess, n_features, n_actions, lr = 0.001):
        self.sess = sess

        self.s = tf.placeholder(tf.float32, [1, n_features], "state")
        self.a = tf.placeholder(tf.int32, None, "act")
        self.td_error = tf.placcholder(tf.float32, None, "td_error")

        with tf.variable_scope('Actor'):
            l1 = tf.layers.dense(
                inputs = self.s,
                units = 20,
                activation = tf.nn.relu,
                kernel_initializer = tf.random_normal_initializer(0., .1),
                bias_initializer = tf.constant_initializer(0.1),
                name = 'l1'
            )

            self.acts_prob = tf.layers.dense(
                inputs = l1,
                units = n_actions,
```

```
                activation = tf.nn.softmax,
                kernel_initializer = tf.random_normal_initializer(0., .1),
                bias_initializer = tf.constant_initializer(0.1),
                name = 'acts_prob'
            )
```

(3) 定义行动者网络损失函数。

构建完行动者网络之后，就需要定义损失函数和优化目标了。

我们已经知道，Actor 网络参数的更新公式为：
$$\theta = \theta + \alpha \nabla_\theta \log \pi_\theta(a \mid s) \delta$$

对应损失函数可写为：
$$L = -\log \pi_\theta(a \mid s) \delta$$

其中，$\delta$ 可由 Critic 网络获得。加负号是因为更新公式由随机策略参数梯度定理推导，而对应的目标 $J(\theta)$ 其代表的物理意义与回报相关。我们希望它越大越好，因此损失函数应该加一个负号。

```
with tf.variable_scope('exp_v'):
    log_prob = tf.log(self.acts_prob[0, self.a])
    self.exp_v = tf.reduce_mean(log_prob * self.td_error)

with tf.variable_scope('train'):
    self.train_op = tf.train.AdamOptimizer(lr).minimize(-self.exp_v)
```

最后选择 AdamOptimizer 优化器使得损失最小，依此进行参数的更新。

(4) 构建评论家网络，并初始化网络参数。

在构建行动者网络的同时，也需要对评论家网络模型进行定义。

评论家网络是用来估计值函数的。输入为状态向量，经过两个全连接层输出值函数。同行动者网络相同，输入层对应 4 个神经元。第一层有 20 个神经元，激活函数为 relu。第二层有 1 个神经元，没有激活函数。两个全连接层的权重矩阵初始值服从均值为 0、标准差为 0.1 的正态分布，偏置量初始值为 0.1。

```
class Critic(object):
    def __init__(self, sess, n_features, lr = 0.01):
        self.sess = sess

        self.s = tf.placeholder(tf.float32, [1, n_features], "state")
        self.v_ = tf.placeholder(tf.float32, [1, 1], "v_next")
        self.r = tf.placeholder(tf.float32, None, 'r')

        with tf.variable_scope('Critic'):
            l1 = tf.layers.dense(
```

```
            inputs = self.s,
            units = 20,                          # number of hidden units
            activation = tf.nn.relu,
            kernel_initializer = tf.random_normal_initializer(0., .1),
            bias_initializer = tf.constant_initializer(0.1),
            name = 'l1'
        )

        self.v = tf.layers.dense(
            inputs = l1,
            units = 1,
            activation = None,
            kernel_initializer = tf.random_normal_initializer(0., .1),
            bias_initializer = tf.constant_initializer(0.1),
            name = 'V'
        )
```

（5）定义评论家网络损失函数。

Critic 网络参数的更新公式为：

$$w \leftarrow w + \beta \delta \nabla_w Q_w(s,a) = w + \frac{1}{2}\beta \nabla_w \delta^2$$

对应损失函数可写为：

$$L = \delta^2$$

```
with tf.variable_scope('squared_TD_error'):
    self.td_error = self.r + GAMMA * self.v_ - self.v
    # TD_error = (r + gamma * V_next) - V_eval
    self.loss = tf.square(self.td_error)
with tf.variable_scope('train'):
    self.train_op = tf.train.AdamOptimizer(lr).minimize(self.loss)
```

代码中用的是 $\delta$ 的定义。同样，最后选择 AdamOptimizer 优化器。

（6）获得初始化状态。

接下来进行轨迹的生成和神经网络的训练等操作。对环境进行初始化，获得初始状态 $s$。

$s$：$[0.03073904\quad 0.00145001\quad -0.03088818\quad -0.03131252]$

（7）返回该状态下应采取的动作。

这里实际上包含以下两步。

第一步：运行行动者网络（策略网络）。将状态 $s$ 送入神经网络，通过前向传递，输出该状态下采取每个动作的概率：

probs：$[[0.48136377\quad 0.5186362]]$

第二步：利用该概率分布去采样动作，返回行为 0。

```
def choose_action(self, s):
    s = s[np.newaxis, :]
    probs = self.sess.run(self.acts_prob, {self.s: s})
    return np.random.choice(np.arange(probs.shape[1]), p = probs.ravel())
```

(8) 作用于环境，得到环境反馈。

该动作作用于环境，得到下一步的状态 $s\_$、立即回报以及游戏是否结束。游戏是否结束用 true/false 表示。如果未结束，回报为 1，否则回报为 −20，且继续循环。这里的 $s\_$ 为：

$$s\_: [0.030\,768\,04 \quad -0.193\,215\,69 \quad -0.031\,514\,44 \quad 0.251\,467\,05]$$

游戏未结束，回报为 1。

(9) 计算 TD 残差 $\delta$，以及评论家网络参数更新。

第一步：将 $s\_$ 喂入评论家网络，得到值函数 $V\_$（状态 $s\_$ 对应的值函数）。

$$V\_: [[-0.000\,105\,43]]$$

第二步：将 $s$、$V\_$、立即回报 $r$，喂入评论家网络。运行神经网络，结合 $\delta$ 计算公式：

$$\delta = r + \gamma V\_ - V$$

得到 $\delta$（代码中 $\delta$ 记为 td_error。）

$$\text{td\_error}: [[1.005\,619]]$$

第三步：运行反向传播算法，对评论家网络参数 $w$ 进行更新。

$$w \leftarrow w + \beta \nabla_w \delta^2$$

```
def learn(self, s, r, s_):
    s, s_ = s[np.newaxis, :], s_[np.newaxis, :]

    v_ = self.sess.run(self.v, {self.s: s_})
    td_error, _ = self.sess.run([self.td_error, self.train_op],
                                {self.s: s, self.v_: v_, self.r: r})
    return td_error
```

(10) 行动者网络参数更新。

将上一步计算出来的 TD 残差 $\delta$、当前状态 $s$、当前状态选取的行为 $a$，送入行动者网络。以损失函数最小为目标，进行反向传播，对行动者网络进行参数更新。

对应更新公式为：

$$\theta = \theta + \alpha \nabla_\theta \log \pi_\theta(a \mid s) \delta$$

```
def learn(self, s, a, td):
    s = s[np.newaxis, :]
    feed_dict = {self.s: s, self.a: a, self.td_error: td}
    _, exp_v = self.sess.run([self.train_op, self.exp_v], feed_dict)
    return exp_v
```

并令 $s=s\_$；$t=t+1$。

(11) 重复执行(7)~(10)步,直到轨迹结束,并使用贝尔曼方程计算整条轨迹的回报。

(12) 重复执行(7)~(11)步,直到轨迹数目达到 3000。

### 3. 核心代码

同样地,整个小车倒立摆游戏任务被分解写入以下三个模块:环境模块、强化学习模块(RL_brain.py)以及主循环模块(CartPole.py)。

环境模块依然是直接使用 gym 提供的接口,不再赘述。主循环模块定义了整个算法的学习框架。而具体的实现过程写在了强化学习模块中。

先来看主循环模块(CartPole.py)部分,在此模块中整个学习的框架可以被简化成下面这样。

(1) 导入模块及初始化。
- 导入环境模块,导入强化学习模块。
- 超参数初始化。
- 实例化行动者和评论家对象。

```
actor = Actor(sess, n_features = N_F, n_actions = N_A, lr = LR_A)
critic = Critic(sess, n_features = N_F, lr = LR_C)
```

(2) 进入循环。
- 调用行动者的 choose_action(s)函数选择行为:a=actor.choose_action(s)。
- 调用环境的 step 函数:s_,r,done,info=env.step(a)。
- 调用评论家的 learn 函数,实现网络参数更新:td_error=critic.learn(s,r,s_)。
- 调用行动者的 learn 函数,实现网络参数更新:actor.learn(s,a,td_error)。

(3) 结束循环。

具体代码如下。

```
import numpy as np
import tensorflow as tf
import gym
from RL_brain import Actor,Critic
np.random.seed(2)
tf.set_random_seed(2)                    # 指定随机种子,方便结果复现
# 超参数
OUTPUT_GRAPH = True                      # 输出 Graph
MAX_EPISODE = 3000                       # 最大片段
DISPLAY_REWARD_THRESHOLD = 200           # 如果时间段的回报大于此阈值,渲染环境
MAX_EP_STEPS = 1000                      # 在一个时间段内最大的时间步
RENDER = False                           # 渲染耗费时间
GAMMA = 0.9                              # 折扣因子
```

```python
LR_A = 0.001                                    # 行动者网络的学习率
LR_C = 0.01                                     # 评论家网络的学习率
env = gym.make('CartPole-v0')                   # 加载环境 CartPole
env.seed(1)                                     # 可复现的种子值
env = env.unwrapped                             # 取消限制
N_F = env.observation_space.shape[0]            # 4
N_A = env.action_space.n                        # 2
sess = tf.Session()
actor = Actor(sess, n_features=N_F, n_actions=N_A, lr=LR_A)
critic = Critic(sess, n_features=N_F, lr=LR_C)
                                    # 我们需要一个好评论家,所以评论家应该比行动者学得快
sess.run(tf.global_variables_initializer())
if OUTPUT_GRAPH:
    tf.summary.FileWriter("logs/", sess.graph)

for i_episode in range(MAX_EPISODE):
    s = env.reset()
    t = 0
    track_r = []
    while True:
        if RENDER: env.render()
        a = actor.choose_action(s)
        s_, r, done, info = env.step(a)
        if done: r = -20
        track_r.append(r)
        td_error = critic.learn(s, r, s_)   # gradient = grad[r + gamma * V(s_) - V(s)]
        actor.learn(s, a, td_error)         # true_gradient = grad[logPi(s,a) * td_error]
        s = s_
        t += 1
        if done or t >= MAX_EP_STEPS:
            ep_rs_sum = sum(track_r)
            if 'running_reward' not in globals():
                running_reward = ep_rs_sum
            else:
                running_reward = running_reward * 0.95 + ep_rs_sum * 0.05
            if running_reward > DISPLAY_REWARD_THRESHOLD: RENDER = True   # rendering
            print("episode:", i_episode, "reward:", int(running_reward))
            break
```

强化学习模块(RL_brain.py)由 Actor 和 Critic 两个类构成。两个类均包含了如下三个方法。

- \_\_init\_\_方法定义行动者网络结构、正向传播方法、损失函数和优化目标。
- choose_action 是行为选择方法。
- learn 是学习方法,进行网络参数更新。

```python
import numpy as np
import tensorflow as tf

GAMMA = 0.9                                                          # 折扣因子

# 行动者网络
class Actor(object):
    def __init__(self, sess, n_features, n_actions, lr=0.001):
        self.sess = sess
        self.s = tf.placeholder(tf.float32, [1, n_features], "state")
        self.a = tf.placeholder(tf.int32, None, "act")
        self.td_error = tf.placeholder(tf.float32, None, "td_error")  # 误差值
        with tf.variable_scope('Actor'):
            # 全连接层1
            l1 = tf.layers.dense(
                inputs=self.s,                                        # 输入状态
                units=20,                                             # 神经元数量
                activation=tf.nn.relu,                                # 激活函数
                kernel_initializer=tf.random_normal_initializer(0., .1),
                                                                      # 权值初始化方法
                bias_initializer=tf.constant_initializer(0.1),        # 偏置量初始化方法
                name='l1'                                             # 全连接层名称
            )
            # 全连接层2
            self.acts_prob = tf.layers.dense(
                inputs=l1,
                units=n_actions,                                      # 输出的数量
                activation=tf.nn.softmax,                             # 获取每个行为的概率
                kernel_initializer=tf.random_normal_initializer(0., .1),
                bias_initializer=tf.constant_initializer(0.1),
                name='acts_prob'
            )

        # 预测的V值
        with tf.variable_scope('exp_v'):
            log_prob = tf.log(self.acts_prob[0, self.a])
            self.exp_v = tf.reduce_mean(log_prob * self.td_error)
        with tf.variable_scope('train'):
            self.train_op = tf.train.AdamOptimizer(lr).minimize(-self.exp_v)
                                                      # 使用误差值作为损失进行优化
    def learn(self, s, a, td):
        s = s[np.newaxis, :]
        feed_dict = {self.s: s, self.a: a, self.td_error: td}
        _, exp_v = self.sess.run([self.train_op, self.exp_v], feed_dict)
        return exp_v
```

```python
    def choose_action(self, s):
        s = s[np.newaxis, :]
        probs = self.sess.run(self.acts_prob, {self.s: s})  # 获取各个行为的可能性
        return np.random.choice(np.arange(probs.shape[1]), p = probs.ravel())
                                                # 以各个行为的概率进行随机选择行为
# 评论家网络
class Critic(object):
    def __init__(self, sess, n_features, lr = 0.01):
        self.sess = sess
        self.s = tf.placeholder(tf.float32, [1, n_features], "state")
        self.v_ = tf.placeholder(tf.float32, [1, 1], "v_next")
        self.r = tf.placeholder(tf.float32, None, 'r')
        with tf.variable_scope('Critic'):
            # 全连接层 1
            l1 = tf.layers.dense(
                inputs = self.s,
                units = 20,
                activation = tf.nn.relu,
                kernel_initializer = tf.random_normal_initializer(0., .1),
                bias_initializer = tf.constant_initializer(0.1),
                name = 'l1'
            )
            # 全连接层 2,输出 V
            self.v = tf.layers.dense(
                inputs = l1,
                units = 1,
                activation = None,
                kernel_initializer = tf.random_normal_initializer(0., .1),
                bias_initializer = tf.constant_initializer(0.1),
                name = 'V'
            )
        with tf.variable_scope('squared_TD_error'):
            # TD_error = (r + gamma * V_next) - V_eval
            self.td_error = self.r + GAMMA * self.v_ - self.v
            self.loss = tf.square(self.td_error)   # 平方计算
        with tf.variable_scope('train'):
            self.train_op = tf.train.AdamOptimizer(lr).minimize(self.loss)
    def learn(self, s, r, s_):
        s, s_ = s[np.newaxis, :], s_[np.newaxis, :]
        v_ = self.sess.run(self.v, {self.s: s_})
        td_error, _ = self.sess.run([self.td_error, self.train_op],
                                    {self.s: s, self.v_: v_, self.r: r})
        return td_error
```

## 9.4.2 A3C 实例

此部分通过 Pendulum 游戏对 A3C 算法进行介绍。总的来说,整个方法相当于将一套 Actor-Critic 网络复制 N 份,使用不同的线程进行训练,每个单线程上的 Actor-Critic 可以通知主线程 Actor-Critic 自己的运行状况以及有哪些好的经验可以分享,也可以获得主线程 Actor-Critic 综合其他线程的良好经验,进行整体的更新,有效利用了网络资源,提升了训练效率。

每个线程 Actor-Critic 算法都用到了两个神经网络。行动者 Actor 代表的策略网络和评论家 Critic 代表的价值网络(值函数网络),价值网络作为评判者指导策略参数更新。接下来对具体算法进行介绍。

### 1. 游戏简介及环境描述

代码使用的环境是 gym 模块中的 Pendulum-v0,环境中初始会出现一个向下的钟摆,通过给一个向左或向右的力,以使杆最终保持向上直立状态,如图 9-5 所示。

通过分析环境模型我们知道,此模型中,我们可以以钟摆的角度和角速度来描述钟摆所处的状态,分别记为 th 和 thdot。代码中使用的是 cos(th)、sin(th)、thdot 三个量。上面的描述符合我们在强化学习中学到的知识,th 和 thdot 是最原始的环境内部的表示,cos(th)、sin(th)、thdot 则是 th 和 thdot 的函数。也就是说,我们所看见的东西并不一定就是它们在世界中的真实状态,而是经过我们大脑加工过的信息。

图 9-5 钟摆

对于 Pendulum 问题来说,行为空间只有一个维度,就是电机的控制力矩,且有最大值和最小值的限制,即在 −2 和 2 之间。回报用惩罚来衡量,即 reward=−costs。因此我们直接分析惩罚即可,惩罚由三部分组成。分别为:

(1) 当前倒立摆与目标位置的角度差的惩罚,偏差越大,惩罚越大。

(2) 对于角速度的惩罚,如果在到达目标位置(竖直)之后还有较大的速度,就会越过目标位置。角速度越大,惩罚越大。

(3) 对于输入力矩的惩罚,力矩×角速度=功率,因此,使用的力矩越大,惩罚越大。

同时,环境中也对角度 th 和角速度 thdot 进行了限制,th 取值在 0 到 $2\pi$ 之间,thdot 大于 −8 小于 8。

在进行学习时,约束了轨迹的数量及每一个轨迹中时间步的数量,规定每条轨迹最多包含 200 个时间步,在 200 个时间步之后,游戏结束。

### 2. 算法详情

在整个 A3C 中,我们有两套体系,全局网络(global net)及参数和本地网络(local net)及参数。全局网络如图 9-6 所示。

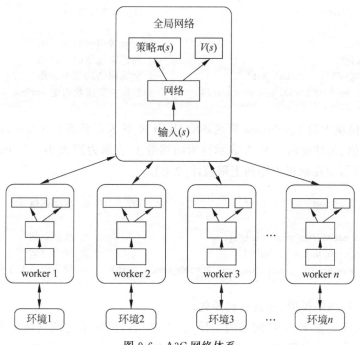

图 9-6 A3C 网络体系

整个过程就是本地网络向全局网络推送更新,以及从全局网络同步更新的反复迭代过程。全局网络和本地网络的网络结构完全相同,不同的是,本地网络需要优化损失函数来进行训练。而全局网络无须训练,只需要更新和同步网络参数即可。

下面介绍详细过程。

(1) 定义算法超参数,定义环境。

分别定义环境的名称、根据 CPU 核数创建的线程个数、停止条件、更新频率、折扣因子等超参数。

```
GAME = 'Pendulum - v0'                  # 环境名称
GLOBAL_NET_SCOPE = 'Global_Net'          # 全局网络的范围名称
MAX_EP_STEP = 200                        # 每回合最大步数
MAX_GLOBAL_EP = 2000                     # 最大回合数

UPDATE_GLOBAL_ITER = 10                  # 全局网络更新频率
GAMMA = 0.9                              # 回报的衰减值
ENTROPY_BETA = 0.01                      # 熵值

GLOBAL_RUNNING_R = []                    # 全局运行时的回报
GLOBAL_EP = 0                            # 全局的回合次数

OUTPUT_GRAPH = True                      # 是否输出 graph
```

```
LOG_DIR = './log'                              # log 文件夹路径

LR_A = 0.0001                                  # 行动者网络的学习率
LR_C = 0.001                                   # 评论家网络的学习率
GLOBAL_NET_SCOPE = 'Global_Net'                # 全局网络的范围名称
N_WORKERS = multiprocessing.cpu_count()        # 根据 CPU 核数指定 worker
```

加载 gym 模块中的 Pendulum 游戏环境,其中 N_S 表示状态(observe)的维数 3,分别为:cos 值、sin 值、角速度值。N_A 表示行为的维数 1,表示力矩大小。A_BOUND 表示力矩的范围[-2,2],现在取得力矩的上限值即[2.0]。

```
env = gym.make(GAME)                                    # 创建环境

N_S = env.observation_space.shape[0]                    # 状态空间
N_A = env.action_space.shape[0]                         # 行为空间
A_BOUND = [env.action_space.low, env.action_space.high] # 行为值的上下限
```

(2) 构建全局网络模型,并进行初始化。

全局 AC 网络是整个 A3C 网络的主模块,但是我们仅使用它的网络参数,不对其进行训练。创建时全局的 AC 网络会创建一个 Actor 网络和一个 Critic 网络。

Actor 网络用来逼近策略函数,给此网络喂入状态向量,经过两个全连接层后,输出给定状态下力矩的均值和标准差。具体来说,Actor 网络结构如下:输入层为状态 $s$ 向量,包含 3 个特征,分别是 cos 值、sin 值、角速度值。网络第一层是一个全连接层,有 200 个神经元,激活函数为 relu6。第二个全连接层由两部分构成,分别输出力矩的均值和方差,两部分都仅包含 1 个神经元,所不同的是激活函数不同。均值部分激活函数为 tanh,方差部分激活函数为 softplus。可见,第二个全连接层相当于一个并行的层,会将第一层输出后的值分发到并行的两个全连接层进行计算,分别输出均值和标准差。以上全连接层的权重矩阵初始值服从均值为 0、标准差为 0.1 的正态分布,偏置量初始值为 0.1。网络的输出为力矩的均值和方差,用于求取服从正态分布的力矩。

Critic 网络是用来估计值函数的,输入为状态向量,经过两个全连接层输出该状态值函数。与 Actor 网络一样,其输入也为包含 3 个特征项的状态向量 $s$。第一层有 100 个神经元,激活函数为 relu6,第二层 1 个神经元,没有激活函数。此网络的初始参数与 Actor 网络相同。

全局的 AC 网络创建好之后只使用其中的参数:Actor 网络参数 a_params 和 Critic 网络参数 c_params。

```
GLOBAL_AC = ACNet(GLOBAL_NET_SCOPE,sess,N_S,N_A,A_BOUND,OPT_A,OPT_C)
class ACNet(object):
    def __init__(self, scope, sess, n_s, n_a, a_bound, OPT_A = None, OPT_C = None, globalAC = None):
```

```python
            self.sess = sess
            self.n_s = n_s
            self.n_a = n_a
            self.a_bound = a_bound

            if scope == GLOBAL_NET_SCOPE:
                # 全局网络
                with tf.variable_scope(scope):
                    self.s = tf.placeholder(tf.float32, [None, self.n_s], 'S')    # 状态的占位符
                    self.a_params, self.c_params = self._build_net(scope)[-2:]
                                # 创建 AC 网络并得到 Actor 网络的参数和 Critic 网络的参数
    def _build_net(self, scope):
        w_init = tf.random_normal_initializer(0., .1)
        with tf.variable_scope('actor'):
            l_a = tf.layers.dense(self.s, 200, tf.nn.relu6, kernel_initializer=w_init, name='la')
            mu = tf.layers.dense(l_a, self.n_a, tf.nn.tanh, kernel_initializer=w_init, name='mu')
            sigma = tf.layers.dense(l_a, self.n_a, tf.nn.softplus, kernel_initializer=w_init, name='sigma')
        with tf.variable_scope('critic'):
            l_c = tf.layers.dense(self.s, 100, tf.nn.relu6, kernel_initializer=w_init, name='lc')
            v = tf.layers.dense(l_c, 1, kernel_initializer=w_init, name='v')    # 状态值
        a_params = tf.get_collection(tf.GraphKeys.TRAINABLE_VARIABLES, scope=scope + '/actor')
        c_params = tf.get_collection(tf.GraphKeys.TRAINABLE_VARIABLES, scope=scope + '/critic')
        return mu, sigma, v, a_params, c_params
```

(3) 构建本地网络模型,并进行初始化。

在第(1)步初始化超参数时,已经根据机器 CPU 内核获得了应该创建的线程数量,本次试验中,使用的是 4 核的计算机,创建的线程数量是 4 个。可见,整套的本地网络模型由 4 套在单线程中运行的本地网络构成,分别用 worker0、worker1、worker2、worker3 表示。

接下来对单线程网络(单个 worker)进行初始化,包含以下几步。

① 初始化环境。

分别为每个线程复制一套游戏环境,保证与主线程环境完全独立。

② 初始化网络结构。

单线程本地网络由一个 AC 网络构成,该网络与第(2)步构建的全局 AC 网络结构完全相同。即:Actor 网络和 Critic 网络均包含两个全连接层,分别用来估计策略函数和值函数,其中 Critic 网络的存在是为了指导 Actor 网络参数的更新。

与全局网络不同的是,本地网络除了要返回网络参数外,还需要返回 Critic 网络估计的值函数 v、Actor 网络估计的力矩均值 mu 和方差 sigma。这些参数对于后续的网络训练和参数更新是非常必要的。

③ 定义损失函数和优化方法。

本地 AC 网络的两个网络需要分别定义损失函数和优化目标,分别进行迭代优化。

先定义 Critic 网络的损失函数,根据本地 Critic 网络参数 $\boldsymbol{\theta}'_v$ 的累积梯度:$\mathrm{d}\boldsymbol{\theta}_v \leftarrow \mathrm{d}\boldsymbol{\theta}_v + \dfrac{\partial(R-V(s_i;\boldsymbol{\theta}'_v))^2}{\partial \boldsymbol{\theta}'_v}$,则对应损失函数可写为:

$$L = (R - V(s_i;\boldsymbol{\theta}'_v))^2$$

其中,$R$ 是 Critic 网络的输入,是期望的值函数,代码中用 v_target 表示,v_target 的来历会在后面步骤中详细介绍。$V(s_i;\boldsymbol{\theta}'_v)$ 是 Critic 网络的输出,通过运行本地神经网络,可以得到这个取值。

```
td = tf.subtract(self.v_target, self.v, name='TD_error')
with tf.name_scope('c_loss'):
    # 计算评论家网络的损失
    self.c_loss = tf.reduce_mean(tf.square(td))
```

接下来定义 Actor 网络损失函数。Actor 网络参数的累积梯度为:

$$\mathrm{d}\boldsymbol{\theta} \leftarrow \mathrm{d}\boldsymbol{\theta} + \nabla_{\boldsymbol{\theta}'} \log \pi(a_t \mid s_t;\boldsymbol{\theta}') A(s_t,a_t;\boldsymbol{\theta}',\boldsymbol{\theta}'_v)$$

对应损失函数可写为:

$$L = -\log \pi(a_t \mid s_t;\boldsymbol{\theta}') A(s_t,a_t;\boldsymbol{\theta}',\boldsymbol{\theta}'_v)$$

上式由两部分组成,分别是策略函数对数 $\log \pi(a_t|s_t;\boldsymbol{\theta}')$ 和优势函数 $A(s_t,a_t;\boldsymbol{\theta}',\boldsymbol{\theta}'_v)$。

先看第一部分的求取方法。已知 Actor 网络可以输出力矩的均值和方差,则可求出服从这个正态分布的力矩,并求出输入的力矩值在当前正态分布上的 log 概率值。

详细过程如下:首先对网络输出的均值和方差进行变换,因 Actor 网络的激活函数将输出值约束在[−1,1]之间,而力矩定义的范围是[−2,2],则需要对输出均值乘以 2。给方差加上一个 $1 \times 10^{-4}$,是为了保证方差取值不为 0,高斯分布公式中标准差是用来做分母的,所以要对其进行限定。

接着,定义一个符合这个均值和方差的分布,用 normal_dist 表示。

```
# 对行动者网络计算出的行为进行格式化
with tf.name_scope('wrap_a_out'):
    mu, sigma = mu * self.a_bound[1], sigma + 1e-4

# 将计算出的行为值进行格式化后放入分发模块中
normal_dist = tf.distributions.Normal(mu, sigma)
```

然后基于这个正态分布进行采样,得到行为 $a$。并计算行为 $a$ 的 log 概率值,则得到 $\log \pi(a_t|s_t;\boldsymbol{\theta}')$。

再来看优势函数部分,优势函数 $A = Q - V$。对应代码如下:

# 第9章 Actor-Critic及变种

```
td = tf.subtract(self.v_target, self.v, name = 'TD_error')
```

可见,代码用 td 作为优势函数的估计。其中,v_target 表示期待的目标价值,用来估计行为值函数。其值可以通过贝尔曼迭代法,反向遍历轨迹中每个时间步的立即回报求得: $R \leftarrow r_i + \gamma R$,这里 $R$ 的最终取值就等价于行为值函数 $Q$。

```
for r in buffer_r[::-1]:            # 反向遍历缓存 r
    v_s_ = r + GAMMA * v_s_
    buffer_v_target.append(v_s_)
```

$V$ 可以直接运行 critic 网络得到。可见,优势函数 $A$ 恰好等价于期望值与 Critic 网络实际值的差。在代码中用 td 表示,用它作为 Actor 网络损失梯度上升的导向。

至此,损失函数的两部分均已求出,其乘积用 exp_v 表示。考虑到此游戏行为空间是一个连续空间,为了使算法在连续的空间上表现更加优秀,为整个损失函数添加一个噪声,以此鼓励对未知行为的探索。最终损失函数表示如下。

```
with tf.name_scope('a_loss'):
    # 使用更新公式 θ<--θ+α ▽_θlogπ_θ(s_t,a_t)v_t 更新 exp_v
    log_prob = normal_dist.log_prob(self.a_his)
    exp_v = log_prob * td
    entropy = normal_dist.entropy()       # 鼓励探索行为(这个函数的意思是将确定性行为
                                          # 变得随机,以便得到更好的结果)
    self.exp_v = ENTROPY_BETA * entropy + exp_v
    # 计算行动者网络的损失
    self.a_loss = tf.reduce_mean(-self.exp_v)
```

Actor 网络和 Critic 网络优化器选用的均是 RMSPropOptimizer,学习率分别为 LR_A 和 LR_C。

```
OPT_A = tf.train.RMSPropOptimizer(LR_A, name = 'RMSPropA')
OPT_C = tf.train.RMSPropOptimizer(LR_C, name = 'RMSPropC')
```

④ 定义全局网络更新方法。

全局网络更新指的是将本地网络累积梯度更新到全局网络参数的过程,命名为 push。首先需要求出当前线程中(本地网络)Actor 网络和 Critic 网络的梯度值。基于上一步求出的损失函数,使用 TensorFlow 自带的梯度计算函数,可以分别得到两个梯度值 a_grads、c_grads。

```
with tf.name_scope('local_grad'):
    # 根据行动者网络的损失计算梯度
    self.a_grads = tf.gradients(self.a_loss, self.a_params)
    # 根据评论家网络的损失计算梯度
    self.c_grads = tf.gradients(self.c_loss, self.c_params)
```

分别将本地累积梯度 a_grads、c_grads 应用到全局参数 globalAC.a_params 和 globalAC.a_params 中。此过程调用了优化器 OPT_A,OPT_C,将减少损失函数作为优化目标,以此来进行网络训练。

```
with tf.name_scope('push'):
    self.update_a_op = OPT_A.apply_gradients(zip(self.a_grads, globalAC.a_params))
    self.update_c_op = OPT_C.apply_gradients(zip(self.c_grads, globalAC.c_params))
```

⑤ 定义本地网络同步方法。

除此之外,还需要定义本地网络的更新方法,方法命名为 pull。此方法将全局网络参数 globalAC.a_params 和 globalAC.a_param 应用到本地网络参数中,使得本地网络与全局网络保持一致。

```
with tf.name_scope('pull'):
    self.pull_a_params_op = [l_p.assign(g_p) for l_p, g_p in zip(self.a_params, globalAC.a_params)]
    self.pull_c_params_op = [l_p.assign(g_p) for l_p, g_p in zip(self.c_params, globalAC.c_params)]
```

(4) 创建协调器,管理多个线程。

线程协调器可以保证多线程同时工作。当一个线程停止后,其他线程也停止工作。接着对所有需要训练的参数进行初始化。

```
COORD = tf.train.Coordinator()
sess.run(tf.global_variables_initializer())
```

(5) 多线程的本地 AC 网络开始工作。

当线程协调器创建好之后,就可以遍历各个线程,通过调用 work 函数进行训练和更新了。单个线程运作过程如下。

① 初始化超参数。

初始化超参数,如最大轨迹数 500,每个轨迹中最大的回合数 200。定义 3 个缓存数组 buffer_s、buffer_a、buffer_r,分别来存储状态、行为和回报。

```
global GLOBAL_RUNNING_R, GLOBAL_EP
total_step = 1
buffer_s, buffer_a, buffer_r = [], [], []
```

② 获得初始化状态。

获得最初的状态向量,如:$s = [0.92 \quad -0.39 \quad -4.59]$。

```
s = self.env.reset()
```

③ 基于当前状态 $s$,选择行为 $a$。

这个时候需要运行本地 Actor 网络,网络输入为当前状态 $s$,网络输出的力矩均值 mu 为 $-1.43$,方差 sigma 为 $0.27$。然后从服从此均值和方差的正态分布中采样得到 $a = -0.97$,即:

```
a = self.AC.choose_action(s)
def choose_action(self, s):
    # 本地网络运行
    s = s[np.newaxis, :]
    return self.sess.run(self.A, {self.s: s})[0]
```

④ 采取行为 $a$,得到新状态 $s\_$,回报 $r$。

这里,$s\_ = [0.92 -0.39 -4.59]$,$r = -1.89$,done=false,表示轨迹未结束。

```
s_, r, done, info = self.env.step(a)
done = True if ep_t == MAX_EP_STEP - 1 else False
```

⑤ 存储当前时间步数据。

将 $s$、$a$、$r$ 分别存储于 buffer_s、buffer_a 和 buffer_r 中。

```
buffer_s.append(s)
buffer_a.append(a)
buffer_r.append((r + 8) / 8)
```

⑥ 判断时间步 total_step 是否为 UPDATE_GLOBAL_ITER 的倍数。

设定全局网络的更新频率是每隔 10 个时间步更新一次。所以需要判断时间步 total_step 是否为 UPDATE_GLOBAL_ITER 的倍数,如果不是,令 $s = s\_$,total_step 加 1。重复执行步骤②~⑥直至 total_step 对 UPDATE_GLOBAL_ITER 的余数为 0,这个时候就可以对全局网络进行更新了。

```
if total_step % UPDATE_GLOBAL_ITER == 0 or done:        # 更新全局并分配给本地网络
```

⑦ 运行本地 Critic 网络,计算状态 $s\_$ 的实际值函数 $v\_s$。

首先需要判断 $s\_$ 是否为终止状态,如果为终止状态,则对应实际值函数 $v\_s$ 为 0。否则,将 $s\_$ 喂入本地 Critic 网络,运行此本地网络,得到 $v\_s$ 的实际取值 $0.52$。

```
if done:
    v_s_ = 0            # 终止状态
else:
    v_s_ = self.sess.run(self.AC.v, {self.AC.s: s_[np.newaxis, :]})[0, 0]
```

⑧ 通过贝尔曼公式,计算状态行为对$(s\_,a\_)$的值函数 v_target。

遍历 buffer_s 中每一个状态、buffer_a 中每一个行为以及 buffer_r 中每一个立即回报,针对已经历的每一个状态行为对,通过贝尔曼公式,得到其行为值函数 $Q$,存储在 buffer_v_target 中。

```
for r in buffer_r[::-1]:            # 反向遍历缓存 r
    v_s_ = r + GAMMA * v_s_
    buffer_v_target.append(v_s_)
buffer_v_target.reverse()
```

⑨ 对本地 Actor 网络,运行反向传播算法。分别计算 Actor 网络梯度 a_grads 和 Critic 网络梯度 c_grads。

将状态序列 buffer_s、行为序列 buffer_a、行为值函数序列 buffer_v_target 喂入本地 Actor 网络。采用反向传播算法,分别通过最小化 a_loss(Actor 网络损失)和 c_loss(Critic 网络损失),求得 Actor 网络参数的累积梯度 a_grads 和 Critic 网络参数的累积梯度 c_grads,如图 9-7 和图 9-8 所示。

```
actor网络的累积梯度  [array([[ -4.12808470e-02,  -3.59317921e-02,  -5.54871187e-02,
          1.37324378e-01,   4.99849655e-02,   0.00000000e+00,
          0.00000000e+00,  -6.91407919e-02,  -1.15350276e-01,
          2.39646761e-03,   0.00000000e+00,   0.00000000e+00,
          0.00000000e+00,  -2.29037069e-02,  -1.92851247e-03,
          2.62073823e-03,   0.00000000e+00,   5.27616180e-02,
          2.21588332e-02,   0.00000000e+00,   0.00000000e+00,
          0.00000000e+00,  -6.12625339e-02,   9.68186334e-02,
         -1.97621062e-03,   2.04775650e-02,   3.96250747e-02,
          0.00000000e+00,   3.95831466e-02,   0.00000000e+00,
          0.00000000e+00,   2.95876972e-02,   0.00000000e+00,
          0.00000000e+00,   0.00000000e+00,   8.88324156e-02,
          8.83358717e-02,   3.56548131e-02,   0.00000000e+00,
          0.00000000e+00,   5.64619265e-02,   0.00000000e+00,
          1.03781270e-02,  -1.27514182e-02,   0.00000000e+00,
          0.00000000e+00,   0.00000000e+00,   1.69380233e-02,
          1.23991676e-01,   0.00000000e+00,   0.00000000e+00,
          0.00000000e+00,  -2.67402790e-02,   0.00000000e+00,
          8.65380019e-02,   0.00000000e+00,   0.00000000e+00,
          5.00772335e-03,   1.61987141e-01,   0.00000000e+00,
          1.65673606e-02,   0.00000000e+00,  -9.13525298e-02,
          0.00000000e+00,   4.20752205e-02,   0.00000000e+00,
          4.14897278e-02,   1.01539604e-02,   2.02056039e-02,
         -1.86778605e-02,   5.76817468e-02,  -3.39708105e-03,
         -9.28800553e-02,  -1.11492448e-01,  -1.68035291e-02,
          2.07143147e-02,   0.00000000e+00,  -5.25524542e-02,
          0.00000000e+00,   0.00000000e+00,   3.92355137e-02,
          0.00000000e+00,  -1.26409028e-02,   4.31430824e-02,
          0.00000000e+00,   0.00000000e+00,   0.00000000e+00,
          3.89294997e-02,   6.09175600e-02,  -1.48104159e-02,
          0.00000000e+00,   5.07546328e-02,  -1.89865697e-02,
          0.00000000e+00,   1.05889112e-01,  -3.85139813e-03,
         -8.62407759e-02,  -3.95338871e-02,   0.00000000e+00,
         -5.65764457e-02,   0.00000000e+00,   0.00000000e+00,
```

图 9-7  Actor 网络参数的累积梯度 a_grads

- 将本地计算出来的梯度应用到全局网络参数中。完成全局网络更新后,将 3 个数组 buffer_s、buffer_a、buffer_v_target 清空。

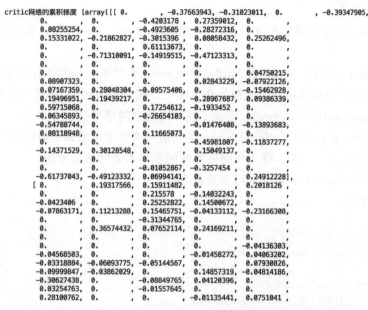

图 9-8　Critic 网络参数的累积梯度 c_grads

```
buffer_s, buffer_a, buffer_v_target = np.vstack(buffer_s), np.vstack(buffer_a), np.vstack(
    buffer_v_target)
feed_dict = {
    self.AC.s: buffer_s,
    self.AC.a_his: buffer_a,
    self.AC.v_target: buffer_v_target,
}
# 更新全局并分配给本地网络后,将缓存清空,并重新从本地网络获取 AC 网络参数
self.AC.update_global(feed_dict)
buffer_s, buffer_a, buffer_r = [], [], []
```

- 将全局网络参数同步到本地网络中。

```
self.AC.pull_global()
```

(6) 循环执行第(5)步,直至轨迹数等于 500。

### 3. 核心代码

Pendulum 游戏代码分为两个模块：环境模块和 A3C 模块(本文为和代码保持一致,没有将此模块进行强行拆分)。

A3C 模块(CartPole.py)主要由两个类和一个主循环组成。分别为 AC 网络类(class ACNet)、线程类(class Worker)、主循环。

(1) AC 网络类。

通过调用此类,可分别实例化出多个本地网络和一个全局网络。此类包含如下几个方法。

- def __init__(self,scope,globalAC=None):通过调用 def _build_net(self,scope) 实现本地网络和全局网络的初始化。定义了网络损失函数、梯度和优化目标。
- def _build_net(self,scope):定义了网络结构和网络参数。
- def update_global(self,feed_dict):将本地网络梯度应用到全局网络的方法。
- def pull_global(self):将全局网络参数同步到本地网络的方法。
- def choose_action(self,s):行为选择方法。

具体代码如下。

```python
class ACNet(object):
    def __init__(self, scope, globalAC=None):

        if scope == GLOBAL_NET_SCOPE:
            # 全局网络(使用 worker 运行的网络)
            with tf.variable_scope(scope):
                self.s = tf.placeholder(tf.float32, [None, N_S], 'S')   # 状态的占位符
                self.a_params, self.c_params = self._build_net(scope)[-2:]
                                        # 创建 AC 网络并得到 Actor 网络的参数和 Critic 网络的参数
        else:
            # 本地网络,根据各全局网络的反馈计算损失
            with tf.variable_scope(scope):
                self.s = tf.placeholder(tf.float32, [None, N_S], 'S')   # 状态占位符
                self.a_his = tf.placeholder(tf.float32, [None, N_A], 'A')  # 动作占位符
                self.v_target = tf.placeholder(tf.float32, [None, 1], 'Vtarget')
                                                            # 目标状态值的占位符

                '''
                scope 为 None 时创建本地网络,返回
                mu:使用 tanh 激活函数算出的行为
                sigma:使用 softplus 激活函数算出的行为
                v:评论家网路输出的状态值函数
                a_params:行动者网络的参数
                c_params:评论家网络的参数
                '''
                mu, sigma, self.v, self.a_params, self.c_params = self._build_net(scope)

                # 使用目标状态值和网络输出的状态值求出 TD_error
                td = tf.subtract(self.v_target, self.v, name='TD_error')
                with tf.name_scope('c_loss'):
                    # 计算评论家网络的损失
                    self.c_loss = tf.reduce_mean(tf.square(td))
```

```
                # 针对行动者网络计算出的行为进行格式化,激活函数输出为-1,1
                with tf.name_scope('wrap_a_out'):
                    mu, sigma = mu * A_BOUND[1], sigma + 1e-4
                normal_dist = tf.distributions.Normal(mu, sigma)
                with tf.name_scope('a_loss'):
                    # 使用函数计算 log_prob 使用更新公式 θ<--θ+α ▽_θlogπ_θ(s_t,a_t)v_t
                    log_prob = normal_dist.log_prob(self.a_his)
                    exp_v = log_prob * td
                    entropy = normal_dist.entropy()      # 熵=噪声!鼓励探索行为(这个函数的
                                                         # 意思是将确定性行为变得随机,以便
                                                         # 得到更好的结果)
                    self.exp_v = ENTROPY_BETA * entropy + exp_v
                    # 计算行动者网络的损失
                    self.a_loss = tf.reduce_mean(-self.exp_v)

                with tf.name_scope('choose_a'):
                    # 使用本地的参数选择行为
                    self.A = tf.clip_by_value(tf.squeeze(normal_dist.sample(1), axis=0),
A_BOUND[0], A_BOUND[1])
                with tf.name_scope('local_grad'):
                    # 根据行动者网络的损失计算梯度
                    self.a_grads = tf.gradients(self.a_loss, self.a_params)
                    # 根据评论家网络的损失计算梯度
                    self.c_grads = tf.gradients(self.c_loss, self.c_params)
            with tf.name_scope('sync'):
                # 全局更新到本地
                with tf.name_scope('pull'):
                    self.pull_a_params_op = [l_p.assign(g_p) for l_p, g_p in zip(self.a_params,
globalAC.a_params)]
                    self.pull_c_params_op = [l_p.assign(g_p) for l_p, g_p in zip(self.c_params,
globalAC.c_params)]
                # 本地更新到全局
                with tf.name_scope('push'):
                    self.update_a_op = OPT_A.apply_gradients(zip(self.a_grads, globalAC.a_params))
                    self.update_c_op = OPT_C.apply_gradients(zip(self.c_grads, globalAC.c_params))

    def _build_net(self, scope):
        w_init = tf.random_normal_initializer(0., .1)
        with tf.variable_scope('actor'):
            l_a = tf.layers.dense(self.s, 200, tf.nn.relu6, kernel_initializer=w_init, name='la')
            mu = tf.layers.dense(l_a, N_A, tf.nn.tanh, kernel_initializer=w_init, name='mu')
            sigma = tf.layers.dense(l_a, N_A, tf.nn.softplus, kernel_initializer=w_init, name=
'sigma')
        with tf.variable_scope('critic'):
            l_c = tf.layers.dense(self.s, 100, tf.nn.relu6, kernel_initializer=w_init, name='lc')
            v = tf.layers.dense(l_c, 1, kernel_initializer=w_init, name='v')      # 状态值
```

```
        a_params = tf.get_collection(tf.GraphKeys.TRAINABLE_VARIABLES, scope = scope + '/actor')
        c_params = tf.get_collection(tf.GraphKeys.TRAINABLE_VARIABLES, scope = scope + '/critic')
        return mu, sigma, v, a_params, c_params

    def update_global(self, feed_dict):
        # 本地网络运行
        SESS.run([self.update_a_op, self.update_c_op], feed_dict)    # 将梯度应用到全局网络上

    def pull_global(self):
        # 本地网络运行
        SESS.run([self.pull_a_params_op, self.pull_c_params_op])    # 从本地网络获取更新后的
                                                                     # AC 网络参数

    def choose_action(self, s):
        # 本地网络运行
        s = s[np.newaxis, :]
        return SESS.run(self.A, {self.s: s})[0]
```

(2) 线程类。

在整个代码的初始化超参数部分,已经根据机器的 CPU 核数获得了应该创建的线程数量。线程类 Worker 定义了每个线程中应该运行的操作,包含以下两个方法。

- def \_\_init\_\_(self, name, globalAC):初始化 Worker 对象获得线程实例。创建线程中的 Pendulum 环境,创建 Worker 的 AC 网络。
- def work(self):定义多个线程并行执行更新和同步的方法。

具体代码如下:

```
def work(self):
    # 声明使用全局变量
    global GLOBAL_RUNNING_R, GLOBAL_EP
    total_step = 1
    buffer_s, buffer_a, buffer_r = [], [], []               # 定义三个缓存数组:状态、行为、回报
    while not COORD.should_stop() and GLOBAL_EP < MAX_GLOBAL_EP:
        s = self.env.reset()
        ep_r = 0
        for ep_t in range(MAX_EP_STEP):
            if self.name == 'W_0':
                self.env.render()
            a = self.AC.choose_action(s)
            s_, r, done, info = self.env.step(a)
            done = True if ep_t == MAX_EP_STEP - 1 else False    # 当达到回合最大步数时强制终止

            ep_r += r
            buffer_s.append(s)
            buffer_a.append(a)
```

```python
            buffer_r.append((r + 8) / 8)              # 因为返回的回报都一样,现在进行标准化

        if total_step % UPDATE_GLOBAL_ITER == 0 or done:    # 更新全局并分配给本地网络
            if done:
                v_s_ = 0                                     # 终止状态
            else:
                v_s_ = SESS.run(self.AC.v, {self.AC.s: s_[np.newaxis, :]})[0, 0]
            buffer_v_target = []
            for r in buffer_r[::-1]:                         # 反向遍历缓存 r
                v_s_ = r + GAMMA * v_s_
                buffer_v_target.append(v_s_)
            buffer_v_target.reverse()

            buffer_s, buffer_a, buffer_v_target = np.vstack(buffer_s), np.vstack(buffer_a), np.vstack(
                buffer_v_target)
            feed_dict = {
                self.AC.s: buffer_s,
                self.AC.a_his: buffer_a,
                self.AC.v_target: buffer_v_target,
            }
            self.AC.update_global(feed_dict)
            buffer_s, buffer_a, buffer_r = [], [], []
            self.AC.pull_global()

        s = s_
        total_step += 1
        if done:
            if len(GLOBAL_RUNNING_R) == 0:                   # 记录运行中的回合回报
                GLOBAL_RUNNING_R.append(ep_r)
            else:
                # 对回报做一些特殊处理
                GLOBAL_RUNNING_R.append(0.9 * GLOBAL_RUNNING_R[-1] + 0.1 * ep_r)
            print(
                self.name,
                "Ep:", GLOBAL_EP,
                "| Ep_r: %i" % GLOBAL_RUNNING_R[-1],
            )
            GLOBAL_EP += 1
            break
```

(3) 主循环。

主模块定义整个学习的框架。

① 初始化。

- 创建全局网络,并进行初始化。

- 创建 4 个线程,并进行初始化。
- 创建一个线程协调器管理线程,保证线程能够同时开始工作和同时停止工作。

② 进入循环。

调用线程类的 Work()函数,完成全局参数更新和本地参数同步任务。

③ 结束循环。

代码如下。

```python
if __name__ == "__main__":
    SESS = tf.Session()

    with tf.device("/cpu:0"):
        OPT_A = tf.train.RMSPropOptimizer(LR_A, name='RMSPropA')
        OPT_C = tf.train.RMSPropOptimizer(LR_C, name='RMSPropC')
        GLOBAL_AC = ACNet(GLOBAL_NET_SCOPE)       # 我们只需要它的参数
        workers = []
        # 创建 Worker
        for i in range(N_WORKERS):
            i_name = 'W_%i' % i                    # Worker 命名
            workers.append(Worker(i_name, GLOBAL_AC))

    # 创建一个协调器来管理线程,保证所有线程都运行结束后再执行下面的操作
    COORD = tf.train.Coordinator()
    SESS.run(tf.global_variables_initializer())

    worker_threads = []
    for worker in workers:
        job = lambda: worker.work()
        t = threading.Thread(target=job)
        t.start()
        worker_threads.append(t)
    # 所有线程运行完毕之后再进行下面的操作,使用协调器进行线程管理
    COORD.join(worker_threads)
```

## 9.5 小结

Actor-Critic 系列方法结合了值函数逼近(Critic)和策略函数逼近(Actor)。首先,Actor 针对当前的状态,通过运行策略函数选择一个行为;其次,Critic 采用值函数(或者优势函数)对 Actor 的行为进行评价;然后,Actor 根据 Critic 的评价,调整自己的策略(更新策略函数参数);最后,Critic 根据环境给出的回报计算出来一个更新的目标值,来调整自己的评分策略(Critic 神经网络参数)。Actor-Critic 系列方法的优势是,它可以进行单步更新,与传统的策略梯度方法轨迹结束后才能更新相比,收敛要快很多。

本章还引入了 A3C，通过并发收集交互样本的方式，提升了样本的多样性。在不使用经历回放的条件下，同样可以使得神经网络平稳快速地收敛。

实例部分通过两个游戏，分别演示了 Actor-Critic 方法和 A3C 方法，并通过这两个游戏，详细介绍了两个方法的运行过程。

## 9.6 习题

1. 策略梯度理论中有哪些减小策略梯度误差的方法？
2. Actor-Critic 框架中的 Critic 起了什么作用？
3. 假设分别采用神经网络来逼近 Actor 和 Critic，请给出在线 Actor-Critic 算法的算法描述。
4. 简述 A2C 算法。
5. 解释何为异步方法？将异步方法引入强化学习框架的好处是什么？
6. 简述 A3C 算法。

# 第 10 章 确定性策略梯度

随机性策略梯度算法被广泛用于解决大型动作空间或者连续动作空间的强化学习问题。其基本思想是将策略表示成以 $\theta$ 为参数的策略函数 $\pi_\theta(a|s)=p(a|s,\theta)$。基于采样数据,通过调整参数 $\theta$ 使得最终的累积回报最大。

即:通过一个概率分布函数 $\pi_\theta(a|s)$,来表示每一步的最优策略,在每一步根据该概率分布进行行为采样,获得当前的最佳行为取值;生成行为的过程,本质上是一个随机过程;最后学习到的策略,也是一个随机策略(Stochastic Policy)。

本章开始考虑确定性策略 $a=u_\theta(s)$,那么它是否可以和随机策略一样,朝着策略梯度的方向调整参数?之前,大家普遍认为确定性策略梯度不存在。直到 2014 年,David Silver 提出了确定性策略梯度定理,不仅证明了确定性策略梯度存在,还提出了确定性策略梯度算法(Deterministic Policy Gradient Algorithms,DPG),给出了确定性策略梯度的计算公式,它就等于行为值函数的期望梯度,并证明了在高维动作空间场景,确定性策略梯度方法比随机性策略梯度方法更有效。2015 年,DeepMind 公司的专家们又将 DPG 算法与 DQN 结合,提出了深度确定性策略梯度算法(Deep Deterministic Policy Gradient Algorithms,DDPG)。可以使用 DPG 算法从原始数据中直接进行端对端的学习。

## 10.1 确定性策略梯度及证明

为什么需要确定性的策略?那是因为随机策略梯度方法有以下缺陷。

其一,即使通过随机策略梯度学习得到了随机策略,在每一步行为时,我们还需要对得到的最优策略概率分布进行采样,才能获得行为的具体值;而行为通常是高维的向量,如 20 维、50 维,在高维的行为空间频繁采样,是很耗费计算能力的。

其二,在随机策略梯度的学习过程中,每一步计算策略梯度都需要在整个行为空间进行积分,同样很耗费计算能力。

具体来说,先看一下随机策略梯度计算公式:

$$\nabla_\theta J(\boldsymbol{\theta}) = E_{s\sim u, a\sim \pi}[\nabla_\theta \log\pi_\theta(a \mid s, \boldsymbol{\theta})Q_\pi(s,a)]$$

由公式可见其是关于状态和动作的期望,在求期望时,需要对状态分布和动作分布进行积分。这就要求在状态空间和动作空间采集大量的样本,这样得到的均值才能近似期望。

而确定性策略的动作是确定的,所以在确定性策略梯度存在的情况下,对确定性策略梯度的求解不需要在动作空间进行采样积分。因此,相比于随机策略方法,确定性策略需要的样本数据要小,确定性策略方法的效率比随机策略的效率高很多,这也是确定性策略方法最主要的优点。

本节首先引入确定性策略梯度定理和证明,证明确定性策略梯度确实存在而且可解。接着,介绍在线策略和离线策略学习方法。最后,介绍确定性策略的兼容性近似函数,以确保近似行为值函数没有给算法引入偏差。

### 10.1.1 确定性策略梯度定理

整个确定性策略梯度方法沿用了行动者-评论家学习框架,评论家(Critic)使用可微近似函数估计行为值函数,行动者(Actor)朝着行为值函数梯度方向更新策略参数。

在引入 AC 框架之前,大多数无模型强化学习算法都是基于广义策略迭代框架,将策略评估与策略改进相结合求解最优值。其中,策略评估方法通过蒙特卡罗评估或者时序差分方法学习行为值函数 $Q_\pi(s,a)$ 或 $Q_\mu(s,a)$。策略改进方法根据(估计的)行动价值函数更新策略,最常见的方法是使用贪心算法最大化动作值函数 $\mu_{k+1}(s)=\mathrm{argmax}Q_\mu(s,a)$。

在连续行为空间场景下,针对每个状态求取最大行为值函数不切实际。很多研究者想到是否可以让策略朝着行为值函数梯度的方向进行更新,这是一个相对简单、计算量相对较小的替代性方案。具体地说,就是针对每个访问状态 $s$,让策略参数 $\theta_{k+1}$ 按比例朝着值函数梯度 $\nabla_\theta Q_{\mu_k}(s,\mu_\theta(s))$ 方向更新。每个状态 $s$ 都可以计算出不同的更新量,最终的更新总量就是以状态 $s$ 的分布 $\rho_\mu(s)$ 为概率对这些更新量求期望。

$$\boldsymbol{\theta}_{k+1}=\boldsymbol{\theta}_k+\alpha E_{s\sim\rho_{\mu_k}}\left[\nabla_\theta Q_{\mu_k}(s,\mu_\theta(s))\right]$$

对上式应用链式求导规则,策略更新被分解为两部分,第一部分为行为值函数对行为的梯度,第二部分为策略相对于策略参数的梯度。

$$\boldsymbol{\theta}_{k+1}=\boldsymbol{\theta}_k+\alpha E_{s\sim\rho_{\mu_k}}\left[\nabla_\theta\mu_\theta(s)\,\nabla_a Q_{\mu_k}(s,a)\,|_{a=\mu_\theta(s)}\right]$$

上式中,$\nabla_\theta\mu_\theta(s)$ 是一个雅可比矩阵,该矩阵的第 $d$ 列表示策略的第 $d$ 个维度相对于策略参数 $\theta$ 的梯度 $\nabla_\theta(\mu_\theta(s))_d$。理论上认为,当策略改变时,状态分布 $\rho_\mu(s)$ 也会改变。事实上,在不考虑策略变化对状态分布的影响时,更新策略对结果的影响并不大。正如确定性梯度定理所表明的那样,计算策略梯度时,不需要计算状态分布的梯度。上面给出的策略更新公式正好遵循了确定性策略梯度定理。

下面介绍确定性策略梯度定理。假设在一个马尔可夫决策过程模型中,$p(s'|s,a)$,$\nabla_a p(s'|s,a)$,$\mu_\theta(s)$,$\nabla_\theta\mu_\theta(s)$,$r(s,a)$,$\nabla_a r(s,a)$,$p_1(s)$ 分别存在,并且对于 $s,s',a,\boldsymbol{\theta}$ 都是连续函数,(其中,$p_1(s)$ 表示初始状态概率分布,$p(s'|s,a)$ 表示状态转移概率。以上条件是为了保证 $\nabla_\theta\mu_\theta(s)$ 和 $\nabla_a Q_\mu(s,a)$ 存在),那么确定性策略梯度一定存在且满足:

$$\nabla_\theta J(\mu_\theta) = \int_S \rho_\mu(s) \nabla_\theta \mu_\theta(s) \nabla_a Q_\mu(s,a) \mid_{a=\mu_\theta(s)} \mathrm{d}s$$
$$= E_{s \sim \rho_\mu}[\nabla_\theta \mu_\theta(s) \nabla_a Q_\mu(s,a) \mid_{a=\mu_\theta(s)}]$$

## *10.1.2 确定性策略梯度定理证明

下面对确定性策略梯度定理进行证明。

在证明之前先引入确定性策略的目标函数 $J(\mu_\theta)$。我们用整个轨迹的累积回报来衡量整个策略的优劣。目标函数 $J(\mu_\theta)$ 可表示为初始状态 $s$ 的分布概率乘以 $s$ 在策略 $\mu_\theta$ 下的值函数：

$$J(\mu_\theta) = \int_S p_1(s) V_{\mu_\theta}(s) \mathrm{d}s$$

$p_1(s)$ 是 $s$ 的初始分布，与策略 $\mu_\theta$ 无关。

或者用状态 $s$ 的折扣分布和状态 $s$ 的立即回报乘积来衡量策略的好坏，目标函数 $J(\mu_\theta)$ 可表示为：

$$J(\mu_\theta) = \int_S \rho_{\mu_\theta}(s) r(s, \mu_\theta(s)) \mathrm{d}s$$

其中

$$\rho_{\mu_\theta}(s) = \int_S \sum_{t=0}^\infty \gamma^t p_1(s) p(s \to s', t, \mu_\theta) \mathrm{d}s$$
$$= P(s_0 = s) + \gamma P(s_1 = s) + \gamma^2 P(s_2 = s) + \cdots$$

可见，$\int_S \rho_{\mu_\theta}(s) r(s, \mu_\theta(s)) \mathrm{d}s$ 也表示整个轨迹的累积回报，两种目标函数等价。下面以 $J(\mu_\theta) = \int_S p_1(s) V_{\mu_\theta}(s) \mathrm{d}s$ 为例来描述证明过程。

值函数对 $\theta$ 的梯度可表示为：

$$\nabla_\theta V_{\mu_\theta}(s) = \nabla_\theta Q_{\mu_\theta}(s, \mu_\theta(s))$$
$$= \nabla_\theta \left( r(s, \mu_\theta(s)) + \int_S \gamma p(s' \mid s, \mu_\theta(s)) V_{\mu_\theta}(s') \mathrm{d}s' \right)$$
$$= \nabla_\theta \mu_\theta(s) \nabla_a r(s,a) \mid_{a=\mu_\theta(s)} + \nabla_\theta \int_S \gamma p(s' \mid s, \mu_\theta(s)) V_{\mu_\theta}(s') \mathrm{d}s'$$
$$= \nabla_\theta \mu_\theta(s) \nabla_a r(s,a) \mid_{a=\mu_\theta(s)} + \int_S \gamma (p(s' \mid s, \mu_\theta(s)) \nabla_\theta V_{\mu_\theta}(s') +$$
$$\nabla_\theta \mu_\theta(s) \nabla_a p(s' \mid s, a) \mid_{a=\mu_\theta(s)} V_{\mu_\theta}(s')) \mathrm{d}s'$$
$$= \nabla_\theta \mu_\theta(s) \nabla_a (r(s,a) + \int_S \gamma p(s' \mid s, a) V_{\mu_\theta}(s') \mathrm{d}s') \mid_{a=\mu_\theta(s)} +$$
$$\int_S \gamma p(s' \mid s, \mu_\theta(s)) \nabla_\theta V_{\mu_\theta}(s') \mathrm{d}s'$$
$$= \nabla_\theta \mu_\theta(s) \nabla_a Q_{\mu_\theta}(s,a) \mid_{a=\mu_\theta(s)} + \int_S \gamma p(s \to s', 1, \mu_\theta) \nabla_\theta V_{\mu_\theta}(s') \mathrm{d}s'$$

由贝尔曼方程可知：$V_{\mu_\theta}(s)=Q_{\mu_\theta}(s,\mu_\theta(s))$，第一个等式得证。第二个等式还是贝尔曼方程，第三个等式分别对加法的两项求导。第四个等式运用了乘法求导法则。将第一项和第三项放在一起提取出共同项，得到第五个等式。第六个等式运用了贝尔曼方程，将第一项括号中的两个子项合并为 $Q_{\mu_\theta}(s,a)|_{a=\mu_\theta(s)}$。

$$\nabla_\theta \mu_\theta(s)\nabla_a Q_{\mu_\theta}(s,a)|_{a=\mu_\theta(s)} + \int_S \gamma p(s\to s',1,\mu_\theta)\nabla_\theta V_{\mu_\theta}(s')\mathrm{d}s'$$

$$=\nabla_\theta \mu_\theta(s)\nabla_a Q_{\mu_\theta}(s,a)|_{a=\mu_\theta(s)} + \int_S \gamma p(s\to s',1,\mu_\theta)\nabla_\theta \mu_\theta(s')\nabla_a Q_{\mu_\theta}(s',a)|_{a=\mu_\theta(s')}\mathrm{d}s' +$$

$$\int_S \gamma p(s\to s',1,\mu_\theta)\int_S \gamma p(s'\to s'',1,\mu_\theta)\nabla_\theta V_{\mu_\theta}(s'')\mathrm{d}s''\mathrm{d}s'$$

$$=\nabla_\theta \mu_\theta(s)\nabla_a Q_{\mu_\theta}(s,a)|_{a=\mu_\theta(s)} + \int_S \gamma p(s\to s',1,\mu_\theta)\nabla_\theta \mu_\theta(s')\nabla_a Q_{\mu_\theta}(s',a)|_{a=\mu_\theta(s')}\mathrm{d}s' +$$

$$\int_S \gamma^2 p(s\to s',2,\mu_\theta)\nabla_\theta V_{\mu_\theta}(s')\mathrm{d}s'$$

$$\cdots$$

$$=\int_S \sum_{t=0}^{\infty}\gamma^t p(s\to s',t,\mu_\theta)\nabla_\theta \mu_\theta(s')\nabla_a Q_{\mu_\theta}(s',a)|_{a=\mu_\theta(s')}\mathrm{d}s'$$

因为将第一部分的证明结果带入 $\nabla_\theta V_{\mu_\theta}(s')$ 中，可得第二部分的第一个等式。将第三项的概率进行整理，$p(s\to s',1,\mu_\theta)p(s'\to s'',1,\mu_\theta)=p(s\to s'',2,\mu_\theta)$，得第二个等式。同理，将所有项整合在一起，得到第三个等式。

有了前两部分的准备工作，接下来对目标函数 $J(\mu_\theta)$ 求梯度。

$$\nabla_\theta J(\mu_\theta)=\nabla_\theta \int_S p_1(s)V_{\mu_\theta}(s)\mathrm{d}s$$

$$=\int_S p_1(s)\nabla_\theta V_{\mu_\theta}(s)\mathrm{d}s$$

$$=\int_S \int_S \sum_{t=0}^{\infty}\gamma^t p_1(s)p(s\to s',t,\mu_\theta)\nabla_\theta \mu_\theta(s')\nabla_a Q_{\mu_\theta}(s',a)|_{a=\mu_\theta(s')}\mathrm{d}s'\mathrm{d}s$$

$$=\int_S \rho_{\mu_\theta}(s)\nabla_\theta \mu_\theta(s)\nabla_a Q_{\mu_\theta}(s,a)|_{a=\mu_\theta(s)}\mathrm{d}s$$

因为初始分布 $p_1(s)$ 与策略无关，得第二个等式。将第二部分的结果代入 $\nabla_\theta V_{\mu_\theta}(s)$ 得第三个等式。第四个等式将概率和合并为 $\rho_{\mu_\theta}(s)$，则确定性策略梯度定理得证。

## 10.2　DPG 方法

### 10.2.1　在线策略确定性 AC 方法

一般来说，通过确定性策略进行采样无法确保充分的探索，最终可能导致一个次优的解决方案。因此，在线策略确定性行动者-评论家算法仅有理论意义。但是考虑到环境噪声的影响，在某些情况下，即便是采用了确定性策略，但只要环境中存在的足够的噪声，也可以确保我们能够对环境进行充分探索。这种情况下，在线策略方法也可以找到最优解。

就像随机的行动者-评论家方法一样，确定性的行动者-评论家方法也由两部分组成。评论家评估动作值函数，而行动者对行为值函数采用梯度上升法更新策略参数。不同的是，行动者更新 $\mu_\theta$ 的参数 $\theta$ 时遵循的是确定性策略梯度定理。

与随机的行动者-评论家方法一样，评论家可以使用可微近似函数 $Q_w(s,a)$ 代替真实的动作值函数 $Q_\mu(s,a)$，$Q_w(s,a) \approx Q_\mu(s,a)$，并通过策略评估方法（如 Sarsa）来进行迭代更新，得到参数值 $w$。

$$\delta_t = r_t + \gamma Q_w(s_{t+1}, a_{t+1}) - Q_w(s_t, a_t)$$
$$w_{t+1} = w_t + \alpha_w \delta_t \nabla_w Q_w(s_t, a_t)$$
$$\theta_{t+1} = \theta_t + \alpha_\theta \nabla_\theta \mu_\theta(s_t) \nabla_a Q_w(s_t, a_t) |_{a=\mu_\theta(s)}$$

### 10.2.2 离线策略确定性 AC

确定性策略算法在进行强化学习时，存在一个问题：给定状态 $s$ 和策略参数时，动作是固定的。也就是说，当初始状态确定，通过确定性策略所产生的轨迹永远都是固定的，智能体无法探索其他的轨迹或访问其他的状态。为了确保在使用确定性策略梯度方法的前提下，依然能够对状态进行充分探索，我们引入了离线策略学习方法。即：行动策略是随机策略，评估策略是确定性策略。

离线策略方法使用行为策略 $\pi(a|s)$ 采样生成样本数据，基于样本数据对目标策略 $\mu_\theta(s)$ 进行改进。目标策略 $\mu_\theta(s)$ 是确定性策略。对应地，将目标函数修改为目标策略的值函数 $V_\mu(s)$ 基于行为策略 $\pi(a|s)$ 状态分布的积分：

$$J_\beta(\mu_\theta) = \int_S \rho_\beta(s) V_\mu(s) \mathrm{d}s$$
$$= \int_S \rho_\beta(s) Q_\mu(s, \mu_\theta(s)) \mathrm{d}s$$

$\rho_{\mu_\theta}(s)$ 表示行为策略 $\pi(a|s)$ 下的状态折扣分布。根据确定性策略梯度定理得到离线策略的梯度：

$$\nabla_\theta J_\beta(\mu_\theta) = \int_S \rho_\beta(s) \nabla_\theta \mu_\theta(a|s) \nabla_a Q_\mu(s,a) |_{a=\mu_\theta(s)} \mathrm{d}s$$
$$= E_{s \sim \rho^\mu} [\nabla_\theta \mu_\theta(a|s) \nabla_a Q_\mu(s,a) |_{a=\mu_\theta(s)}]$$

同样地，评论家使用可微近似函数 $Q_w(s,a)$ 代替真实的动作值函数 $Q_\mu(s,a)$，$Q_w(s,a) \approx Q_\mu(s,a)$。下面为离线策略确定性行动者-评论家（Off-Policy Deterministic Actor Critic, OPDAC）的关键算法，其中，评论者使用 Q-learning 来估计和更新行为值函数。

$$\delta_t = r_t + \gamma Q_w(s_{t+1}, \mu_\theta(s_{t+1})) - Q_w(s_t, a_t)$$
$$w_{t+1} = w_t + \alpha_w \delta_t \nabla_w Q_w(s_t, a_t)$$
$$\theta_{t+1} = \theta_t + \alpha_\theta \nabla_\theta \mu_\theta(s_t) \nabla_a Q_w(s_t, a_t) |_{a=\mu_\theta(s)}$$

随机离线策略 Actor-Critic 算法通常对行动者和评论家都使用了重要性采样,但是,因为确定性策略梯度省去了对动作空间的积分,则避免了在行动者(Actor)中进行重要采样,并且通过使用 Q-learning,避免了评论家(Critic)的重要采样。

### 10.2.3 兼容性近似函数定理

在 Actor-Critic 算法中,在确定性策略梯度里引入了近似行为值函数 $Q_w(s,a)$,不可避免地为算法引入了偏差。算法得出的梯度并不是真正的梯度。类似于随机策略梯度的情况,我们需要找到一个兼容近似函数 $Q_w(s,a)$,使得 $Q_w(s,a)$ 在代替真值 $Q_\mu(s,a)$ 的同时,不改变真值的梯度 $\nabla_a Q_\mu(s,a)$。这就是确定性策略条件下的兼容性近似函数定理(Compatible Function Approximation Theorem)。同样地,只要近似函数 $Q_w(s,a)$ 同时满足如下两个条件,我们就可以说 $Q_w(s,a)$ 与策略 $\mu_\theta(s)$ 兼容,就可以消除偏差。

条件(1):$\nabla_a Q_w(s,a)|_{a=\mu_\theta(s)}$ 和随机策略 $\pi_\theta(s|a)$ 的梯度 $\nabla_\theta \mu_\theta(s)$ 呈线性关系:
$$\nabla_a Q_w(s,a)|_{a=\mu_\theta(s)} = \nabla_\theta \mu_\theta(s)^\mathrm{T} w$$

条件(2):近似值函数参数 $w$ 使下式均方误差最小:
$$\mathrm{MSE}(\theta,w) = E[\varepsilon(s;\theta,w)^\mathrm{T} \varepsilon(s;\theta,w)]$$
$$\varepsilon(s;\theta,w) = \nabla_a Q_w(s,a)|_{a=\mu_\theta(s)} - \nabla_a Q_\mu(s,a)|_{a=\mu_\theta(s)}$$

当条件(1)和(2)同时满足时,有:
$$\nabla_\theta J(\theta) = E[\nabla_\theta \mu_\theta(a|s) \nabla_a Q_w(s,a)|_{a=\mu_\theta(s)}]$$

近似值函数 $Q_w(s,a)$ 可以在没有偏差的情况下代替真实值函数 $Q_\pi(s,a)$。此定理对于在线策略和离线策略算法均成立。

接下来对兼容性近似函数定理进行证明,证明过程与随机策略情况类似。
$$\nabla_w \mathrm{MSE}(\theta,w) = 0$$
$$E[\nabla_\theta \mu_\theta(s) \varepsilon(s;\theta,w)] = 0$$
$$E[\nabla_\theta \mu_\theta(s) \nabla_a Q_w(s,a)|_{a=\mu_\theta(s)}] = E[\nabla_\theta \mu_\theta(s) \nabla_a Q_\mu(s,a)|_{a=\mu_\theta(s)}]$$
$$= \nabla_\theta J_\beta(\mu_\theta) \text{ 或 } \nabla_\theta J(\mu_\theta)$$

如果 $w$ 满足条件(2),使得均方误差最小,则有 $\varepsilon^2$ 对 $w$ 的梯度为 0,第一个等式得证。
$$\nabla_w \varepsilon^2(s;\theta,w) = 2\varepsilon(s;\theta,w) \nabla_w \varepsilon(s;\theta,w) = 0$$

因为 $\varepsilon(s;\theta,w) = \nabla_a Q_w(s,a)|_{a=\mu_\theta(s)} - \nabla_a Q_\mu(s,a)|_{a=\mu_\theta(s)}$,且 $Q_\pi(s,a)$ 与 $w$ 无关,则
$$\nabla_w \varepsilon(s;\theta,w) = \nabla_w (\nabla_a Q_w(s,a)|_{a=\mu_\theta(s)})$$

根据条件(1):
$$\nabla_a Q_w(s,a)|_{a=\mu_\theta(s)} = \nabla_\theta \mu_\theta(s)^\mathrm{T} w$$

有:
$$\nabla_w \varepsilon(s;\theta,w) = \nabla_\theta \mu_\theta(s)$$

代入则推导部分的第二个等式得证。

把公式 $\varepsilon(s;\theta,w) = \nabla_a Q_w(s,a)|_{a=\mu_\theta(s)} - \nabla_a Q_\mu(s,a)|_{a=\mu_\theta(s)}$ 代入第二个等式,则第三和

第四个等式得证。

实践中，通常采用线性近似函数 $Q_w(s,a)=\phi(s,a)^T w$ 来满足条件(1)。为满足条件(2)，需要找到使得 $Q_w(s,a)$ 梯度和 $Q_\mu(s,a)$ 梯度均方误差最小的参数 $w$。可以看作"特征" $\phi(s,a)$ 和目标值 $\nabla_a Q_\mu(s,a)|_{a=\mu_\theta(s)}$ 的线性回归问题。而获取真实梯度的无偏样本比较困难。并且通过标准策略评估的方法(如 Sarsa 或 Q-learning)学习 $w$，并不完全满足条件(2)。一个合理的解决方案是尽可能使得 $Q_w(s,a) \approx Q_\mu(s,a)$，对于大多数平滑近似函数来说，可以近似地满足 $\nabla_a Q_w(s,a)|_{a=\mu_\theta(s)} = \nabla_a Q_\mu(s,a)|_{a=\mu_\theta(s)}$。

如下为一个兼容离线策略确定性行动者-评论家算法（Compatible Off-Policy Deterministic Actor Critic, COPDAC），评论家是一个线性近似函数 $Q_w(s,a)=\phi(s,a)^T w$，其中 $\phi(s,a)=a^T \nabla_\theta \mu_\theta(s)$。通过 Q-learning 方法学习来自离线策略 $\beta(a|s)$ 下的采样数据，行动者沿着评论家的行为值函数梯度更新参数，算法如下：

$$\delta_t = r_t + \gamma Q_w(s_{t+1}, \mu_\theta(s_{t+1})) - Q_w(s_t, a_t)$$
$$w_{t+1} = w_t + \alpha_w \delta_t \phi(s_t, a_t)$$
$$\theta_{t+1} = \theta_t + \alpha_\theta \nabla_\theta \mu_\theta(s_t)(\nabla_\theta \mu_\theta(s_t)^T w_t)$$

## 10.3 DDPG 方法

### 10.3.1 DDPG 简介

DQN 是第一个将深度学习与强化学习结合在一起的方法，通过将大型神经网络作为函数逼近器，成功地掌握了直接从高维视频像素中学习控制策略的方法。然而，因为 DQN 在每次迭代中都需要寻找行为值函数的最大值，因此它只能处理离散的、低维的动作空间。针对连续动作空间，DQN 没有办法输出每个动作的行为值函数。解决上述连续动作空间问题的一个简单方法是将动作空间离散化，但是动作空间是随着动作的自由度呈指数增长的。所以，针对大部分任务来说这个方法是不现实的。

而确定性策略梯度法（DPG），可以解决动作空间连续的问题。它通过把策略表示为策略函数 $\mu_\theta(s)$，将状态 $s$ 映射为一个确定性的动作。当策略为确定性策略后，使用贝尔曼方程计算行为值函数 $Q(s,a)$ 的公式，由

$$Q_\pi(s_t, a_t) = E_{s_{t+1} \sim E, a_t \sim \pi}[r(s_t, a_t) + \gamma E_\pi[Q_\pi(s_{t+1}, a_{t+1})]]$$

变为：

$$Q_\mu(s_t, a_t) = E_{s_{t+1} \sim E}[r(s_t, a_t) + \gamma Q_\mu(s_{t+1}, \mu(s_{t+1}))]$$

于是内部期望的求解就被避免，外部期望只需根据环境求期望即可。也就是说动作-状态值函数 $Q$ 只和环境有关系，与求解动作空间无关。

有了 $Q$ 值，就可以通过下式迭代求解最优策略：

$$\nabla_{\theta_\mu} u \approx E_{\mu'}[\nabla_{\theta_\mu} Q(s,a \mid \theta_Q)\mid_{s=s_t, a=\mu(s_t\mid\theta_\mu)}]$$
$$= E_{\mu'}[\nabla_a Q(s,a \mid \theta_Q)\mid_{s=s_t, a=\mu(s_t)} \nabla_{\theta_\mu}\mu(s\mid\theta_\mu)\mid_{s=s_t}]$$

确定性策略梯度法(DPG)可以处理连续动作空间的任务,但是无法直接从高维输入中学习策略;而 DQN 可以直接进行端对端的学习,却仅能处理离散动作空间问题。将两者结合起来,在 DPG 算法的基础上引入 DQN 算法的成功经验,就有了深度确定性策略梯度算法(Deep Deterministic Policy Gradient Algorithms:DDPG)。DDPG 分别用神经网络逼近行为值函数 $Q(s,a)$(Critic 网络)和 $\mu_\theta(s)$(Actor 网络),实现了直接从原始数据中进行端对端的学习。

## 10.3.2 算法要点

因为强化学习的数据存在马尔可夫性,不满足训练神经网络需样本独立同分布的前提假设,在使用神经网络进行强化学习时,训练过程很不稳定。为了保证学习效果,我们需要打破训练数据间的相关性。DDPG 借鉴了 DQN 的成功经验,使用了经历回放来解决这个问题。在生成样本数据时,DDPG 将从环境中探索得到的数据,以一个状态转换序列为单元 $(s_t,a_t,r_t,s_{t+1})$,存放于记忆库 $R$ 中。记忆库的容量置为某个值,如 500 万,当记忆库充满数据时,则需要删掉最旧的样本数据,保证记忆库中永远存放着最新的 500 万个转换序列。每次更新时,行动者和评论家都会从中随机地抽取一部分样本进行优化,来减少一些不稳定性。

进行神经网络训练时,如果使用同一张神经网络来表示目标网络(target)和当前更新网络(online),学习过程会很不稳定。因为同一个网络参数在频繁地进行梯度更新的同时,还需要被用于计算网络的梯度。DDPG 的解决方案是分别为评论家网络 $Q(s,a\mid\theta_Q)$ 和行动者网络 $\mu(s\mid\theta_\mu)$,创建两个神经网络的拷贝。即:分别创建两个独立的目标网络 $Q'(s,a\mid\theta_{Q'})$ 和 $\mu'(s\mid\theta_{\mu'})$。

策略网络 $\begin{cases} \text{online}: \mu(s\mid\theta_\mu): \text{gradient 更新}\theta_\mu \\ \text{target}: \mu'(s\mid\theta_{\mu'}): \text{soft update } \theta_{\mu'} \end{cases}$

$Q$ 网络 $\begin{cases} \text{online}: Q(s,a\mid\theta_Q): \text{gradient 更新}\theta_Q \\ \text{target}: Q'(s,a\mid\theta_{Q'}): \text{soft update } \theta_{Q'} \end{cases}$

在训练完一个批量(mini-batch)的数据之后,DDPG 通过梯度上升/梯度下降算法更新当前(online)网络的参数。然后再通过滑动平均(soft update)方法更新目标(target)网络的参数。这里需要简单介绍下什么叫滑动平均。滑动平均指的是在进行目标网络参数更新时,不同于 DQN 直接将 $Q$ 网络的参数复制到目标 $Q$ 网络,DDPG 遵循的是:$\theta' \leftarrow \tau\theta + (1-\tau)\theta'$,且 $\tau \ll 1$。这就意味着目标网络参数只能缓慢变化,大大提高了学习的稳定性。

$$\text{soft update}_{\tau-\text{一般取值}0.001}: \begin{cases} \theta_{Q'} \leftarrow \tau\theta_Q + (1-\tau)\theta_{Q'} \\ \theta_{\mu'} \leftarrow \tau\theta_\mu + (1-\tau)\theta_{\mu'} \end{cases}$$

在连续行为空间学习的一个最主要挑战是如何保证有效的探索。DDPG通过给确定性策略 $\mu(s_t|\theta_t^\mu)$ 添加噪声 $N$ 来构建行为策略，行为策略和评估策略不同，可以保证算法高效"探索"。

$$\mu'(s_t) = \mu(s_t | \theta_t^\mu) + N$$

除此之外，DDPG还使用了一个被称为批量标准化（Batch Normalization，BN）的深度学习技术来应对不同量纲问题。比如，位置及速度，显然不能将它们当成一种数据进行处理。因为不同量纲难以找到在具有不同的状态值尺度的环境中泛化的超参数，可能导致网络难以有效地学习。批量标准化技术能够对小批量样本中的每个维度进行归一化，以得到单位均值和方差。在探索和评估期间，保持均值和方差的平均值用来对得到的数据进行处理，实现对不同任务、不同类型的数据进行有效学习。

### 10.3.3 算法流程

因为采用行动者-评论家架构，所以 DDPG 有行动者（Actor）和评论家（Critic）两个部分。目标网络和当前更新的网络是两个独立的网络，整个 DDPG 一共涉及四个神经网络。Critic 目标网络（target）$Q'$ 和 Critic 当前网络（online）$Q$；Actor 目标网络（target）$\mu'$ 和 Actor 当前网络（online）$\mu$。

Critic 网络（online）$Q$ 对参数 $\theta_Q$ 的更新，采用 DQN 中的 TD error 方式，损失函数为最小化均方误差：

$$L = \frac{1}{N}\sum_i (y_i - Q(s_i, a_i | \theta_Q))^2$$

其中，$y_i = r_i + Q'(s_{i+1}, \mu'(s_{i+1}|\theta_{\mu'})|\theta_{Q'})$。$y_i$ 的计算用到了目标 Critic 网络 $Q'$ 和目标 Actor 网络 $\mu'$，这样做是为了 $Q$ 网络参数的学习过程更加稳定，易于收敛。有了损失函数 $L$，就可以基于标准的后向传播方法，求得 $L$ 针对 $\theta_Q$ 的梯度 $\nabla_{\theta_Q} L$。对其进行优化更新，得到 $\theta_Q$。

Actor 网络（online）$\mu$ 的网络参数 $\theta_\mu$ 的更新，遵循确定性策略梯度定理，公式为：

$$\nabla_{\theta_\mu} \mu | s_i = \frac{1}{N}\sum_i \nabla_a Q(s, a | \theta_Q)|_{s=s_i, a=\mu(s_i)} \nabla_{\theta_\mu} \mu(s | \theta_\mu)|_{s=s_i}$$

目标网络（target）$Q'$ 和 $\mu'$ 采用滑动平均方式：

$$\theta_{Q'} \leftarrow \tau \theta_Q + (1-\tau)\theta_{Q'}$$
$$\theta_{\mu'} \leftarrow \tau \theta_\mu + (1-\tau)\theta_{\mu'}$$

为了便于理解 DDPG 算法，将四个神经网络的公式、输入、输出以及相互之间的关系制作成图，如图 10-1 所示。

可见，target Actor 网络 $\mu'$，其输入为下一状态 $s_{i+1}$，在计算目标 Critic 的值 $Q'(s_{i+1}, \mu'(s_{i+1}|\theta_{\mu'})|\theta_{Q'})$ 时，$\mu'$ 用于预测下一状态的行为取值。

online Actor 网络 $\mu$，输入为当前状态，输出为当前状态的行为取值。它和 online 的 Critic 一起更新 Actor 神经网络的参数，即

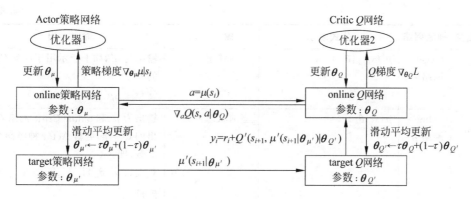

图 10-1　神经网络关系图

$$\nabla_{\theta_\mu}\mu\mid s_i = \frac{1}{N}\sum_i \nabla_a Q(s,a\mid\boldsymbol{\theta}_Q)\mid_{s=s_i,a=\mu(s_i)} \nabla_{\theta_\mu}\mu(s\mid\boldsymbol{\theta}_\mu)\mid_{s=s_i}$$

target Critic 网络 $Q'$，输入为下一状态 $s_{i+1}$ 和 Actor target 网络中输出的策略 $\mu'(s_{i+1}\mid\boldsymbol{\theta}_{\mu'})$，输出用于计算 TD 目标，即

$$y_i = r_i + Q'(s_{i+1},\mu'(s_{i+1}\mid\boldsymbol{\theta}_{\mu'})\mid\boldsymbol{\theta}_{Q'})$$

online Critic 网络 $Q$，输出为当前状态 $s$ 和实际执行的动作 $a$，其输出首先用于计算损失函数，公式为 $L = \frac{1}{N}\sum_i(y_i - Q(s_i,a_i\mid\boldsymbol{\theta}_Q))^2$。还用于 Actor 部分的参数更新，即

$$\nabla_{\theta_\mu}\mu\mid s_i = \frac{1}{N}\sum_i \nabla_a Q(s,a\mid\boldsymbol{\theta}_Q)\mid_{s=s_i,a=\mu(s_i)} \nabla_{\theta_\mu}\mu(s\mid\boldsymbol{\theta}_\mu)\mid_{s=s_i}$$

四个神经网络的对比见表 10-1。

表 10-1　四个神经网络对比

| 算法结构 | 神经网络 | 公式表示 | 输　入 | 输　出 |
|---|---|---|---|---|
| Critic | target 网络 $Q'$ | $Q'(s_{i+1},\mu'(s_{i+1}\mid\boldsymbol{\theta}_{\mu'})\mid\boldsymbol{\theta}_{Q'})$ | ① 下一状态<br>② Actor 部分中 target 网络 $\mu'$ 所输出的策略 | 输出为用于计算 target 值的 $Q'$<br>其中 target 值的计算公式为：<br>$y_i = r_i + \gamma Q'(s_{i+1},\mu'(s_{i+1}\mid\boldsymbol{\theta}_{\mu'})\mid\boldsymbol{\theta}_{Q'})$ |
| | online 网络 $Q$ | $Q(s,a\mid\boldsymbol{\theta}_Q)$ | ① 当前状态<br>② 实际执行的动作 | 输出为动作-状态值函数 $Q$<br>首先用于计算 TD error，公式：<br>$L = \frac{1}{N}\sum_i(y_i - Q(s_i,a_i\mid\boldsymbol{\theta}_Q))^2$<br>还用于 Actor 部分的参数更新：<br>$\nabla_a Q(s,a\mid\boldsymbol{\theta}_Q)\mid_{s=s_t,a=\mu(s_t)} \nabla_{\theta_\mu}\mu(s\mid\boldsymbol{\theta}_\mu)\mid_{s=s_t}$ |

续表

| 算法结构 | 神经网络 | 公式表示 | 输　　入 | 输　　出 |
|---|---|---|---|---|
| Actor | target 网络 $\mu'$ | $\mu'(s_{i+1}\|\boldsymbol{\theta}_{\mu'})$ | 下一状态 | 输出为 $\mu'$,如上所示用于计算 Critic 的 $Q'$ $Q'(s_{i+1},\mu'(s_{i+1}\|\boldsymbol{\theta}_{\mu'})\|\boldsymbol{\theta}_{Q'})$ |
| | online 网络 $\mu$ | $\mu(s_t\|\boldsymbol{\theta}_\mu)$ | 当前状态 | 输出为 $\mu$,和 online Critic 网络 $Q$ 输出的 $Q$ 一起更新 Actor 神经网络的参数,即: $\nabla_a Q(s,a\|\boldsymbol{\theta}_Q)\|_{s=s_t,a=\mu(s_t)} \nabla_{\theta_\mu}\mu(s\|\boldsymbol{\theta}_\mu)\|_{s=s_t}$ |

具体算法流程如下。

---

**算法：DDPG 算法**

输入：初始化 Critic 网络 $Q(s,a\|\boldsymbol{\theta}_Q)$,Actor 网络 $\mu(s\|\boldsymbol{\theta}_\mu)$ 的网络参数 $\boldsymbol{\theta}_Q$ 和 $\boldsymbol{\theta}_\mu$;
　　　将 Critic、Actor 的参数拷贝给对应目标网络(target)$Q'$ 和 $\mu'$ 的参数：$\boldsymbol{\theta}_{Q'}\leftarrow\boldsymbol{\theta}_Q,\boldsymbol{\theta}_{\mu'}\leftarrow\boldsymbol{\theta}_\mu$;
　　　初始化记忆库 $R$ 容量。

对于每一条轨迹,for episode $=1,\cdots,M$:
　　初始化一个随机过程 $N$,用来给行为添加噪声;
　　获得初始化状态 $s_1$;
　　对于轨迹中的每一步,for $t=1,\cdots,T$:
　　　　根据当前策略和探索噪声,获得行为 $a_t=\mu(s_t\|\boldsymbol{\theta}_\mu)+N_t$
　　　　执行行为 $a_t$,获得回报 $r_t$ 和下一个状态 $s_{t+1}$
　　　　将状态转换序列 $(s_t,a_t,r_t,s_{t+1})$ 存储于记忆库 $R$ 中
　　　　从 $R$ 中随机采样 $N$ 个转换序列,作为 online 策略网络(Actor),online $Q$ 网络(Critic)的一小批训练数据。$(s_i,a_i,r_i,s_{i+1})$ 表示单个转换序列。
　　　　令：$y_i=r_i+Q'(s_{i+1},\mu'(s_{i+1}\|\boldsymbol{\theta}_{\mu'})\|\boldsymbol{\theta}_{Q'})$
　　　　通过最小化损失函数 $L$,更新 online Critic 网络参数 $\boldsymbol{\theta}_Q$。
　　　　$L=\dfrac{1}{N}\sum_i(y_i-Q(s_i,a_i\|\boldsymbol{\theta}_Q))^2$
　　　　通过计算样本策略梯度 $\nabla_{\theta_\mu}\mu\|s_i$,更新 online Actor 网络参数 $\boldsymbol{\theta}_\mu$。
　　　　$\nabla_{\theta_\mu}\mu\|s_i=\dfrac{1}{N}\sum_i\nabla_a Q(s,a\|\boldsymbol{\theta}_Q)\|_{s=s_i,a=\mu(s_i)}\nabla_{\theta_\mu}\mu(s\|\boldsymbol{\theta}_\mu)\|_{s=s_i}$
　　　　通过滑动平均更新目标网络参数 $\boldsymbol{\theta}_{Q'}$ 和 $\boldsymbol{\theta}_{\mu'}$

$$\boldsymbol{\theta}_{Q'} \leftarrow \tau\boldsymbol{\theta}_Q + (1-\tau)\boldsymbol{\theta}_{Q'}$$
$$\boldsymbol{\theta}_{\mu'} \leftarrow \tau\boldsymbol{\theta}_\mu + (1-\tau)\boldsymbol{\theta}_{\mu'}$$

　　单条轨迹结束,循环结束
$M$ 条轨迹结束,循环结束

输出:最优网络参数$\boldsymbol{\theta}_Q$ 和 $\boldsymbol{\theta}_\mu$,以及最优策略

可见,DDPG 算法吸收了 DQN 的改进方案,使得算法的效率和效果都得到了保障。比如,通过使用经验库,降低了采样数据的相关性。算法执行过程中,用到了两套 AC 网络,因为 $\tau$ 很小,所以目标网络通过滑动平均缓慢更新,使得学习过程更加稳定。

## 10.4　实例讲解

本节通过钟摆这个游戏来对 DDPG 算法进行说明。DDPG 算法采用的是确定性策略函数,能够在高维连续空间上获得很好的效果。

### 10.4.1　游戏简介及环境描述

本节使用的 Pendulum 游戏与 9.4.2 节 A3C 中所使用的游戏相同,通过给钟摆一个向左或向右的力,以使摆杆最终保持向上直立状态,如图 10-2 所示。

游戏模型在 9.4.2 节已经分析过,钟摆所处状态以角度正弦、角度余弦和角速度来描述,记为 cos(th)、sin(th)、thdot。th 取值在 0 到 $2\pi$ 之间,thdot 大于 $-8$ 小于 8。行为是电机控制力矩,在 $-2$ 和 2 之间。并且规定每条轨迹最多包含 200 个时间步,在 200 个时间步之后,游戏结束。

图 10-2　钟摆游戏

### 10.4.2　算法详情

接下来介绍 DDPG 算法在 Pendulum 游戏中的应用。总的来说,DDPG 使用的是 Actor-Critic 结构,其输出的不是行为的概率,而是具体的行为,用于对连续动作(Continuous Action)进行预测。它结合了之前获得成功的 DQN 结构,提高了 Actor-Critic 的稳定性和收敛性。

(1) 定义超参数。

因为游戏没有终止状态,所以需要设置约束使游戏终止,分别定义游戏最大的回合数及每个回合的最大步数。

```
MAX_EPISODES = 200                          # 最大回合数
MAX_EP_STEPS = 200                          # 每个回合最大步数
MEMORY_CAPACITY = 10000                     # 记忆库容量

RENDER = False                              # 是否渲染环境
ENV_NAME = 'Pendulum-v0'                    # 环境名称
```

还需要设置记忆库容量、Actor 网络和 Critic 网络的学习率、折扣因子、使用滑动平均参数、批量更新的大小。

```
LR_A = 0.001                                # 行动者网络学习率
LR_C = 0.001                                # 评论家网络学习率
GAMMA = 0.9                                 # 回报的折扣因子
TAU = 0.01                                  # 简单替换
MEMORY_CAPACITY = 10000
BATCH_SIZE = 32
```

(2) 定义环境。

加载 gym 模块中的 Pendulum 游戏环境,其中 N_S 表示状态的维数为 3,分别为 cos 值、sin 值、角速度值。N_A 表示行为的维数 1,即:力矩大小。A_BOUND 表示力矩的范围 [−2,2],力矩的上限值为 2。

```
env = gym.make(ENV_NAME)                    # 加载环境
env = env.unwrapped                         # 取消限制
env.seed(1)                                 # 设置种子

s_dim = env.observation_space.shape[0]      # 状态空间
a_dim = env.action_space.shape[0]           # 行为空间
a_bound = env.action_space.high             # 行为值上限
```

(3) 构建 DDPG 网络,并进行初始化。

DDPG 网络模型一共包含四个神经网络,分别为 online Actor、target Actor、online Critic、target Critic。

① 构建 online Actor 网络。

online Actor 也称为策略网络,在代码中用 $a$ 表示。网络输入为当前状态 $s$,经过两个全连接层,输出具体的行为(力矩值),参数都定义为可训练模式。

策略网络的第一个全连接层含 30 个神经元,激活函数为 relu,其输入为三维向量,表征当前状态,输出是维数为 30 的向量。第二个全连接层含 1 个神经元,激活函数为 tanh,输入为上一层输出的长度为 30 的向量,输出行为力矩。因为 tanh 激活后的取值范围是[−1,1],而力矩的最大值为 2,所以我们要将输出值扩展为[−2,2],需要在输出时和力矩的最大值做乘法。

```
def _build_a(self, s, scope, trainable):
    with tf.variable_scope(scope):
        net = tf.layers.dense(s, 30, activation = tf.nn.relu, name = 'l1', trainable = trainable)
        a = tf.layers.dense(net, self.a_dim, activation = tf.nn.tanh, name = 'a', trainable = trainable)
        return tf.multiply(a, self.a_bound, name = 'scaled_a')
```

② 构建 target Actor 网络。

target Actor 网络也就目标策略网络,网络的输入为下一个状态,经过两个全连接层,输出对应行为。目标策略网络的网络结构与上述策略网络的网络结构相同。网络参数定义为不可训练模式,此网络参数的更新主要依靠策略网络来获得。

③ 构建 online Critic 网络。

此网络也称为 $Q$ 网络,输入为当前状态 $s$ 和实际执行的动作 $a$。经过一个全连接层,输出行为值函数 $q$,网络参数定义为可训练模式。

此神经网络涉及的权重有状态权重 $w1\_s[3,30]$,行为权重 $w1\_a[1,30]$,偏置量 $b1[1,30]$。输入为当前状态 $s[1,3]$,和当前执行的行为 $a[1,1]$,经过一个线性计算 $s \cdot w1\_s + a \cdot w1\_a + b1$,输出结果使用 relu 激活函数进行激活。经过一个仅包含一个神经元的全连接层后,得到 $q(s,a)$。

```
def _build_c(self, s, a, scope, trainable):
    with tf.variable_scope(scope):
        n_l1 = 30
        w1_s = tf.get_variable('w1_s', [self.s_dim, n_l1], trainable = trainable)
        w1_a = tf.get_variable('w1_a', [self.a_dim, n_l1], trainable = trainable)
        b1 = tf.get_variable('b1', [1, n_l1], trainable = trainable)
        net = tf.nn.relu(tf.matmul(s, w1_s) + tf.matmul(a, w1_a) + b1)
        return tf.layers.dense(net, 1, trainable = trainable)
```

这里简单对比下 Actor 和 Critic 两个网络的不同,Actor 网络,输入为状态 $s$,输出为力矩大小 $a$。Critic 输入为状态和行为 $s$、$a$,输出为该状态行为对的值函数 $q$。Actor 有两个全连接层,而 Critic 只包含一个全连接层。对于 Actor 来说,其输出的行为(力矩)可以 $[-2,2]$ 范围内摆动,因此选择 tanh 激活函数比较适合(其取值范围为 $[-1,1]$)。对于 Critic 来说,输出的值函数只要大于 0 即可,因此使用取值范围在 $(0,+\infty)$ 的 relu 激活函数更合适。

④ 构建 target Critic 网络。

target Critic 网络也称为目标 $Q$ 网络。输入为下一个状态 $s\_$,下一个状态的行为 $a\_$,此行为 $a\_$ 由目标策略网络(target Actor)输出。状态 $s\_$ 和行为 $a\_$ 经过一个全连接层后,输出下一个状态行为对的值函数 $q\_$。此网络结构与上述的 $Q$ 网络(online Critic)的网络结构完全相同,其变量设置为不可训练模式。网络参数的更新主要通过 Critic 网络获得。

(4) 分别定义四个网络参数的更新公式。

四个网络中，$Q$ 网络(online Critic)通过最小化均方误差来更新，策略网络(online Actor)通过确定性策略梯度定理来更新。两个目标网络(target Actor 和 target Critic)通过滑动平均的方式复制策略网络和 $Q$ 网络的参数。

① 分别定义四套网络参数。

```
self.ae_params = tf.get_collection(tf.GraphKeys.GLOBAL_VARIABLES, scope = 'Actor/eval')
self.at_params = tf.get_collection(tf.GraphKeys.GLOBAL_VARIABLES, scope = 'Actor/target')
self.ce_params = tf.get_collection(tf.GraphKeys.GLOBAL_VARIABLES, scope = 'Critic/eval')
self.ct_params = tf.get_collection(tf.GraphKeys.GLOBAL_VARIABLES, scope = 'Critic/target')
```

策略网络参数为 ae_params；$Q$ 网络参数为 ce_params；目标策略网络参数为 at_params；目标 $Q$ 网络参数为 ct_params。

② 定义 $Q$ 网络(online Critic)参数更新方法。

首先定义损失函数 $L = \frac{1}{N} \sum_i (y_i - Q(s_i, a_i | \theta_Q))^2$，即 $y_i$ 和 $Q(s_i, a_i | \theta_Q)$ 的最小化均方误差。其中，$y_i = r_i + Q'(s_{i+1}, \mu'(s_{i+1} | \theta_{\mu'}) | \theta_{Q'})$。表示 TD 目标，在代码中用 q_target 表示。其值可通过立即回报 $r$ 和目标 $Q$ 网络的输出 q_ 加和求取。$Q(s_i, a_i | \theta_Q)$ 为当前 $Q$ 网络的输出。损失函数用 td_error 表示。

有了损失函数 $L$，就可以基于标准的后向传播方法，采用 Adam 方法对其进行优化更新，得到 ce_params。

```
q_target = self.R + GAMMA * q_
# 在 td_error 的 feed_dic 中, self.a 应该更改为内存中的行为
td_error = tf.losses.mean_squared_error(labels = q_target, predictions = q)
self.ctrain = tf.train.AdamOptimizer(LR_C).minimize(td_error, var_list = self.ce_params)
# 根据 td_error 更新评论家网络
```

③ 定义策略网络(online Actor)更新方式。

Actor 参数 $\theta_\mu$ 通过确定性策略梯度定理更新，公式为：

$$\nabla_{\theta_\mu} \mu | s_i = \frac{1}{N} \sum_i \nabla_a Q(s, a | \theta_Q) |_{s=s_i, a=\mu(s_i)} \nabla_{\theta_\mu} \mu(s | \theta_\mu) |_{s=s_i}$$

对应代码如下。

```
# dq / da * da / dparams, 相当于对 q 求梯度
self.policy_grads = tf.gradients(ys = self.a, xs = self.ae_params, grad_ys = tf.gradients(q, self.a)[0])
self.atrain = tf.train.AdamOptimizer( - LR_A).apply_gradients(zip(self.policy_grads, self.ae_params))
```

tf.gradients(ys, xs)计算的是 ys 相对于 xs 的梯度。返回的是一个 tensor，长度等于

len(xs)。grad_ys 代表对 ys 的梯度。如果不为空,就要使用梯度求导的链式法则来计算对 xs 的导数。最终 ys 对 xs 求完导后,需要乘以 grad_ys。所以上式 policy_grads 就等于 $\sum_i \nabla_a Q(s, a \mid \theta_Q) \mid_{s=s_i, a=\mu(s_i)} \nabla_{\theta_\mu} \mu(s \mid \theta_\mu) \mid_{s=s_i}$,与 $\nabla_{\theta_\mu} \mu \mid s_i$ 等价。

④ 定义两个目标网络的更新方式。

分别通过 online Actor,online Critic 的网络参数求取 target 网络参数,公式如下:

$$\theta_{Q'} \leftarrow \tau\theta_Q + (1-\tau)\theta_{Q'}$$
$$\theta_{\mu'} \leftarrow \tau\theta_\mu + (1-\tau)\theta_{\mu'}$$

```
self.soft_replace = [[tf.assign(ta, (1 - TAU) * ta + TAU * ea), tf.assign(tc, (1 - TAU)
* tc + TAU * ec)] for ta, ea, tc, ec in zip(self.at_params, self.ae_params, self.ct_params,
self.ce_params)]
```

代码中,TAU=0.01,是一个控制量。使用 target 网络中的参数乘以 0.01 加上 online 网络参数乘以 0.99 来替换 target 网络的参数。

(5) 获得初始化状态 $s$。

此步骤需要判断轨迹是否大于 200 步,如果小于 200,则进入循环,否则游戏结束。

```
s = env.reset()
```

得到初始化状态如下:

s:[−0.352 830 79　0.935 687 15　0.029 000 14]

(6) 得到当前状态 $s$ 下应该执行的行为 $a$。

从此步骤开始就进入了单条轨迹的内部循环。此过程首先调用了 choose_action(self, s) 方法,该方法中运行了 online 策略网络。

```
a = ddpg.choose_action(s)
def choose_action(self, s):
    return self.sess.run(self.a, {self.S: s[np.newaxis, :]})[0]
```

得到行为 $a$=0.208 366 47 后,以 $a$ 为均值,var(初始值为 3)为标准差,生成一个正态分布,在这个正态分布中进行随机采样。得到最终的行为值 $a$=2。此步骤的目的是为了增加探索。

```
a = np.clip(np.random.normal(a, var), -2, 2)    # 为行动选择添加随机性进行探索
```

(7) 执行行为 $a$,返回立即回报 $r$ 和新状态 $s\_$。

```
s_, r, done, info = env.step(a)
```

新状态 $s\_$=[−0.372 900 48, 0.927 871 34, 0.430 765 5],立即回报 $r$=−3.734 355 56。

轨迹未结束，done=false。

(8) 数据存储。

将以上步骤得到的状态转换数据$(s,a,r,s\_)$，存储到记忆库 $R$ 中。作为训练 online 网络的数据集。

```
ddpg.store_transition(s, a, r / 10, s_)

def store_transition(self, s, a, r, s_):
    transition = np.hstack((s, a, [r], s_))
    index = self.pointer % MEMORY_CAPACITY       # 使用新的记忆替换旧的
    self.memory[index, :] = transition
    self.pointer += 1
```

(9) 达到记忆库容量最大值时，开始进行参数更新。

```
# 达到记忆库容量的最大值
if ddpg.pointer > MEMORY_CAPACITY:
    var * = .9995                                # 衰减动作随机性
    ddpg.learn()                                 # 开始学习
```

此步骤判断记忆库容量是否达到最大值，如果是，则进入学习阶段，并且代表标准差的 var 会随着训练衰减，表示行为的探索性逐次减少。

① 从记忆库 $R$ 中，均匀随机采样 32 个状态转换数据，作为 online 策略网络、online $Q$ 网络的一个 mini-batch 训练数据。

```
indices = np.random.choice(MEMORY_CAPACITY, size = BATCH_SIZE)
bt = self.memory[indices, :]
bs = bt[:, :self.s_dim]
ba = bt[:, self.s_dim: self.s_dim + self.a_dim]
br = bt[:, -self.s_dim - 1: -self.s_dim]
bs_ = bt[:, -self.s_dim:]
```

为使大家对喂入神经网络的状态转换数据有一个直观的了解，下面分别给出示例。

```
s:
  [[ -0.15234944   -0.98832667    2.8403232 ]
   [ -0.58736897    0.8093193     3.253924  ]
   [  0.5121855    -0.85887486    3.1455991 ]
   [  0.48474059    0.874658     -1.6954107 ]
   [ -0.99300563    0.11806714   -4.7866993 ]
   [ -0.09968617   -0.9950189     5.0230117 ]
   [ -0.9960066     0.08927935    1.8431473 ]]
```

```
a:
[[-2.        ]
 [ 0.75218207]
 [ 2.        ]
 [ 0.33906075]
 [-0.4417564 ]
 [ 2.        ]
 [ 2.        ]]
r:
[[-0.3782028 ]
 [-0.58932114]
 [-0.20607106]
 [-0.14212061]
 [-1.1431482 ]
 [-0.5318131 ]
 [-0.9659609 ]]
s_:
[[-0.06294947  -0.9980167    1.7990782 ]
 [-0.73555875   0.67746097   3.9737406 ]
 [ 0.62708056  -0.7789544    2.801443  ]
 [ 0.5273635    0.8496398   -0.9885582 ]
 [-0.9371018    0.3490562   -4.7644124 ]
 [ 0.128628    -0.9916929    4.5767474 ]
 [-0.99977726  -0.0211054    2.2101068 ]]
```

② 将训练数据喂入 online Q 网络，运行神经网络，完成对 Q 网络参数的更新。

```
self.sess.run(self.ctrain, {self.S: bs, self.a: ba, self.R: br, self.S_: bs_})
```

其中 ctrain 在构建网络之后，就进行了定义。

```
self.ctrain = tf.train.AdamOptimizer(LR_C).minimize(td_error, var_list = self.ce_params)
```

③ 将训练数据喂入 online 策略网络，运行神经网络，完成对该网络参数的更新。

```
self.sess.run(self.atrain, {self.S: bs})
```

其中 atrain 在构建网络之后，就进行了定义。

```
self.atrain = tf.train.AdamOptimizer(-LR_A).apply_gradients(zip(self.policy_grads, self.ae_params))
```

④ 使用滑动平均的方法，更新 target 网络的参数。

```
self.sess.run(self.soft_replace)
```

学习完成之后,令 $s=s\_$。

(10) 重复执行轨迹内循环,即步骤(6)~步骤(9),直至达到最大时间步 200,则此轨迹结束。

(11) 重复执行轨迹循环,即步骤(5)~步骤(10),直至轨迹总数大于等于 200,则游戏结束。

### 10.4.3 核心代码

DDPG 游戏任务分为三个模块:环境模块、强化学习模块(RL_brain.py)以及主循环模块(DDPG.py)。

先来看主循环模块(DDPG.py)部分。

(1) 定义算法超参数。

(2) 调用 RL_brain.py 的 DDPG 类,实例化出一个 ddpg 对象。通过实例化对象,我们有了初始化的四张神经网络和对应的更新方法。并且有了这个对象,就可以很方便地调用写在 RL_brain.py 中的各类方法。

(3) 进入游戏主循环。

(4) 获得初始化状态 $s$。

(5) 进入轨迹内部循环。

(6) 调用强化学习模块(RL_brain.py)的 choose_action(s)方法,获得行为 $a$。

(7) 调用环境模块的 env.step(a)方法,获得环境反馈。

(8) 调用强化学习模块(RL_brain.py)的 store_transition(s,a,r/10,s_),存储状态转换数据。

(9) 调用强化学习模块的(RL_brain.py)的 learn()方法进行网络参数更新。

(10) 轨迹步数达 200,退出轨迹内循环。

(11) 轨迹总数达 200,退出游戏主循环。

具体代码如下。

```
import numpy as np
import gym
from RL_brain import DDPG

##################### 全局参数 #####################

MAX_EPISODES = 200                      # 最大回合数
MAX_EP_STEPS = 200                      # 每个回合最大步数
MEMORY_CAPACITY = 10000                 # 记忆库容量

RENDER = False                          # 是否渲染环境
ENV_NAME = 'Pendulum-v0'                # 环境名称
```

```
###################### 训练 ######################
env = gym.make(ENV_NAME)                              # 加载环境
env = env.unwrapped                                   # 取消限制
env.seed(1)                                           # 设置种子

s_dim = env.observation_space.shape[0]                # 状态空间
a_dim = env.action_space.shape[0]                     # 行为空间
a_bound = env.action_space.high                       # 行为值上限

ddpg = DDPG(a_dim, s_dim, a_bound)                    # 创建 DDPG 决策类

var = 3                                               # 控制探索
for i in range(MAX_EPISODES):
    s = env.reset()
    ep_reward = 0
    for j in range(MAX_EP_STEPS):
        if RENDER:
            env.render()

        # 增加探索时的噪声
        a = ddpg.choose_action(s)
        a = np.clip(np.random.normal(a, var), -2, 2)  # 为行动选择添加随机性进行探索
        s_, r, done, info = env.step(a)

        # 将当前的状态、行为、回报、下一个状态存储到记忆库中
        ddpg.store_transition(s, a, r / 10, s_)

        # 达到记忆库容量的最大值
        if ddpg.pointer > MEMORY_CAPACITY:
            var *= .9995                              # 衰减动作随机性
            ddpg.learn()                              # 开始学习

        s = s_
```

再来看强化学习模块(RL_brain.py),整个强化学习模块由类 DDPG 构成,此类包含如下几个方法。

- def __init__(self,a_dim,s_dim,a_bound,):初始化网络结构、损失函数和优化方法。
- def choose_action(self,s):根据当前状态,选择行为的方法。
- def learn(self):网络参数更新方法。
- def store_transition(self,s,a,r,s_):存储训练数据的方法。
- def _build_a(self,s,scope,trainable):Actor 网络构建方法,被(self,a_dim,s_dim, a_bound,)调用。

- def _build_c(self,s,a,scope,trainable)：Critic 网络构建方法，被(self,a_dim,s_dim,a_bound,)调用。

具体代码如下。

```python
import tensorflow as tf
import numpy as np

LR_A = 0.001                          # 行动者网络学习率
LR_C = 0.001                          # 评论家网络学习率
GAMMA = 0.9                           # 回报的折扣因子
TAU = 0.01                            # 简单替换
MEMORY_CAPACITY = 10000
BATCH_SIZE = 32
########################### DDPG ###########################
class DDPG(object):
    def __init__(self, a_dim, s_dim, a_bound,):
        self.memory = np.zeros((MEMORY_CAPACITY, s_dim * 2 + a_dim + 1), dtype=np.float32)
                                      # 设置记忆库存储的结构
        self.pointer = 0              # 记忆库当前容量
        self.sess = tf.Session()      # tf session 会话
        self.a_replace_counter, self.c_replace_counter = 0, 0
                                      # 行动者网络替换次数,评论家网络替换次数

        self.a_dim, self.s_dim, self.a_bound = a_dim, s_dim, a_bound,
                                      # 动作空间,状态空间,动作范围
        self.S = tf.placeholder(tf.float32, [None, s_dim], 's')
                                      # 当前状态预留占位符
        self.S_ = tf.placeholder(tf.float32, [None, s_dim], 's_')
                                      # 下一状态预留占位符
        self.R = tf.placeholder(tf.float32, [None, 1], 'r')
                                      # 回报预留占位符


        with tf.variable_scope('Actor'):
            self.a = self._build_a(self.S, scope='eval', trainable=True)
                                      # 行动者-评估网络根据当前状态输出行为
            a_ = self._build_a(self.S_, scope='target', trainable=False)
                                      # 行动者-目标网络根据下一个状态输出行为
        with tf.variable_scope('Critic'):
            # 当为 td_error 计算 q 时,在内存中分配 self.a = a,否则当更新 Actor 时 self.a 来自 Actor
            q = self._build_c(self.S, self.a, scope='eval', trainable=True)
                                      # 根据当前状态和来自行动者-评估网络的行为,计算 q 值
            q_ = self._build_c(self.S_, a_, scope='target', trainable=False)
                                      # 根据下一状态和来自行动者-目标网络的行为,计算 q_值
```

```python
        # 网络参数
        self.ae_params = tf.get_collection(tf.GraphKeys.GLOBAL_VARIABLES, scope = 'Actor/eval')
        self.at_params = tf.get_collection(tf.GraphKeys.GLOBAL_VARIABLES, scope = 'Actor/target')
        self.ce_params = tf.get_collection(tf.GraphKeys.GLOBAL_VARIABLES, scope = 'Critic/eval')
        self.ct_params = tf.get_collection(tf.GraphKeys.GLOBAL_VARIABLES, scope = 'Critic/target')

        # 目标网络参数替换(简单替换)
        self.soft_replace = [[tf.assign(ta, (1 - TAU) * ta + TAU * ea), tf.assign(tc, (1 - TAU) * tc + TAU * ec)]
                             for ta, ea, tc, ec in zip(self.at_params, self.ae_params, self.ct_params, self.ce_params)]

        q_target = self.R + GAMMA * q_
        td_error = tf.losses.mean_squared_error(labels = q_target, predictions = q)
        self.ctrain = tf.train.AdamOptimizer(LR_C).minimize(td_error, var_list = self.ce_params)                       # 根据td_error更新评论家网络
        self.policy_grads = tf.gradients(ys = self.a, xs = self.ae_params, grad_ys = tf.gradients(q, self.a)[0])
        self.atrain = tf.train.AdamOptimizer( - LR_A).apply_gradients(zip(self.policy_grads, self.ae_params))

        self.sess.run(tf.global_variables_initializer())

    def choose_action(self, s):
        return self.sess.run(self.a, {self.S: s[np.newaxis, :]})[0]

    def learn(self):
        # 简单目标网络参数的替换
        self.sess.run(self.soft_replace)

        # 随机选择记忆库中BATCH_SIZE各数据进行更新
        indices = np.random.choice(MEMORY_CAPACITY, size = BATCH_SIZE)
        bt = self.memory[indices, :]
        bs = bt[:, :self.s_dim]
        ba = bt[:, self.s_dim: self.s_dim + self.a_dim]
        br = bt[:, - self.s_dim - 1: - self.s_dim]
        bs_ = bt[:, - self.s_dim:]

        # 行动者网络更新
        self.sess.run(self.atrain, {self.S: bs})
        # 评论家网络更新
        self.sess.run(self.ctrain, {self.S: bs, self.a: ba, self.R: br, self.S_: bs_})

    def store_transition(self, s, a, r, s_):
        transition = np.hstack((s, a, [r], s_))
        index = self.pointer % MEMORY_CAPACITY       # 使用新的记忆替换旧的
```

```
            self.memory[index, :] = transition
            self.pointer += 1

    def _build_a(self, s, scope, trainable):
        with tf.variable_scope(scope):
            net = tf.layers.dense(s, 30, activation = tf.nn.relu, name = 'l1', trainable = trainable)
            a = tf.layers.dense(net, self.a_dim, activation = tf.nn.tanh, name = 'a', trainable = trainable)
            return tf.multiply(a, self.a_bound, name = 'scaled_a')

    def _build_c(self, s, a, scope, trainable):
        with tf.variable_scope(scope):
            n_l1 = 30
            w1_s = tf.get_variable('w1_s', [self.s_dim, n_l1], trainable = trainable)
            w1_a = tf.get_variable('w1_a', [self.a_dim, n_l1], trainable = trainable)
            b1 = tf.get_variable('b1', [1, n_l1], trainable = trainable)
            net = tf.nn.relu(tf.matmul(s, w1_s) + tf.matmul(a, w1_a) + b1)
            return tf.layers.dense(net, 1, trainable = trainable)  # Q(s,a)
```

## 10.5 小结

因为Actor-Critic方法可以进行单步更新的天然优势,使其受到众多研究者的青睐。但是Actor-Critic方法取决于Critic的价值判断,但是Critic难收敛,再加上Actor的更新,整个算法就更难收敛。为了解决收敛问题,Google Deepmind提出了Actor-Critic升级版深度确定性策略梯度(Deep Deterministic Policy Gradient,DDPG)方法。后者融合了DQN的优势,解决了收敛难的问题。同时采用了确定性的策略函数,能够很好地解决高维连续空间问题。实例部分通过钟摆游戏,详细地演示了DDPG方法的运行过程。

## 10.6 习题

1. 为什么引入确定性策略?
2. 写出确定性策略梯度定理的公式。
3. DDPG和DPG有什么区别?
4. 分别给出DDPG涉及的四个神经网络的公式表示、输入和输出。
5. 简述DDPG算法原理。

# 第 11 章 学习与规划

第 3~7 章是基于值函数的方法，直接从经验数据中学习值函数。第 8~10 章是基于策略函数的方法，直接从经验数据中学习策略。而本章主要介绍如何从经验数据中直接学习模型（马尔可夫决策过程模型）。通过这个模型产生一系列的模拟数据，再基于这些数据来学习最优值函数或最优策略。

## 11.1 有模型方法和无模型方法

学习与规划是强化学习的两大类方法，分别适用于不同的情境。学习针对的是环境模型未知的情况，智能体通过与环境进行交互，从产生的真实数据中直接学习值函数或者策略函数。由于没有拟合环境模型，所以要想对环境有更加准确的感知，就需要与环境不断地交互，产生大量的真实数据。这个交互量需要多大呢？举个例子，对于简单的倒立摆模型来说，需要几万次交互，才能学习到一个策略使其稳定。换做是雅达利游戏，则需要几百万次交互。如此多的交互次数使得无模型强化学习效率很低，难以应用到实际物理世界。但是，此类算法有一个很好的性质：渐近收敛。也就是说，经过无数次与环境的交互，无模型的强化学习总可以得到最优解。

规划是指智能体不与环境发生实际交互，而是想办法构建一个环境模型，利用其构建的模型来产生模拟数据，依此求解值函数或者策略函数。规划属于基于模型的方法。此类方法可通过监督学习来拟合模型，模型一旦拟合出来，智能体就可以根据模型来推断智能体从未访问过的状态行为对，智能体与环境之间需要实际交互的次数会急剧减少。可见，基于模型的方法效率很高。但因为在拟合模型时或多或少会引入偏差，再加上值函数（或者策略函数）逼近带来的二重偏差，所以此方法不能保证最优解渐近收敛。相较于无模型方法，基于有模型的方法更接近人类学习，人类在与环境交互中学到周围环境的表征，也就是模型，规划的过程就相当于在脑海中不断地想象，通过"先验规则＋想象"，人类认识了这个复杂的世界的一部分。

综上所述，基于模型的强化学习（规划）和无模型的强化学习（学习）两者各有优缺点。那么，可不可以将两种算法联合，同时吸取两者的优点，使算法更实用呢？答案是可以，这就是 Dyna 的核心思想。

## 11.2 模型拟合

Dyna 同时集成了基于模型的规划和无模型的学习。规划的步骤如图 11-1 所示。第一步与现实环境交互,产生经验数据;第二步通过学习经验数据,构建环境模型;第三步利用模型,产生模拟数据,求取值函数或策略函数,对动作进行优化;第四步采用优化后的动作与现实环境交互,循环往复。

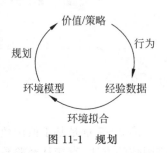

图 11-1 规划

而规划最关键的一步就是模型拟合。因此在介绍 Dyna 前,需要先介绍一下模型拟合。下面首先介绍模型的数学表示;然后以监督学习为例,描述 MDP 模型的拟合方法;最后利用 MDP 模型产生数据,求解最优策略。

### 11.2.1 模型数学表示

已知一个 MDP 模型可以表示为 $M=<S,A,P,R>$。假定状态空间 $S$ 和行为空间 $A$ 已知,则模型 $M$ 可以进一步简化为:$M=<P_\eta,R_\eta>$。其中,$P_\eta$ 为状态转换函数,$R_\eta$ 为回报函数。通过上式将 $M$ 表示为 $\eta$ 相关的函数,且有:

$$S_{t+1} \sim P_\eta(S_{t+1} \mid S_t, A_t)$$
$$R_{t+1} \sim R_\eta(R_{t+1} \mid S_t, A_t)$$

通常假定:状态转换函数和回报函数条件独立,即:

$$P(s_{t+1}, r_{t+1} \mid s_t, a_t) = P(s_{t+1} \mid s_t, a_t) P(r_{t+1} \mid s_t, a_t)$$

可见,我们构建模型的过程就是求取 $P_\eta$ 和 $R_\eta$ 的过程。

### 11.2.2 监督式学习构建模型

一般采用监督式学习,从经验数据 $(s_1, a_1, r_1, \cdots, s_T)$ 中学习模型。假设监督式的训练集如下:

$$s_1, a_1, \rightarrow r_2, s_2$$
$$s_2, a_2 \rightarrow r_3, s_3$$
$$\cdots \cdots$$
$$s_{T-1}, a_{T-1} \rightarrow r_T, s_T$$

训练集的每一行都是一个状态转换数据。求取状态转换函数 $P_\eta$ 的问题是一个密度估计问题,求取回报函数 $R_\eta$ 的问题是一个回归问题。训练过程如下:选择一个损失函数表示预测值与真实值的不一致程度,如均方差、KL 散度等都可以拿来使用。采用相应的优化方法,如梯度下降法等来优化参数 $\eta$,使得经验损失最小。损失函数越小,模型的鲁棒性就越好。

所有监督学习相关的算法都可以用来解决上述两个问题。根据使用的算法不同,可以有如下多种模型：查表式模型（Table Lookup Model）、线性期望模型（Linear Expectation Model）、线性高斯模型（Linear Gaussian Model）、高斯决策模型（Gaussian Process Model）和神经网络模型（Deep Network Model）等。

对于查表模型，有：

$$\hat{P}_{s,s'}^{a} = \frac{1}{N(s,a)} \sum_{t=1}^{T} I(s_t, a_t, s_{t+1} = s, a, s')$$

$$\hat{R}_{s}^{a} = \frac{1}{N(s,a)} \sum_{t=1}^{T} I(s_t, a_t = s, a) r_t$$

其中，$N(s,a)$ 表示经验数据中，状态行为对 $(s,a)$ 的访问次数；$I(\cdots)$ 为指示函数，当括号里的条件成立时，为 1，否则为 0；$P_{s,s'}^{a}$ 就等于样本中状态行为对 $(s,a)$ 转换至状态 $s'$ 的次数与状态行为对 $(s,a)$ 出现总次数的比；$R_s^a$ 就等于样本中状态行为对 $(s,a)$ 获得回报总和与状态行为对 $(s,a)$ 出现总次数的比。至此，通过查表模型学习到了状态转换函数 $P_\eta$ 和回报函数 $R_\eta$。

需要注意的是：在学习模型时，我们并不是以轨迹作为最小的学习单位，而是以时间步作为最小的学习单位，一次学习一个状态转换 $(s_t, a_t, r_t, s_{t+1})$。

### 11.2.3 利用模型进行规划

理解了模型拟合，规划就很简单了，规划的过程相当于解决一个 MDP 的过程。即给定一个模型 $M_\eta = <P_\eta, R_\eta>$，求解这个模型，找到基于该模型的最优价值函数或最优策略，确定在给定的状态 $s$ 下的最优行为 $a$。

模型存储的是转换概率 $P_\eta$ 和回报函数 $R_\eta$，在实际规划过程中，模型不是把这些概率值传递给迭代过程，而仅仅是将模型看成环境。利用这个虚拟环境来产生一个个虚拟的状态转换，即一个个时间步长的虚拟经历：

$$S_{t+1} \sim P_\eta(S_{t+1} \mid S_t, A_t)$$
$$R_{t+1} = R_\eta(R_{t+1} \mid S_t, A_t)$$

有了这些虚拟数据，就可以使用无模型的强化学习方法来学习价值函数或策略函数，如 Sarsa、Q-learning、蒙特卡罗方法等。使用近似的模型解决 MDP 问题与使用价值函数或策略函数的近似表达来解决 MDP 问题并不冲突，它们是从不同的角度来近似求解 MDP 问题。有时候构建一个模型来近似求解 MDP 比构建一个近似的价值函数或策略函数要更加方便，这也正是模型的可取之处。

## 11.3 Dyna 框架及相关算法

基于模型的规划和无模型的学习各有优缺点，可以将两者结合起来，形成一个整合的架构，利用两者的优点来解决复杂问题。基于这个思想，Sutton 在 1991 年的时候就提出了

Dyna 框架。

Dyna 不是一个具体的算法，而是一个组合模型和无模型算法的框架。图 11-2 为 Dyna 框架。跟一般的强化学习框架相比，Dyna 框架多了拟合/模拟，表示拟合模型，并根据模型进行规划。

从 Dyna 框架可以看出，智能体有两种经验来源：实际经验（Real Experience，也叫真实经验数据）和模拟经验（Simulated Experience）。

实际经验来源于真实环境（True MDP）：

$$s' \sim P_{s,s'}^a$$
$$r = R_s^a$$

模拟经验来源于近似模型（Approximate MDP）：

$$s' \sim P_\eta(s' \mid s, a)$$
$$r = R_\eta(r \mid s, a)$$

基于模型的强化学习和无模型的强化学习是通过同时对值函数进行评估实现联合的。也就是说，智能体通过与环境的交互产生实际经验，一方面该实际经验被用来评估学习值函数或策略函数（也叫作直接强化学习：Direct Reinforcement Learning），另一方面智能体利用实际经验来拟合环境模型（也叫作模型学习：Model-Learning，或者间接强化学习：Indirect Reinforcement Learning），通过环境模型模拟经验数据，智能体利用模拟的经验继续改进值函数或策略函数，如图 11-3 所示。

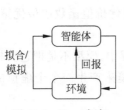

图 11-2 Dyna 框架

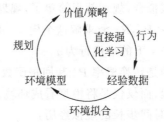

图 11-3 基于模型的强化学习和无模型的强化学习结合

通过 Dyna 框架，大大增加了智能体进行强化学习所需要的数据，减少了智能体与环境之间的交互。

### 11.3.1 Dyna-Q

接下来介绍 Dyna 框架下的一个具体算法——Dyna-Q。Dyna-Q 也是无模型的学习和基于模型的规划两种算法的融合。规划过程和学习过程的机理都是一样的，唯一的不同就是它们的数据来源：一个是真实经验数据，一个是模拟经验数据。在进行值函数计算时，规划和学习均采用了 Q-learning 方法。Dyna-Q 的结构示意图，如图 11-4 所示。

由图 11-4 可见，真实经验部分是整个算法的启动器，它是智能体和环境交互的结果。向左的箭头代表学习过程，通过真实经验数据直接更新值函数或策略函数。向右下方的箭头代表规划过程，先通过真实经验数据更新模型，再通过模型产生"模拟数据"。搜索和控制

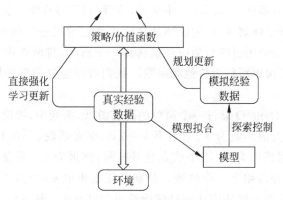

图 11-4  Dyna-Q 的结构示意图

是指为模型经验数据选择初始状态和初始动作的过程。最后的规划更新把模拟数据当成真实发生的数据,在其上应用强化学习算法,更新值函数或策略函数。值函数或策略函数的最终值是规划和学习共同作用的结果。

Dyna-Q 的算法流程如下。

| 算法：**Dyna-Q 算法** |
|---|
| 输入：状态空间 $S$,行为空间 $A$。<br>　　　初始化值函数 $Q(s,a)$,初始化模型 $M(s,a)$。 |
| 重复：<br>　(1) 获得当前非终止状态 $S$;<br>　(2) 基于 $Q(s,a)$,采用 $\varepsilon$-贪心策略获得行为 $A$;<br>　(3) 执行行为 $A$,得到回报 $R$ 及下一状态 $S'$;<br>　(4) 值函数更新：<br>$$Q(S,A) \leftarrow Q(S,A) + \alpha(R + \gamma \max_a Q(S',a) - Q(S,A))$$<br>　(5) 模型更新：<br>$$M(S,A) \leftarrow R, S'$$<br>　(6) 重复以下步骤 $n$ 次：<br>　　　从以前访问过的状态中随机选取一个状态 $S$;<br>　　　从状态 $S$ 采用过的行为中随机选择一个行为 $A$;<br>　　　利用模型产生回报和下一个状态：<br>$$R, S' \leftarrow M(S,A)$$<br>　　　值函数更新：<br>$$Q(S,A) \leftarrow Q(S,A) + \alpha(R + \gamma \max_a Q(S',a) - Q(S,A))$$ |
| 输出：最优值函数 $Q(s,a)$,以及最优策略 |

其中步骤(1)~(5)都是从实际经验中学习,步骤(4)是过程学习值函数,步骤(5)是过程学习模型。步骤(6)属于规划部分,智能体从之前观测过的状态空间中随机采样一个状态,同时从这个状态下曾经使用过的行为中随机选择一个行为,将两者带入模型得到新的状态和回报,依据这个来再次更新行为价值和函数。我们可以通过调整规划的次数 $n$ 来调整算法的效率。

Sutton 曾经使用 Dyna-Q 做过一个简单的迷宫游戏,游戏中,智能体需要绕过障碍物到达目标位置。初始行为值函数为零,学习率 $\alpha=0.1$,探索系数 $\varepsilon=0.1$。回报设置如下:下个状态不是目标时,回报均为 0;下个状态是目标时,回报为 1。假设当智能体到达目标状态时,回到初始位置,并开始下一个轨迹。分别令规划步数 $n=0、5、50$,重复多次实验统计不同的 $n$ 下,智能体在每个轨迹中达到目标所经历的时间步。统计结果曲线图如图 11-5 所示,横坐标表示轨迹数,纵坐标表示到达目标所需步数。从图中可以很明显地看出,随着实验的进行,最终到达目标时,每个轨迹所需的步数急速减少,游戏开始第一条轨迹需要 1700 多步,到最后平均只需要 14 步就够了。也能看出来,$n=0$ 时智能体效率最低,它需要大约 25 个轨迹才能收敛,而 $n=5$ 时智能体需要大约 5 个轨迹,$n=50$ 时智能体仅需要 3 个轨迹,效率优势很明显。

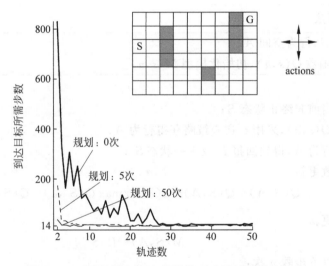

图 11-5　不同规划步数下,智能体到达目标所需时间步

### 11.3.2　Dyna-Q$^+$

前面我们所说的情形中,环境状态都是固定不变的。但有时候环境是随机变化的,新的环境行为还未完全观测到,这时候拟合出来的模型很可能就是错的。一旦模型是错的,那么基于模型的规划过程就会得到不理想的策略。

有时候模型会自己更正自己的错误。这种情况什么时候会发生呢?当环境变"坏"时。具体来说就是,之前模型已经学到了某个环境的最优解,然后环境改变之后,这个最优解不存在了，但是模型还是会不断探索这个最优解，慢慢找到新的最优解。例子如图 11-6 所示。

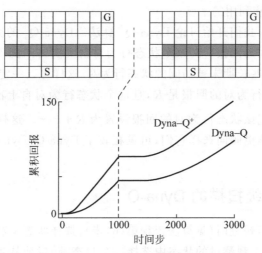

图 11-6　当环境变"坏"时，模型找到新的最优解

前 1000 个时间步处于图 11-6 中左图的环境，之后变成图 11-6 中右图的环境。可以发现，当环境变得更加困难时，Dyna-Q 算法在经历过一段时间的平台期后又找到了最优解决方案。例子表明，Dyna-Q 算法赋予了智能体一定的应对环境变化的能力，当环境发生改变时，智能体一方面可以利用模型，另一方面也可以通过与实际环境的交互来重新构建模型。

最难的问题不是环境"变坏"的情形，而是环境"变好"的情形，如图 11-7 所示。

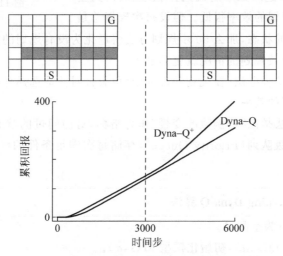

图 11-7　当环境"变好"时，模型不会探索新的最优解

由图 11-7 可以看出，当环境从左边变成右边后，原来的最优解路径还在，但是环境中产生了新的最优解，然而智能体压根不会去探索这个新的最优解，依然是按照旧的最优解不断利用。

如何让智能体既能及时发现环境的新变化，又不会过于影响当前的表现。这就是我们之前提到的问题：探索和利用的平衡。

为了解决这个问题，我们开始讨论 Dyna-Q$^+$ 算法。Dyna-Q$^+$ 的突出特点是：通过巧妙地将"某个状态转移过程的回报"与"某个状态行为对自上次访问到现在过了多久"相结合，使智能体倾向于探索那些长期未被访问的状态行为对，这样可以一定程度地解决上述问题。

如果原来某个状态行为对的回报是 $R$，且这个状态行为对自上次访问到现在经过了 $\tau$ 个时间步，那么我们就把该状态行为对的回报设置为 $R+k\sqrt{\tau}$。这样适当加大了这些状态行为对的回报，让智能体更倾向选择它们，可见相较于 Dyna-Q，Dyna-Q$^+$ 算法鼓励探索，会给探索以额外的回报。

### 11.3.3 优先级扫描的 Dyna-Q

Dyna-Q 方法在进行规划时（见算法流程第(6)步），选择状态 $s$ 和行为 $a$ 都是采用随机原则。随机地从之前所有观测过的状态中选择一个状态，随机地从当前状态采取过的行为中选择一个行为，组成状态行为对。这样会带来什么问题呢？

让我们回忆一下之前的"迷宫"案例，如图 11-8 所示。对于第一条轨迹，只有最后一步的 $Q$ 得到更新。在第二个轨迹开始阶段，仅有目标状态附近的几个状态的值函数有较大的改变，大多数其他状态，虽然也被访问过，但是它们的值函数依然是 0。这时如果随机选择状态和行为，会有大量无效的选择，规划的效率很低。假设每次规划总是

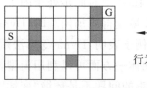

图 11-8　迷宫案例

在更新那些无法更新的状态，那么 50 步规划方法将退化为没有规划的方法。如果遇到状态空间比较大的任务，无效规划的情况就更糟糕了。

如果我们能想到某种办法，在规划的过程中，更有针对性地选择那些值函数改变较明显的状态，就会提高规划的效率。

很自然的一个想法是以"值函数改变量"作为指标，对访问过的状态行为对进行优先级排序。构造一个优先级队列（Priority Queue），存储每次满足条件的状态行为对，如下为算法流程。

| 算法：Prioritized Sweeping Dyna-Q 算法 |
| --- |
| 输入：状态空间 $S$，行为空间 $A$。<br>　　　初始化值函数 $Q(s,a)$，初始化模型 $M(s,a)$。<br>　　　初始化优先级队列 PQueue 为空。 |
| 重复：<br>　　（1）获得当前非终止状态 $S$；<br>　　（2）基于 $Q(s,a)$，采用 ε-贪心策略获得行为 $A$； |

(3) 执行行为 $A$,得到回报 $R$ 及下一状态 $S'$;
(4) 模型更新:
$$M(S,A) \leftarrow R, S'$$
(5) 计算值函数更新量:
$$P \leftarrow |R + \gamma \max_a Q(S',a) - Q(S,A)|$$
(6) 如果 $P > \theta$,将 $S$ 及 $A$ 以优先级 $P$ 插入 PQueue 中;
(7) 当 PQueue 不为空时,重复以下步骤 $n$ 次:
  取出优先级最大的状态行为对:$S, A \leftarrow \text{first}(\text{PQueue})$
  利用模型产生回报和下一个状态:
$$R, S' \leftarrow M(S,A)$$
  更新值函数:
$$Q(S,A) \leftarrow Q(S,A) + \alpha(r + \gamma \max_{a'} Q(S',a) - Q(S,A))$$
  对所有会导致状态 $S$ 的状态行为对 $(\bar{S}, \bar{A})$,进行遍历:
  - 对于 $\bar{S}, \bar{A}, S$,预测相应回报 $\bar{R}$
  - 获得更新量:$P \leftarrow |\bar{R} + \gamma \max_a Q(S,a) - Q(\bar{S}, \bar{A})|$
  - 如果 $P > \theta$,将 $\bar{S}$ 及 $\bar{A}$ 以优先级 $P$ 插入 PQueue 中

输出:最优值函数 $Q(s,a)$,以及最优策略

步骤(1)~(3)是智能体与实际环境交互,产生真实经验数据。步骤(4)拟合模型。步骤(5)和(6)计算值函数的改变量,如果改变量大于阈值,则将此状态行为对以优先级 $P$ 放入队列 PQueue。步骤(7)以下就是规划部分了。当优先级 $P$ 小于阈值 $\theta$ 时,就不执行循环了(因为 PQueue 为空),无谓的规划被取消,整个算法退化成了没有规划的方法。当 $P$ 大于阈值 $\theta$ 时,循环从 PQueue 中取出状态行为对进行更新。值得注意的是,选择状态行为对的时候是按照优先级选取的,假设优先级最大的状态行为对为 $(S,A)$。按照 Q-learning 方法更新完值函数 $Q(S,A)$ 后,还需要从状态 $S$ 出发,向前回溯,对所有会导致状态 $S$ 的状态行为对 $(\bar{S}, \bar{A})$ 进行遍历。计算它们的值函数更新量,对于满足条件(值函数改变量大于阈值)的模拟数据,也会以优先级 $P$ 放入队列 PQueue 中。

看一下 Dyna-Q 和基于优先级扫描的 Dyna-Q 的效果对比,如图 11-9 所示。从图中可以明显地看出,在迷宫任务上,基于优先级扫描的 Dyna-Q 到达最优解所需的规划步数(Backup)次数更少。和普通 Dyna-Q 相比,带优先级的 Dyna-Q 大大提升了效率。

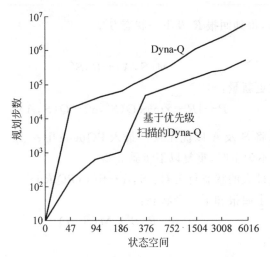

图 11-9　Dyna-Q 和基于优先级扫描的 Dyna-Q 的效果对比图

## 11.4　Dyna-2

再次回到 Dyna 算法中来，Dyna 算法一边从实际经验中学习，一边从模拟的经验中学习。它是基于样本的学习和基于样本的规划的结合。如果将基于样本的规划（Sample-Based Planning）换成基于样本的搜索（Sample-Based Search），就有了 Dyna-2，这是 Dyna-2 和 Dyna 的第一个区别。Dyna-2 是由 David Silver 和 Sutton 于 2008 年提出的，它是在 Dyna 的基础上发展起来的。同 Dyna 一样，Dyna-2 也是一个框架。

先来解释一下何为基于样本的规划，何为基于样本的搜索？基于样本的规划首先根据实际经验拟合出一个模型，$M_\eta = <P_\eta, R_\eta>$，然后基于这个模型生成模拟数据。在这个任务中，规划的有效性严重依赖于模型的准确性。

基于样本的搜索也是通过模型去采样，不过这些样本均从同一个真实状态 $s$ 开始转移。当我们从状态 $s$ 开始，进行了 $N$ 次采样之后，就可以将其连成一棵以当前状态 $s$ 为根节点的树。基于样本的搜索就是基于这棵树进行动作选择，以识别出最优动作的过程。其中，最简单有效的搜索方法要数蒙特卡罗模拟了。它从真实状态 $s$ 开始，遵循一个随机策略，模拟生成多条轨迹，以便评估当前状态下所有状态行为对的值函数。针对所有在真实状态 $s$ 下采取行为 $a$ 生成的轨迹，求取经验平均回报，作为状态行为对 $(s,a)$ 的值函数 $Q(s,a)$ 的估计。轨迹模拟反复进行，在计算资源和计算时间允许的条件下，尽可能穷尽状态 $s$ 下的所有行为。模拟完成之后，智能体将会选择 $\max_a Q(s,a)$ 对应的动作作为真实动作。接着，基于样本的搜索转移到下一个真实状态。

总的来说，Dyna-2 包含了一个学习模块和一个搜索模块。学习过程使用后向 Sarsa($\lambda$) 方法，在选择每一个真实动作之前，都会从当前状态开始，执行一次基于样本的搜索。智能体会根据搜索得到的值函数(搜索模块)加上实际得到的值函数(学习模块),共同选择实际要执行的动作。这里要说明一下 Dyna-2 与 Dyna 的第二个区别。Dyna 是用实际经验和模拟经验对同一个值函数进行估计,整个框架中仅涉及一个值函数。而 Dyna-2 框架则进行了细分,Dyna-2 中有两个值函数,分别是根据实际经验估计(无模型的方法)的值函数 $\hat{q}_{mf}$ 和根据模拟经验估计(模型的方法)的值函数 $\hat{q}_{mb}$。实际经验对应的值函数表示在实际场景中所预估的期望回报。而模拟经验对应的值函数则是模拟搜索中估计的预期回报。Dyna-2 最终将两种场景下产生的价值综合起来进行决策,以期得到更优秀的策略,如图 11-10 所示。

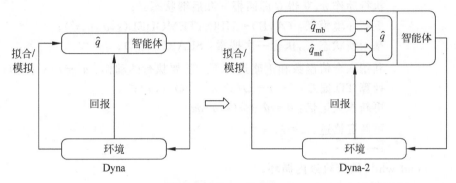

图 11-10　Dyna 和 Dyna-2

综上所述,Dyna-2 涉及了两个值函数,因此需要维护两套特征权重。一套反映智能体的永久记忆(Permanent Memory),用 $\theta$ 表示。永久记忆一般是普适性的,要求比较准确,该记忆利用实际经验来更新,对应的值函数也叫永久值函数。另一套反应智能体的瞬时记忆(Transient Memory),用 $\bar{\theta}$ 表示。瞬时记忆用于即时决策,用拟合经验来更新,对应的值函数也叫瞬时值函数。无论是永久值函数还是瞬时值函数,两者都使用 Sarsa($\lambda$) 求解。

接下来介绍 Dyna-2 算法的算法流程。算法流程中,$Q(s,a)$ 表示永久值函数,$\bar{Q}(s,a)$ 表示联合值函数,它是永久值函数和瞬时值函数的和,使得瞬时值函数能够时刻对永久值函数进行局部修正。

$$Q(s,a) = \phi(s,a)^T \theta$$
$$\bar{Q}(s,a) = \phi(s,a)^T \theta + \bar{\phi}(s,a)^T \bar{\theta}$$

同时,将环境模型分化为两个模型,分别为状态转移模型(也叫运动模型,或者环境动力学模型)$A$ 和回报模型 $B$。

---

**算法:Dyna-2 算法**

学习程序 LEARN:

　　初始化状态转移模型 $A$,初始化回报模型 $B$。

　　清除永久性记忆 $\theta = 0$,这里指的是永久值函数所对应的参数。

　　　　Loop：（进入学习循环）

　　　　　　得到初始化状态 $s \leftarrow s_0$；

　　　　　　清除瞬时记忆 $\bar{\theta}=0$；每个轨迹都需要清除一次瞬时记忆，因为瞬时记忆只在一个轨迹内有效。

　　　　　　清除资格迹 $z=0$；

　　　　　　基于当前状态 $s$，执行一次搜索：SEARCH($s$)

　　　　　　基于联合值函数和要评估的策略选择一个动作：$a \leftarrow \pi(s;\bar{Q})$

　　　　　　while-如果 $s$ 不是终止状态，则进入如下循环：

　　　　　　　　执行动作 $a$，获得立即回报 $r$ 和后继状态 $s'$；

　　　　　　　　更新环境模型：$(A,B) \leftarrow$ UPDATEMODEL$(s,a,r,s')$；

　　　　　　　　基于新状态 $s'$，执行一次搜索：SEARCH($s'$)；

　　　　　　　　利用联合值函数和策略选择下一步要执行的动作：$a' \leftarrow \pi(s';\bar{Q})$；

　　　　　　　　计算 TD 偏差：$\delta \leftarrow r + Q(s',a') - Q(s,a)$；

　　　　　　　　更新永久记忆：$\theta \leftarrow \theta + \alpha(s,a)\delta z$；

　　　　　　　　更新资格迹：$z \leftarrow \lambda z + \phi$；

　　　　　　　　$s \leftarrow s', a \leftarrow a'$

　　　　　　end while 结束轨迹内循环；

　　　end loop 结束循环学习；

end 结束学习程序。

搜索程序 SEARCH($s$)：

　　　while-如果计算时间允许，则进入如下循环：

　　　　　　清除资格迹 $\bar{z}=0$；

　　　　　　利用联合值函数和搜索程序的策略选择要执行的动作：$a \leftarrow \bar{\pi}(s;\bar{Q})$；

　　　　　　while-如果 $s$ 不是终止状态，则进入如下循环：

　　　　　　　　利用拟合的模型，获得下一个状态：$s' \leftarrow A(s,a)$

　　　　　　　　获得立即回报：$r \leftarrow B(s,a)$

　　　　　　　　利用联合值函数和搜索程序的策略选择下一步要执行的动作：$a' \leftarrow \bar{\pi}(s';\bar{Q})$；

　　　　　　　　计算 TD 偏差：$\bar{\delta} \leftarrow r + \bar{Q}(s',a') - \bar{Q}(s,a)$；

　　　　　　　　更新瞬时记忆：$\bar{\theta} \leftarrow \bar{\theta} + \bar{\alpha}(s,a)\bar{\delta}\bar{z}$；

　　　　　　　　更新资格迹：$\bar{z} \leftarrow \bar{\lambda}\bar{z} + \bar{\phi}$；

　　　　　　　　$s \leftarrow s', a \leftarrow a'$

　　　　　　end while 结束轨迹内循环；

　　　end while 结束循环模拟；

end 结束搜索程序。

　　Dyna-2 体系框架包含了大量的学习和搜索算法，是瞬时记忆和永久记忆的结合。如果

Dyna-2 没有瞬态记忆,$\bar{\phi}=\phi$,那么搜索过程将不起作用,整个 Dyna-2 退化为 Sarsa($\lambda$) 算法。如果没有永久记忆,$\phi=\phi$,没有学习过程,那么 Dyna-2 简化为基于样本的搜索算法,如蒙特卡罗模拟。Silver 和 Sutton 于 2008 年将 Dyna-2 应用到 9×9 的计算机围棋程序中,取得了很好的效果。当只使用瞬时记忆时,Dyna-2 的表现效果和 UCT 一样。当综合使用瞬时记忆和永久记忆时,Dyna-2 显著优于 UCT 方法。这里简单介绍一下 UCT。UCT 算法(Upper Confidence Bound Apply to Tree),即上限置信区间搜索树算法,是一种博弈树搜索算法。该算法将蒙特卡罗树搜索(Monte-Carlo Tree Search,MCTS)与 UCB(The Upper Confidence Bound,上限置信区间)算法公式结合,可以解决超大规模博弈树的搜索问题,相较于传统的搜索算法有着明显的时间和空间优势。

## 11.5 实例讲解

本节通过《迷宫寻宝》游戏对 Dyna-Q 算法进行说明。Dyna-Q 是 Dyna 框架下用得比较多的一个算法,它通过真实经验数据拟合模型,再通过模型去模拟虚拟数据。最后针对两种不同来源的数据,分别使用 Q-learning 方法进行值函数更新。显而易见,Dyna-Q,乃至整个 Dyna 框架下的所有算法都融合了学习和规划两种方法的优点,使得学习更加稳定和高效。

### 11.5.1 游戏简介及环境描述

此处实例使用的迷宫环境和第 5 章基本相同。如图 5-6 所示,迷宫的大小为 5×5,其中,行为空间有 4 个,分别是 0(上)、1(下)、2(左)、3(右);状态空间有 25 个,分别代表每个格子。

为了增加环境的复杂性,设置了 3 种类型的格子:无状态格子、陷阱、宝藏。当智能体到达陷阱时,回报为 −1;当智能体在无状态格子中前进时,回报为 0;当智能体到达宝藏时,该局结束,并获得正 1 的回报。

### 11.5.2 算法详情

接下来使用 Dyna-Q 算法执行《迷宫寻宝》游戏。为了在详细描述算法流程的同时,研究规划次数 $n$ 对 Dyna-Q 收敛速度的影响,试验中分别令 $n=0、5、50$,重复 200 次,统计不同的 $n$ 下,智能体达到目标所经历的时间步。

算法详细过程如下。

(1) 创建迷宫环境。

```
env = Maze()
```

(2) 初始化 $Q$ 表、算法超参数。

初始化算法学习率、折扣因子、$\varepsilon$-贪心算法中的 $\varepsilon$ 值等。以 4 个行为(用 0、1、2、3 表示)

作为列,构建一个 $Q$ 表,记录各状态行为对的行为值函数。

```
RL = QLearningTable(actions = list(range(env.n_actions)))
class QLearningTable:
    def __init__(self, actions, learning_rate = 0.01, reward_decay = 0.9, e_greedy = 0.9):
        self.actions = actions                    # 动作列表
        self.lr = learning_rate                   # 学习率
        self.gamma = reward_decay                 # 回报的衰减值
        self.epsilon = e_greedy                   # ε贪心算法中的ε值
        self.q_table = pd.DataFrame(columns = self.actions, dtype = np.float64)
```

(3) 定义环境模型。

这里使用的是最简单的情况,考虑环境模型是一个拥有所有过去的转换信息的存储库,如同 DQN 中的记忆库。输入状态行为对,该模型可以返回下一个状态和立即回报。

```
env_model = EnvModel(actions = list(range(env.n_actions)))

class EnvModel:
    def __init__(self, actions):
        # 考虑模型是一个拥有所有过去转换信息的存储库
        self.actions = actions
        self.database = pd.DataFrame(columns = actions, dtype = np.object)
```

(4) 分别令规划次数 $n$=0、5、50,研究不同规划次数对算法效率的影响。
此处是整个算法的大循环,每次循环初始,需要分别将 $Q$ 表、环境模型数据清空。

```
planning_steps = [0,5,50]

for planning_step in planning_steps:
    result[planning_step] = {}
    # 将Q表清空
    RL.clear_q_table()
    # 将仿真环境中的记忆库清空
    env_model.clear_database()
```

(5) 进入轨迹循环,获得初始化状态。

因为需要记录收敛所需的平均步数,因此需要多次重复试验。这里设置的重复次数为 50。初始化状态为 $s$=(5,5,35,35)。

(6) 通过 ε-贪心算法,返回当前状态下的行为。

choose_action()方法使用的就是 ε-贪心算法。详细过程如下。

先检查算法输入的状态是否包含在当前 $Q$ 表中,如果未包含,则生成一个以当前状态命名、以动作为索引的、全 0 的类数组数据,表示新加入的状态对应的 4 个行为值函数均为 0。

生成一个随机数,当随机数小于 ε 时,选择 Q 表中当前状态下最大行为值函数对应的行为作为该方法的输出;反之,随机选择一个行为。对应代码如下。

```
a = RL.choose_action(str(s))

def choose_action(self, observation):
    self.check_state_exist(observation)
    # 动作选择
    if np.random.uniform() < self.epsilon:
        # 当随机值小于 ε 时,选择 Q 表中当前状态下行为值函数最大的值
        state_action = self.q_table.ix[observation, :]
        state_action = state_action.reindex(np.random.permutation(state_action.index))
                        # 因为有些行为的行为值函数相同,所以现在会随机选择一个行为
        action = state_action.idxmax()
    else:
        # 当随机值大于 ε 时,会随机选择行为
        action = np.random.choice(self.actions)
    return action

def check_state_exist(self, state):
    if state not in self.q_table.index:
        # 当当前状态不在 Q 表中时,将当前状态加入 Q 表
        self.q_table = self.q_table.append(
            pd.Series(
                [0] * len(self.actions),
                index = self.q_table.columns,
                name = state,
            )
        )
```

此步骤选择的行为为 $a=3$。

(7) 执行行为 $a$,得到真实环境反馈。

环境的反馈是下一步状态 $s\_=(45,5,75,35)$、立即回报 $r=0$ 以及游戏是否结束的标志,done=false,表示未结束。

```
s_, r, done, oval_flag = env.step(a)
```

(8) 更新行为值函数。

利用当前真实环境得到的状态转换数据$(s,a,r,s\_)$,更新行为值函数 $Q(s,a)$。更新时调用了 learn() 方法,具体实现采用的是 Q-learning 值函数更新方法:

$$Q(s,a) \leftarrow Q(s,a) + \alpha(r + \gamma \max_a Q(s\_,a) - Q(s,a))$$

对应代码如下。

```
RL.learn(str(s), a, r, str(s_))
def learn(self, s, a, r, s_):
    self.check_state_exist(s_)
    q_predict = self.q_table.ix[s, a]
    if s_ != 'terminal':
        q_target = r + self.gamma * self.q_table.ix[s_, :].max()
        # 当下一个状态不是终止状态时,使用 Q-Learning 更新公式进行 q_target 值的更新
    else:
        q_target = r                           # 当下一个状态为终止状态时
    self.q_table.ix[s, a] += self.lr * (q_target - q_predict)
                                           # 更新 Q 表中当前状态下当前行为的值
```

代码中,$r+\gamma \max_a Q(s\_,a)$ 用 q_target 表示,其值为 $0$。$Q(s,a)$ 用 q_predict 表示,计算结果也为 $0$,则最终 $Q(s,a)$ 依然为 $0$。

(9) 数据存储。

将当前的状态 $s$、行为 $a$、下一步状态 $s\_$、回报 $r$ 存入环境模型。

```
env_model.store_transition(str(s), a, r, s_)

def store_transition(self, s, a, r, s_):
    if s not in self.database.index:
        self.database = self.database.append(
            pd.Series(
                [None] * len(self.actions),
                index = self.database.columns,
                name = s,
            ))
    self.database.set_value(s, a, (r, s_))
```

(10) 进入规划循环。

根据 $n$ 的取值不同,规划循环的次数也不同。如果 $n=0$,整个算法退化为 Q-learning 算法,不进入规划部分。仅当 $n$ 大于 $0$ 时,算法才会进入此规划循环。例如,若 $n=5$,则循环 5 次。步骤如下。

① 采样状态行为对 ms,ma。

采样时使用环境模型的 sample_r_a() 方法,从之前观测过的状态空间中随机采样一个状态,同时从这个状态下曾经使用过的行为中随机选择一个行为。因为环境模型存储了以往的转换数据,可直接从环境模型的数据库中随机选取。假设选取的 ms=(5,5,35,35),ma=3。

```
ms, ma = env_model.sample_s_a()

def sample_s_a(self):
    s = np.random.choice(self.database.index)
    a = np.random.choice(self.database.ix[s].dropna().index)      # 过滤掉 None 值
    return s, a
```

② 通过环境模型,得到模拟的环境反馈。

将上一步得到的状态行为对 ms,ma 带入环境模型,使用环境模型的 get_r_s_(ms,ma) 方法,得到下一步状态 ms_和立即回报 mr。环境模型是最简单的转换数据存储器,可通过输入的状态行为对作为索引,查询得到 ms_=(45,5,75,35)和 mr=0。

```
mr, ms_ = env_model.get_r_s_(ms, ma)
def get_r_s_(self, s, a):
    r, s_ = self.database.ix[s, a]
    return r, s_
```

③ 更新行为值函数。

利用当前模拟环境得到的状态转换数据(ms,ma,mr,ms_),更新行为值函数 $Q$(ms, ma),使用的依然是 Q-learning 方法。

```
RL.learn(ms, ma, mr, str(ms_))
```

经计算得 $Q$(ms,ma)为 0。因为环境模型回报设置问题,仅当游戏结束时,才会有一个非 0 回报,在此之前所有行为回报均为 0,因此不会影响值函数的取值。

(11) 重复 $n$ 次之后,退出规划循环。

(12) 将下一个状态赋值给当前状态。

(13) 重复执行步骤(6)~(13),直至当前轨迹终止。

(14) 重复执行步骤(5)~(14),直至轨迹数目达到 50 步。输出 $Q$ 表及最优策略,并展示出来。

(15) 重复执行步骤(3)~(15)。分别使规划次数 $n$=0、5、50。游戏结束。

图 11-11 为不同规划次数的算法寻宝的步数统计图,横坐标表示轨迹数,纵坐标表示到达目标所需步数。从图中可看出,$n$=0 时智能体是效率最低的智能体,它需要大约 13 个迹才能收敛,而 $n$=7 时智能体需要大约 7 个轨迹,$n$=50 时智能体仅需要 2 个。考虑到整个迷宫环境和环境模型都设置得比较简单,这种情况下进行对比实验,规划次数偏多的智能体有一定的效率优势。

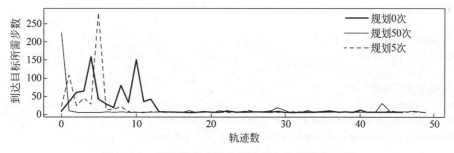

图 11-11 不同规划次数的算法寻宝的步数统计图

### 11.5.3 核心代码

Dyna-Q 游戏任务分为三个模块：环境模块、强化学习模块（RL_brain.py）和主循环模块（Dyna-Q.py）。主循环模块描述了算法的整个框架，强化学习模块定义了两个类，分别是 QLearningTable、EnvModel。QLearningTable 表示 $Q$ 表，EnvModel 代表环境模型。

在主循环模块（Dyna-Q.py）部分，因为要研究不同规划次数对收敛速度的影响，因此算法最外层是针对不同规划次数设置的循环，算法本身只有轨迹循环和轨迹内循环。

（1）创建迷宫环境。

（2）实例化强化学习模块（RL_brain.py）的两个类 QLearningTable、EnvModel 得到环境模型、$Q$ 表。初始化超参数。

（3）遍历规划次数 $n$ 的不同取值，进入循环。

（4）清空 $Q$ 表和环境模型数据库。

（5）进入轨迹循环（也称为回合循环）。

（6）得到初始化状态。

（7）调用强化学习模块的 choose_action(str(s)) 方法获得具体行为。

（8）执行行为，获得真实环境反馈。

（9）调用强化学习模块的 learn(str(s), a, r, str(s_)) 方法，更新行为值函数。

（10）调用环境模型的 store_transition(str(s), a, r, s_)，将经验数据存储至环境模型数据库。

（11）进入规划循环。

① 调用环境模型的 sample_s_a() 采样得到状态行为对。

② 调用环境模型的 env_model.get_r_s_(ms, ma) 生成下一步状态和立即回报。

③ 调用强化学习模块的 learn(ms, ma, mr, str(ms_)) 更新行为值函数。

（12）退出规划循环。

（13）退出轨迹内循环。

（14）退出轨迹循环。

（15）游戏结束。

代码如下。

```
if __name__ == "__main__":
    result = {}

    # 创建迷宫环境
    env = Maze()
    RL = QLearningTable(actions = list(range(env.n_actions)))
    env_model = EnvModel(actions = list(range(env.n_actions)))

    env.after(0, update)
```

```python
env.mainloop()

def update():
    # 当前设置规划次数为 0、5 和 50 次
    planning_steps = [0,5,50]

    for planning_step in planning_steps:
        result[planning_step] = {}
        # 将Q表清空
        RL.clear_q_table()
        env_model.clear_database()

        for episode in range(50):
            # 初始化环境得到当前状态
            s = env.reset()
            step = 0

            while True:
                env.render()
                # 根据当前状态选择行为
                a = RL.choose_action(str(s))
                # 从环境中获取下一步的状态、回报和终止标识
                s_, r, done,oval_flag = env.step(a)
                # Q-learning模型开始进行学习更新
                RL.learn(str(s), a, r, str(s_))

                # 输入(s,a),输出(r,s_)

                env_model.store_transition(str(s), a, r, s_)
                for n in range(planning_step):     # 使用env_model再学习planning_step次
                    # 从输入的数据库中随机选择状态和动作
                    ms, ma = env_model.sample_s_a()
                    # 通过状态和动作获得回报和下一个状态
                    mr, ms_ = env_model.get_r_s_(ms, ma)
                    # 使用Q-learning算法再进行学习更新
                    RL.learn(ms, ma, mr, str(ms_))

                s = s_

                step += 1
                if done:
                    # 存储当前回合和步数
                    result[planning_step][episode] = step
                    break
```

强化学习模块定义了具体的实现方法。

QLearningTable 类如下。

(1) \_\_init\_\_(self, actions, learning_rate=0.01, reward_decay=0.9, e_greedy=0.9)：初始化方法。

(2) choose_action(self, observation)：ε-贪心算法。

(3) learn(self, s, a, r, s_)：Q-learning 值函数更新法。

(4) check_state_exist(self, state)：判断当前表中是否包含该状态，如果未包含，则在表中添加。

(5) clear_q_table(self)：将 Q 表清空。

EnvModel 类如下。

(1) \_\_init\_\_(self, actions)：环境模型初始化方法。

(2) store_transition(self, s, a, r, s_)：将真实转换数据存储至环境模型数据库。

(3) sample_s_a(self)：规划时，采样得到状态行为对。

(4) get_r_s_(self, s, a)：根据采样的状态行为对，模拟环境给出反馈。

(5) clear_database(self)：清空环境模型数据库的方法。

代码如下。

```
class QLearningTable:
    def __init__(self, actions, learning_rate = 0.01, reward_decay = 0.9, e_greedy = 0.9):
        self.actions = actions          # 动作列表
        self.lr = learning_rate         # 学习率
        self.gamma = reward_decay       # 回报的衰减值
        self.epsilon = e_greedy         # ε-贪心算法中的ε值
        self.q_table = pd.DataFrame(columns = self.actions, dtype = np.float64)    # Q 表

    def choose_action(self, observation):
        self.check_state_exist(observation)
        # 动作选择
        if np.random.uniform() < self.epsilon:
            # 当随机值小于ε时，选择Q表中当前状态下行为值函数最大的值
            state_action = self.q_table.ix[observation, :]
            state_action = state_action.reindex(np.random.permutation(state_action.index))
                          # 因为有些行为的行为值函数相同，所以现在会随机选择一个行为
            action = state_action.idxmax()
        else:
            # 当随机值大于ε时，会随机选择行为
            action = np.random.choice(self.actions)
        return action

    def learn(self, s, a, r, s_):
        self.check_state_exist(s_)
        q_predict = self.q_table.ix[s, a]
        if s_ != 'terminal':
```

```python
            q_target = r + self.gamma * self.q_table.ix[s_, :].max()
    # 当下一个状态不是终止状态时,使用Q-learning更新公式进
    # 行q_target值的更新
        else:
            q_target = r
        self.q_table.ix[s, a] += self.lr * (q_target - q_predict)
    # 更新Q表中当前状态下当前行为的值

    def check_state_exist(self, state):
        if state not in self.q_table.index:
            # 当当前状态不在Q表中时,将当前状态加入Q表
            self.q_table = self.q_table.append(
                pd.Series(
                    [0] * len(self.actions),
                    index = self.q_table.columns,
                    name = state,
                )
            )

    def clear_q_table(self):
        self.q_table = pd.DataFrame(columns = self.actions, dtype = np.float64)


class EnvModel:

    def __init__(self, actions):

        self.actions = actions
        self.database = pd.DataFrame(columns = actions, dtype = np.object)

    def store_transition(self, s, a, r, s_):
        if s not in self.database.index:
            self.database = self.database.append(
                pd.Series(
                    [None] * len(self.actions),
                    index = self.database.columns,
                    name = s,
                ))
        self.database.set_value(s, a, (r, s_))

    def sample_s_a(self):
        s = np.random.choice(self.database.index)
        a = np.random.choice(self.database.ix[s].dropna().index)   # 过滤掉None值
        return s, a

    def get_r_s_(self, s, a):
        r, s_ = self.database.ix[s, a]
```

```
        return r, s_

def clear_database(self):
    self.database = pd.DataFrame(columns = self.actions, dtype = np.object)
```

## 11.6 小结

本章介绍了两个框架：Dyna 和 Dyna-2。Dyna 是学习和规划的集成，二者同时更新同一个值函数。Dyna-2 是学习和搜索的集成，二者分别更新不同的值函数，在进行真实动作选择时，需要综合两个值函数来进行决策。

Dyna 里重点介绍了 Dyna-Q，其学习和规划过程更新值函数时均使用了 Q-learning 方法。如果将状态行为对自上次访问到现在经历的时间步考虑在内，就有了 Dyna-$Q^+$ 方法，该方法使智能体倾向于探索那些长期未被访问的状态行为对，可以应对模型变坏和变好的场景。为了提高规划效率，以"值函数改变量"作为指标，对访问过的状态行为对进行优先级排序，优先去更新那些值函数改变较明显的状态，这就是优先级扫描的 Dyna-Q 方法的核心思想。实例部分通过迷宫游戏，详细地演示了 Dyna-Q 方法的运行过程，同时研究了不同规划次数对算法效率的影响。

## 11.7 习题

1. 解释直接强化学习和间接强化学习。
2. 简述 Dyna 框架的思想。
3. 给出 Dyna-Q 的算法描述。
4. 引入 Dyna-$Q^+$ 是为了解决什么问题？
5. 简述优先级扫描的 Dyna-Q 算法。
6. 简述 Dyna-2 框架。

# 第12章 探索与利用

本章开始讲述探索及利用问题。所谓探索是指做之前从来没有做过的事情,以便获得更高的回报。所谓利用是指做当前知道的能产生最大回报的事情。例如,一个风投为了使收益最大化,他会面临一个两难选择:是去投资已经成功的公司,还是去投资那些还没有成功但具有潜力的公司。一个成功的风投必须处理好这个探索-利用问题(Exploration and Exploitation Tradeoff):探索过多意味着不能获得较高的收益,而利用过多意味着可能错过获得更高回报的机会。

最好的策略通常包含一些牺牲短期利益的行为,通过探索搜集更多的信息使得智能体能够最终获得最大回报。探索和利用是一对矛盾。

在现实生活和商业中我们都会面对这种问题,在数学领域,这个问题被称为多臂赌博机问题(Multi-Armed Bandit Problem),也称为顺序资源分配问题(Sequential Resource Allocation Problem)。它被广泛应用于广告推荐系统、棋类游戏中等。

## 12.1 探索-利用困境

再举个探索及利用的例子,如图 12-1 所示。假设附近有 10 个餐馆,到目前为止,你在 8 家餐馆吃过饭,知道这 8 家餐馆中最好吃的餐馆的饭菜可以打 8 分,剩下的餐馆中也许会遇到可以打 10 分的口味,也可能遇到只打 2 分的口味,如果为了吃到口味最好的餐馆,下一次吃饭你会去哪里?

图 12-1 吃饭探索-利用困境

在这个例子中,利用(Exploitation)是指选择已知的 8 家餐馆中最好吃的那家餐馆吃饭,利用导致的结果就是永远吃不到 8 分以上的饭菜;而探索(Exploration)是去从没吃过的第 9 家或第 10 家吃饭。探索可能让我们吃到更好吃的饭菜,同时带来的风险就是有可能吃到不合口味的食物。这就是探索-利用困境。

一个标准的强化学习算法必然要包括探索和利用。探索帮助智能体充分了解其状态空间,利用则帮助智能体找到最优的动作序列。

比如,随机策略算法中最常用的 ε-贪心策略:

$$\pi(a \mid s) = \begin{cases} 1 - \varepsilon + \dfrac{\varepsilon}{\mid A(s) \mid}, & a = \mathop{\mathrm{argmax}}\limits_{a} Q(s,a) \\ \dfrac{\varepsilon}{\mid A(s) \mid}, & a \neq \mathop{\mathrm{argmax}}\limits_{a} Q(s,a) \end{cases}$$

其中利用为贪心策略,即

$$\pi_{\text{exploitation}} = 1 - \varepsilon + \dfrac{\varepsilon}{\mid A(s) \mid}, \quad a = \mathop{\mathrm{argmax}}\limits_{a} Q(s,a)$$

探索为均匀随机策略,即

$$\pi_{\text{exploration}} = \dfrac{\varepsilon}{\mid A(s) \mid}, \quad a \neq \mathop{\mathrm{argmax}}\limits_{a} Q(s,a)$$

又比如,常见的高斯策略也是探索和利用的复合体:

$$\pi_\theta = \mu_\theta + \varepsilon, \quad \varepsilon \sim N(0, \sigma^2)$$

其中,$\mu_\theta$ 代表利用,而 $\varepsilon$ 表示探索。

确定性策略方法中,也经常为确定性策略添加环境噪声 $N$ 进行探索,如:

$$\mu'(s_t) = \mu(s_t \mid \boldsymbol{\theta}_t^\mu) + N$$

强化学习算法就是通过以上方法对探索和利用进行耦合,在很多领域取得了非常成功的应用。例如,DQN 应用了 ε-贪心策略成功学会了玩 Atari 游戏。然而,利用这些随机策略,或是采用给确定策略添加环境噪声的方法却很难学到更复杂的任务。即便是很简单的视频游戏,利用上面介绍的方法也需要训练百万次。

原因是这些策略的探索方法都是在贪心策略或确定性策略上面加上一个随机无向的噪声。它们是通过噪声进行探索的。优点是计算简单,能保证充分探索。不足是需要大量的时间进行大量的探索,需要海量的数据,数据利用率低。

那么除了无向随机噪声外,有没有更好的方法来平衡探索和利用呢?这就是本章的重点。

## 12.2 多臂赌博机问题

探索及利用问题可以形象化为一个多臂赌博机问题(Multi-Armed Bandit)。

图 12-2 为多臂赌博机的示意图。多臂赌博机由一个盛着金币的箱子、$K$ 个臂(图中为

# 第12章 探索与利用

5个臂)组成。玩家通过按压摇臂来获得金币(回报)。多臂赌博机的问题是：按压哪个臂能得到最大的回报？

在多臂赌博机问题中，我们有个假设：按压摇臂后，获得的回报是随机的，更确切的表述是每个臂获得的回报服从不同的概率分布：

$$R^a(r) = P(r \mid a)$$

但因为并不知道每个臂获得回报的概率，所以只能尽可能每个臂都试一试，根据获得的回报估计各个臂的回报概率。

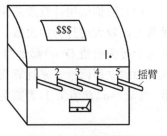

图 12-2　多臂赌博机

多臂赌博机问题中，利用是指选择前几轮中获得回报概率最高的那个臂，但因为回报是随机的，我们对每个臂的回报概率的估计并不准确，或许回报概率最高的那个臂并非当前用几轮数据估计的那个臂。探索是指继续随机地去按压不同的臂，目的是得到关于每个臂回报的更精确的概率估计，从而得到真实的那个最优的臂。

定义行为价值 $Q(a)$ 为采取行为 $a$ 获得的回报期望：

$$Q(a) = E[r \mid a]$$

如果用 $V^*$ 表示最优价值，$a^*$ 表示能够带来最优价值的行为(最优的臂)，那么：

$$V^* = Q(a^*) = \max_{a \in A} Q(a)$$

在按压次数有限的情况下，为了得到最大的回报，我们应该怎么平衡探索和利用呢？

为了解决这个问题，需要引入评估指标——后悔值(Regret)，用来评价策略的好坏。因为多臂赌博机问题中没有状态，所以策略表示就是选择的动作，也就是按压的臂。后悔值表示的是采用一定的策略后，获得的回报与最好的回报 $V^*$ 之间的差值：

$$l_t = E[V^* - Q(a_t)]$$

每一个时间步都会获得一个后悔值 $l_t$，随着拉杆的持续进行，会得到累积的总后悔值 $L_t$：

$$L_t = E\left[\sum_{\tau=1}^{t} V^* - Q(a_\tau)\right]$$

最大化累积奖赏就等于最小化总后悔值，引入总后悔值可以衡量算法能够好到什么程度。之所以这样转换，是为了方便描述问题，在随后的讲解中可以看到，较好的算法可以控制后悔值的增加速度。而用最大化累积回报描述问题不够方便直观。

总后悔值也可以表示为 $N_t(a)$ 与 $\Delta_a$ 之积。$N_t(a)$ 表示 $t$ 时刻已执行行为 $a$ 的次数。$\nabla_a$ 表示最优行为 $a^*$ 对应价值与行为 $a$ 的价值差。

$$\begin{aligned}
L_t &= E\left[\sum_{\tau=1}^{t} V^* - Q(a_\tau)\right] \\
&= \sum_{a \in A} E[N_t(a)](V^* - Q(a)) \\
&= \sum_{a \in A} E[N_t(a)]\Delta_a
\end{aligned}$$

把总后悔值用计数和差距描述可以使我们理解到，一个好的算法应该尽量减少那些值函数差距较大的行为的次数。不过我们并不知道这个差距具体是多少，虽然最优价值 $V^*$ 和每个行为价值 $Q(a)$ 都是静态的，但我们并不清楚这两者的具体数值。我们可以通过每次行为的立即回报 $r$ 来计算得到 $t$ 时刻上某一行为的平均价值，其中，$I(a_t=a)$ 为指示函数，当 $a_t=a$，此值为 1，否则为 0：

$$\hat{Q}_t(a) = \frac{1}{N_t(a)} \sum_{t=1}^{T} r_t I(a_t = a)$$

以此来近似该行为的实际价值：

$$\hat{Q}_t(a) \approx Q(a)$$

接下来对不同探索策略对应的总后悔值进行分析。

## 12.3 朴素探索

朴素探索（Naive Exploration）指对贪心策略添加噪声的策略，如 ε-贪心策略、衰减 $\varepsilon_t$-贪心策略（Decaying $\varepsilon_t$-Greedy Algorithm）。

图 12-3 所示为不同形式的随机策略的总后悔值随着时间的变化曲线。

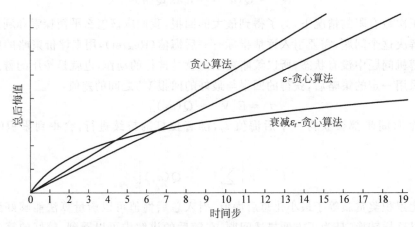

图 12-3 不同形式的随机策略的总后悔值随着时间的变化曲线

贪心策略总后悔值随时间呈线性增长，因为贪心策略根据以下公式选择行为，即直接选择最大估计值函数 $\hat{Q}_t(a)$ 对应的行为。

$$a_t^* = \underset{a \in A}{\mathrm{argmax}}\, \hat{Q}_t(a)$$

$\hat{Q}_t(a)$ 是采用蒙特卡罗法进行估计的，在估计次数有限的情况下，存在误差在所难免。这样导致的直接结果就是：贪心策略有可能会锁死在一个次优的行为上。次优的行为也预示了 $\nabla_a$ 的存在，导致出现随时间线性增长的后悔值。

和贪心策略一样，$\varepsilon$-贪心策略总后悔值也随时间线性增长。因为在每一个时间步，该探索方法都会有一定的概率去选择最优行为，但同样也有一个固定小的概率采取完全随机的行为。若采取随机行为，则会带来一定的后悔值；如果持续以虽小但却固定的概率采取随机行为，那么总的后悔值会一直递增，导致呈现与时间之间的线性关系。

那能否找到一种探索方法，使用该方法时，随着时间的推移其总后悔值增加得越来越少呢？衰减 $\varepsilon_t$-贪心策略就是这样一个方法。衰减 $\varepsilon_t$-贪心策略总后悔值与时间呈次线性（Sublinear）关系——对数关系。

衰减 $\varepsilon_t$-贪心策略在 $\varepsilon$-贪心策略的基础上做了细小的修改，使得 $\varepsilon$ 值随着时间的延长越来越小。数学表达如下：

$$c > 0$$
$$d = \min_{a|\Delta_a > 0} \Delta_i$$
$$\varepsilon_t = \min\left\{1, \frac{c\,|A|}{d^2 t}\right\}$$

按照上述公式设定的衰减 $\varepsilon_t$-贪心策略，能够使得总后悔值呈现出与时间步长的次线性关系——对数关系。但是，该方法需要事先知道每个行为的价值差距 $\nabla_a$，这在实际中并不可行。

## 12.4 乐观初始值估计

乐观初始值估计法，其主要思想是在初始时给所有行为 $a$ 一个较高的价值 $Q(a)$，随后使用递增蒙特卡罗来更新该行为的价值：

$$\hat{Q}_t(a_t) = \hat{Q}_{t-1} + \frac{1}{N_t(a_t)}(r_t - \hat{Q}_{t-1})$$

其中，$N_t(a_t)$ 表示 $t$ 时刻已执行行为 $a$ 的次数。某行为的价值 $Q(a)$ 会随着实际获得的立即回报 $r$ 在初始设置的较高价值基础上不断得到更新，这在一定程度上达到了尽可能尝试所有可能行为的目的。但因为总的探索次数有限，该方法仍然可能锁死在次优行为上。理论上，该方法与贪心或 $\varepsilon$-策略结合带来的结果同样是线性增加的总后悔值，但是该方法的实际应用效果却非常好。

## 12.5 置信区间上界

想象一下，现在有 3 个不同的单臂组成的多臂赌博机，现根据历史行为和回报信息，绘制它们当前的回报分布图，如图 12-4 所示。

结合探索和利用，接下来该选择哪一个行为能够确保最终后悔值最小？大多数人会选择臂 3（$a_3$ 对应的臂），因为臂 3 对应的均值较高。而依照不确定行为优先探索（Optimism

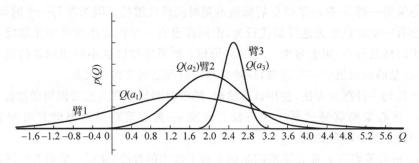

图 12-4 不同单臂的回报分布图

in the Face of Uncertainty)原则,则应该选择臂1。臂1虽然回报均值低于臂3,但是其实际回报分布范围较广,由于探索次数的限制,臂1对应的行为价值有不少的概率要比分布较窄的臂3高,也就是说臂1的行为价值具有较高的不确定性。因此我们需要优先尝试更多的臂1,以更准确地估计其行为价值,即尽可能缩小其回报分布的方差。

综上可知,因为采样次数的限制,单纯用回报均值作为值函数的估计,依此选择后续行为,可能会不够准确。更加准确的办法是用置信区间上界(Upper Confidence Bound,UCB)来指导行为的选择,令:

$$a_t = \underset{a \in A}{\operatorname{argmax}}(\hat{Q}_t(a) + \hat{U}_t(a))$$

如果各个赌博臂的回报分布明确可知,那么很容易求解置信区间上界。例如,高斯分布95%的置信区间上界是均值与两倍标准差的和。如果机械臂的分布是未知的呢,其置信区间上界是否可以求解?答案是肯定的,对于分布未知的置信区间上界可以根据霍夫丁不等式(Hoeffding's Inequality)求解。霍夫丁不等式是 Wassily Hoeffding 于 1963 年提出并证明的。该不等式给出了随机变量的均值与其期望值偏差的概率上限。

令 $X_1, X_2, \cdots, X_n$ 为独立随机变量,且 $0 \leqslant X_t \leqslant 1$。$\overline{X}_t$ 为这些随机变量的均值,$E[X]$ 为随机变量的期望。有:

$$p(E[X] > \overline{X}_t + u) \leqslant e^{-2tu^2}$$

结合该不等式,很容易得到:

$$p(Q(a) > \hat{Q}_t(a) + U_t(a)) \leqslant e^{-2N_t(a)U_t(a)^2}$$

假定我们设定行为的价值有 $p$ 的概率超过我们设置的置信区间上界,即令:

$$e^{-2N_t(a)U_t(a)^2} = p$$

那么可以得到:

$$U_t(a) = \sqrt{\frac{-\log p}{2N_t(a)}}$$

UCB算法可以表示成这样:

$$a_t = \underset{a \in A}{\operatorname{argmax}} \left[ Q(a) + \sqrt{\frac{-\log p}{2N_t(a)}} \right]$$

随着时间步长的增加,我们逐渐减少 $p$ 值,如令 $p=t^{-4}$,那么随着时间步长趋向无穷大,我们据此可以得到最佳行为:

$$U_t(a) = \sqrt{\frac{2\log t}{N_t(a)}}$$

由此我们得到了 UCB1 算法,此算法由 Peter Auer 于 2002 年提出。

$$a_t = \underset{a \in A}{\operatorname{argmax}} \left[ Q(a) + \sqrt{\frac{2\log t}{N_t(a)}} \right]$$

式中,$N_t(a)$ 是行为 $a$ 的计数,$Q(a)$ 是根据历史数据获得的回报的平均值。可见,UCB1 策略由两项组成,第一项是利用,第二项是探索。这样的设置使其能够有效地平衡利用和探索。算法流程如下。

| 算法:UCB1 探索算法 |
| --- |
| 输入:假设有 $N$ 个赌博臂,$j=1,2,\cdots,N$。 |
| 初始对每个赌博臂摇一次<br>For $t=1,2,\cdots$: <br>　　针对每个赌博臂 $j$,计算指标 $\bar{x}_j + \sqrt{\dfrac{a\ln n}{n_j}}$,其中 $\bar{x}_j$ 为观测到的第 $j$ 个臂的平均回报,$n_j$ 为目前为止按压第 $j$ 个臂的次数。$n$ 为到目前为止按压所有臂的次数和(也可表示时间步)。<br>　　选择所有臂中,指标 $\bar{x}_j + \sqrt{\dfrac{a\ln n}{n_j}}$ 最大的臂作为下一次按压的臂。<br>end for |
| 输出:最优策略 |

同时,Peter Auer 也证明了由 UCB1 算法设计的探索方法可以使得总后悔值满足对数渐进关系:

$$\lim_{t \to \infty} L_t \leqslant 8\log t \sum_{a|\Delta_a > 0} \Delta_a$$

UCB1 策略的简洁性和背后严谨的数学证明使该策略得到广泛应用。还有一种基于 UCB1 的探索方法效果也很不错,即 Emilie Kaufmann 于 1988 年提出的贝叶斯 UCB 方法。贝叶斯 UCB 假设回报函数服从高斯分布,$R_a(r) = N(r; \mu_a, \delta_a^2)$,通过贝叶斯法则等一系列数学运算,得到最终的行为选择方法:

$$a_t = \operatorname{argmax} \left[ \mu_a + \frac{c\delta_a}{\sqrt{N(a)}} \right]$$

## 12.6 概率匹配

接下来介绍概率匹配(Probability Matching),它也是一种不确定行为优先探索的方法。它通过智能体与环境实际交互的历史信息 $h_t$,来估计每一个行为是最佳行为的概率,然后依据这个概率选择后续行为。

$$\pi(a \mid h_t) = P(Q(a) > Q(a'), \forall a' \neq a \mid h_t)$$

假设根据历史经验,$a_1$ 是最佳行为的概率是 0.9,$a_2$ 是最佳行为的概率是 0.1,根据概率匹配方法,我们在进行后续行为选择时,应该以 0.9 的概率选择 $a_1$,以 0.1 的概率选择 $a_2$。

汤普森采样(Thompson Sampling)就是这样一种基于概率匹配思想的算法,它由 Thompson 于 1933 年提出。采用贝叶斯框架,将每个悬臂的收益概率视为一个 beta 分布,根据历史情况修正分布的参数,而需要选择的时候则对每个悬臂的分布进行采样,根据采样结果排序来选择悬臂。接下来详细说明。

贝叶斯框架以贝叶斯定理为中心,它认为在实验之前,应根据不同的情况对各个赌博臂有所假设,不同的假设会得到不同的推断。各种假设称为先验分布,结合多次按压赌博臂的实验数据,推断出赌博器收益概率的后验分布,这就是贝叶斯推断。满足:

$$P(\theta \mid \text{data}) \propto P(\text{data} \mid \theta) P(\theta)$$

其中,$P(\theta)$ 称为先验,是我们关于赌博臂收益概率的假设。$P(\theta \mid \text{data})$ 为后验,为在给定数据 data 的基础上,关于赌博臂收益概率的推断。$P(\text{data} \mid \theta)$ 称为似然,表示在给定当前参数 $\theta$ 下,观测到数据 data 的概率。整个贝叶斯推断,可以简单记为:

先验分布 + 实验数据 => 后验分布

"先验分布"一般使用 Beta 分布,即:

$$\theta \sim \text{Beta}(a, b)$$

因为 Beta 分布有以下两个比较好的性质:①它可以近似表示任何一种概率分布;②用 Beta 分布来模拟先验分布之后,通过贝叶斯推断,得到的后验分布依然是 Beta 分布。

何为 Beta 分布?Beta 分布可以看作一个概率的概率分布,当不知道一个事件的具体概率是多少时,它可以给出所有概率出现的可能性大小。图 12-5 所示为 Beta 分布的概率密度函数,它有两个控制参数:$a$ 和 $b$。

$$f(\theta; a, b) = \frac{\theta^{a-1}(1-\theta)^{b-1}}{B(a,b)}$$

图 12-5 是 Beta 分布的概率密度函数图。图中,横轴 $\theta$ 取值范围是 (0,1),表示概率,纵轴表示概率密度。而参数 $a$ 和 $b$ 可以控制图形的形状和位置,使得 Beta 分布形态千变万化,可以表示各种各样的先验分布。

假设我们正在测试赌博机是否有回报,因为测量结果是二值输出(有回报或者无回报),

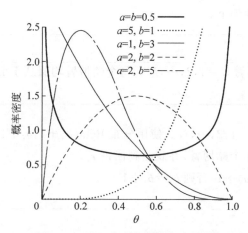

图 12-5 Beta 分布的概率密度函数

所以我们处理的是伯努利分布,这意味着其似然函数为:

$$P(\text{data} \mid \boldsymbol{\theta}) \propto \prod_{i=1}^{N} \boldsymbol{\theta}^{x_i}(1-\boldsymbol{\theta})^{1-x_i} \propto \boldsymbol{\theta}^{z}(1-\boldsymbol{\theta})^{N-z}$$

又因为:

$$P(\boldsymbol{\theta}) \propto \boldsymbol{\theta}^{a-1}(1-\boldsymbol{\theta})^{b-1}$$

可以推导出后验:

$$P(\boldsymbol{\theta} \mid \text{data}) \propto P(\text{data} \mid \boldsymbol{\theta})P(\boldsymbol{\theta}) \propto \boldsymbol{\theta}^{a+z-1}(1-\boldsymbol{\theta})^{N+b-z-1}$$

设 $a'=a+z, b'=b+N-z$。我们发现这个后验概率也服从 Beta 分布,只需要用 $B$ 函数将 $P(\boldsymbol{\theta} \mid \text{data})$ 标准化即可:

$$P(\boldsymbol{\theta} \mid \text{data}) = \frac{\boldsymbol{\theta}^{a'-1}(1-\boldsymbol{\theta})^{b'-1}}{B(a',b')}$$

即 $P(\boldsymbol{\theta} \mid \text{data}) \sim \text{Beta}(a',b') = \text{Beta}(a+$有回报数$, b+$无回报数$)$。

可见,后验概率通过多次试验获取了新的附加信息,对先验概率进行了修正。以上就是汤普森采样的数学推理。接下来对汤普森采样算法进行详细描述。

汤普森采样假设每个臂是否产生收益其背后有一个概率分布,产生收益的概率为 $p$,且符合 $\text{Beta}(a,b)$ 分布,它有两个参数:$a$ 和 $b$。每个臂都维护一个 Beta 分布的参数。并在多次试验的过程中,不断修正每个臂的分布参数。选中一个臂,摇一下,有收益则该臂的 $a$ 增加 1,否则该臂的 $b$ 增加 1。例如,对于某个臂最开始 $a=0, b=0$,当我们观测到 3 次有回报,5 次无回报后,$\text{Beta}(a,b)=(3,5)$。而需要选择的时候则对每个悬臂的分布进行采样,根据采样结果排序来选择悬臂。比如,用每个臂现有的 Beta 分布产生一个随机数 $b$,选择所有臂产生的随机数中最大的那个臂。汤普森采样简单有效,在一些内容推荐系统中经常被使用。

汤普森采样算法流程如下。

| |
|---|
| **算法：汤普森采样算法** |
| 输入：假设有 $N$ 个赌博臂，$i=1,2,\cdots,N$。每个赌博臂均服从于 Beta($a_i,b_i$) 分布。<br>　　　初始 $a_i=0,b_i=0$。 |
| For　$t=1,2,\cdots$：<br>　　　针对每个赌博臂，$i=1,2,\cdots,N$。使用分布 Beta($a_i+1,b_i+1$) 生成随机数 $\theta_i(t)$。<br>　　　选择 $\theta_i(t)$ 最大的那个赌博臂，并观测到回报 $r_t$。<br>　　　如果 $r>0$，则 $a_i=a_i+1$，否则 $b_i=b_i+1$<br>end for |
| 输出：最优策略 |

汤普森抽样算法之所以被频繁使用，是因为它在处理多摇臂赌博机问题时拥有如下的后悔值上界，这个问题早在 2012 年就被 Agrawal 与 Goyal 证明了。

$$E[R(T)] \leqslant (1+\varepsilon)\sum_{i=2}^{N}\frac{\ln T}{d(\mu_i,\mu_1)}\Delta_i + O\left(\frac{N}{\varepsilon^2}\right)$$

$$E[R(T)] \leqslant O(\sqrt{NT\ln T})$$

## 12.7　信息价值

本节尝试从信息的角度来讲解另外一种探索方法——信息价值。所谓信息价值指的就是信息本身的价值，在此节里指的就是探索的价值。信息价值给我们的启示是，在探索之前，我们需要先去量化被探索信息的价值和探索本身的开销，以此来决定是否有必要探索该信息。

假设有个 2 臂赌博机，分别是 $a_1$ 和 $a_2$。智能体对 $a_1$ 执行了充分的试验，对其价值有一个较为准确的估计，估计其立即回报的期望为 1。因为对 $a_2$ 执行的次数比较少，因此对 $a_2$ 有一个不是非常准确的估计：0.6。是否继续探索 $a_2$ 的价值取决于很多因素，其中最重要的一条就是智能体是否有足够多的次数去获取累积回报。如果行为次数非常有限，那么智能体可能会倾向于选择 $a_1$；反之，就会继续探索 $a_2$ 的价值。

为了能够确定信息本身的价值，可以设计一个 MDP，将信息作为 MDP 的状态来构建对信息价值的估计。

$$\widetilde{M} = \langle \widetilde{S}, A, \widetilde{P}, R, \gamma \rangle$$

这里将多臂赌博机看成是一个序列决策问题。每一个时间步，都会产生一个新的信息状态 $\tilde{s}'$，$\tilde{s}$ 是历史轨迹的函数，代表到目前为止所有的信息。

$$\tilde{s}_t = f(h_t)$$

$\tilde{p}^a_{\tilde{s},\tilde{s}'} \in \tilde{P}$ 表示在行为 $a$ 下,由信息状态 $\tilde{s}$ 转换至信息状态 $\tilde{s}'$ 的概率。

还是以 2 臂赌博机为例进行说明,假设信息状态对应于行为 $a_1$ 和 $a_2$ 的次数。那么最初 $s_0=(0,0)$,分别表示最开始 $a_1$ 和 $a_2$ 分别被执行了 0 次。经过一段时间的交互,状态变为 $s_5=(2,3)$,表示对行为 $a_1$ 执行了 2 次,对行为 $a_2$ 执行了 3 次。随后,再执行一次行为 $a_2$,状态转换至 $s_6=(2,4)$。

该信息状态的内容记载了所有历史信息。上述 MDP 是一个无限状态 MDP,可以通过强化学习的方法来解决。通过求解这个 MDP,就可以得到最优行为。

## 12.8 实例讲解

本节通过多臂赌博机游戏对 ε-贪心算法、UCB1 算法以及汤普森算法进行说明,并对以上算法的后悔值随机进行了比较。

### 12.8.1 游戏简介及环境描述

当前代码环境模拟了一个 10 臂赌博机,并假设各个赌博臂的获胜概率已知,记为 $p_i(i=1,2,\cdots,10)$。在进行赌博结果判定前,先随机输入一个数,与当前赌博机的设定概率 $p_i$ 进行对比,如果 $p_i$ 大于输入的概率,则返回一个正回报,否则返回 0。

```
class Bandits(object):
    def __init__(self, probs, rewards):
        if len(probs) != len(rewards):
            raise Exception('获胜概率数组和回报数组长度不匹配!')
        self.probs = probs
        self.rewards = rewards

    def pull(self, i):
        if np.random.rand() < self.probs[i]:
            return self.rewards[i]
        else:
            return 0.0
```

### 12.8.2 算法详情

代码中将三个算法写在了同一个算法类 Algorithm 中,使用这三个具体算法分别按压赌博机,多次重复执行,根据得到的回报值分别计算三个算法的总后悔值。

算法详细过程如下。

(1) 创建策略字典,分别定义三种策略(ε-贪心算法、UCB1、汤普森采样)的名称、总后悔值等。

```
# 定义策略字典
strategies = [{'strategy': 'eps_greedy', 'regret': [],
               'label': '$ \epsilon $ - greedy ( $ \epsilon $ = 0.1)'},
              {'strategy': 'ucb', 'regret': [],
               'label': 'UCB1'}
```

(2) 针对三个策略,分别定义一个操作(Operate)类,该操作类中包含创建多臂赌博机、对各个算法的调用、对后悔值的计算等。

```
for s in strategies:
    s['mab'] = Operate()
```

(3) 设置外循环次数为 1000,进入外循环。
(4) 遍历三个策略,依次循环调用进行操作。

```
for t in range(1000):
    for s in strategies:
        s['mab'].run(strategy = s['strategy'])
        s['regret'].append(s['mab'].regret())
```

(5) 选定某个策略之后,设置内循环次数为 100,进入内循环。

```
def run(self, time = 100, strategy = 'eps_greedy', parameters = {'epsilon': 0.1}):
    if int(time) < 1:
        raise Exception('运行次数应该大于 1!')

    if strategy not in self.strategies:
        raise Exception('传入的策略不支持,请选择策略: {}'.format(', '.join(self
.strategies)))

    for n in range(time):
        self._run(strategy, parameters)
```

① 运行策略对应的具体算法,返回需要选择的赌博臂编号。

```
choice = self.run_strategy(strategy, parameters)

def run_strategy(self, strategy, parameters):
    return self.algorithm.__getattribute__(strategy)(params = parameters)
```

其中 algorithm 为算法类(Algorithm)的实例对象,当前算法类 Algorithm 包含 ε-贪心算法、UCB1 算法和汤普森算法。

- ε-贪心算法

从传入参数 params 中获取 ε 值,如果 params 为空,默认 ε 为 0.1。生成一个(0,1)之间的随机数,如果此随机数小于ε,执行探索行为,在所有大于均值的赌博机中随机选择一个赌博臂编号。如果此随机数大于ε,执行利用行为,直接返回均值最大的赌博臂编号。

```python
def eps_greedy(self, params):
    if params and type(params) == dict:
        eps = params.get('epsilon')
    else:
        eps = 0.1
    
    r = np.random.rand()
    
    if r < eps:
        return np.random.choice(list(set(range(len(self.operate.wins))) - {np.argmax(self.operate.wins / (self.operate.pulls + 0.1))}))
    else:
        return np.argmax(self.operate.wins / (self.operate.pulls + 0.1))
```

- UCB1 算法

```python
def ucb(self, params = None):
    if True in (self.operate.pulls < self.operate.num_bandits):
        return np.random.choice(range(len(self.operate.pulls)))
    else:
        n_tot = sum(self.operate.pulls)
        rewards = self.operate.wins / (self.operate.pulls + 0.1)
        ubcs = rewards + np.sqrt(2 * np.log(n_tot)/self.operate.pulls)
        
        return np.argmax(ubcs)
```

UCB1 算法要求初始时对每个臂选择一次。如果当前赌博机的赌博臂没有被全部执行过,则在已执行过的赌博臂中随机选择一个编号,作为输出。如果全部被执行过至少一次,则使用如下公式进行赌博臂编号的选择:

$$a_t = \underset{a \in A}{\mathrm{argmax}} \left[ Q(a) + \sqrt{\frac{2\log t}{N_t(a)}} \right]$$

- 汤普森采样法

```python
def ts(self, params = None):
    p_success_arms = [np.random.beta(self.operate.wins[i] + 1, self.operate.pulls[i] - self.operate.wins[i] + 1)
                      for i in range(len(self.operate.wins))
                      ]
    return np.array(p_success_arms).argmax()
```

针对每个赌博臂分别维护一个 Beta 分布$(a_i + 1, b_i + 1)$,此分布可以生成随机数

$\theta_i(t)$。此算法会返回 $\theta_i(t)$ 最大的那个赌博臂。

② 根据算法选择好赌博机编号之后,将当前选择结果存入选择记录数组中。

```
self.choices.append(choice)
```

③ 按压此编号对应的赌博机,获得回报值。将当前赌博机对应的回报值进行累计,同时累计当前赌博机的选择次数。

```
rewards = self.bandits.pull(choice)
if rewards is None:
    return None
else:
    self.wins[choice] += rewards
self.pulls[choice] += 1
```

(6) 循环执行(5)~(6),直到循环次数达到100,退出单个算法的内循环。
(7) 计算当前算法100个时间步内的总后悔值。
根据公式:

$$L_t = E\left[\sum_{\tau=1}^{t} V^* - Q(a_\tau)\right]$$

获得后悔值,将后悔值数组添加到对应的策略字典中。

```
s['regret'].append(s['mab'].regret())
def regret(self):
    return (sum(self.pulls) * np.max(np.nan_to_num(self.wins/(self.pulls + 0.1)))) - sum(self.wins)) / (sum(self.pulls) + 0.1)
```

(8) 循环执行步骤(4)~(8),直至遍历完三种类型的探索算法。
(9) 重复执行步骤(3)~(9),运行1000轮后,游戏终止。

最终输出的总后悔值随时间变化的曲线图如图12-6所示,由图可见在同样条件下,汤普森采样法后悔取值最低。

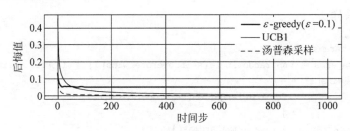

图 12-6 总后悔值随时间变化的曲线图

## 12.8.3 核心代码

整个代码由三个类(Bandits 类、Algorithm 类、Operate 类)和一个主函数构成。主函数直接调用 Operate 类，间接调用 Bandits 类和 Algorithm 类，实例化出 10 臂赌博机对象，分别采用 ε-贪心算法、UCB1 算法以及汤普森算法对此赌博机进行按压操作，统计每次按压的回报，并对以上三个算法的总后悔值随时间变化的趋势进行了比较。接下来分别对各部分代码进行说明。

(1) Bandits 类。

此类定义了一个 10 臂赌博机对象，包含两个方法。

- __init__(self,probs,rewards)：赌博机初始化方法。
- pull(self,i)：按压赌博臂方法，传入为按压的赌博臂编号(总数为 10)，返回该赌博臂对应的回报。

```python
class Bandits(object):
    def __init__(self, probs, rewards):
        if len(probs) != len(rewards):
            raise Exception('获胜概率数组和回报数组长度不匹配!')
        self.probs = probs
        self.rewards = rewards

    def pull(self, i):
        if np.random.rand() < self.probs[i]:
            return self.rewards[i]
        else:
            return 0.0
```

(2) Algorithm 类。

此类定义了三个算法，分别对应下列三个方法。

- eps_greedy(self, params)：描述了 ε-贪心算法的实现原理。此方法根据传入的 ε 的取值大小，返回待按压的赌博臂编号。
- ucb(self,params=None)：描述了 UCB1 算法的实现原理。此方法没有传入参数，输出为待按压的赌博臂编号。
- ts(self,params=None)：描述了汤普森采样法的实现原理。此方法没有传入参数，返回值是赌博臂编号。

上述三个方法的实现原理在前面已经详细描述过，这里不再赘述。除此之外，此类还有一个初始化的方法。

```python
class Algorithm(object):

    def __init__(self, operate):
        self.operate = operate
```

(3) Operate 类。

该类是主函数直接使用的类,通过实例化 Bandits 类,创建赌博机对象。除此之外,该类还定义了如下几个方法。

- run(self, time=100, strategy='eps_greedy', parameters={'epsilon': 0.1}):该方法针对外循环的每个时间节点均执行 100 次,将输出的回报累加,作为该节点的回报总数。这么做是为了防止数据过小,回报差异化不明显,同时也为了减小操作带来的误差。
- run_strategy(self, strategy, parameters):根据传入的策略类型,返回赌博臂编号。此方法由 run 方法直接调用。

```python
def _run(self, strategy, parameters = None):
    choice = self.run_strategy(strategy, parameters)
    self.choices.append(choice)
    rewards = self.bandits.pull(choice)
    if rewards is None:
        return None
    else:
        self.wins[choice] += rewards
        self.pulls[choice] += 1
```

regret(self)后悔值计算方法的代码如下。

```python
def regret(self):
    return (sum(self.pulls) * np.max(np.nan_to_num(self.wins/(self.pulls + 0.1)))) - sum(self.wins)) / (sum(self.pulls) + 0.1)
```

(4) 主函数。

主函数是程序执行的入口,此处首先分别定义了三个策略对应的名称和后悔值变量。接着进入策略循环,针对三个策略分别调用 Operate 类。针对每个策略分别实例化一个多臂赌博机对象。然后进入外循环,目的是为了研究总后悔值随执行次数的变化。为了拉开不同策略总后悔值的差距,针对每个时间节点,均执行 100 次。最后,针对上述结果调用 matplotlib 画图。

```python
if __name__ == '__main__':
    import matplotlib.pyplot as plt
    import seaborn as sns
    # 定义策略字典
    strategies = [{'strategy': 'eps_greedy', 'regret': [],
                   'label': ' $ \epsilon $ - greedy ( $ \epsilon $ = 0.1)'},
                  {'strategy': 'ucb', 'regret': [],
                   'label': 'UCB1'}
                  ]
```

```python
for s in strategies:
    s['mab'] = Operate()

for t in range(1000):
    for s in strategies:
        s['mab'].run(strategy = s['strategy'])
        s['regret'].append(s['mab'].regret())

sns.set_style('whitegrid')
sns.set_context('poster')
plt.figure(figsize = (15, 4))
for s in strategies:
    plt.plot(s['regret'], label = s['label'])

plt.legend()
plt.xlabel('Trials')
plt.ylabel('Regret')
plt.title('Multi - armed bandit strategy performance')

plt.show()
```

## 12.9 小结

本章介绍了几种简单的平衡探索和利用的方法，贪心算法每步都选择当前价值最大的动作，ε-贪心算法以 ε 概率随机选择动作，1－ε 概率选择当前最优动作，两者都有可能会锁死在次优行为上，而导致后悔值随时间线性增长。衰减 $ε_t$-贪心策略 ε 值随着时间的延长越来越小，其后悔值和时间呈对数关系。

相较于贪心算法，乐观初始值方法探索性更大，如果试验次数有限，会导致总后悔值随时间线性增加。UCB 遵循了不确定性行为优先探索的原则，每一步都倾向于选择那些样本更少的动作，总后悔值和时间呈对数关系。概率匹配通过历史信息估计每一个行为是最佳行为的概率，然后依据这个概率来选择后续行为。最经典的要数汤普森采样法了，因为总后悔值存在上界的性质使得其被广泛使用。本章介绍的最后一个探索-利用方法是信息价值，将多次试验携带的信息作为状态，构建马尔可夫决策模型，通过求解这个模型，来确定探索的价值。

本章提出的这些简单的方法虽然能在一定程度上缓解探索-利用困境，但是它们离圆满地解决探索与利用问题还有非常大的距离，还需要我们去研究和解决。

## 12.10 习题

1. 描述多臂赌博机的探索-利用困境。
2. 多臂赌博机问题中,通过引入哪个指标来评价策略的好坏?请详细描述此指标。
3. 本节提到了哪些朴素探索?这些探索策略总后悔值随时间如何变化?
4. 给出 UCB1 探索的算法描述。
5. 简述汤普森采样算法。

# 第13章

# 博弈强化学习

1952年,阿瑟·萨缪尔(Arthur Samuel,1901—1990)在IBM公司研制了一个西洋跳棋程序,这个程序具有自学习能力,可通过对大量棋局的分析逐渐辨识出当前局面下的"好棋"和"坏棋",从而不断提高弈棋水平,并很快就下赢了萨缪尔自己。1961年,萨缪尔借机向康涅狄格州的跳棋冠军发起了挑战,结果萨缪尔程序获胜,这在当时引起了很大的轰动。这个程序也被认为能够"学习",并让人们首次接触了"人工智能"的概念。

萨缪尔跳棋程序不仅在人工智能领域产生了重大影响,还影响到整个计算机科学的发展,早期计算机科学研究认为,计算机不可能完成事先没有显式编程好的任务,而萨缪尔跳棋程序否定了这个假设。因此,塞缪尔被称为"机器学习之父",也被认为是计算机游戏的先驱。

跳棋难度系数比较低,其空间复杂度也很低,甚至在不需要对博弈树剪枝的情况下,计算机凭借强大的计算能力便可以计算所有盘面的可能。与跳棋相比,象棋的空间复杂度较高,对每一步的所有可能进行暴力求解并不可行,但是相对而言容易找到适合的价值函数。以国际象棋为例,可以根据棋盘上残留棋子的类型和位置给出一个大致的评分。例如,棋盘上若还有皇后加10分,有车加5分,有马加3分,以此为基础计算函数。为了提高效率,国际象棋还有巨大的开局和终局数据库来保证残局计算的准确度。依靠这些规则,1997年"深蓝"以3.5∶2.5第一次战胜了人类国际象棋冠军卡斯帕罗夫。

综上可见,"深蓝"的计算原理是在国际象棋合理的步骤范围内,把棋局的$10^{46}$的可能性优化到一个可计算的范围,并给出所有的可能性,可以理解为有约束的暴力穷举。它运用并行计算系统,有32个微处理器,可同时执行多个指令,以提高计算速度来解决大型复杂的计算问题。1997年时"深蓝"已经可以预测到12步之后,而卡斯帕罗夫只能预测到10步之后,凭借快速而又复杂的运算,"深蓝"赢得了国际象棋世界第一的位置。由此可见,"深蓝"的设计原理本质上就是一台计算器。

1997年"深蓝"赢了国际象棋冠军卡斯帕罗夫,这成为人工智能在游戏领域一个巨大的分水岭。从那以后,围棋就成了人工智能的终极挑战。在之后的十多年中,尽管计算机与信息技术发展迅猛,但人工智能领域的发展却逐渐沉寂下去,鲜有传出与"深蓝"相媲美的高光时刻,围棋成了人工智能无法攻克的壁垒。究其原因,还是因为围棋的计算量太大了。象棋平均每一步有24种可能性,而围棋有200多种。围棋的复杂性还体现在棋盘上的走法有众多可能性。据统计，围棋棋盘上可能形成的局面高达 $10^{170}$，比目前宇宙中所有的原子数（$10^{80}$）还多。目前超级计算机的计算能力还远远不能穷举围棋的所有可能性。因此，才有人断言，人工智能永远不可能攻克围棋。然而 AlphaGo 的问世粉碎了人们的断言。

2016 年 3 月，DeepMind 的 AlphaGo 以 4∶1 击败了世界围棋冠军李世石（见图 13-1）。一台机器学到了人类顶尖的围棋策略，这在以前是难以想象的事情。

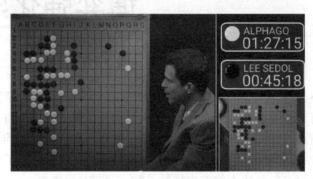

图 13-1　AlphaGo（见彩插）

2017 年 10 月，DeepMind 又往前迈了一大步，其新算法 AlphaGo Zero，能够以 100∶0 的战绩击败自己的旧版本 AlphaGo。难以置信的是，AlphaGo Zero 完全是通过自我博弈学习，从"白板"开始，逐渐找到了能打败 AlphaGo 的策略。创建一个这样的超级人工智能已经完全不需要用任何人类的专业知识进行训练了。

仅仅 48 天后的 2017 年 12 月 5 日，DeepMind 团队又提出了一个全新的强化学习算法 AlphaZero。它是一种可以从零开始，通过自我对弈强化学习在多种任务上达到超越人类水平的新算法，堪称"通用棋类 AI"。它从零开始训练：4 小时就打败了国际象棋的最强程序 Stockfish，2 小时就打败了日本将棋的最强程序 Elmo，8 小时就打败了与李世石对战的 AlphaGo。通用强化学习算法 AlphaZero 的推出，让我们见识了人工智能的深度强化学习能力。这是算法和计算资源的胜利，更是人类的顶尖研究成果。DeepMind 愿景中能解决各种问题的通用 AI，看起来也离我们越来越近了。

从 IBM 的"深蓝"打败国际象棋大师卡斯帕罗夫，到 Google 的 AlphaZero 短时间内攻陷了人类智力的堡垒——将棋、象棋和围棋，我们一定会好奇，没有生命的计算机何以强大到如此地步，能够在这些以智力称道的游戏中打败人类呢？那么接下来我们就要一一揭开棋类 AI 的神秘面纱。

## 13.1　博弈及博弈树

众所周知，跳棋、围棋和国际象棋，本质上都是一种"博弈"，那什么是博弈呢？先说说博弈论吧！艾里克·拉斯缪森认为博弈论是使用严谨的数学模型研究冲突对抗条件下最优决策问题的理论，是研究决策主体的行为发生直接相互作用时的决策以及这种决策的均衡问

# 第 13 章　博弈强化学习

题。通俗地说，博弈论就是研究多个玩家在互相交互中取胜的方法。而博弈就是有限参与者进行有限策略选择的竞争性活动，如下棋、打牌、竞技、战争等。本章涉及的"深蓝"、AlphaGo等都属于机器博弈。机器博弈也称计算机博弈，是人类开发的计算机智能体与人类之间进行博弈。机器博弈既是人工智能最活跃的领域之一，同时也是检验人工智能研究水平高低的重要标准。

而在这里我们将机器博弈更进一步简化，我们仅探讨"双人、零和、全信息、确定的、顺序的、离散的"博弈。

双人博弈是指由两名玩家参与的博弈。参与的两人具有竞争关系，根据博弈规则每人将选择自己最优的博弈行为从而取得博弈的胜利。零和博弈指的是，一名参与者的收益恰好等于其他参与者的损失，就是有输必有赢，最多出现平局，不会出现双赢的博弈。全信息是指博弈过程中双方对战局信息的了解是公开和透明的，双方可以看到全部的博弈状态，不存在信息隐藏。例如，围棋、象棋、五子棋等的机器博弈都属于全信息博弈；而在扑克机器博弈中，对手的手牌是不可见的，获得的局面信息是不完备的，属于不完全信息博弈。所谓确定，指的是游戏的下一时刻状态完全由当前状态和博弈玩家的行为所决定。例如，德州扑克机器博弈中发公共牌是一个随机的过程，不受博弈双方的影响和控制，因此德州扑克机器博弈是一种非确定性机器博弈；而围棋机器博弈就是一个典型的确定性机器博弈，下一时刻的博弈局面完全由玩家的行为以及当前的棋子分布决定。所谓顺序，指的是操作都是按顺序执行的。所谓离散，指的是所有操作都是离散值，没有一个操作是连续值。

符合以上特征的机器博弈游戏称为Combinatorial Game。围棋、五子棋等都属于这样的游戏。大部分的博弈游戏都可以运用搜索的方法，将玩家对弈的整个过程通过博弈树的形式来表示。

博弈树是根在上部，然后向下递归产生的一棵包含着所有可能的对弈过程的搜索树，包含了所有可能的做法和局面。博弈树中的每个节点都表示当前游戏中的可能局面状态，边表示可采取的策略动作，根节点下的子节点表示从根节点状态采取策略动作后到达的新的局面节点，叶节点表示游戏结束状态。

为了更加直观地展示博弈树，我们以井字游戏为例。井字游戏是一个非常经典的双人零和博弈。初始盘面为一个空白的3×3的方格棋盘，参与博弈的双方轮流在方格棋盘中画"×"或者"○"，一方只能选择一种图案；任何一方率先使得在横向、纵向或者对角线方向上所画的图案相同，即三子连成一线时即为获胜方。对于井字游戏，我们可以构建如图13-2所示的博弈树（由于版面限制只画了一部分）。

图13-2就是由井字游戏产生的博弈树的示意图，起始盘面是一个空白棋盘，先手为画"X"的玩家，他有九种不同的选择方案，不同的行棋策略会导致新的盘面。由此延伸下去就构成了整个博弈树，博弈树可以完整地展示该游戏的所有可能性。从根节点选择一个分支走下去直到叶子节点，就是一次游戏过程。对于井字游戏我们可以很容易画出完整的博弈树。通过暴力法遍历所有可能来求解最优策略可能是最有效的解决方案。然而对于有着庞大数量级的围棋来说，遍历整个博弈树是个几乎不可能完成的任务，而从复杂的分支中选择

## 强化学习

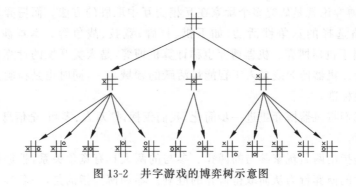

图 13-2　井字游戏的博弈树示意图

通往胜利的分支更是难上加难。

虽然博弈树没有直接地帮助我们解决双人博弈问题,但是它将具体的游戏过程进行了数据结构化,为计算机博弈的计算铺平了道路。在双人博弈游戏中博弈树的状态空间是非常庞大的,而博弈问题中最重要的问题是如何找到最优解。

下面我们会对这个问题进行进一步的讨论,首先介绍两个博弈树中最为常用的搜索策略——极大(Max)极小(Min)算法和 Alpha-Beta 剪枝算法。

## 13.2　极大极小搜索

极大极小算法是香农教授于 1950 年首先提出来的,该算法是当代计算机博弈各种搜索算法的基础。其常用于二人博弈游戏,目的是寻找最优的方案使得自己利益最大化。它的基本思想就是假设自己(A)足够聪明,总是能选择最有利于自己的方案,而对手(B)同样足够聪明,总会选择最不利于自己的方案。对弈双方在选择做法的时候都尽量让棋局朝着有利于自己的方面转化,在博弈树的不同层上遵循不同的选择标准。

游戏开始时先建立一个根节点,随着游戏的进行博弈树不断扩展,最后会建立一棵很深的博弈树。如果把整个博弈树全部展开,不仅扩展的时间复杂度很高,而且这棵博弈树也会非常庞大。因此常见的做法并不是全部展开,而是仅扩展一定的层数。由于没有扩展到游戏的叶子节点,故只能通过估值函数给出评价,作为扩展到最后的回报值。

图 13-3 是一个五层博弈树,圆形代表玩家 A(所在层为 Max 层),正方形代表对手玩家 B(所在层为 Min 层)。扩展的叶子节点是估值函数给出的回报值,代表了玩家 A 能获得的收益,数字越大越有利于 A,越小越有利于 B。

自底向上,首先是第 4 步轮到玩家 B。玩家 B 会在第 4 层中(Max 层)的候选集中进行选择,选择使自己获得最大收益的动作,也就是使 A 获得最小回报的行为。所以他要做的是最小化这个分数,如在 10 和正无穷中选择 10。最终选择如图 13-4 所示。

继续从后往前看到第 3 步,当玩家 A 知道了玩家 B 的选择以后,会根据 B 的结果反推出自己的选择。玩家 A 要做的就是最大化这个分数(在第三层 Min 层中操作),如图 13-5 所示。

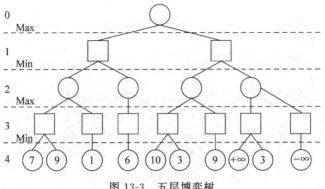

图 13-3　五层博弈树

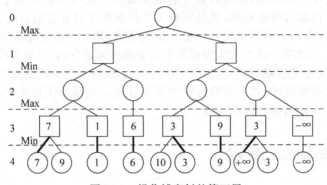

图 13-4　操作博弈树的第四层

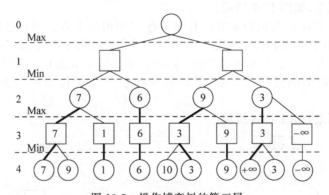

图 13-5　操作博弈树的第三层

重复这个步骤,最终我们可以发现第一步(第 0 层 Max 层)的最优选择,如图 13-6 所示。

从图 13-6 可以看出,B 总是选择候选方案中的最小值,而 A 总是选择候选方案中的最大值,这就是极大极小算法名字的由来。

该算法是一个由底往上的过程:先把搜索树画到我们可以承受的深度,然后逐层往上取最大值或最小值回溯。

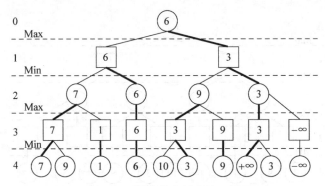

图 13-6　操作博弈树的第二层

假设估值函数评估准确,就能得到双方的最优策略。此时也就达到了纳什平衡点。纳什平衡是博弈论中的最基础的概念,就是所有人已经选择了对自己而言的最优解,并且自己单方面做其他选择,都无法得到更多的回报。换句话说,纳什均衡就是双方都熟知游戏规则时做出的最优决定,当然第一次游戏大家都不是完美的决策者(或者不知道对方是不是完美的决策者),因此不一定会选择纳什均衡点,但多次游戏后,最终都能够达到或者逼近纳什均衡。

如果评估函数不够准确,就会导致选取的方案可能是局部最优而非全局最优,所以极大极小算法会非常依赖评估函数的准确度。

## 13.3　Alpha-Beta 搜索

在极大极小搜索的过程中,存在着以下两种明显的冗余现象。

(1) 极大值冗余,如图 13-7 所示。

在图 13-7 中,节点 A 的值应是节点 B 和节点 C 中值较大者。现在已知节点 B 的值大于节点 D 的值。由于节点 C 的值应是它的所有子节点中值极小者,此极小值一定小于等于节点 D 的值,因此也一定小于节点 B 的值,这表明,继续搜索节点 C 的其他子节点,如 E,F,…已没有意义,它们不能做任何贡献,于是把节点 C 其余子树全部剪去,这种优化称为 Alpha 剪枝。

(2) 极小值冗余,如图 13-8 所示。

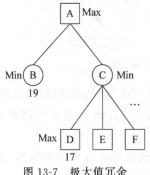
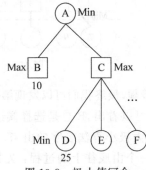

图 13-7　极大值冗余　　　　图 13-8　极小值冗余

与极大值冗余对偶的现象,称为极小值冗余,如图 13-8 所示。节点 A 的值应是节点 B 和节点 C 中值较小者。现在已知节点 B 的值小于节点 D 的值。由于节点 C 的值应是它的诸子节点中值极大者,此极大值一定大于等于节点 D 的值,因此也大于节点 B 的值,这表明,继续搜索节点 C 的其他子节点已没有意义,可以把节点 C 其余子树全部剪去,这种优化称为 Beta 剪枝。

把 Alpha-Beta 剪枝应用到极大极小算法中,就形成了 Alpha-Beta 搜索算法。

Alpha-Beta 剪枝算法是针对极大极小值算法的优化算法,通过减去一些没有意义的不需要搜索的分支,来减少运算量,提高运算速度。该算法曾在 IBM 开发的"深蓝"(Deep Blue)中被应用,打败了当时的世界国际象棋冠军。

下面通过一个例子来说明:图 13-9 为采用 Alpha-Beta 剪枝算法优化后的部分博弈树,正方形为玩家 1(图中 Max 层),圆为对手玩家 2(图中 Min 层)。

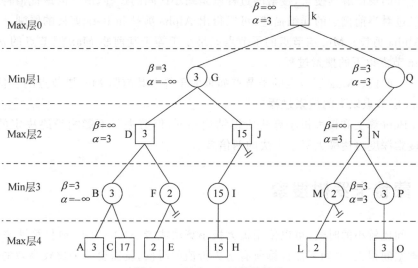

图 13-9　Alpha-Beta 剪枝算法

假设 $\alpha$ 为下界,$\beta$ 为上界,初始设置 $\alpha$ 负无穷大,$\beta$ 正无穷大。两者构成一个区间 $[\alpha, \beta]$,区间大小表示当前节点值得搜索的子节点的价值取值范围。

Alpha-Beta 剪枝算法的执行顺序是自底向上,从左向右。执行顺序在图中进行了标示:初始状态,B 节点的搜索区间为 $[-\infty, +\infty]$。B 节点所在层为 Min 层,属于玩家 2。对于玩家 2 来说,要尽量使得玩家 1 获利最小,因此当遇到使得玩家 1 获利更小的情况,则需要修改 B 节点的 $\beta$ 值。因其子节点 A 节点回报为 3,比 $+\infty$ 小,因此将 $\beta$ 修改为 3,确定 B 节点搜索区间 $[-\infty, 3]$。继续搜索 B 节点的其余子节点,因 C 节点回报为 17,比 3 大,无须修改 $\beta$ 值,节点 B 回报确定为 3。

D 节点初始搜索区间为 $[-\infty, +\infty]$。D 节点所在层为 Max 层,属于玩家 1。对于玩家 1 来说,要尽量使得自己获利最大。因此当遇到使得玩家 1 获利更大的情况,则需要修改 D

节点的 $\alpha$ 值。其子节点 B 节点的回报值为 3，比 $-\infty$ 大，因此需要修改 $\alpha$ 值为 3。D 节点的搜索区间变为 $[3,+\infty]$。

在确定节点 F 搜索区间的时候，出现了极大值冗余现象。因为 E 节点回报值为 2，节点 F 的取值肯定小于等于 2。节点 B 取值为 3，节点 D 肯定会选择两者中较大者，此时再去搜索节点 F 的其他子节点已无意义。此处需进行 Alpha 剪枝。

G 节点初始搜索区间为 $[-\infty,+\infty]$。所在层为 Min 层，属于玩家 2。根据节点 D 回报值 3，G 节点搜索区间变为 $[-\infty,3]$。

很容易根据节点 H 的回报，确定节点 I 的取值。紧接着在确定节点 J 的搜索范围时，发现此处出现了极小值冗余。因为 I 为 15，节点 J 肯定大于等于 15。而节点 D 取值为 3，则 G 肯定选两个子节点中比较小的那一个。所以再去搜索节点 J 的其他节点已经没有意义。此处需进行 Beta 剪枝。

按照这样的规律继续搜索，搜索的过程就是缩小区间的过程，最终的最优值将落在这个区间中。经过对当前例子的详细描述，可以得出 Alpha 剪枝和 Beta 剪枝的原则。

(1) Alpha 剪枝。Min 层节点的子节点如果小于等于其前驱 Max 层节点的 $\alpha$ 值，则可终止该 Min 节点以下的搜索过程。

(2) Beta 剪枝。Max 层节点的子节点如果大于等于其前驱 Min 层节点的 $\beta$ 值，则可以终止该 Max 层节点以下的搜索过程。

Alpha-Beta 算法和极大极小算法所得结论相同，但剪去了不影响最终决定的分枝，同样时间内搜索深度可达极大极小算法的两倍多。

## 13.4 蒙特卡罗树搜索

搜索空间比较小的时候，可以使用极大极小算法或者 Alpha-Beta 剪枝算法来找到最优解。当搜索空间很大，大到不能计算所有子树价值的时候，就需要一种比较高效的搜索策略了。蒙特卡罗树搜索就是这样一种基于树数据结构的、在搜索空间巨大时仍然比较有效的搜索算法。该方法可以将搜索树集中在"更值得搜索的分枝"上，如果某个着法不错，蒙特卡罗树就会将其扩展得很深，反之，就不去扩展它。蒙特卡罗树搜索结合了广度优先搜索和深度优先搜索，类似于启发式搜索。该方法在搜索空间很大时，依然能够高效地找到最优解。同时，极大极小算法及 Alpha-Beta 剪枝算法还有一个天然的缺陷，就是它们很难准确评估胜率，除非将搜索树走到终局，而蒙特卡罗树搜索利用其快速走子多次模拟可以给一个近似的局面评估。基于该算法的上述两个优点，在解决大规模搜索空间问题时，一般使用蒙特卡罗树搜索。

说起蒙特卡罗方法大家都比较熟悉，我们在第 4 章已重点介绍过。对于求解过程过于复杂，而导致无法在有限的时间获得准确解，或者没有足够的资源去获得准确解的问题，蒙特卡罗方法可以通过大量的随机抽样获得这个问题的近似解。简单的理解就是：蒙特卡罗利用随机策略进行模拟，通过求取经验平均的方法来获得最优解。

将蒙特卡罗方法应用于博弈树搜索,就有了蒙特卡罗树搜索(MCTS),该方法通过蒙特卡罗抽样方法逐步建立和扩展博弈树。在树内搜索和树外模拟分别采用不同的策略,树内一般采用贪心策略,树外采用随机策略。其结合了随机模拟的一般性和博弈树搜索的准确性,可以使那些有可能成为最优着法的分枝获得更多被探索的机会,在有限的时间内使用有限的资源提高搜索的准确率。

MCTS 将当前待评估局面作为根节点开始不断构建搜索树,树中的每个中间节点包含了被访问的频次以及对当前局面的估值信息。为简单起见,当前估值信息我用黑棋胜利次数表示。图 13-10 中的 A/B 代表这个节点被访问 B 次,其中黑棋胜利了 A 次。例如,根节点的 12/21,代表总共模拟了 21 次,黑棋胜利了 12 次。

我们将不断重复以下过程(数万次),如图 13-10 所示。

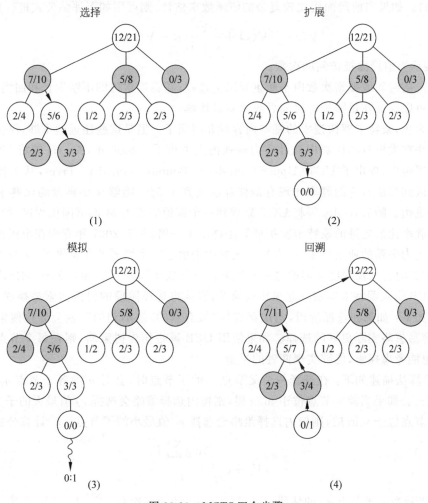

图 13-10  MCTS 四个步骤

(1) 选择：从根节点开始，根据树内搜索策略递归地选择其子节点，一直到遇到叶子节点。若该叶子节点不是游戏的最终局面，且存在未扩展的子节点，则可以选择此节点进行扩展。如图中的 3/3 节点。"存在未扩展的子节点"其实就是指这个局面存在未走过的后续着法。

(2) 扩展：给第一步选中的这个节点加上一个 0/0 子节点，对应之前所说的"未扩展的子节点"，就是还没有试过的一个着法。将这个新节点加入博弈树中。

(3) 模拟：从新加入博弈树的节点开始通过蒙特卡罗方法随机生成博弈双方的合理动作，直到游戏结束，得到一个确定的结果。比如，这里得到的结果是 0/1，表示黑子失败。

(4) 回溯：将模拟估值得到的结果从叶子节点开始层层回溯给各自的父节点，根据结果调整这些父节点的估值。例如，第三步模拟的结果是 0/1，那么就把这个节点的所有父节点加上 0/1。如果当前局面用比较复杂的值函数来估计，则可用如下评估公式进行更新：

$$V(s) \leftarrow V(s) + \frac{1}{k+1}(R - V(s))$$

其中，$k$ 表示当前局面被访问的次数。

在规定的时间或搜索次数内不断重复以上过程，随着搜索树的不断生长和回溯，蒙特卡罗树搜索可以保证在足够长的时间后收敛到最优解。

到此为止，蒙特卡罗树搜索的基本内容就介绍完了。但是这些还远远不够，仅仅依靠该算法还无法在大棋盘的比赛中战胜实力较强的人类棋手。2006 年，Kocsis 等将 UCB 运用到蒙特卡罗树中，提出了 UCT(Upper Confidence Bounds applied to Trees，基于博弈树的上限置信区间算法)，它的胜率比现有最佳算法提高了 5%，能够在小棋盘的比赛中与人类职业棋手抗衡。随后，Gelly 等将 UCT 集成到一个被他们称为 MoGo(围棋程序)的程序中，该程序的胜率比最先进的蒙特卡罗扩展算法高出了一倍，并于 2007 年春季在小棋盘的比赛中击败了实力强劲的业余棋手，在大棋盘比赛中击败了实力稍弱的业余棋手，充分展示了其能力。UCT 的引入及深度学习的进一步发展最终促成了围棋 AlphaGo Zero 的出现。

将 UCB 引入蒙特卡罗实现起来比较简单，直接将选择阶段的树内搜索替换成 UCB 即可。原因如下：如果在选择阶段，每次都选择"最有利的/最不利的"，就会导致搜索树的广度不够，容易忽略实际更好的选择。如果使用 UCB 策略作为树策略，则在每个节点既能考虑利用，也能考虑探索，能够实现两者的平衡。

UCT 算法描述如下：在选择一个父节点 $n$ 的子节点时，会对 $n$ 的各子节点 $n_i$ 计算一个评估值 $r_i$。如果当前父节点位于 max 层，则树内选择策略会选择 $r_i$ 值最大的子节点；如果当前父节点位于 min 层，则树内选择策略会选择 $r_i$ 值最小的子节点。$r_i$ 计算公式如下：

$$r_i = V_i + c\sqrt{\frac{2\log \sum_i T_i}{T_i}}$$

其中，$V_i$ 表示当前子节点 $n_i$ 的估值。$T_i$ 是节点 $n_i$ 的访问次数。$\sum_i T_i$ 是父节点 $n$ 的访问次数。$c$ 是一个手工设定的常数，$c$ 越大就越偏向于广度搜索(探索)，$c$ 越小就越偏向于深度搜索(利用)。可见,$c$ 的作用是平衡 UCT 算法的利用和探索,其值可以根据实际情况调整。

还是以图 13-10 为例,假设根节点是轮到黑棋走。我们需要在 7/10 分支、5/8 分支、0/3 分支之间选择 $r_i$ 最大的节点。

7/10 分支对应的分数为:

$$7/10 + c \cdot \sqrt{\frac{\log(21)}{10}} \approx 0.7 + 0.55c$$

同理可得 5/8 分支对应的分数为 $0.62c$,0/3 分支对应的分数为 $1c$。如果 $c=0.5$,此步我们会选择 7/10 分支对应节点。

以上就是传统的蒙特卡罗树搜索算法,它通过重复性地模拟对弈结果,给出对局面 $s$ 的一个估值 $V(s)$;并选择估值最高的子节点作为当前的策略,因此在搜索空间巨大时仍然比较有效。目前该算法在四子棋、跳棋、国际象棋、黑白棋等游戏中都有了比较成功的应用。在 AlphaGo 出现之前世界上领先的围棋算法,如著名的 Pachi 围棋程序以及著名的围棋商业程序 CrazyStone,也都采用了蒙特卡罗树搜索,借助该算法的局面评估和落子选择,目前 Pachi 和 CrazyStone 可以达到业余爱好者的水平。

## 13.5 AlphaGo

然而,传统的 MCTS 算法还是有比较大的局限性,它的估值函数或是策略函数都是一些局面特征的浅层组合,往往很难对一个棋局有一个较为精准的判断。因此,代表 MCTS 算法最高水平的围棋程序,也仅仅达到业余水平,无法与棋艺超群的高手匹敌。可见,尽管人工智能已经在国际象棋、跳棋等领域打败了人类,但是在围棋领域,人类一直保持着绝对的优势。

围棋起源于 3000 年前的中国,被认为是世界上最复杂的棋类游戏。该游戏虽然规则简单,但是变化无穷,其 19×19 的棋盘上,大约有 $10^{170}$ 种状态,比宇宙中的原子总数还多。该游戏搜索空间极大,评估棋局和选择落子的难度极高,被认为是人工智能领域中最具挑战性的游戏。

时间到了 2016 年,这个最具挑战性的游戏被一个叫作 AlphaGo 的智能体攻破了。针对传统的 MCTS 算法无法表征深层特征的局限,AlphaGo 训练了两个卷积神经网络来帮助 MCTS 算法制定策略:用于评估局面的价值网络(Value Network)和用于决策的策略网络(Policy Network)。

首先,AlphaGo 利用人类之间的博弈数据训练了两个有监督学习的策略网络:监督学习策略网络 $p_\sigma$(SL Policy Network)和快速走子策略网络 $p_\pi$(Fast Rollout Policy Network)。两者均可以针对给定的当前局面,预测下一步的走棋。不同的是,前者预测精度较高,后者在适当牺牲走棋质量的条件下,可大大提高走棋速度。接下来,在 $p_\sigma$ 的基础上通过自我对弈训练了一个强化学习版本的策略网络 $p_\rho$（RL Policy Network）。与用于预测人类行为不同，$p_\rho$ 的训练目标被设定为最大化博弈收益。最后，在自我对弈生成的数据集上，又训练了一个价值网络 $v_\theta$（Value Network），用于对当前棋局的赢家做一个快速的预估。

简单概括一下 AlphaGo 的基本原理：AlphaGo 在 MCTS 的框架下引入四个卷积神经网络：策略网络 $p_\sigma$、$p_\pi$、$p_\rho$，价值网络 $v_\theta$。使用价值网络来评估棋局，利用策略网络来选择落子位置，并借助监督学习和强化学习来训练以上神经网络。接下来将对 AlphaGo 的细节展开讨论。

### 13.5.1 监督学习策略网络 $p_\sigma$

AlphaGo 首先训练的是一个有监督的策略网络 $p_\sigma$（SL Policy Network，SL 策略网络）来模拟人类专家的走子。该网络由 13 个卷积层组成，用来计算在给定的棋面状态 $s$ 下每一个位置的落子概率。

该网络的输入为当前状态的棋局特征，用一个 $19 \times 19 \times 48$ 的图像数组（Image Stack）表示，其中，48 代表特征维数（也称通道数）。这些棋局特征由围棋领域专家根据多年经验选择，见表 13-1。

表 13-1 棋局特征

| 特 征 | 通道数目 | 描 述 |
| --- | --- | --- |
| 棋子颜色 | 3 | 棋手颜色/对手颜色/空 |
| 纯 1 的通道 | 1 | 常量通道，数值均为 1 |
| 轮次间隔（turns since） | 8 | 自该次下子后经历了多少轮 |
| 气的数目 | 8 | 四邻域中空的位置的数目 |
| 吃子数目 | 8 | 下子后，将吃掉的对方棋子的数目 |
| 自打（self-atari）数目 | 8 | 下子后，将被吃掉的我方棋子的数目 |
| 下子后气的数目 | 8 | 下子后，四邻域中空的位置的数目 |
| 征子有利 | 1 | 当前落子是否征子有利 |
| 征子不利 | 1 | 当前落子是否征子不利 |
| 可行性（sensibleness） | 1 | 该位置的下子是否符合规则，且并没有填入自身的眼 |
| 纯 0 的通道 | 1 | 常量通道，数值均为 0 |

输入图像经过第一个隐层，被零填充至 $23 \times 23$ 大小的尺寸，并与 192 个大小为 $5 \times 5$、步长为 1 的卷积核做卷积操作，接在后面的是一个非线性层。第 2~12 个隐层，每个隐层将上一层的输出图像零填充至 $21 \times 21$ 大小的尺寸，继续与 192 个大小为 $3 \times 3$、步长为 1 的卷积核进行卷积操作，后面依然是一个非线性层。最后一层与一个大小为 $1 \times 1$、步长为 1 的卷积核进行卷积操作，并用 Softmax 函数分类。最后，输出层输出各个位置下子的概率。图 13-11 和图 13-12 为策略网络结构图。

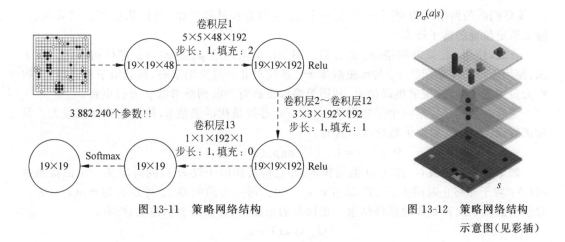

图 13-11　策略网络结构　　　　图 13-12　策略网络结构示意图（见彩插）

接着进行策略网络训练，求解参数 $\sigma$。我们的目标是最大化概率取值 $p_\sigma(a|s)$，即让正确动作的概率趋于 1。也就等价于最大化对数似然函数 $\log p_\sigma(a|s)$，则损失函数可定义为 $-\log p_\sigma(a|s)$。

在人类专家数据集中随机采样状态行动对 $(s,a)$，采用随机梯度上升法来使损失函数最小，即：使得人类棋手在状态 $s$ 中走 $a$ 的可能性最大化，有：

$$\Delta\sigma \propto \frac{\partial \log p_\sigma(a|s)}{\partial \sigma}$$

经过人类专家 16 万局棋近三千万步围棋走法的训练后（均来自 kgs 服务器），SL 策略网络模拟人类落子的准确率已经达到了 57%；网络的棋力也得到了大大的提升。

但是直接用这个网络与人类高手或是 MCTS 的博弈程序进行对弈，依然是输面居多。且策略网络 $p_\sigma$（也称为走棋网络）运行速度比较慢，平均下一步棋需要耗费 3ms，这使得该网络很难用于 MCTS 的模拟走子。

MCTS 需要大量模拟才能得到精确的结果，所以搜索速度就变得非常重要。

### 13.5.2　快速走子策略网络 $p_\pi$

基于上述原因，AlphaGo 训练了一个更快速，但准确率有所降低的快速走子策略网络。

该网络由单层 Softmax 网络组成，输入为人工设计的、可以表征当前局面的局部特征，输出为各个位置的下子概率。经过近三千万个专家盘面数据的训练，该网络可以达到 24.2% 的准确率，平均响应时间为 $2\mu s$，比 $p_\sigma$ 快 1000 倍。

虽然在相同模拟次数下，快速走子策略网络 $p_\pi$ 比 SL 策略网络 $p_\sigma$ 的预测精度低，但在相同时间内它能模拟更多的棋局，所以总体来说预测精度要高，能够极大地提高围棋棋力。

### 13.5.3　强化学习策略网络 $p_\rho$

接下来，为进一步提高策略网络的对弈能力，AlphaGo 采用了策略梯度强化学习方法，训练了一个强化学习策略网络 $p_\rho$（RL Policy Network，RL 策略网络）。这个网络的结构与

SL 策略网络的网络结构相同,依然是一个 13 层的卷积神经网络,可以依据当前棋局状态,输出给定位置的落子概率。

首先,使用 SL 策略网络 $p_\sigma$ 的参数 $\sigma$ 对 RL 策略网络 $p_\rho$ 的参数 $\rho$ 进行初始化。接下来,使用当前的策略网络 $p_\rho$ 与历史版本 $p_{\rho^-}$ 迭代对弈。对弈结束时,胜利给予正回报,失败则为负回报。最后,根据棋局结果,利用策略梯度法对当前网络参数 $\rho$ 进行更新。

更新的目标是给定一个策略网络 $p_\rho(s,a)$,寻找最优的参数 $\rho$,使得期望回报最大。目标函数设为 $J(\rho)$,根据策略梯度定理有:

$$\nabla_\rho J(\rho) = E_{p_\rho}[\nabla_\rho \log p_\rho(s,a) Q_{p_\rho}(s,a)]$$

如果将累计回报 $G_t$ 作为 Q 值的样本,并且将折扣因子设为 1,同时定义一个回报函数 $r(s_t)$:对于非终止时间步 $t<T$,总有 $r(s_t)=0$。每一步的收益 $z_t$ 被定义为 $\pm r(s_t)$,表示对于当前玩家而言对弈的最终结果。正回报表示赢棋,负回报表示输棋,则有:

$$Q_{p_\rho}(s,a) = z_t$$

结合随机梯度上升法,得到参数 $\rho$ 的更新公式为:

$$\nabla \rho \propto \frac{\nabla_\rho J(\rho)}{\partial \rho} = \frac{\partial \log p_\rho(s,a)}{\partial \rho} z_t$$

综上所述,RL 策略网络的本质是使用强化学习的奖惩机制进行网络更新。更新过程中,网络的权重 $\rho$ 始终向着收益最大化的方向进化。此时,网络的学习目标不再是模拟人类的走法,而是更为终极的目标——赢棋。

在策略网络自我对弈过程中,每进行 500 次迭代,就把当前的网络参数作为新的对手加入对手池。而参与对弈的对手 $p_{\rho^-}$ 是从对手池中随机选取的,随机选择是为了提高训练的稳定性。

通过这种方式训练出来的 RL 策略网络,在与 SL 策略网络对弈时已有 80% 的赢面。即便是与依赖蒙特卡罗搜索的围棋博弈程序 Pachi 相比,不依赖任何搜索的 RL 策略网络,也已经达到了 85% 的赢面。

### 13.5.4 价值网络 $v_\theta$

为了能够快速预估棋面价值,AlphaGo 训练了一个价值网络 $v_\theta$。该网络能够根据当前棋局状态,给出赢棋的概率。在详细介绍 $v_\theta$ 网络结构之前,先介绍引进 $v_\theta$ 的过程。

一个棋面的价值函数 $V_p(s)$,被定义为在给定的一组对弈策略 $p$ 的情况下,从状态 $s$ 出发,最终的期望收益(也即赢棋的概率)。

$$V_p(s) = E[z_t \mid s_t = s, a_{t \cdots T} \sim p]$$

理想情况下,我们想知道的是在双方均采用最优策略的条件下得到的最优期望收益 $V^*(s)$。然而,我们并不知道什么才是最优的策略。因此,在实际应用中,AlphaGo 采用了目前最强的策略函数(RL 策略网络)来计算一个棋面的价值 $V_{p_\rho}(s)$,并训练了一个价值网络 $v_\theta(s)$,来拟合这个价值函数:

$$V_\theta(s) \approx V_{p_\rho}(s) \approx V^*(s)$$

价值网络的网络结构与前面的策略网络类似,是一个 14 层的卷积神经网络,只是输出层变成了一个单神经元的标量。

该网络的输入也是一个 $19\times 19\times 48$ 的图像块,以及一个描述当前棋手是否执黑的二进制特征层。第 2~11 个隐层与策略网络的隐层相同,第 12 层是一个额外的卷积层,第 13 层与卷积核大小为 $1\times 1$、步长为 1 的卷积核进行卷积操作,第 14 个隐层是包含 256 个线性单元的全连接线性层。输出层是使用双曲正切函数的全连接线性层。图 13-13 与图 13-14 是价值网络结构图。

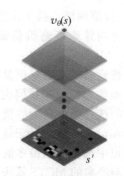

图 13-13　价值网络结构示意图(见彩插)

我们可以通过构造一组状态-回报 $(s,z)$ 的训练数据,并用随机梯度下降法最小化网络的输出 $V_\theta(s)$ 与目标收益 $z$ 的均方差,来调整网络的参数:

$$\Delta\theta \propto \frac{\partial V_\theta(s)}{\partial \theta}(z-V_\theta(s))$$

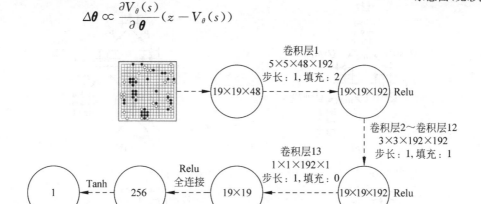

图 13-14　价值网络结构

在构造训练数据时用到了一些技巧。如果我们从人类对弈的完整棋局中抽取足够数量的训练数据,很容易出现过拟合的问题。这是因为,同一轮棋局中的两个棋面的相关性很强(往往只相差几个棋子),但是结果却是全盘比赛状态共享的。此时,网络很容易记住这些棋面的最终结果,而对新棋面的泛化能力很弱。为了解决这个问题,AlphaGo 生成了三千万个比赛,每个比赛数据生成过程如下:①生成一个 1~450 区间的随机数 $U$;②利用 SL 策略网络来生成棋局的前 $U-1$ 步;③利用随机采样来决定第 $U$ 步的位置;④利用 RL 策略网络完成后面 $U$~$T$ 的自我对弈过程,直至棋局结束分出胜负;⑤将训练样例 $(s_{U+1},z_{U+1})$ 加入训练数据集。将第 $U$ 步的盘面 $s_{U+1}$ 作为特征输入,胜负 $z_{U+1}$ 作为标签,训练一个价值网络,用于判断结果的输赢概率。

基于这份数据训练出来的价值网络,在对人类对弈结果的预测中,已经远远超过了使用快速走子网络进行蒙特卡罗树搜索的准确率;即便是与使用 RL 策略网络的蒙特卡罗树搜索相比,也毫不逊色,而且价值网络的计算效率更高。

### 13.5.5　蒙特卡罗树搜索

目前为止,我们已经有了四个网络,分别是 SL 策略网络、快速走子策略网络、RL 策略网络、价值网络。接下来要做的事情就是通过 MCTS 将以上网络进行有效整合和利用,该框架也叫异步策略价值蒙特卡罗树搜索,缩写为 APV-MCTS(Asynchronous Policy and Value MCTS)。

搜索树的点表示棋盘的一个盘面 $s$,边表示一个合法动作 $a$。每条边保存以下信息:行为值函数 $Q(s,a)$,访问次数 $N(s,a)$,先验概率 $P(s,a)$。其中,先验概率指的是策略网络输出的选择当前行为的概率。

AlphaGo 就是基于这个框架进行下棋的,其基本思想是通过多次模拟未来棋局,选择在模拟中选择次数最多的走法。

与经典的 MCTS 算法类似,APV-MCTS 的每一轮模拟也包含四个步骤,如图 13-15 所示。

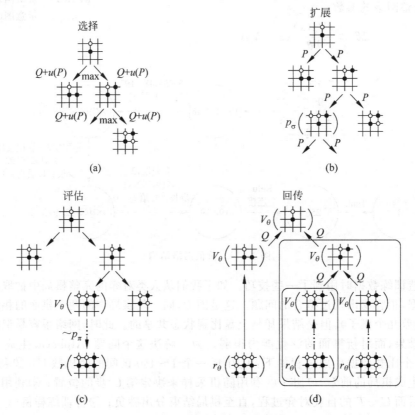

图 13-15  APV-MCTS 四步骤

## 1. 选择

从树的根节点开始进行模拟遍历,每一个时间 $t$,从状态 $s_t$ 中选一个动作 $a_t$,直至到达叶子节点:

$$a_t = \underset{a}{\operatorname{argmax}}(Q(s_t,a) + U(s_t,a))$$

所选行为用来最大化行为值函数和额外的回报之和,额外的回报为:

$$U(s,a) \propto \frac{P(s,a)}{1+N(s,a)}$$

先验概率 $P(s,a)$ 由 SL 策略网络计算得到。

### 2. 扩展

此步骤需要对叶子节点进行扩展。规定当一条边的访问次数超过一个阈值时,这条边对应的状态 $s'$ 才会被加到搜索树中。这么做是为了避免过多的分枝分散搜索的注意力。

新节点的各个行为,也就是对应的边,除了先验概率(叶子节点上每个行为的概率),其他变量都初始化为 0。先验概率可通过 SL 策略网络计算得到。

### 3. 评估

如果当前访问到的这个叶子节点没有被评估过,那么就把它加入一个队列中,等待用价值网络 $v_\theta$ 对其进行评估,得到评估值 $V_\theta(s_L)$。与此同时,使用快速走子策略网络,从当前叶子节点开始下棋,直到游戏结束,得到最终的结果 $z_L = \pm r(s_L)$。

根据价值网络 $v_\theta$ 和快速走子策略网络 $p_\pi$ 模拟得到的博弈结果,对当前访问到的叶子节点进行估值:

$$V(s_L) = (1-\lambda)V_\theta(s_L) + \lambda z_L$$

### 4. 回传

沿路径反传模拟结果:

$$N(s,a) = \sum_{i=1}^{n} I(s,a,i)$$

$$Q(s,a) = \frac{1}{N(s,a)} \sum_{i=1}^{n} I(s,a,i) V(s_L^i)$$

其中,$n$ 是模拟的总次数;$I(s,a,i)$ 为指示函数,表示第 $i$ 次模拟是否经过边 $(s,a)$;$s_L^i$ 是第 $i$ 次模拟中访问到的叶子节点。

模拟结束后,算法会选择访问次数最大 $N(s,a)$ 的行为 $a$ 作为当前的走子策略。

值得注意的是,在整个搜索模拟过程中,SL 策略用于先验概率的计算;快速走子策略网络用于评估时的快速走子;价值网络用于评估中对棋势的预估。那么问题来了,为什么不使用棋力更强的 RL 策略网络代替 SL 策略网络呢?这是因为 RL 策略网络输出的策略比较单一,而人类专家走法训练出来的 SL 策略网络在策略上的多样性更强,因此更适用于 MCTS 中的搜索。但是,用 RL 策略网络的自我对弈结果可以大大提高价值网络的泛化能力,因此将其在此处进行使用,这就是 RL 策略网络的用途。

### 13.5.6 总结

前面五个小节对 AlphaGo 的原理进行了详细介绍,这里将以上内容总结在图 13-16 中来描述 AlphaGo 的整体思路。

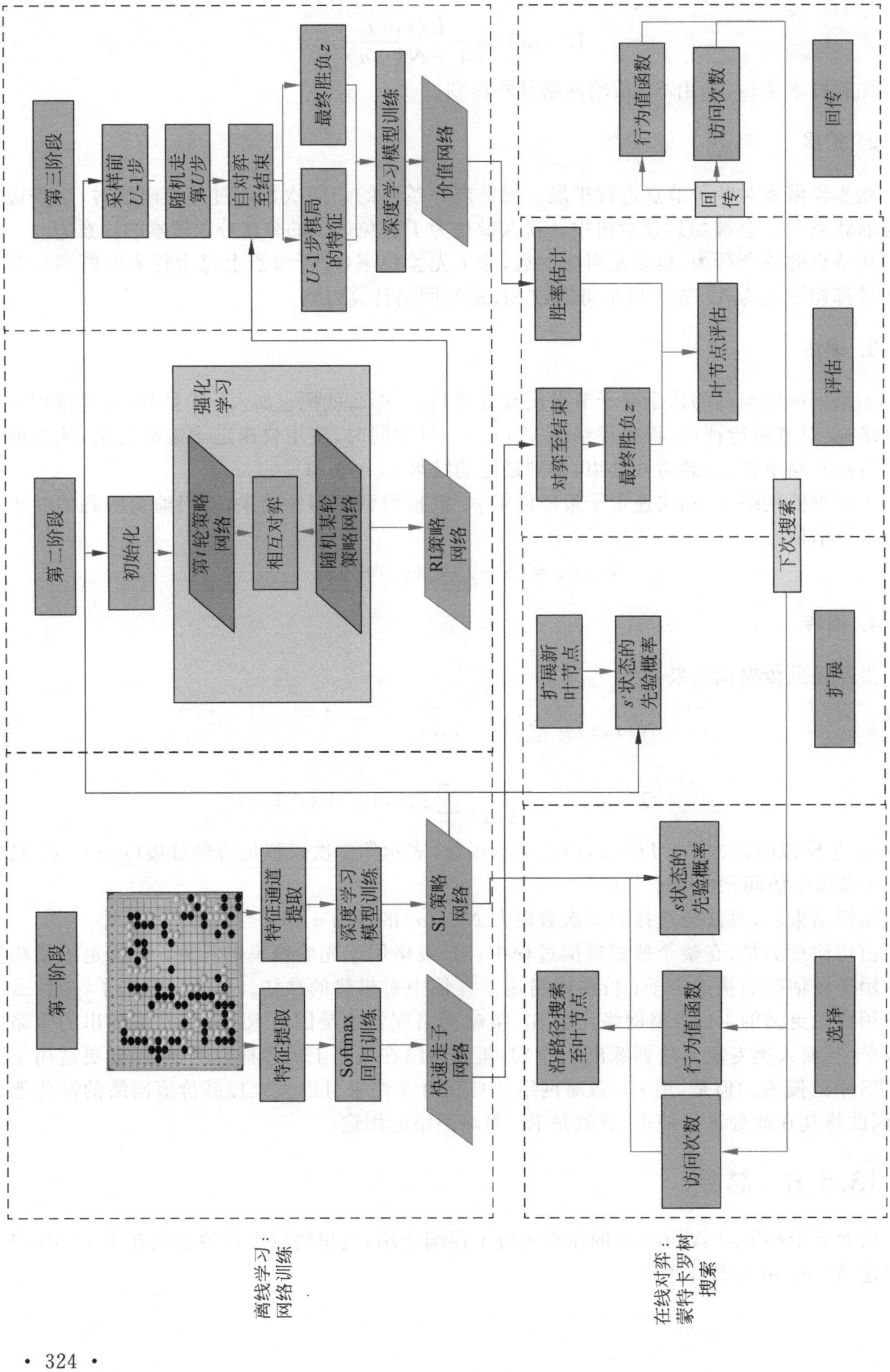

# 强化学习

图 13-16 AlphaGo 整体架构（见彩插）

AlphaGo 总体上包含离线学习和在线对弈两个过程。其中离线学习分为以下三个训练阶段。

第一阶段：利用三万多幅专业棋手对局的棋谱来训练两个网络。一个是基于全局特征和深度卷积网络（CNN）训练出来的 SL 策略网络（Policy Network）。该网络可以计算当前盘面各位置的落子概率，主要用于生成价值网络的训练数据，以及作为先验概率存储在蒙特卡罗树的分枝上。另一个是利用局部特征和线性模型训练出来的快速走棋策略（Rollout Policy）。该网络主要用于蒙特卡罗树搜索时，进行快速模拟直至终局，对叶子节点进行评估。

第二阶段：利用第 $t$ 轮的策略网络与先前训练好的策略网络互相对弈，利用强化学习来修正第 $t$ 轮的策略网络的参数，最终得到 RL 策略网络。该网络主要用来生成价值网络的训练数据。

第三阶段：利用 SL 策略网络和 RL 策略网络，进行大量的自我对弈，产生 3000 万盘棋局作为训练数据，用来训练价值网络。该网络能够对蒙特卡罗树的叶子节点进行评估。

在线对弈过程（见图 13-17）包括 4 步：其核心思想是在蒙特卡罗搜索树（MCTS）中嵌入深度神经网络来减少搜索空间。具体来说：将当前盘面作为根节点，在给定时间内不断地计算、遍历、扩展，生成一棵不对称的搜索树。真正对弈时，选择落子位置的访问次数最多的地方落子。

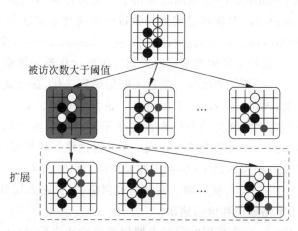

图 13-17　在线对弈过程（见彩插）

在进行蒙特卡罗树搜索之前，根据当前盘面已经落子的情况提取相应特征，输入 SL 策略网络估计出棋手采取不同落子的先验概率；将先验概率、访问次数、行为值函数存入分支中。访问次数、行为值函数初取值为 0。

第一步：选择。根据树内搜索的方法，选择子节点，直至遇见叶子节点。最开始搜索树只有根节点，所以直接进行第二步。

第二步：评估。基于当前叶子节点运行快速走子网络进行快速下子，并利用策略网络和快速走子网络对叶子节点进行评估。

第三步：回传。沿路径更新搜索树内各分支行为值函数和访问次数。

第四步：扩展。如果树外有访问次数大于某阈值的走子，则将其对应盘面作为新节点加入搜索树中，并初始化其先验概率、访问次数以及行为值函数。

循环执行以上四步，直至到达决策时间，直接选择访问次数最多的进行落子。

综上可知，AlphaGo 本质上是 CNN、RL、MCTS 三者相结合的产物。其中，MCTS 是 AlphaGo 的骨骼，支撑起了整个算法的框架；CNN 是 AlphaGo 的眼睛和大脑，在复杂的棋局面前寻找尽可能优的策略；RL 是 AlphaGo 的血液，源源不断地提供新鲜的训练数据。三者相辅相成，最终以 4：1 的比分战胜了人类围棋世界冠军李世石。

## 13.6 AlphaGo Zero

AlphaGo 在与人类在线对弈之前，需要对人类围棋比赛数据进行学习，需要将人工设计的围棋特征作为输入对网络进行离线训练。而 Alphago Zero 基本摆脱了对人类棋谱的依赖，同时也无需人工设计特征，仅依靠围棋规则，从完全随机开始训练，通过这种方式就可以快速达到超越人类棋手的水平。事实上，在经过 3 天的训练后，Alphago Zero 就以 100：0 的比分打败了 AlphaGo Lee（训练 21 天之后，打败了 AlphaGo Master）。

同 AlphaGo 一样，Alphago Zero 也同时使用了深度神经网络与蒙特卡罗树搜索，但它们的算法本质不同。AlphaGo 是将神经网络与蒙特卡罗树搜索算法相结合，构成树搜索模型，进一步使用神经网络对树搜索空间进行优化。而 Alphago Zero 本质上使用了强化学习的策略迭代算法。其中，蒙特卡罗树搜索同时充当了策略优化器和策略评估器的角色，对深度神经网络输出的策略进行评估和改进。通过不断的循环迭代，获得最终策略。

在神经网络结构上，Alphago Zero 与 AlphaGo 也大不相同。如前所述，AlphaGo 分别采用了两个网络——策略网络和价值网络来预测落子概率和棋面价值。而 AlphaGo Zero 将以上两个独立的策略网络和价值网络合并成一个神经网络。该神经网络基于残差网络进行搭建，用更深（AlphaGo 使用的是 13 层卷积神经网络，而 AlphaGo Zero 将网络深度增加到了 39 或 79）的神经网络进行特征提取。在该神经网络中，从输入层到中间层的权重完全共享，输出阶段分成了策略输出和价值输出。

除此之外，AlphaGo Zero 中采用的蒙特卡罗树搜索也比之前 AlphaGo 所采用的简单。AlphaGo Zero 直接舍弃了快速走子策略网络，采用神经网络得到的结果作为叶子节点价值的评估，增强了神经网络估值的准确性。

以上给出了 AlphaGo Zero 与 AlphaGo 的简单比较，我们对 AlphaGo Zero 也有了初步的认识。接下来的部分对 AlphaGo Zero 的下棋原理，以及整个算法中最主要的两个模块网络结构和蒙特卡罗树搜索进行详细说明。

### 13.6.1 下棋原理

AlphaGo Zero 通过自我对弈的强化学习进行训练，并基于蒙特卡罗树搜索计算每个落子动作。

首先,神经网络 $f_\theta$ 被随机初始化,随后,在每次迭代中,进行自我博弈。自我博弈过程中,AlphaGo Zero 不断生成新状态 $s_{t+1},\cdots,s_T$,在每个状态 $s_t$,均会按照以下步骤(1)~步骤(3),执行基于最新的神经网络 $f_\theta$ 的蒙特卡罗树搜索得到策略 $\pi_t$。对弈结束后,记录对弈数据 $(s_t,\pi_t,z_t)$,见步骤(4)。并行地,利用该训练样本对神经网络的网络参数进行更新,如图 13-18 所示。

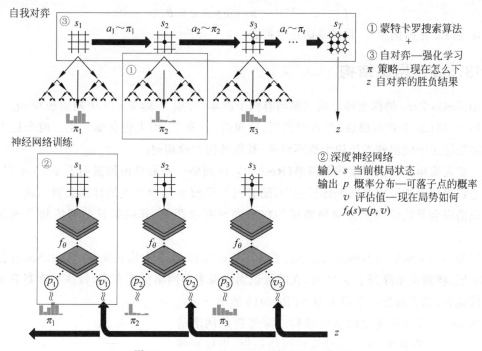

图 13-18　AlphaGo Zero 下棋原理(见彩插)

(1) 获取棋面状态 $s_t$。将本方当前棋面 $x_t$ 以及历史 7 步棋面 $x_{t-1},x_{t-2},\cdots,x_{t-7}$,和对方当前棋面 $y_t$ 以及对方历史 7 步棋面 $y_{t-1},y_{t-2},\cdots,y_{t-7}$,再加上本方是否执黑 $c$,拼接在一起,一起作为当前棋面状态 $s_t$。$s_t$ 为一个 17 通道的 $19\times 19$ 的二值图像。记为 $s_t=\{x_t,y_t,x_{t-1},y_{t-1},\cdots,c\}$。

(2) 经过神经网络 $f_\theta$,输出当前状态 $s_t$ 的落子概率分布 $p_t$ 和价值 $v_t$。该神经网络以当前盘面和历史走子 $s_t$ 作为输入,经过 39 层或 79 层卷积层(其中,包含一个输入层,19 个或 39 个残差模块),输出落子概率和棋面价值,记为 $(p_t,v_t)=f_\theta(s_t)$。

(3) 以当前状态 $s_t$ 为根节点,进行蒙特卡罗树搜索,获得策略 $\pi_t$。在进行遍历搜索的时候,是以神经网络 $f_\theta$ 为指导的。将 $f_\theta$ 给出的 $p_t$ 作为先验概率,存储在节点 $s_t$ 对应的分枝上,以辅助蒙特卡罗树的搜索。在经过上千次(1600 次)的搜索后,最终得到当前状态 $s_t$ 下的策略 $\pi_t$。

(4) 根据 $\pi_t$ 落子,反复对弈直至终局,得到最终胜负结果 $z_t$。其中,$z_t \in \{-1,+1\}$。

记录各博弈步骤的状态策略及胜负数据$(s_t, \pi_t, z_t)$，作为训练神经网络的样本。

（5）进行神经网络训练，更新网络参数$\theta$。蒙特卡罗搜索得出的落子概率$\pi$比仅基于神经网络$f_\theta$输出的落子概率$p$更准确强大，因此，训练神经网络时候，要最大限度地提高网络输出概率$p$和搜索概率$\pi$的相似度。同时，要尽量减小神经网络预测值$V$和自我博弈结果$z$的误差。具体来说，通过使用均方误差和交叉熵一起构成损失函数$l$，利用梯度下降来调整参数$\theta$，公式如下：

$$l = (z-V)^2 - \pi^T \log p + c \| \theta \|^2$$

其中，$c$是L2正则化参数，目的是防止过拟合。

### 13.6.2 网络结构

AlphaGo Zero的深度神经网络结构有两个版本，分别为39层（19个残差模块）卷积网络版和79层（39个残差模块）卷积网络版，这里的39和79均未包含输出层。两个版本的神经网络除了中间层残差模块个数不同外，其他结构大致相同。

这里先简单介绍下深度残差网络（ResNet），该网络——最早由何凯明于2015年提出，目的是解决深度神经网络在训练过程中，随着网络层数加深而产生的梯度衰减问题。梯度衰减或消失会导致模型无法对网络层的权重进行有效调整，其结果就是训练和测试精度变低。

因为引入了深度残差网络，ResNet在ILSVRC2015竞赛中惊艳亮相，将网络深度提升到152层，将错误率降到了3.57%，在图像识别错误率和网络深度方面，较往届比赛有了非常大的提升，毫无悬念地夺得了ILSVRC2015的第一名。

图13-19所示为残差网络的结构。深度残差网络借鉴了跨层链接的思想，在一些浅层的网络后面，添加恒等映射（Identity Mapping），即$y=x$，输出等于输入层，可以保证在增加网络深度的同时，误差不会上升。

此时输出结果变为$H(x)=F(x)+x$，仅当$F(x)=0$时，才有$H(x)=x$，也就是上面所提到的恒等映射。于是，深度残差网络的学习目标变为使得目标值$H(X)$和$x$的差值逼近于0，也就是所谓的残差结果逼近于0，以保证随着网络加深，准确率不下降。其中，残差可表示为：$F(x)=H(x)-x$。

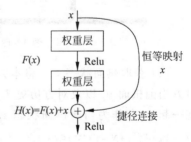

图13-19 残差网络的结构

这种跨层链接的结构，打破了传统的神经网络$n-1$层的输出只能给$n$层作为输入的惯例，使某一层的输出可以直接跨过几层作为后面某一层的输入，其意义在于为叠加多层网络而使得整个学习模型的错误率不降反升的难题提供了新的方向。至此，神经网络的层数可以超越之前的约束，达到几十层、上百层甚至千层，为高级语义特征提取和分类提供了可行性。

深度残差网络是 AlphaGo Zero 网络结构的主要组成。由图 13-20 可见，AlphaGo Zero 的网络结构主要由三个模块组成，分别为输入模块、残差模块和输出模块。AlphaGo Zero 神经网络的输入为 19×19×17 的图像数据，输入模块包含了一个由 256 个 3×3，步长为 1 的卷积核构成的卷积层，一个归一化处理层，紧接着是一个 ReLU 激活函数。残差模块是两个由 256 个 3×3、步长为 1 的卷积核构成的卷积层，经过两次归一化处理，和输入部分产生的直连接信号一起进入 ReLU 激活函数。

输出模块分为两个部分：一部分为策略输出，含一个由 2 个 1×1，步长为 1 的卷积核构成的卷积层，一个归一化处理层，一个 ReLU 激活函数，紧接着是一个神经元个数为 362 的全连接层，一个指数归一化层，该步骤将输出转换到[0,1]之间；另一部分为价值输出，含由 1 个 1×1、步长为 1 的卷积核构成的卷积层，一个归一化处理层，一个 ReLU 激活函数，接着又是一个全连接层和一个 ReLU 激活函数，接在最后的是一个激活函数为 Tanh 的全连接层，且该层只有一个输出节点，取值范围为[-1,1]。AlphaGo Zero 的网络架构如图 13-20 所示。

可见，AlphaGo Zero 通过引入残差网络，使得网络层数成倍数增加，更加有利于对棋局特征的提取。

### 13.6.3 蒙特卡罗树搜索

AlphaGo Zero 算法本质上是一个策略迭代算法，蒙特卡罗树搜索在此迭代框架中既是策略优化器又是评估器，其作用不容小觑。说其是优化器是因为蒙特卡罗树搜索输出的落子概率要比神经网络输出的落子概率更强。说其是评估器是因为在对弈时，是以蒙特卡罗输出的策略选择落子，并使用游戏结果 $z$ 作为样本进行价值网络训练的。

接下来对 AlphaGo Zero 的蒙特卡罗树搜索算法进行介绍。如图 13-21 所示，该算法对传统的蒙特卡罗树搜索算法进行了修改，将扩展阶段和评估阶段合并成一个阶段，增加了执行阶段。详细来说有选择阶段、扩展和评估阶段、回传阶段以及执行阶段。假定当前状态为 $s$，选择动作为 $a$，各节点间的连接边为 $e(s,a)$，存储了一个四元组数据，分别为状态行为对 $(s,a)$ 的访问次数 $N(s,a)$、状态行为对 $(s,a)$ 的累计价值 $W(s,a)$、行为值函数 $Q(s,a)$ 以及先验概率 $P(s,a)$。

**1. 选择**

以当前状态 $s$ 作为根节点模拟遍历，搜索树分枝代表当前状态下可选动作。每一个时间 $t$，基于状态 $s_t$ 选择一个动作 $a_t$，直至到达叶子节点 $s_L$，选择时遵循的公式如下：

$$a_t = \underset{a}{\mathrm{argmax}}(Q(s_t,a) + U(s_t,a))$$

额外回报 $U(s,a)$ 为：

$$U(s,a) = c_{\mathrm{puct}} P(s,a) \frac{\sqrt{\sum_b N(s,b)}}{1 + N(s,a)}$$

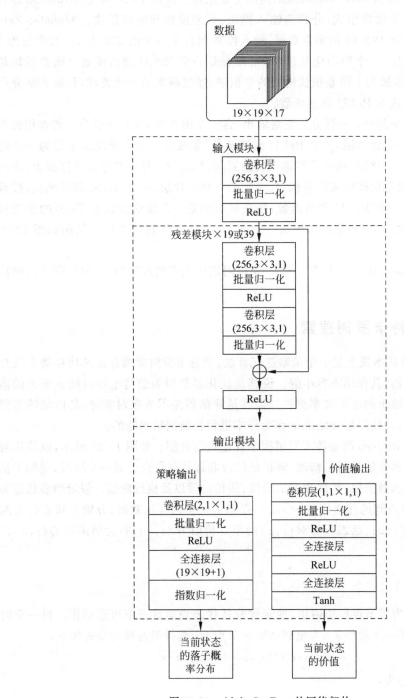

图 13-20 AlphaGo Zero 的网络架构

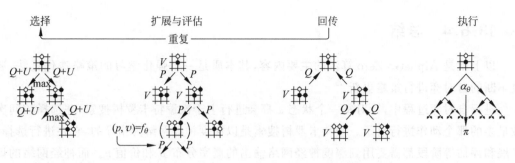

图 13-21 AlphaGo Zero 的蒙特卡罗树搜索

其中，$C_{puct}$ 是重要的超参数，用以平衡探索与利用。当 $C_{puct}$ 较大时，驱使搜索树向未知区域探索，反之则驱使搜索树快速收敛。$\sum_b N(s,b)$ 表示经过状态 $s$ 的累积次数。$P(s,a)$ 为深度神经网络 $f_\theta(s)$ 输出的对应动作 $a$ 的概率值，其作为先验概率被事先存储于搜索树的分枝中。

### 2. 扩展和评估

将节点 $s_L$ 输入深度神经网络进行评估，得到该节点对应的策略分布 $p$ 和价值 $v$。对该叶子节点进行扩展，并对边 $(s_L,a)$ 存储的四元组进行初始化：

$$\{N(s_L,a)=0, W(s_L,a)=0, Q(s_L,a)=0, P(s_L,a)=p_a\}$$

### 3. 回传

此阶段，需要结合上步骤所得结果，沿着搜索路径将各分枝的四元组进行更新。具体的更新方式为：

$$N(s_t,a_t) = N(s_t,a_t) + 1$$
$$W(s_t,a_t) = W(s_t,a_t) + V$$
$$Q(s_t,a_t) = \frac{W(s_t,a_t)}{N(s_t,a_t)}$$

### 4. 执行

经过 1600 次蒙特卡罗树搜索，搜索树各边存储的四元组也得到了反复地遍历和更新。进行对弈时，AlphaGo Zero 就是借助这些四元组进行落子选择。如下所示为在状态 $s_0$ 时选择动作 $a$ 的概率：

$$\pi(a \mid s_0) = N(s_0,a)^{1/\tau} / \sum_b N(s_0,b)^{1/\tau}$$

可见，AlphaGo Zero 倾向于选择在模拟阶段访问次数最多的行为。其中，$\tau$ 为调节因子，用以控制对弈时探索的程度。

### 13.6.4 总结

以上就是 AlphaGo Zero 算法的主要内容，其本质是一个强化学习的策略迭代算法，通过不断的自对弈进行策略更新。

进行自对弈过程中，针对每一个状态 $s$ 都会进行上千次蒙特卡罗树搜索，并选择访问次数最多的那个动作进行落子。蒙特卡罗树搜索是以深度神经网络为指导的，它在进行选择、扩展和评估等阶段都需要用到深度神经网络输出的概率分布 $p$ 和价值 $v$。而神经网络的训练又是以蒙特卡罗树搜索输出的概率 $\pi$ 以及自对弈结果 $z$ 作为基准进行训练的。

两者相互作用，不断迭代更新，最终得以成功击败 AlphaGo，取得历史性的胜利。这种完全从一张白纸开始进行训练，不用依赖人类专家对弈数据的学习方式对整个 AI 具有里程碑式的意义。并且在今后的研究中，我们可以将这种能力泛化到其他领域中，相信也会取得巨大的突破。

## 13.7 AlphaZero

2017 年年末，DeepMind 团队宣布他们的 AI 程序进化到了 AlphaZero，该程序在只知道基本规则的情况下，靠自对弈强化学习迅速精通了国际象棋、将棋和围棋。随后在与世界冠军级的棋类 AI 的对决中，短时间内陆续打败了顶尖的国际象棋程序 Stockfish 和将棋程序 Elmo，以及围棋程序 AlphaGo Zero。

同 AlphaGo Zero 一样，AlphaZero 同样不依赖人类棋手的棋谱，在除了游戏规则外没有任何知识背景的情况下，依靠深度神经网络、通用强化学习算法和蒙特卡罗树搜索进行自我对弈。在对弈过程中，神经网络不断调整、升级，逐渐成为史上最强大的棋类人工智能。

AlphaZero 基本上继承了 AlphaGo Zero 的网络架构和算法设置，同 AlphaGo Zero 一样，AlphaZero 也使用了一个参数为 $\theta$ 的深度神经网络 $(p,V)=f_\theta(s)$，该神经网络的输入为棋局状态 $s$，输出为该状态下各行为的概率分布 $p$，以及当前状态价值 $v$。AlphaZero 完全从自对弈中学习这些概率分布和价值估计，用于指导其在未来游戏中的搜索。

搜索算法使用的是蒙特卡罗树搜索（MCTS），这部分也和 AlphaGo Zero 保持一致。每次搜索都会以当前状态为根节点 $s=s_{\text{root}}$ 运行多次（上千次）模拟，展开搜索树。在模拟对弈过程中，算法以 $f_\theta$ 输出的先验概率为指导，倾向选择那些具有低访问次数和高价值的节点。多次模拟遍历完成后，蒙特卡罗树搜索（MCTS）算法会返回真正对弈的概率：

$$\pi_a = \Pr(a \mid s_{\text{root}})$$

AlphaZero 的神经网络参数 $\theta$，从完全随机初始化开始，通过自我对弈的强化学习持续训练。每次游戏都会从当前位置 $s=s_{\text{root}}$ 运行 MCTS 搜索，获得一个与访问次数成比例的行为 $a_t \sim \pi_t$，自我对弈直至游戏结束，根据游戏规则，计算游戏结果 $z$，其中，$-1$ 表示输棋，

0 为平局，+1 表示获胜。算法的目标是要最小化神经网络预测价值 $V$ 和博弈结果 $z$ 之间的误差，并最大化神经网络预测概率 $p$ 与搜索概率 $\pi$ 的相似性。损失函数 $l$ 表示如下，在 $l$ 上运行梯度下降可以调整更新神经网络参数 $\theta$。

$$(p, V) = f_\theta(s)$$

$$l = (z - V)^2 - \pi^T \log p + c \, ||\boldsymbol{\theta}||^2$$

其中，$c$ 是 L2 正则化的参数。更新后的参数将继续用于后续的自对弈游戏。开始 AlphaZero 完全是在随机地落子，随着时间推移，该程序渐渐从输、赢以及平局里面，学会调整参数，让自己更懂得选择那些有利于赢下比赛的走法。神经网络所需的训练量取决于游戏的风格和复杂程度。经过试验，AlphaZero 花了 9 个小时掌握国际象棋，花了 12 个小时掌握日本将棋，花了 13 天掌握围棋。这种从零开始学习棋类技艺的能力不会受到人类思维方式的束缚，很容易催生出一种独特、不同于传统且极具创造力及动态思考风格的对弈方法。国际象棋世界冠军卡斯帕罗夫曾指出通常国际象棋程序会追求平局，但 AlphaZero 看起来更喜欢风险、更具侵略性。他认为 AlphaZero 的棋风可能更接近本源，AlphaZero 以一种深刻而有用的方式超越了人类。

AlphaZero 继承了 AlphaGo Zero 的算法设置和网络架构等，但两者也有诸多不同之处。比如，围棋中很少会出现平局的情况，因此 AlphaGo Zero 是在假设结果为"非赢即输"的情况下，对获胜概率进行估计和优化。而 AlphaZero 会将平局或其他潜在结果也纳入考虑，对结果进行估计和优化。

再如，围棋棋盘发生旋转和反转，结果都不会发生变化，但国际象棋和日本将棋中，棋盘是不对称的。因此 AlphaGo Zero 会通过生成 8 个对称图像来增强训练数据。而 AlphaZero 不会增强训练数据，也不会在蒙特卡罗树搜索期间转换棋盘位置。

在 AlphaGo Zero 中，自我对弈的棋局是由之前迭代过程中表现最好的一个版本生成的。在每一次训练迭代之后，新版本棋手的表现都要跟原先的表现最好的版本做对比；如果新的版本能以超过 55% 的胜率赢过原先版本，那么这个新的版本就会成为新的"表现最好的版本"，然后用它生成新的棋局供后续的迭代优化使用。相比之下，AlphaZero 始终都只有一个持续优化的神经网络，自我对局的棋局也是由具有最新参数的网络生成的，不再像原来那样等待出现一个"表现最好的版本"之后再评估和迭代。这实际上增大了训练出一个不好的结果的风险。

此外，AlphaGo Zero 中搜索部分的超参数是通过贝叶斯优化得到的。AlphaZero 中直接对所有的棋类使用了同一套超参数，除了探索噪声和学习率外，不再对特定棋种做单独调整，其中噪声的大小根据每种棋类的可行动作数目做了成比例的缩放。

DeepMind 用同样的算法、网络架构和超参数，分别训练了对抗国际象棋、日本象棋、围棋的三个 AlphaZero 实例。训练从随机初始化的参数开始，一共训练 70 万步，采取的 mini-batch 大小为 4096。训练中，使用了 5000 个一代 TPU 来生成自我对局，64 个二代 TPU 来训练神经网络。

以 Elo 分数为标准（见图 13-22），AlphaZero 在完成全部的 70 万步训练之前就分别超过了此前最好的国际象棋、日本象棋和围棋程序 Stockfish、Elmo 和 AlphaGo Zero。在数千个 TPU 的帮助下，AlphaZero 训练了 8 个小时就超过了 AlphaGo Lee 版本，大约 40 万步训练之后继续以不小的优势胜过了 AlphaGo Zero，棋力进步之快让人震惊。

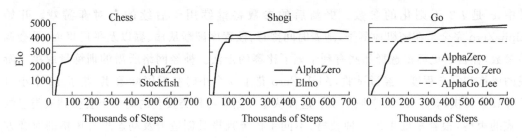

图 13-22　Elo 分数

DeepMind 当然也让完全训练后的 AlphaZero 与 Stockfish、Elmo 和 AlphaGo Zero（训练时间为 3 天）进行了实际的比赛，分别 100 场，每步的思考时间限制为一分钟；AlphaGo Zero 和 AlphaZero 都运行在配备 4 块 TPU 的单个服务器上。结果并不意外，AlphaZero 在国际象棋中面对 Stockfish 一局未输，日本象棋中共输 8 局，面对 AlphaGo Zero 也拿下了 60% 的胜率。

在 AlphaZero 和各个版本的 AlphaGo 中，我们都知道算法在深度神经网络的帮助下大大减小了蒙特卡罗树搜索的规模。在与 Stockfish 和 Elmo 的对比中，这个提升显得相当明显：AlphaZero 下国际象棋只需要每秒搜索 8 万个位置，而 Stockfish 的数字是 7000 万；AlphaZero 下日本象棋要每秒搜索 4 万个位置，而 Elmo 的数字是 3500 万；在搜索规模大大缩减的同时，AlphaZero 依然取得了压倒性的棋力优势。DeepMind 最后还和人类对比验证了 AlphaZero 学到的国际象棋知识。他们从人类在线下棋的棋谱中找了出现次数多于十万次的常见开局形式，发现 AlphaZero 也能独立学到这些开局，并经常在自我对局中使用。而且，如果比赛是以这些人类常用的开局形式开始的，AlphaZero 也总能打败 Stockfish，这说明 AlphaZero 确实学到了国际象棋中的各种局势变化。

在人类把棋类作为人工智能研究的重要关卡以来的几十年间，研究者们开发出的下棋算法几乎总是避免不了人工特征和为具体的棋类做的特定性优化。如今，完全无需人工特征、无需任何人类棋谱、甚至无需任何特定优化的通用强化学习算法 AlphaZero 终于问世，而且只需要几个小时的训练时间就可以超越此前最好的算法甚至人类世界冠军，这是算法和计算资源的胜利，更是人类的顶尖研究成果。DeepMind 愿景中能解决各种问题的通用 AI，看起来也离我们越来越近了。

## 13.8 实例讲解

### 13.8.1 游戏简介及环境描述

本章介绍的五子棋案例，使用的是一个标准的五子棋棋盘(15×15)，规则制定为五子棋的标准规则，在横向、纵向、斜向连续五子则胜出，没有设置禁手等复杂规则。当前棋手选用了两种算法实现，一种是MCTS(蒙特卡罗树搜索)算法，此算法随着对手的棋力逐渐增强，逐渐增加模拟次数，初始值为1000，最大值为5000；另一种是蒙特卡罗树搜索＋神经网络的算法，此蒙特卡罗树搜索在落子前，固定模拟400次。随着此算法不断自我博弈，其棋力逐渐提升。为了对其棋力进行评估，使其与第一种算法即MCTS进行对弈，记录其胜率，此方法主要是模拟了AlphaGo Zero算法的流程，为了在15×15的棋盘上产生一个优秀的AI，预计需要进行百万次的对局，因此本案例对设备要求较高。

需要注意的是，本节的例子并非完全照搬AlphaGo Zero的算法。因为与围棋相比，五子棋的规则要简单很多，落子空间也要小很多，因此在设计其神经网络结构的时候，主要选择了卷积层和全连接层，没有用到AlphaGo Zero中大量使用的残差网络。

### 13.8.2 算法流程描述

此小节分别给出训练和对弈的主要步骤，下一小节会介绍蒙特卡罗树搜索和深度神经网络等方面的细节实现。

**1. 训练过程**

（1）初始化设置。

设置初始加载模型路径及训练时是否可视化。

```
is_shown = 0
model_path = 'dist/best_policy.model'
```

创建pipeline对象。

```
training_pipeline = TrainPipeline(model_path, is_shown)
```

初始化环境信息。

```
self.board_width = 15
self.board_height = 15
self.n_in_row = 5
self.board = Board(width=self.board_width,
```

```
                        height = self.board_height,
                        n_in_row = self.n_in_row)
self.is_shown = is_shown
self.game = Game_UI(self.board, is_shown)
```

初始化训练参数。

```
self.learn_rate = 2e-3
self.lr_multiplier = 1.0                    # 基于 KL 自适应地调整学习率
self.temp = 1.0                             # 临时变量
self.n_playout = 400                        # 每次移动的模拟次数
self.c_puct = 5
self.buffer_size = 10000
self.batch_size = 512                       # 训练的 mini-batch 大小
self.data_buffer = deque(maxlen = self.buffer_size)
self.play_batch_size = 1
self.epochs = 5                             # 每次更新的 train_steps 数量
self.kl_targ = 0.02
self.check_freq = 50
self.game_batch_num = 1500
self.best_win_ratio = 0.0
# 用于纯粹的 MCTS 的模拟数量,用作评估训练策略的对手
self.pure_mcts_playout_num = 1000
```

初始训练时,不存在预训练模型,从新的网络开始训练。之后启动训练时,会首先加载预训练的模型,从预训练模型处开始训练。

```
if init_model:
    # 从初始的策略价值网开始训练
    self.policy_value_net = PolicyValueNet(self.board_width,
                                           self.board_height,
                                           model_file = init_model)
else:
    # 从新的策略价值网络开始训练
    self.policy_value_net = PolicyValueNet(self.board_width,
                                           self.board_height)
```

实例化一个棋手,此棋手采用的算法是蒙特卡罗树搜索+神经网络的算法。

```
# 定义训练机器人
self.mcts_player = MCTSPlayer(self.policy_value_net.policy_value_fn,
                              c_puct = self.c_puct,
                              n_playout = self.n_playout,
                              is_selfplay = 1)
```

(2) 开始使用 pipeline 对象进行训练。

```
training_pipeline.run()
```

设定共对局 1500 轮,对局过程中持续收集对弈数据。

① 对弈数据收集。

```
for i in range(self.game_batch_num):
    self.collect_selfplay_data(self.play_batch_size)
```

收集到的数据用 play_data 存储,state 表示局面,mcts_prob 是基于 MCTS 计算得到的概率,winner_z 是自我对局的结果,用 0、1、-1 表示。

```
play_data = [(state, mcts_prob, winner_z), ..., ...]
def collect_selfplay_data(self, n_games = 1):
    """收集自我博弈数据进行训练"""
    for i in range(n_games):
        winner, play_data = self.game.start_self_play(self.mcts_player, temp = self.temp)
        play_data = list(play_data)[:]
        self.episode_len = len(play_data)
        # 增加数据
        play_data = self.get_equi_data(play_data)
        self.data_buffer.extend(play_data)
```

② 数据扩充。

与围棋相同,五子棋同样具有旋转和镜像翻转等价的性质。为了能够在算力非常弱的情况下尽快收集数据训练模型,每一局自我对弈结束后,将这一局的数据进行旋转和镜像翻转,将 8 种等价情况的数据全部存入自我对弈的数据缓存中。这种方式的数据扩充在一定程度上提高了自我对弈数据的多样性和均衡性,同时也提高了 MCTS 评估叶子节点的可靠性。

```
def get_equi_data(self, play_data):
    """通过旋转和翻转来增加数据集
    play_data: [(state, mcts_prob, winner_z), ..., ...]
    """
    extend_data = []
    for state, mcts_porb, winner in play_data:
        for i in [1, 2, 3, 4]:
            # 逆时针旋转
            equi_state = np.array([np.rot90(s, i) for s in state])
            equi_mcts_prob = np.rot90(np.flipud(
                mcts_porb.reshape(self.board_height, self.board_width)), i)
            extend_data.append((equi_state,
                                np.flipud(equi_mcts_prob).flatten(),
                                winner))
            # 水平翻转
            equi_state = np.array([np.fliplr(s) for s in equi_state])
```

```python
                    equi_mcts_prob = np.fliplr(equi_mcts_prob)
                    extend_data.append((equi_state,
                                        np.flipud(equi_mcts_prob).flatten(),
                                        winner))
        return extend_data
```

③ 策略价值网络更新。

当收集的数据大于 512 时，从数据缓存中随机抽取 512 组数据训练策略价值网络。

```python
if len(self.data_buffer) > self.batch_size:
    loss, entropy = self.policy_update()
    print("loss :{}, entropy :{}".format(loss, entropy))
```

每次训练循环执行 5 局，训练完成后，返回损失和熵值。

```python
def policy_update(self):
    """更新策略价值网络"""
    mini_batch = random.sample(self.data_buffer, self.batch_size)
    state_batch = [data[0] for data in mini_batch]
    mcts_probs_batch = [data[1] for data in mini_batch]
    winner_batch = [data[2] for data in mini_batch]
    old_probs, old_v = self.policy_value_net.policy_value(state_batch)
    for i in range(self.epochs):
        loss, entropy = self.policy_value_net.train_step(
            state_batch,
            mcts_probs_batch,
            winner_batch,
            self.learn_rate * self.lr_multiplier)
        new_probs, new_v = self.policy_value_net.policy_value(state_batch)
        kl = np.mean(np.sum(old_probs * (
            np.log(old_probs + 1e-10) - np.log(new_probs + 1e-10)),
                            axis=1)
                     )
        if kl > self.kl_targ * 4:  # early stopping if D_KL diverges badly
            break
    # 自适应调节学习率
    if kl > self.kl_targ * 2 and self.lr_multiplier > 0.1:
        self.lr_multiplier /= 1.5
    elif kl < self.kl_targ / 2 and self.lr_multiplier < 10:
        self.lr_multiplier *= 1.5

    explained_var_old = (1 -
                         np.var(np.array(winner_batch) - old_v.flatten()) /
                         np.var(np.array(winner_batch)))
    explained_var_new = (1 -
```

```
                            np.var(np.array(winner_batch) - new_v.flatten()) /
                            np.var(np.array(winner_batch)))
        print(("kl:{:.5f},"
               "lr_multiplier:{:.3f},"
               "loss:{},"
               "entropy:{},"
               "explained_var_old:{:.3f},"
               "explained_var_new:{:.3f}"
               ).format(kl,
                        self.lr_multiplier,
                        loss,
                        entropy,
                        explained_var_old,
                        explained_var_new))
        return loss, entropy
```

④ 模型评估及保存。

当对局为 50 的倍数时,将两种算法(MCTS 算法和 MCTS+神经网络算法)进行对局,评估蒙特卡罗树搜索+神经网络算法模型的性能。当当前模型胜率高于前一个模型胜率时,将当前模型作为最优模型保存。当胜率为 100% 且此算法中蒙特卡罗树搜索的模拟次数小于 5000 时,为蒙特卡罗树搜索增加模拟次数,并将胜率置 0,开始新一个阶段的评估。

```
if (i + 1) % self.check_freq == 0:
    print("current self - play batch: {}".format(i + 1))
    win_ratio = self.policy_evaluate()
    self.policy_value_net.save_model(os.path.join(dst_path, 'current_policy.model'))
    if win_ratio > self.best_win_ratio:
        print("New best policy!!!!!!!!")
        self.best_win_ratio = win_ratio
        # 更新最好的策略
        self.policy_value_net.save_model(os.path.join(dst_path, 'best_policy.model'))
        if (self.best_win_ratio == 1.0 and
                self.pure_mcts_playout_num < 5000):
            self.pure_mcts_playout_num += 1000
            self.best_win_ratio = 0.0
```

随着训练流程不断地进行,算法总损失函数不断减小,蒙特卡罗树搜索+神经网络算法的棋力也在逐步提高。

**2. 对弈过程**

MCTS+神经网络算法模型训练完成后,就可以进行人机对弈了。设定获胜条件,初始化棋盘,加载训练好的最优算法模型。

设定玩家 1 为人类,玩家 2 为蒙特卡罗树搜索+神经网络算法,人类选择在交互界面点击鼠标落子,算法调用 get_action 方法落子,并根据落子状态更新棋盘各参数。

```python
class Human(object):
    """
    人类玩家
    """
    def __init__(self):
        self.player = None

    def set_player_ind(self, p):
        self.player = p
# 人类玩家落子
elif event.type == MOUSEBUTTONDOWN:
    # 成功着棋
    if self.one_step():
        end, winner = self.board.game_end()

# 训练好的 AI 玩家
best_policy = PolicyValueNet(width, height, model_file = model_file)
mcts_player = MCTSPlayer(best_policy.policy_value_fn, c_puct = 5, n_playout = 400)

# AI 玩家落子
move = player_in_turn.get_action(self.board)

def get_action(self, board, temp = 1e-3, return_prob = 0):
    sensible_moves = board.availables
    # 像 AlphaGo Zero 论文一样使用 MCTS 算法返回的 pi 向量
    move_probs = np.zeros(board.width * board.height)
    if len(sensible_moves) > 0:
        acts, probs = self.mcts.get_move_probs(board, temp)
        move_probs[list(acts)] = probs
        if self._is_selfplay:
            # 添加 Dirichlet Noise 进行探索(自我训练所需)
            move = np.random.choice(
                acts,
                p = 0.75 * probs + 0.25 * np.random.dirichlet(0.3 * np.ones(len(probs))))
            )
            # 更新根节点并重用搜索树
            self.mcts.update_with_move(move)
        else:
            # 使用默认的 temp = 1e-3,它几乎相当于选择具有最高概率的移动
            move = np.random.choice(acts, p = probs)
            # 重置根节点
            self.mcts.update_with_move(-1)

        if return_prob:
```

```
                return move, move_probs
            else:
                return move
        else:
            print("棋盘已满")

    # 根据下一步落子的状态更新棋盘各参数
    self.board.do_move(move)
```

### 13.8.3 算法细节

此小节分三部分分别对快速走子的蒙特卡罗树搜索、深度神经网络结构以及神经网络指导下的蒙特卡罗树搜索进行详细介绍。

**1. 快速走子的蒙特卡罗树搜索**

蒙特卡罗树搜索的主要目标是给出当前状态最佳的落子点，其核心思想是搜索。搜索是沿着树的一组遍历的集合，单次遍历是从根节点（当前状态）到一个未完全展开节点的路径。一个未完全展开的节点意味着它至少有一个未被访问的子节点。当遇到未完全展开的节点时，从该节点的子节点中选取一个未被访问过的子节点，用来进行一次模拟。这里的模拟指的是采用快速走子策略进行快速对局直至棋局结束，获得对局结果。反向转播是根据对局结果，回溯更新路径上的信息。当搜索结束时（受限于时间或计算能力），就可以根据收集的统计信息来选择下一步落子点。

接下来详细解析蒙特卡罗树搜索的下棋过程。

（1）初始化参数。

设定探索-利用的控制参数 $c$ 的大小、对弈之前搜索的次数 n_playout。

```
c_puct = 5, n_playout = 2000
```

（2）获得当前棋面的可选落子点。

```
sensible_moves = board.availables
```

如果存在可选落子点，则继续如下操作，否则棋盘已满，游戏结束。

（3）以当前状态为根节点，进行 2000 次搜索。

```
move = self.mcts.get_move(board)
```

这里的状态用 board 表示。2000 次搜索结束后，返回访问次数最多的那个动作。这里的动作可以用棋面位置来表示。

```python
def get_move(self, state):
    for n in range(self._n_playout):
        state_copy = copy.deepcopy(state)
        self._playout(state_copy)
    return max(self._root._children.items(),
               key = lambda act_node: act_node[1]._n_visits)[0]
```

以下为搜索的代码细节,搜索包含四步,分别为选择、扩展、模拟和回溯。

① 选择。

从根节点开始,选择分数最高的子节点,直到到达叶子节点。这里的分数是指存储在每条边上的行为值函数 $Q(s_t,a)$ 与一个回报之和,即 $Q(s_t,a)+U(s_t,a)$。

```python
def select(self, c_puct):
    return max(self._children.items(),
               key = lambda act_node: act_node[1].get_value(c_puct))
```

$Q(s_t,a)+U(s_t,a)$ 的计算代码如下。

```python
def get_value(self, c_puct):
    self._u = (c_puct * self._P *
               np.sqrt(self._parent._n_visits) / (1 + self._n_visits))
    return self._Q + self._u
```

对应的额外回报的计算公式如下:

$$U(s,a) = c_{puct} P(s,a) \frac{\sqrt{\sum_b N(s,b)}}{1+N(s,a)}$$

② 扩展。

判断当前叶子节点是否存在可扩展点,如果存在,则进行扩展。

```python
action_probs, _ = self._policy(state)
# 查询游戏是否终结
end, winner = state.game_end()
if not end:
    node.expand(action_probs)
```

扩展出其全部的可选落子点。

```python
def expand(self, action_priors):
    for action, prob in action_priors:
        if action not in self._children:
            self._children[action] = TreeNode(self, prob)
```

③ 模拟。

基于上述叶子节点,进行快速对局模拟,直至对局结束。如果当前玩家获胜,值为 1,如果对方获胜,值为 -1,平局则为 0。

```
leaf_value = self._evaluate_rollout(state)

    def _evaluate_rollout(self, state, limit = 1000):
        player = state.get_current_player()
        for i in range(limit):
            end, winner = state.game_end()
            if end:
                break
            action_probs = rollout_policy_fn(state)
            max_action = max(action_probs, key = itemgetter(1))[0]
            state.do_move(max_action)
        else:
            # 如果没有从循环中断,请发出警告
            print("WARNING: rollout reached move limit")
        if winner == -1: # tie
            return 0
        else:
            return 1 if winner == player else -1
```

快速对局使用的是随机策略。假设有两个可选落子点,则选择任何一个落子点的概率为 1/2。

```
def rollout_policy_fn(board):
    # 初次展示时使用随机方式
    action_probs = np.random.rand(len(board.availables))
    return zip(board.availables, action_probs)
```

④ 回溯。

根据模拟的胜负结果,更新自当前叶子节点至根节点全部路径上节点的信息。这里的信息包括节点行为对的行为值函数以及访问次数。

```
def update_recursive(self, leaf_value):
    # 如果它不是根节点,则应首先更新此节点的父节点
    if self._parent:
        self._parent.update_recursive( - leaf_value)
    self.update(leaf_value)

    def update(self, leaf_value):
        """从叶节点评估中更新节点值
```

```
            leaf_value:这个子树的评估值来自从当前玩家的视角
            """
            # 统计访问次数
            self._n_visits += 1
            # 更新Q值,取对于所有访问次数的平均数
            self._Q += 1.0 * (leaf_value - self._Q) / self._n_visits
```

(4) 将当前树搜索结果进行保存,并返回当前所选的行为。

```
self.mcts.update_with_move(-1)
return move

def update_with_move(self, last_move):
    """保留我们已经知道的关于子树的信息
    """
    if last_move in self._root._children:
        self._root = self._root._children[last_move]
        self._root._parent = None
    else:
        self._root = TreeNode(None, 1.0)
```

**2. 深度神经网络**

因为本案例的第二个算法(神经网络+蒙特卡罗树搜索+自对弈强化学习)借鉴了 AlphaGo Zero 的思想,因此深度神经网络在第二个算法中也起到了举足轻重的作用,它分别给出了每个状态行为对的先验概率和叶子节点的状态价值,指导树搜索进行节点选择。

(1) 神经网络的网络结构主要由三个模块组成,分别为输入层、中间层和输出层。

① 输入层。

AlphaGo Zero 的输入是一个 $19 \times 19 \times 17$ 的图像矩阵,共使用了 17 个二值特征平面来描述当前棋局,包含了双方玩家最近 8 步的棋面,以及 1 个代表当前玩家棋子颜色的平面。此五子棋案例对局面描述进行了简化,仅使用了 4 个二值特征平面,分别包含:当前玩家棋面(当前玩家落子点为 1,其余为 0);对手玩家棋面(对手玩家落子点为 1,其余为 0);表示对手玩家最近一步落子位置的平面(整个棋面只有最近一部落子点是 1,其余全部是 0);表示当前玩家是否为先手的平面,如果是先手则整个平面全部为 1,否则全部为 0。

这样设计的原因是:对手前一步落子位置会在很大程度上影响我方落子选择,一般情况下,我方会大概率选择落在对手前一步落子位置的附近,因此玩家最近 1 步的落子位置对于策略网络确定哪些位置应该具有更高的落子概率具有比较大的指导意义。同时,因为先手在对弈中占据优势,所以在棋面相似的情况下,当前局面的价值和当前玩家是否先手高度相关,所以指示先后手的棋面对于价值网络具有比较大的意义。

```
# 1. 输入:当前的 4 个局面,4x15x15
self.input_states = tf.placeholder(
        tf.float32, shape = [None, 4, board_height, board_width])


# 转换输入变成 15x15x4
self.input_state = tf.transpose(self.input_states, [0, 2, 3, 1])
```

② 中间层。

中间层由三个卷积层构成,卷积核为 3×3,个数分别为 32、64 和 128,步长取默认值 1。每个卷积层后都跟了一个归一化处理层,以及一个 ReLU 激活函数。

```
# conv1: 3x3x32 SAME RELE -- 15x15x32
self.conv1 = tf.layers.conv2d(inputs = self.input_state,
                              filters = 32, kernel_size = [3, 3],
                              padding = "same", data_format = "channels_last",
                              activation = tf.nn.relu)
# conv2: 3x3x32 SAME RELU -- 15x15x64
self.conv2 = tf.layers.conv2d(inputs = self.conv1, filters = 64,
                              kernel_size = [3, 3], padding = "same",
                              data_format = "channels_last",
                              activation = tf.nn.relu)
# conv3: 3x3x128 SAME RELU -- 15x15x128
self.conv3 = tf.layers.conv2d(inputs = self.conv2, filters = 128,
                              kernel_size = [3, 3], padding = "same",
                              data_format = "channels_last",
                              activation = tf.nn.relu)
```

③ 输出层。

输出层分为两部分,分别是策略输出和价值输出。

策略输出部分含一个卷积层,一个拉平操作,一个全连接层。卷积层包含 4 个 1×1、步长为 1 的卷积核,一个归一化处理层,一个 ReLU 激活函数。此卷积层的输入为 15×15×128 的矩阵,输出为 15×15×4 的矩阵。拉平操作将卷积层的输出转换为一个维度为 900 的向量。紧接着是一个全连接层,神经元个数为 225,激活函数为对数 softmax 函数,该函数将输出转换到[0,1]之间,得到棋盘上每个位置的落子概率。

```
# 动作网络
# conv: 1x1x4 SAME RELU -- 15x15x4
self.action_conv = tf.layers.conv2d(inputs = self.conv3, filters = 4,
                                    kernel_size = [1, 1], padding = "same",
                                    data_format = "channels_last",
                                    activation = tf.nn.relu)
# 拉平
```

```
# 900
self.action_conv_flat = tf.reshape(
        self.action_conv, [-1, 4 * board_height * board_width])
# 全连接层,输出的是棋盘上每个位置移动的对数概率
# 神经元:15x15 log_softmax
self.action_fc = tf.layers.dense(inputs = self.action_conv_flat,
                                  units = board_height * board_width,
                                  activation = tf.nn.log_softmax)
```

价值输出部分包含一个卷积层,一个拉平操作,两个全连接层。卷积核大小为 $1*1$,个数为 2,后接一个归一化处理层,一个 ReLU 激活函数。输入为 $15\times15\times128$,输出为 $15\times15\times2$。经过拉直操作,变为一个维度为 450 的列向量。列向量分别经过了两个全连接层,神经元个数分别为 64 和 1,激活函数分别为 ReLU 和 tanh,第二个全连接层最终输出一个取值范围为 $[-1,1]$ 的数,表示当前局面的得分。

```
# evaluation_conv: 1x1x2 SAME RELU
# 输入为 conv3 的输出:15x15x4 — 15x15x2
self.evaluation_conv = tf.layers.conv2d(inputs = self.conv3, filters = 2,
                                         kernel_size = [1, 1],
                                         padding = "same",
                                         data_format = "channels_last",
                                         activation = tf.nn.relu)
# 拉平:450
self.evaluation_conv_flat = tf.reshape(
        self.evaluation_conv, [-1, 2 * board_height * board_width])
# 全连接层:神经元:64 ReLU — 64
self.evaluation_fc1 = tf.layers.dense(inputs = self.evaluation_conv_flat,
                                       units = 64, activation = tf.nn.relu)
# 输出当前状态的评估分数
self.evaluation_fc2 = tf.layers.dense(inputs = self.evaluation_fc1,
                                       units = 1, activation = tf.nn.tanh)
```

(2)接下来介绍网络的损失函数和优化器。损失函数主要由两部分组成,分别为策略损失函数和值损失函数,除此之外,还有一个 L2 正则项。代码和相对应公式如下:

$$l = (z - V)^2 - \boldsymbol{\pi}^T \log \boldsymbol{p} + c \| \theta \|^2$$

```
# 值损失函数
self.value_loss = tf.losses.mean_squared_error(self.labels,
                                                self.evaluation_fc2)
# 策略损失函数
self.mcts_probs = tf.placeholder(
        tf.float32, shape = [None, board_height * board_width])
```

```python
self.policy_loss = tf.negative(tf.reduce_mean(
        tf.reduce_sum(tf.multiply(self.mcts_probs, self.action_fc), 1)))
# L2 正则化部分
l2_penalty_beta = 1e-4
vars = tf.trainable_variables()
l2_penalty = l2_penalty_beta * tf.add_n(
    [tf.nn.l2_loss(v) for v in vars if 'bias' not in v.name.lower()])
# 损失函数：值损失函数 + 策略损失函数 + L2 正则化
self.loss = self.value_loss + self.policy_loss + l2_penalty
```

采用 AdamOptimizer 进行优化，代码如下。

```python
# 定义优化器
self.learning_rate = tf.placeholder(tf.float32)
self.optimizer = tf.train.AdamOptimizer(
        learning_rate=self.learning_rate).minimize(self.loss)
```

(3) 最后是训练目标。

我们的训练目标是最小化损失函数，即使得策略价值网络输出的行为概率 $p$ 更加接近 MCTS 输出的概率 $\pi$，使得策略价值网络输出的局面评分 $v$ 能更准确地预测真实的对局结果 $z$。

```python
def train_step(self, state_batch, mcts_probs, winner_batch, lr):
    """
    执行训练步骤
    """
    winner_batch = np.reshape(winner_batch, (-1, 1))
    loss, entropy, _ = self.session.run(
            [self.loss, self.entropy, self.optimizer],
            feed_dict={self.input_states: state_batch,
                       self.mcts_probs: mcts_probs,
                       self.labels: winner_batch,
                       self.learning_rate: lr})
    return loss, entropy
```

### 3. 深度神经网络指导下的蒙特卡罗树搜索

本案例中，深度神经网络指导下的 MCTS 与带快速走子的 MCTS 相比，大部分的流程是一样的，本节重点描述两者的不同点。

(1) 评估叶子节点价值的方法不同。

带快速走子的 MCTS 在评估叶子节点价值时，采用随机快速走子，模拟至棋局结束，用对局结果作为叶子节点的值函数。

```python
leaf_value = self._evaluate_rollout(state)
    def _evaluate_rollout(self, state, limit = 1000):
        """使用推出策略直到游戏结束,
        如果当前玩家获胜则返回 + 1, 如果对手获胜则返回 - 1,
        如果是平局则为 0
        """
        player = state.get_current_player()
        for i in range(limit):
            end, winner = state.game_end()
            if end:
                break
            action_probs = rollout_policy_fn(state)
            max_action = max(action_probs, key = itemgetter(1))[0]
            state.do_move(max_action)
        else:
            # 如果没有从循环中断,请发出警告
            print("WARNING: rollout reached move limit")
        if winner == -1: # tie
            return 0
        else:
            return 1 if winner == player else -1
```

深度神经网络指导下的 MCTS 则采用了深度神经网络的输出 $v$ 来评估叶子节点的价值。

```
# 使用网络评估叶子,该网络输出(动作,概率)元组 p 的列表以及当前玩家的[-1,1]中的分数 v
action_probs, leaf_value = self._policy(state)
```

（2）返回动作的方式不同。

带快速走子的 MCTS 以当前局面为根节点,完成 1000 次树搜索之后,会返回累计访问次数最多的行为。

```python
def get_move(self, state):
    for n in range(self._n_playout):
        state_copy = copy.deepcopy(state)
        self._playout(state_copy)
    return max(self._root._children.items(),
               key = lambda act_node: act_node[1]._n_visits)[0]
```

深度神经网络指导下的 MCTS 结合 400 次树搜索的结果,得到所有可选落子点对应的行为及其概率。

```python
def get_action(self, board, temp = 1e-3, return_prob = 0):
    sensible_moves = board.availables
    # 像 AlphaGo Zero 论文一样使用 MCTS 算法返回的 pi 向量
```

```
        move_probs = np.zeros(board.width * board.height)
        if len(sensible_moves) > 0:
            acts, probs = self.mcts.get_move_probs(board, temp)
            move_probs[list(acts)] = probs
            if self._is_selfplay:
                # 添加 Dirichlet Noise 进行探索(自我训练所需)
                move = np.random.choice(
                    acts,
                    p = 0.75 * probs + 0.25 * np.random.dirichlet(0.3 * np.ones(len(probs)))
                )
                # 更新根节点并重用搜索树
                self.mcts.update_with_move(move)
            else:
                move = np.random.choice(acts, p = probs)
                # 重置根节点
                self.mcts.update_with_move(-1)

            if return_prob:
                return move, move_probs
            else:
                return move
        else:
            print("棋盘已满")
```

（3）是否需要自我对弈。

为了确保生成的数据具有多样性，深度神经网络指导下的 MCTS 采取了自我对弈的方式来增加数据集，并使用 Dirichlet Noise 的方式平衡探索和利用。其中，Dirichlet Noise 的参数为 0.3。而带快速走子的 MCTS 并未涉及自我对弈。

```
if self._is_selfplay:
    # 添加 Dirichlet Noise 进行探索(自我训练所需)
    move = np.random.choice(
        acts,
        p = 0.75 * probs + 0.25 * np.random.dirichlet(0.3 * np.ones(len(probs)))
    )
    # 更新根节点并重用搜索树
    self.mcts.update_with_move(move)
```

### 13.8.4 核心代码

案例代码主要由 6 个文件组成。

1) game.py

此代码为五子棋环境代码，主要描述棋盘规格、游戏规则、棋盘界面等。

```python
import numpy as np
import pygame
from pygame.locals import *

# 计算机字体的位置(根据自己计算机的字体位置替换)
FONT_PATH = 'C:/Windows/Fonts/simkai.ttf'

class Board(object):
    """棋盘游戏逻辑控制"""

    def __init__(self, **kwargs):
        self.width = int(kwargs.get('width', 15))           # 棋盘宽度
        self.height = int(kwargs.get('height', 15))         # 棋盘高度
        self.states = {}         # 棋盘状态为一个字典,键:移动步数,值:玩家的棋子类型
        self.n_in_row = int(kwargs.get('n_in_row', 5))      # 5个棋子一条线则获胜
        self.players = [1, 2]                               # 玩家1,2

    def init_board(self, start_player = 0):
        # 初始化棋盘
        # 当前棋盘的宽高小于5时,抛出异常(因为是五子棋)
        if self.width < self.n_in_row or self.height < self.n_in_row:
            raise Exception('棋盘的长宽不能少于{}'.format(self.n_in_row))
        self.current_player = self.players[start_player]    # 先手玩家
        self.availables = list(range(self.width * self.height)) # 初始化可用的位置列表
        self.states = {}                                    # 初始化棋盘状态
        self.last_move = -1                                 # 初始化最后一次的移动位置

    def move_to_location(self, move):
        # 根据传入的移动步数返回位置(如:move = 2,计算得到坐标为[0,2],即表示在棋盘上左上角
        # 横向第三格位置)
        h = move // self.width
        w = move % self.width
        return [h, w]

    def location_to_move(self, location):
        # 根据传入的位置返回移动值
        # 位置信息必须包含2个值[h,w]
        if len(location) != 2:
            return -1
        h = location[0]
        w = location[1]
        move = h * self.width + w
        # 超出棋盘的值不存在
        if move not in range(self.width * self.height):
            return -1
```

```python
        return move

    def current_state(self):
        """

        从当前玩家的角度返回棋盘状态
        状态形式:4 * 宽 * 高
        """
        # 使用 4 个 15x15 的二值特征平面来描述当前的局面
        # 前两个平面分别表示当前 player 的棋子位置和对手 player 的棋子位置,有棋子的位置是
        # 1,没棋子的位置是 0
        # 第三个平面表示对手 player 最近一步的落子位置,也就是整个平面只有一个位置是 1,其余
        # 全部是 0
        # 第四个平面表示的是当前 player 是不是先手 player,如果是先手 player 则整个平面全部为
        # 1,否则全部为 0
        square_state = np.zeros((4, self.width, self.height))
        if self.states:
            moves, players = np.array(list(zip(*self.states.items())))
            move_curr = moves[players == self.current_player]    # 获取棋盘状态上属于当前
                                                                 # 玩家的所有移动值
            move_oppo = moves[players != self.current_player]    # 获取棋盘状态上属于对方
                                                                 # 玩家的所有移动值
            square_state[0][move_curr // self.width,             # 对第一个特征平面填充值
                                                                 # (当前玩家)
                            move_curr % self.height] = 1.0
            square_state[1][move_oppo // self.width,             # 对第二个特征平面填充值
                                                                 # (对方玩家)
                            move_oppo % self.height] = 1.0
            # 指出最后一个移动位置
            square_state[2][self.last_move // self.width,        # 对第三个特征平面填充值
                                                                 # (对手最近一次的落子位置)
                            self.last_move % self.height] = 1.0
        if len(self.states) % 2 == 0:                            # 对第四个特征平面填充值,
                                                                 # 当前玩家是先手,则填充
                                                                 # 全 1,否则为全 0
            square_state[3][:, :] = 1.0
        # 将每个平面棋盘状态按行逆序转换(第一行换到最后一行,第二行换到倒数第二行……)
        return square_state[:, ::-1, :]

    def do_move(self, move):
        # 根据移动的数据更新各参数
        self.states[move] = self.current_player    # 将当前的参数存入棋盘状态中
        self.availables.remove(move)               # 从可用的棋盘列表移除当前移动的位置
        self.current_player = (
            self.players[0] if self.current_player == self.players[1]
```

```python
            else self.players[1]
        )                                           # 改变当前玩家
        self.last_move = move                       # 记录最后一次的移动位置

    def has_a_winner(self):
        # 是否产生赢家
        width = self.width                          # 棋盘宽度
        height = self.height                        # 棋盘高度
        states = self.states                        # 状态
        n = self.n_in_row                           # 获胜需要的棋子数量

        # 当前棋盘上所有的落子位置
        moved = list(set(range(width * height)) - set(self.availables))
        if len(moved) < self.n_in_row + 2:
            # 当前棋盘落子数在 7 个以上时会产生赢家,落子数低于 7 个时,直接返回没有赢家
            return False, -1

        # 遍历落子数
        for m in moved:
            h = m // width
            w = m % width                           # 获得棋子的坐标
            player = states[m]                      # 根据移动的点确认玩家

            # 判断各种赢棋的情况
            # 横向 5 个
            if (w in range(width - n + 1) and
                    len(set(states.get(i, -1) for i in range(m, m + n))) == 1):
                return True, player

            # 纵向 5 个
            if (h in range(height - n + 1) and
                    len(set(states.get(i, -1) for i in range(m, m + n * width, width))) == 1):
                return True, player
            # 左上到右下斜向 5 个
            if (w in range(width - n + 1) and h in range(height - n + 1) and
                    len(set(states.get(i, -1) for i in range(m, m + n * (width + 1), width + 1))) == 1):
                return True, player
            # 右上到左下斜向 5 个
            if (w in range(n - 1, width) and h in range(height - n + 1) and
                    len(set(states.get(i, -1) for i in range(m, m + n * (width - 1), width - 1))) == 1):
                return True, player
        # 当前都没有赢家,返回 False
        return False, -1
```

```python
    def game_end(self):
        """检查当前棋局是否结束"""
        win, winner = self.has_a_winner()
        if win:
            return True, winner
        elif not len(self.availables):
            # 棋局布满,没有赢家
            return True, -1
        return False, -1

    def get_current_player(self):
        return self.current_player


N = 15

IMAGE_PATH = 'UI/'


WIDTH = 540                              # 棋盘图片宽
HEIGHT = 540                             # 棋盘图片高
MARGIN = 22                              # 图片上的棋盘边界有间隔
GRID = (WIDTH - 2 * MARGIN) / (N - 1)    # 设置每个格子的大小
PIECE = 32                               # 棋子的大小


# 加上 UI 的布局的训练方式
class Game_UI(object):
    """游戏控制区域"""

    def __init__(self, board, is_shown, **kwargs):
        self.board = board                 # 加载棋盘控制类
        self.is_shown = is_shown

        # 初始化 pygame
        pygame.init()

        if is_shown != 0:
            self.__screen = pygame.display.set_mode((WIDTH, HEIGHT), 0, 32)
            pygame.display.set_caption('五子棋 AI')

            # UI 资源
            self.__ui_chessboard = pygame.image.load(IMAGE_PATH + 'chessboard.jpg').convert()
            self.__ui_piece_black = pygame.image.load(IMAGE_PATH + 'piece_black.png').convert_alpha()
            self.__ui_piece_white = pygame.image.load(IMAGE_PATH + 'piece_white.png').convert_alpha()
```

```python
        # 将索引转换成坐标
        def coordinate_transform_map2pixel(self, i, j):
            # 从逻辑坐标到UI上的绘制坐标的转换
            return MARGIN + j * GRID - PIECE / 2, MARGIN + i * GRID - PIECE / 2

        # 将坐标转换成索引
        def coordinate_transform_pixel2map(self, x, y):
            # 从UI上的绘制坐标到逻辑坐标的转换
            i, j = int(round((y - MARGIN + PIECE / 2) / GRID)), int(round((x - MARGIN + PIECE / 2) / GRID))
            # 有MAGIN, 排除边缘位置导致i,j越界
            if i < 0 or i >= N or j < 0 or j >= N:
                return None, None
            else:
                return i, j

        def draw_chess(self):
            # 棋盘
            self.__screen.blit(self.__ui_chessboard, (0, 0))
            # 棋子
            for i in range(0, N):
                for j in range(0, N):
                    # 计算移动位置
                    loc = i * N + j
                    p = self.board.states.get(loc, -1)

                    player1, player2 = self.board.players

                    # 求出落子的坐标
                    x, y = self.coordinate_transform_map2pixel(i, j)

                    if p == player1:                    # 玩家为1时,将该位置放入黑棋
                        self.__screen.blit(self.__ui_piece_black, (x, y))
                    elif p == player2:                  # 玩家为2时,将该位置放入白棋
                        self.__screen.blit(self.__ui_piece_white, (x, y))
                    else:
                        pass                            # 当前位置无玩家落子时,跳过

        def one_step(self):
            i, j = None, None
            # 鼠标单击
            mouse_button = pygame.mouse.get_pressed()
            # 左键
            if mouse_button[0]:
                x, y = pygame.mouse.get_pos()
                i, j = self.coordinate_transform_pixel2map(x, y)
```

```python
            if not i is None and not j is None:
                loc = i * N + j
                p = self.board.states.get(loc, -1)

                player1, player2 = self.board.players

                if p == player1 or p == player2:
                    # 当前位置有棋子
                    return False
                else:
                    cp = self.board.current_player

                    location = [i, j]
                    move = self.board.location_to_move(location)
                    self.board.do_move(move)

                    if self.is_shown:
                        if cp == player1:
                            self.__screen.blit(self.__ui_piece_black, (x, y))
                        else:
                            self.__screen.blit(self.__ui_piece_white, (x, y))

                    return True
        return False

    def draw_result(self, result):
        font = pygame.font.Font(FONT_PATH, 50)
        tips = u"本局结束:"

        player1, player2 = self.board.players

        if result == player1:
            tips = tips + u"玩家 1 胜利"
        elif result == player2:
            tips = tips + u"玩家 2 胜利"
        else:
            tips = tips + u"平局"
        text = font.render(tips, True, (255, 0, 0))
        self.__screen.blit(text, (WIDTH / 2 - 200, HEIGHT / 2 - 50))

    # 使用鼠标对弈(player1 传入为人类玩家, player2 为 MCTS 机器人)
    def start_play_mouse(self, player1, player2, start_player=0):
        """开始一局游戏"""
        if start_player not in (0, 1):
            # 如果玩家不在玩家 1 与玩家 2 之间, 则抛出异常
            raise Exception('开始的玩家必须为 0(玩家 1)或 1(玩家 2)')
```

```python
        self.board.init_board(start_player)                    # 初始化棋盘
        p1, p2 = self.board.players                            # 加载玩家1和玩家2
        player1.set_player_ind(p1)                             # 设置玩家1
        player2.set_player_ind(p2)                             # 设置玩家2
        players = {p1: player1, p2: player2}

        # 如果人类玩家不是先手
        if start_player != 0:
            current_player = self.board.current_player         # 获取当前玩家
            player_in_turn = players[current_player]           # 当前玩家的信息
            move = player_in_turn.get_action(self.board)       # 基于MCTS的AI下一步落子
            self.board.do_move(move)                           # 根据下一步落子的状态更新棋盘各参数

        if self.is_shown:
            # 绘制棋盘
            self.draw_chess()
            # 刷新
            pygame.display.update()

        flag = False
        win = None

        while True:
            # 捕捉pygame事件
            for event in pygame.event.get():
                # 退出程序
                if event.type == QUIT:
                    pygame.quit()
                    exit()
                elif event.type == MOUSEBUTTONDOWN:
                    # 成功着棋
                    if self.one_step():
                        end, winner = self.board.game_end()
                    else:
                        continue
                    # 结束
                    if end:
                        flag = True
                        win = winner
                        break

                    # 没有结束,则使用MCTS进行下一步落子
                    current_player = self.board.current_player     # 获取当前玩家
                    player_in_turn = players[current_player]       # 当前玩家的信息
```

```python
                    move = player_in_turn.get_action(self.board)  # 基于 MCTS 的 AI 下一步
                                                                   # 落子
                    self.board.do_move(move)          # 根据下一步落子的状态更新棋盘各参数

                    if self.is_shown:
                        # 展示棋盘
                        self.draw_chess()
                        # 刷新
                        pygame.display.update()
                    # 判断当前棋局是否结束
                    end, winner = self.board.game_end()
                    # 结束
                    if end:
                        flag = True
                        win = winner
                        break

            if flag and self.is_shown:
                self.draw_result(win)
                # 刷新
                pygame.display.update()
            break

    def start_play(self, player1, player2, start_player = 0):
        """开始一局游戏"""
        if start_player not in (0, 1):
            # 如果玩家不在玩家 1 与玩家 2 之间,抛出异常
            raise Exception('开始的玩家必须为 0(玩家 1)或 1(玩家 2)')
        self.board.init_board(start_player)             # 初始化棋盘
        p1, p2 = self.board.players                     # 加载玩家 1、玩家 2
        player1.set_player_ind(p1)                      # 设置玩家 1
        player2.set_player_ind(p2)                      # 设置玩家 2
        players = {p1: player1, p2: player2}
        if self.is_shown:
            # 绘制棋盘
            self.draw_chess()
            # 刷新
            pygame.display.update()

        while True:
            if self.is_shown:
                # 捕捉 pygame 事件
                for event in pygame.event.get():
                    # 退出程序
                    if event.type == QUIT:
                        pygame.quit()
```

```python
                    exit()
            current_player = self.board.current_player      # 获取当前玩家
            player_in_turn = players[current_player]        # 当前玩家的信息
            move = player_in_turn.get_action(self.board)    # 基于MCTS的AI获得下一步落子
            self.board.do_move(move)                        # 根据下一步落子的状态更新棋盘各参数
            if self.is_shown:
                # 展示棋盘
                self.draw_chess()
                # 刷新
                pygame.display.update()
            # 判断当前棋局是否结束
            end, winner = self.board.game_end()
            # 结束
            if end:
                win = winner
                break
        if self.is_shown:
            self.draw_result(win)
            # 刷新
            pygame.display.update()
        return win

    def start_self_play(self, player, temp = 1e - 3):
        """ MCTS 玩家开始自对弈,并存储自对弈数据
        (state, mcts_probs, z) 提供训练
        """
        self.board.init_board()                                  # 初始化棋盘
        states, mcts_probs, current_players = [], [], []         # 状态、MCTS的行为概率、当前玩家
        if self.is_shown:
            # 绘制棋盘
            self.draw_chess()
            # 刷新
            pygame.display.update()

        while True:
            if self.is_shown:
                for event in pygame.event.get():
                    if event.type == pygame.QUIT:
                        pygame.quit()
                        exit()

            # 根据当前棋盘状态返回可能的行为及行为对应的概率
            move, move_probs = player.get_action(self.board,
                                                 temp = temp,
                                                 return_prob = 1)
```

```python
        # 存储数据
        states.append(self.board.current_state())        # 存储状态数据
        mcts_probs.append(move_probs)                    # 存储行为概率数据
        current_players.append(self.board.current_player) # 存储当前玩家
        # 执行移动
        self.board.do_move(move)
        if self.is_shown:
            # 绘制棋盘
            self.draw_chess()
            # 刷新
            pygame.display.update()

        # 判断该局游戏是否终止
        end, winner = self.board.game_end()
        if end:
            # 从每个状态当时玩家的角度看待赢家
            winners_z = np.zeros(len(current_players))
            if winner != -1:
                # 没有赢家时
                winners_z[np.array(current_players) == winner] = 1.0
                winners_z[np.array(current_players) != winner] = -1.0
            # 重置 MSCT 的根节点
            player.reset_player()
            if self.is_shown:
                self.draw_result(winner)
                # 刷新
                pygame.display.update()
            return winner, zip(states, mcts_probs, winners_z)
```

2) mcts_pure.py

此代码描述了快速落子的蒙特卡罗搜索算法的实现,包含以下三个类。

(1) TreeNode 为树节点类,每个 TreeNode 对象,都保存有代表价值的 $Q$、先验概率 $p$ 以及代表额外价值的 $U$。此类包含 7 个方法,分别如下。

- def is_leaf(self):检查是否为叶子节点。
- def is_root(self):检查是否为根节点。
- def select(self, c_puct):MCTS 中第一阶段,选择方法实现。
- def get_value(self, c_puct):供 select 方法调用,返回 $Q+U$ 的具体取值。
- def expand(self, action_priors):MCTS 中第一阶段,扩展方法实现。
- def update_recursive(self, leaf_value):递归更新搜索树中全部状态行为对的访问次数、$Q$ 值。
- def update(self, leaf_value):更新单个节点的访问次数、$Q$ 值。

(2) MCTS 类描述了 MCTS 算法的具体实现。

- def _playout(self,state)：调用此方法可以以 state 为根节点展开一棵搜索树，并执行一次完整的搜索。
- def _evaluate_rollout(self,state,limit＝1000)：此方法为快速落子的实现。
- def get_move(self,state)：调用_playout 实现多次 MCTS 搜索，返回访问次数最多的行为。
- def update_with_move(self,last_move)：更新搜索树。

(3) MCTSPlayer 对弈玩家类，给出了对弈时用到的方法，如玩家设定、对弈算法等。

```
def get_action(self, board)：MCTSPlayer 中的对弈算法
import numpy as np
import copy
from operator import itemgetter


def rollout_policy_fn(board):
    """在首次展示阶段使用策略方法的粗略、快速版本"""
    # 初次展示时使用随机方式
    action_probs = np.random.rand(len(board.availables))
    return zip(board.availables, action_probs)


def policy_value_fn(board):
    """
    接收状态并输出动作,概率列表的函数元组和状态的分数"""
    # 返回统一概率和 0 分的纯 MCTS
    action_probs = np.ones(len(board.availables)) / len(board.availables)
    return zip(board.availables, action_probs), 0


class TreeNode(object):
    """
    MCTS 树中的节点. 每个节点都跟踪自己的值 Q、
    先验概率 P 及其访问次数调整的先前得分 u
    """

    def __init__(self, parent, prior_p):
        self._parent = parent
        self._children = {}                    # 从动作到 TreeNode 的映射
        self._n_visits = 0
        self._Q = 0
        self._u = 0
        self._P = prior_p

    def expand(self, action_priors):
        """通过创建新子项来展开树。
```

```
        action_priors:根据策略价值函数得到的(行为,概率)元组列表
        """
        for action, prob in action_priors:
            if action not in self._children:
                self._children[action] = TreeNode(self, prob)

    def select(self, c_puct):
        """在子节点中选择能够提供最大行动价值Q的行动加上回报u(P)。
        return:(action,next_node)的元组
        """
        return max(self._children.items(),
                    key = lambda act_node: act_node[1].get_value(c_puct))

    def update(self, leaf_value):
        """从叶子节点评估中更新节点值
        leaf_value: 这个子树的评估值来自从当前玩家的视角
        """
        # 统计访问次数
        self._n_visits += 1
        # 更新Q值,取对于所有访问次数的平均数
        self._Q += 1.0 * (leaf_value - self._Q) / self._n_visits

    def update_recursive(self, leaf_value):
        """就像调用update()一样,但是对所有祖先进行递归应用
        """
        # 如果它不是根节点,则应首先更新此节点的父节点
        if self._parent:
            self._parent.update_recursive(-leaf_value)
        self.update(leaf_value)

    def get_value(self, c_puct):
        """计算并返回此节点的值。
        c_puct: 一个(0,+∞)区间内的数,通过控制_P和_Q,影响当前节点的分数
        """
        self._u = (c_puct * self._P *
                    np.sqrt(self._parent._n_visits) / (1 + self._n_visits))
        return self._Q + self._u

    def is_leaf(self):
        """检查叶子节点(即没有扩展的节点)
        """
        return self._children == {}

    def is_root(self):
        """检查根节点
        """
```

```python
        return self._parent is None


class MCTS(object):
    """对蒙特卡罗树搜索的一个实现"""

    def __init__(self, policy_value_fn, c_puct = 5, n_playout = 10000):
        """
        policy_value_fn:策略价值函数,输入:棋盘状态;输出(行为,概率)元组列表和一个介于
[-1,1]之间的分数
        c_puct:(0,inf)中的数字,用于控制探索的速度
            收敛于最大值策略.更高的数值意味着
            使用更多已存储进节点的数据
        """
        self._root = TreeNode(None, 1.0)
        self._policy = policy_value_fn
        self._c_puct = c_puct
        self._n_playout = n_playout

    def _playout(self, state):
        """
        父根节点,运行到叶节点,获取叶节点的值并通过其双亲节点将值进行回传
        """
        node = self._root
        while (1):
            if node.is_leaf():
                break
            # 贪心算法选择下一步行动
            action, node = node.select(self._c_puct)
            state.do_move(action)

        action_probs, _ = self._policy(state)
        # 查询游戏是否终结
        end, winner = state.game_end()
        if not end:
            node.expand(action_probs)
        # 通过随机的 rollout 评估叶子节点
        leaf_value = self._evaluate_rollout(state)
        # 在本次遍历中更新节点的值和访问次数
        node.update_recursive(-leaf_value)

    def _evaluate_rollout(self, state, limit = 1000):
        """使用 rollout_policy_fn 直到游戏结束,
        如果当前玩家获胜则返回 +1,如果对手获胜则返回 -1,
        如果是平局则为 0
        """
```

```python
            player = state.get_current_player()
            for i in range(limit):
                end, winner = state.game_end()
                if end:
                    break
                action_probs = rollout_policy_fn(state)
                max_action = max(action_probs, key = itemgetter(1))[0]
                state.do_move(max_action)
            else:
                # 如果没有从循环中断,请发出警告
                print("WARNING: rollout reached move limit")
            if winner == -1: # tie
                return 0
            else:
                return 1 if winner == player else -1

        def get_move(self, state):
            """按顺序运行所有操作并返回访问量最大的操作.
            state:当前的比赛状态
            return :所选操作
            """
            for n in range(self._n_playout):
                state_copy = copy.deepcopy(state)
                self._playout(state_copy)
            return max(self._root._children.items(),
                       key = lambda act_node: act_node[1]._n_visits)[0]

        def update_with_move(self, last_move):
            """保留我们已经知道的关于子树的信息
            """
            if last_move in self._root._children:
                self._root = self._root._children[last_move]
                self._root._parent = None
            else:
                self._root = TreeNode(None, 1.0)

        def __str__(self):
            return "MCTS"


class MCTSPlayer(object):
    """基于 MCTS 的 AI 玩家"""

    def __init__(self, c_puct = 5, n_playout = 2000):
        self.mcts = MCTS(policy_value_fn, c_puct, n_playout)
```

```python
    def set_player_ind(self, p):
        self.player = p

    def reset_player(self):
        self.mcts.update_with_move(-1)

    def get_action(self, board):
        sensible_moves = board.availables
        if len(sensible_moves) > 0:
            move = self.mcts.get_move(board)
            self.mcts.update_with_move(-1)
            return move
        else:
            print("棋盘已满")

    def __str__(self):
        return "MCTS {}".format(self.player)
```

3) mcts_net.py

此代码描述了神经网络指导下蒙特卡罗搜索算法的实现,其同样包含三个类,TreeNode 为树节点类;MCTS 为具体搜索算法类;MCTSPlayer 为对弈算法类。每个类中包含的方法及作用与 mcts_pure.py 中基本一致,具体实现稍微不同,此处不再赘述。

```python
import numpy as np
import copy

def softmax(x):
    probs = np.exp(x - np.max(x))
    probs /= np.sum(probs)
    return probs

class TreeNode(object):
    """MCTS 树中的节点.
    每个节点跟踪其自身的值 Q、先验概率 P 及其访问次数调整的先前得分 u
    """
    def __init__(self, parent, prior_p):
        self._parent = parent
        self._children = {}              # 从动作到 TreeNode 的映射
        self._n_visits = 0
        self._Q = 0
        self._u = 0
        self._P = prior_p

    def expand(self, action_priors):
```

```python
        """通过创建新子项来展开树。
        action_priors:根据策略价值函数得到的(行为,概率)元组列表
        """
        for action, prob in action_priors:
            if action not in self._children:
                self._children[action] = TreeNode(self, prob)

    def select(self, c_puct):
        """在子节点中选择能够提供最大行动价值 Q 的行动加上奖金 u(P)
        return:(action,next_node)的元组
        """
        return max(self._children.items(),
                   key=lambda act_node: act_node[1].get_value(c_puct))

    def update(self, leaf_value):
        """从叶子节点评估中更新节点值
        leaf_value: 这个子树的评估值来自从当前玩家的视角
        """
        # 统计访问次数
        self._n_visits += 1
        # 更新 Q 值,取对于所有访问次数的平均数
        self._Q += 1.0 * (leaf_value - self._Q) / self._n_visits

    def update_recursive(self, leaf_value):
        """就像调用 update()一样,但是对所有祖先进行递归应用
        """
        # 如果它不是根节点,则应首先更新此节点的父节点
        if self._parent:
            self._parent.update_recursive(-leaf_value)
        self.update(leaf_value)

    def get_value(self, c_puct):
        """计算并返回此节点的值。
        c_puct: 一个(0,+∞)内的数,通过控制_P 和_Q 来影响当前节点的分数
        """
        self._u = (c_puct * self._P *
                   np.sqrt(self._parent._n_visits) / (1 + self._n_visits))
        return self._Q + self._u

    def is_leaf(self):
        """检查叶子节点(即没有扩展的节点)"""
        return self._children == {}

    def is_root(self):
        return self._parent is None
```

```python
class MCTS(object):
    """对蒙特卡罗树搜索的一个简单实现"""

    def __init__(self, policy_value_fn, c_puct=5, n_playout=10000):
        """
            policy_value_fn:策略价值函数;输入:棋盘状态;输出:(行为,概率)元组列表和一个
        [-1,1]中的分数.
            c_puct:(0,inf)中的数字,用于控制探索的速度,值越大说明利用已存储节点的数据越多
        """
        self._root = TreeNode(None, 1.0)
        self._policy = policy_value_fn
        self._c_puct = c_puct
        self._n_playout = n_playout

    def _playout(self, state):
        """从根节点运行到叶节点,获取到叶节点的值,并通过其双亲节点进行回传
        """
        node = self._root
        while(1):
            if node.is_leaf():
                break
            # 贪心算法选择下一步行动
            action, node = node.select(self._c_puct)
            state.do_move(action)

        # 使用网络评估叶子,该网络输出(动作,概率)元组 p 的列表及当前玩家的[-1,1]中的分数 v
        action_probs, leaf_value = self._policy(state)
        # 查看游戏是否结束
        end, winner = state.game_end()
        if not end:
            node.expand(action_probs)
        else:
            # 对于结束状态,将叶子节点的值换成"true"
            if winner == -1:  # tie
                leaf_value = 0.0
            else:
                leaf_value = (
                    1.0 if winner == state.get_current_player() else -1.0)

        # 在本次遍历中更新节点的值和访问次数
        node.update_recursive(-leaf_value)

    def get_move_probs(self, state, temp=1e-3):
        """按顺序运行所有播出并返回可用的操作及其相应的概率.
        state: 当前游戏的状态
        temp: 介于(0,1]之间的临时参数控制探索的概率
```

```python
        """
        for n in range(self._n_playout):
            state_copy = copy.deepcopy(state)
            self._playout(state_copy)

        # 根据根节点处的访问计数来计算移动概率
        act_visits = [(act, node._n_visits)
                      for act, node in self._root._children.items()]
        acts, visits = zip(*act_visits)
        act_probs = softmax(1.0/temp * np.log(np.array(visits) + 1e-10))

        return acts, act_probs

    def update_with_move(self, last_move):
        """在当前的树上向前一步,保持我们已经知道的关于子树的一切
        """
        if last_move in self._root._children:
            self._root = self._root._children[last_move]
            self._root._parent = None
        else:
            self._root = TreeNode(None, 1.0)

    def __str__(self):
        return "MCTS"


class MCTSPlayer(object):
    """基于 MCTS 的 AI 玩家"""

    def __init__(self, policy_value_function,
                 c_puct=5, n_playout=2000, is_selfplay=0):
        self.mcts = MCTS(policy_value_function, c_puct, n_playout)
        self._is_selfplay = is_selfplay

    def set_player_ind(self, p):
        self.player = p

    def reset_player(self):
        self.mcts.update_with_move(-1)

    def get_action(self, board, temp=1e-3, return_prob=0):
        sensible_moves = board.availables
        # 像 AlphaGo Zero 论文一样使用 MCTS 算法返回的 pi 向量
        move_probs = np.zeros(board.width * board.height)
        if len(sensible_moves) > 0:
            acts, probs = self.mcts.get_move_probs(board, temp)
```

```python
                    move_probs[list(acts)] = probs
                if self._is_selfplay:
                    # 添加Dirichlet Noise进行探索(自我训练所需)
                    move = np.random.choice(
                        acts,
                        p = 0.75 * probs + 0.25 * np.random.dirichlet(0.3 * np.ones(len(probs)))
                    )
                    # 更新根节点并重用搜索树
                    self.mcts.update_with_move(move)
                else:
                    # 使用默认的temp = 1e-3,它几乎相当于选择具有最高概率的移动
                    move = np.random.choice(acts, p = probs)
                    # 重置根节点
                    self.mcts.update_with_move(-1)

                if return_prob:
                    return move, move_probs
                else:
                    return move
            else:
                print("棋盘已满")

    def __str__(self):
        return "MCTS {}".format(self.player)
```

4) policy_value_net_tensorflow.py

此代码仅包含一个类 PolicyValueNet,描述了神经网络的一些相关算法。

- def __init__ 方法定义了网络结构、损失函数、优化方法等。
- def policy_value_fn(self, board):根据输入的棋局,返回当前棋局的行为、概率元组和棋局价值。调用 policy_value(self, state_batch)实现,此方法的输入 state_batch 与 policy_value_fn 的输入 board 不同。
- def train_step(self, state_batch, mcts_probs, winner_batch, lr):神经网络训练方法。
- def save_model(self, model_path):保存模型文件。
- def restore_model(self, model_path):加载模型文件。

```python
import numpy as np
import tensorflow as tf

class PolicyValueNet():
    '''
    策略价值网络
    '''
    def __init__(self, board_width, board_height, model_file = None):
```

```python
        self.board_width = board_width
        self.board_height = board_height

        # 1. 输入:当前的 4 个局面,4x15x15
        self.input_states = tf.placeholder(
                tf.float32, shape = [None, 4, board_height, board_width])
        # 转换输入变成 15x15x4
        self.input_state = tf.transpose(self.input_states, [0, 2, 3, 1])
        # 2. 通用的网络层
        # conv1: 3x3x32 SAME RELE -- 15x15x32
        self.conv1 = tf.layers.conv2d(inputs = self.input_state,
                                      filters = 32, kernel_size = [3, 3],
                                      padding = "same", data_format = "channels_last",
                                      activation = tf.nn.relu)
        # conv2: 3x3x32 SAME RELU -- 15x15x64
        self.conv2 = tf.layers.conv2d(inputs = self.conv1, filters = 64,
                                      kernel_size = [3, 3], padding = "same",
                                      data_format = "channels_last",
                                      activation = tf.nn.relu)
        # conv3: 3x3x128 SAME RELU -- 15x15x128
        self.conv3 = tf.layers.conv2d(inputs = self.conv2, filters = 128,
                                      kernel_size = [3, 3], padding = "same",
                                      data_format = "channels_last",
                                      activation = tf.nn.relu)
        # 动作网络
        # conv: 1x1x4 SAME RELU -- 15x15x4
        self.action_conv = tf.layers.conv2d(inputs = self.conv3, filters = 4,
                                            kernel_size = [1, 1], padding = "same",
                                            data_format = "channels_last",
                                            activation = tf.nn.relu)
        # 拉平
        # 900
        self.action_conv_flat = tf.reshape(
                self.action_conv, [-1, 4 * board_height * board_width])
        # 全连接层,输出的是棋盘上每个位置移动的对数概率
        # 神经元: 15x15 log_softmax
        self.action_fc = tf.layers.dense(inputs = self.action_conv_flat,
                                         units = board_height * board_width,
                                         activation = tf.nn.log_softmax)
        # 评估网络
        # evaluation_conv: 1x1x2 SAME RELU
        # 输入为 conv3 的输出: 15x15x4 — 15x15x2
        self.evaluation_conv = tf.layers.conv2d(inputs = self.conv3, filters = 2,
                                                kernel_size = [1, 1],
                                                padding = "same",
                                                data_format = "channels_last",
```

```python
                                    activation = tf.nn.relu)
# 拉平: 450
self.evaluation_conv_flat = tf.reshape(
        self.evaluation_conv, [-1, 2 * board_height * board_width])
# 全连接层: 神经元: 64 RELU — 64
self.evaluation_fc1 = tf.layers.dense(inputs = self.evaluation_conv_flat,
                                    units = 64, activation = tf.nn.relu)
# 输出当前状态的评估分数
self.evaluation_fc2 = tf.layers.dense(inputs = self.evaluation_fc1,
                                    units = 1, activation = tf.nn.tanh)

# 定义损失函数
# 1. 标签数组: 包含每个状态是否获胜
self.labels = tf.placeholder(tf.float32, shape = [None, 1])
# 2. 预测数组: 包含每个状态的评估分数
# 3-1. 值损失函数
self.value_loss = tf.losses.mean_squared_error(self.labels,
                                    self.evaluation_fc2)
# 3-2. 策略损失函数
self.mcts_probs = tf.placeholder(
        tf.float32, shape = [None, board_height * board_width])
self.policy_loss = tf.negative(tf.reduce_mean(
        tf.reduce_sum(tf.multiply(self.mcts_probs, self.action_fc), 1)))
# 3-3. L2 正则化部分
l2_penalty_beta = 1e-4
vars = tf.trainable_variables()
l2_penalty = l2_penalty_beta * tf.add_n(
    [tf.nn.l2_loss(v) for v in vars if 'bias' not in v.name.lower()])
# 3-4 损失函数: 值损失函数 + 策略损失函数 + L2 正则化
self.loss = self.value_loss + self.policy_loss + l2_penalty

# 定义优化器
self.learning_rate = tf.placeholder(tf.float32)
self.optimizer = tf.train.AdamOptimizer(
        learning_rate = self.learning_rate).minimize(self.loss)

# 创建 Session
self.session = tf.Session()

# 计算策略熵, 仅用于监控
self.entropy = tf.negative(tf.reduce_mean(
        tf.reduce_sum(tf.exp(self.action_fc) * self.action_fc, 1)))

# 初始化变量
init = tf.global_variables_initializer()
self.session.run(init)
```

```python
        # 如果模型存在,加载模型文件
        self.saver = tf.train.Saver()
        if model_file is not None:
            self.restore_model(model_file)

    def policy_value(self, state_batch):
        """
        计算策略值
        输入:一个批次的状态数组
        输出:行为概率和状态值
        """
        # print("mini_state:",state_batch)
        log_act_probs, value = self.session.run(
                [self.action_fc, self.evaluation_fc2],
                feed_dict = {self.input_states: state_batch}
                )
        act_probs = np.exp(log_act_probs)
        return act_probs, value


    def policy_value_fn(self, board):
        """
        策略值函数
        输入:棋盘
        输出:每个可用操作的(动作,概率)元组列表以及棋盘状态的分数
        """
        legal_positions = board.availables
        current_state = np.ascontiguousarray(board.current_state().reshape(
                -1, 4, self.board_width, self.board_height))
        act_probs, value = self.policy_value(current_state)
        act_probs = zip(legal_positions, act_probs[0][legal_positions])
        return act_probs, value

    def train_step(self, state_batch, mcts_probs, winner_batch, lr):
        """
        执行训练步骤
        """
        winner_batch = np.reshape(winner_batch, (-1, 1))
        loss, entropy, _ = self.session.run(
                [self.loss, self.entropy, self.optimizer],
                feed_dict = {self.input_states: state_batch,
                        self.mcts_probs: mcts_probs,
                        self.labels: winner_batch,
                        self.learning_rate: lr})
        return loss, entropy

    def save_model(self, model_path):
```

```
        '''
        存储模型文件
        :param model_path:
        :return:
        '''
        self.saver.save(self.session, model_path)

    def restore_model(self, model_path):
        '''
        加载模型文件
        :param model_path:
        :return:
        '''
        self.saver.restore(self.session, model_path)
```

5) train.py

此代码包含一个类 TrainPipeline,给出了整个五子棋算法的训练方法。

- def run(self):五子棋算法的训练总流程。
- def __init__(self, init_model=None, is_shown=0):给出了具体的训练参数。
- def get_equi_data(self, play_data):通过旋转和翻转来增加数据集的方法。
- def collect_selfplay_data(self, n_games=1):收集自我博弈数据的方法。
- def policy_update(self):策略价值网络更新方法。
- def policy_evaluate(self, n_games=10):通过与 MCTS 算法对抗来评估算法性能的方法。

```
import random
import numpy as np
import os
from collections import defaultdict, deque
from game import Board, Game_UI
from mcts_pure import MCTSPlayer as MCTS_Pure
from mcts_alphaZero import MCTSPlayer
from policy_value_net_tensorflow import PolicyValueNet  # TensorFlow


class TrainPipeline():
    def __init__(self, init_model=None, is_shown=0):
        # 五子棋逻辑和棋盘 UI 的参数
        self.board_width = 15
        self.board_height = 15
        self.n_in_row = 5
        self.board = Board(width=self.board_width,
                           height=self.board_height,
                           n_in_row=self.n_in_row)
```

```python
        self.is_shown = is_shown
        self.game = Game_UI(self.board, is_shown)
        # 训练参数
        self.learn_rate = 2e-3
        self.lr_multiplier = 1.0           # 基于 KL 自适应地调整学习率
        self.temp = 1.0                    # 临时变量
        self.n_playout = 400               # 每次移动的模拟次数
        self.c_puct = 5
        self.buffer_size = 10000
        self.batch_size = 512              # 训练的 mini-batch 大小
        self.data_buffer = deque(maxlen=self.buffer_size)
        self.play_batch_size = 1
        self.epochs = 5                    # 每次更新的 train_steps 数量
        self.kl_targ = 0.02
        self.check_freq = 50
        self.game_batch_num = 1500
        self.best_win_ratio = 0.0
        # 用于纯粹的 MCTS 的模拟数量,用作评估训练策略的对手
        self.pure_mcts_playout_num = 1000
        if init_model:
            # 从初始的策略价值网络开始训练
            self.policy_value_net = PolicyValueNet(self.board_width,
                                                   self.board_height,
                                                   model_file=init_model)
        else:
            # 从新的策略价值网络开始训练
            self.policy_value_net = PolicyValueNet(self.board_width,
                                                   self.board_height)
        # 定义训练机器人
        self.mcts_player = MCTSPlayer(self.policy_value_net.policy_value_fn,
                                      c_puct=self.c_puct,
                                      n_playout=self.n_playout,
                                      is_selfplay=1)

    def get_equi_data(self, play_data):
        """通过旋转和翻转来增加数据集
        play_data: [(state, mcts_prob, winner_z), ..., ...]
        """
        extend_data = []
        for state, mcts_porb, winner in play_data:
            for i in [1, 2, 3, 4]:
                # 逆时针旋转
                equi_state = np.array([np.rot90(s, i) for s in state])
                equi_mcts_prob = np.rot90(np.flipud(
                    mcts_porb.reshape(self.board_height, self.board_width)), i)
                extend_data.append((equi_state,
```

```python
                            np.flipud(equi_mcts_prob).flatten(),
                            winner))
            # 水平翻转
            equi_state = np.array([np.fliplr(s) for s in equi_state])
            equi_mcts_prob = np.fliplr(equi_mcts_prob)
            extend_data.append((equi_state,
                                np.flipud(equi_mcts_prob).flatten(),
                                winner))
    return extend_data

def collect_selfplay_data(self, n_games = 1):
    """收集自我博弈数据进行训练"""
    for i in range(n_games):
        winner, play_data = self.game.start_self_play(self.mcts_player, temp = self.temp)
        play_data = list(play_data)[:]
        self.episode_len = len(play_data)
        # 增加数据
        play_data = self.get_equi_data(play_data)
        self.data_buffer.extend(play_data)

def policy_update(self):
    """更新策略价值网络"""
    mini_batch = random.sample(self.data_buffer, self.batch_size)
    state_batch = [data[0] for data in mini_batch]
    mcts_probs_batch = [data[1] for data in mini_batch]
    winner_batch = [data[2] for data in mini_batch]
    old_probs, old_v = self.policy_value_net.policy_value(state_batch)
    for i in range(self.epochs):
        loss, entropy = self.policy_value_net.train_step(
            state_batch,
            mcts_probs_batch,
            winner_batch,
            self.learn_rate * self.lr_multiplier)
        new_probs, new_v = self.policy_value_net.policy_value(state_batch)
        kl = np.mean(np.sum(old_probs * (
            np.log(old_probs + 1e-10) - np.log(new_probs + 1e-10)),
                    axis = 1)
            )
        if kl > self.kl_targ * 4:          # early stopping if D_KL diverges badly
            break
    # 自适应调整学习率
    if kl > self.kl_targ * 2 and self.lr_multiplier > 0.1:
        self.lr_multiplier /= 1.5
    elif kl < self.kl_targ / 2 and self.lr_multiplier < 10:
        self.lr_multiplier *= 1.5
```

```python
            explained_var_old = (1 -
                                 np.var(np.array(winner_batch) - old_v.flatten()) /
                                 np.var(np.array(winner_batch)))
            explained_var_new = (1 -
                                 np.var(np.array(winner_batch) - new_v.flatten()) /
                                 np.var(np.array(winner_batch)))
            print(("kl:{:.5f},"
                   "lr_multiplier:{:.3f},"
                   "loss:{},"
                   "entropy:{},"
                   "explained_var_old:{:.3f},"
                   "explained_var_new:{:.3f}"
                   ).format(kl,
                            self.lr_multiplier,
                            loss,
                            entropy,
                            explained_var_old,
                            explained_var_new))
        return loss, entropy

    def policy_evaluate(self, n_games = 10):
        """
        通过与纯 MCTS 算法对抗来评估训练的策略
        注意:这仅用于监控训练进度
        """
        current_mcts_player = MCTSPlayer(self.policy_value_net.policy_value_fn,
                                        c_puct = self.c_puct,
                                        n_playout = self.n_playout)
        pure_mcts_player = MCTS_Pure(c_puct = 5,
                                     n_playout = self.pure_mcts_playout_num)
        win_cnt = defaultdict(int)
        for i in range(n_games):
            winner = self.game.start_play(current_mcts_player,
                                          pure_mcts_player,
                                          start_player = i % 2)
            win_cnt[winner] += 1
        win_ratio = 1.0 * (win_cnt[1] + 0.5 * win_cnt[-1]) / n_games
        print("num_playouts:{}, win: {}, lose: {}, tie:{}".format(
            self.pure_mcts_playout_num,
            win_cnt[1], win_cnt[2], win_cnt[-1]))
        return win_ratio

    def run(self):
        """开始训练"""
        root = os.getcwd()
```

```python
            dst_path = os.path.join(root, 'dist')

            if not os.path.exists(dst_path):
                os.makedirs(dst_path)

            try:
                for i in range(self.game_batch_num):
                    self.collect_selfplay_data(self.play_batch_size)
                    print("batch i:{}, episode_len:{}".format(
                        i + 1, self.episode_len))
                    if len(self.data_buffer) > self.batch_size:
                        loss, entropy = self.policy_update()
                        print("loss :{}, entropy:{}".format(loss, entropy))
                    # 检查当前模型的性能,保存模型的参数
                    if (i + 1) % self.check_freq == 0:
                        print("current self - play batch: {}".format(i + 1))
                        win_ratio = self.policy_evaluate()
                        self.policy_value_net.save_model(os.path.join(dst_path, 'current_policy.model'))
                        if win_ratio > self.best_win_ratio:
                            print("New best policy!!!!!!!!")
                            self.best_win_ratio = win_ratio
                            # 更新最好的策略
                            self.policy_value_net.save_model(os.path.join(dst_path, 'best_policy.model'))
                            if (self.best_win_ratio == 1.0 and
                                    self.pure_mcts_playout_num < 5000):
                                self.pure_mcts_playout_num += 1000
                                self.best_win_ratio = 0.0
            except KeyboardInterrupt:
                print('\n\rquit')

if __name__ == '__main__':
    is_shown = 0
    model_path = 'dist/best_policy.model'

    training_pipeline = TrainPipeline(model_path, is_shown)
    training_pipeline.run()
```

6) human_play.py

此文件主要描述人机对弈的方法,它包含一个 Human 类以及一个 run()方法,描述人机对弈的方法实现。

```python
from game import Board, Game_UI
from mcts_alphaZero import MCTSPlayer
```

```python
from policy_value_net_tensorflow import PolicyValueNet  # TensorFlow

class Human(object):
    """
    人类玩家
    """
    def __init__(self):
        self.player = None

    def set_player_ind(self, p):
        self.player = p

def run():
    n = 5                                                      # 获胜的条件(5子连成一线)
    width, height = 15, 15                                     # 棋盘大小(8x8)
    model_file = 'dist/best_policy.model'                      # 模型文件名称
    try:
        board = Board(width=width, height=height, n_in_row=n)  # 初始化棋盘
        game = Game_UI(board, is_shown=1)                      # 创建游戏对象

        ################ 人机对弈 ##################
        # 使用TensorFlow加载训练好的模型 policy_value_net
        best_policy = PolicyValueNet(width, height, model_file=model_file)
        mcts_player = MCTSPlayer(best_policy.policy_value_fn, c_puct=5, n_playout=400)

        # 人类玩家,使用鼠标落子
        human = Human()

        # 首先为人类设置 start_player = 0
        game.start_play_mouse(human, mcts_player, start_player=1, is_shown=1)
    except KeyboardInterrupt:
        print('\n\rquit')
if __name__ == '__main__':
    run()
```

## 13.9 小结

Alpha系列AI的出现,再一次引发了各界对深度强化学习方法和围棋AI的关注与讨论。AlphaGo采用了两个神经网络。其中策略网络初始是基于人类专业棋手数据,采用监督学习的方式进行训练,然后利用策略梯度强化学习方法进行能力提升。在训练过程中,深度神经网络与蒙特卡罗树搜索方法相结合形成树搜索模型,其本质是使用神经网络方法对树搜索空间的优化。

AlphaGo Zero 将策略网络和价值网络整合在一起，使用纯粹的深度强化学习方法进行端到端的自我对弈学习。它不再需要人为手工设计特征，而是仅将棋盘上的黑白棋子的摆放情况作为原始输入数据，将其输入神经网络中，以此得到结果。并且将原先两个结构独立的策略网络和价值网络合为一体，合并成一个神经网络。神经网络采用基于残差网络结构的模块进行搭建，用了更深的神经网络进行特征表征提取，从而能在更加复杂的棋盘局面中进行学习。在该神经网络中，从输入层到中间层是完全共享的，最后的输出层部分被分离成了策略函数输出和价值函数输出。AlphaGo Zero 的成功证明了在没有人类指导和经验的前提下，深度强化学习方法在领域里仍然能够出色地完成指定的任务，甚至于比有人类经验知识指导时完成得更加出色。在围棋下法上，AlphaGo Zero 比之前版本创造出了更多前所未见的下棋方式，为人类对围棋领域的认知打开了新的篇章。

AlphaZero 基本上继承了 AlphaGo Zero 的网络架构和算法设置，AlphaZero 同样不依赖人类棋手的棋谱，在除了游戏规则外没有任何知识背景的情况下，依靠深度神经网络、通用强化学习算法和蒙特卡罗树搜索进行自我对弈，并在 9 个小时掌握国际象棋，12 个小时掌握日本将棋，13 天掌握围棋。随后在与世界冠军级的棋类 AI 对决中，短时间内陆续打败了顶尖的国际象棋程序 Stockfish、将棋程序 Elmo 以及围棋程序 AlphaGo Zero。

Alpha 系列 AI 的成功刷新了人们对深度强化学习方法的认识，并对深度强化学习领域的研究更加充满期待。深度学习与强化学习的进一步结合相信会引发更多的思想浪潮。深度学习已经在许多重要的领域被证明可以取代人工提取特征得到更优结果。而深度学习在插上了强化学习的翅膀后更是如虎添翼，甚至于有可能颠覆传统人工智能领域，进一步巩固和提升机器学习在人工智能领域的地位。

## 13.10 习题

1. 什么是博弈树？
2. 简述极大极小搜索的原理。
3. 极大极小搜索存在什么问题？
4. 简述 Alpha-Beta 搜索原理。
5. 简述蒙特卡罗树搜索的 4 个阶段。
6. 简述 AlphaGo 原理。
7. 简述 AlphaGo Zero 原理。
8. 简述 AlphaZero 原理。

# 参考文献

[1] Sutton R S, Barto A G. Reinforcement learning: An introduction[M]. Massachusetts: MIT Press, 2018.
[2] 李航. 统计学习方法[M]. 北京: 清华大学出版社, 2012.
[3] 周志华. 机器学习[M]. 北京: 清华大学出版社, 2016.
[4] 郭宪. 深入浅出强化学习: 原理入门[M]. 北京: 电子工业出版社, 2018.
[5] 冯超, 方勇纯. 强化学习精要: 核心算法与TensorFlow实现[M]. 北京: 电子工业出版社, 2018.
[6] Schwartz H M. 多智能体机器学习: 强化学习方法[M]. 连晓峰, 译. 北京: 机械工业出版社, 2017.
[7] Bellman R. Dynamic Programming[M]. Princeton: Princeton University Press, 1954.
[8] 刘军. 科学计算中的蒙特卡罗策略[M]. 唐年, 等译. 北京: 高等教育出版社, 2009.
[9] Mnih V, Kavukcuoglu K, Silver D, et al. Human-level control through deep reinforcement learning.[J]. Nature, 2015, 518(7540): 529-533.
[10] Hasselt H V, Guez A, Silver D. Deep reinforcement learning with double q-learning[C]//Thirtieth AAAI conference on artificial intelligence. 2016.
[11] Silver D, Lever G, Heess N, et al. Deterministic policy gradient algorithms[C]// International Conference on Machine Learning. 2014.
[12] Mnih V, Kavukcuoglu K, Silver D, et al. Playing atari with deep reinforcement learning[C]//NIPS Deep Learning Workshop. 2013.
[13] Schaul T, Quan J, Antonoglou I, et al. Prioritized experience replay[C] // International Conference on Learning Representations. 2016.
[14] Wang Z, Schaul T, Hessel M, et al. Dueling network architectures for deep reinforcement learning [C]//International Conference on Machine Learning. 2016: 1995-2003.
[15] Browne C B, Powley E, Whitehouse D, et al. A survey of Monte Carlo tree search methods[J]. IEEE Transactions on Computational Intelligence & Ai in Games, 2012, 4(1): 1-43.
[16] Silver D, Hasselt H V, Hessel M, et al. The predictron: End-to-end learning and planning[C]// Proceedings of the 34th International Conference on Machine Learning-Volume 70. JMLR. org, 2017: 3191-3199.
[17] Hasselt H V. Double Q-learning. [C]//Advances in neural information processing systems. 2010: 2613-2621.
[18] Mnih V, Badia A P, Mirza M, et al. Asynchronous methods for deep reinforcement learning[C]// International conference on machine learning. 2016: 1928-1937.
[19] Maei H R. Gradient Temporal-Difference Learning Algorithms[D]. University of Alberta. 2011.
[20] Silver D, Hubert T, Schrittwieser J, et al. Mastering chess and shogi by self-play with a general reinforcement learning algorithm[J]. arXiv preprint arXiv: 2017,1712.01815.
[21] Silver D, Schrittwieser J, Simonyan K, et al. Mastering the game of go without human knowledge. [J]. Nature, 2017, 550(7676): 354-359.
[22] Silver D, Huang A, Maddison C J, et al. Mastering the game of go with deep neural networks and tree search[J]. Nature, 2016, 529(7587): 484-489.

[23] Silver D, Hubert T, Schrittwieser J, et al. A general reinforcement learning algorithm that masters chess, shogi, and Go through self-play[J]. Science, 2018, 362(6419): 1140-1144.
[24] Watkins C J C H, Dayan P. Q-learning[J]. Machine Learning, 1992, 8(3-4): 279-292.
[25] Tesauro G. Temporal difference learning and TD-Gammon[J]. Communications of the ACM, 1995, 38(3): 58-68.
[26] Schulman J, Levine S, Moritz P, et al. Trust Region Policy Optimization[J]. Computer Science, 2015: 1889-1897.
[27] Lillicrap T P, Hunt J J, Pritzel A, et al. Continuous control with deep reinforcement learning[J]. Computer Science, 2015, 8(6): A187.
[28] Sutton R S. Learning to Predict by the Method of Temporal Differences[J]. Machine Learning, 1988, 3(1): 9-44.
[29] Degris T, White M, Sutton R S. Off-Policy Actor-Critic[C]// 29th International Conference on Machine Learning, 2012.
[30] Mahmood A R, Hasselt H P V, Sutton R S. Weighted importance sampling for off-policy learning with linear function approximation[C]// Advances in Neural Information Processing Systems. 2014: 3014-3022.
[31] Sutton R S, Maei H R, Precup D, et al. Fast gradient-descent methods for temporal-difference learning with linear function approximation[C]// Proceedings of the 26th Annual International Conference on Machine Learning. 2009: 993-1000.
[32] Sutton R S. Dyna, an integrated architecture for learning, planning, and reacting[J]. ACM SIGART Bulletin, 1991, 2(4): 160-163.
[33] Auer P, Cesabianchi N, Fischer P. Finite-time analysis of the multiarmed bandit Problem[J]. Machine Learning, 2002, 47(2-3): 235-256.
[34] Sutton R S, McAllester D A, Singh S P, et al. Policy gradient methods for reinforcement learning with function approximation[J]. Advances in neural information processing systems, 2000: 1057-1063.
[35] Silver D, Sutton R S, Müller M. Sample-based learning and search with permanent and transient memories[C]// International Conference on Machine Learning. ACM, 2008: 968-975.
[36] Kaufmann E, Cappe O, Garivier A. On Bayesian Upper Confidence Bounds for Bandit Problems [C]// International Conference on Artificial Intelligence and Statistics. 2012, 592-600.
[37] Thompson, William R. On the likelihood that one unknown probability exceeds another in view of the evidence of two samples[J]. Biometrika, 1933, 25(3-4): 285-294.
[38] Rasmusen E. 博弈与信息——博弈论概述[M]. 姚洋,等译. 2版. 北京: 北京大学出版社, 2003.